工程建设全过程风险防控实务

GONGCHENG JIANSHE QUANGUOCHENG FENGXIAN FANGKONG SHIWU

刘洪 左勇志 陈鸣飞 董磊 刘育民◎主编

中国建筑工业出版社

图书在版编目（CIP）数据

工程建设全过程风险防控实务/刘洪等主编．—北京：中国建筑工业出版社，2017.7
ISBN 978-7-112-20663-6

Ⅰ.①工…　Ⅱ.①刘…　Ⅲ.①建筑工程-风险管理-研究
Ⅳ.①TU712

中国版本图书馆 CIP 数据核字（2017）第 080090 号

本书涵盖建设工程建设全过程各阶段，具体分为：绪论、立项决策阶段风险防控实务、勘察设计阶段风险防控实务、建设准备阶段风险防控实务、建设工程施工准备及实施阶段风险防控实务、工程竣工阶段风险防控实务和工程质量后评价阶段风险防控实务七个章节。每个章节通过对司法和实务案例进行评析，从而将建设单位管理人员在工程管理实务操作中存在不规范或违法违规行为一一披露，同时指出其相应的风险行为可能带来的严重后果，并相应地提出了防控建议。

本书主要读者对象为建设单位管理（决策）人员、项目部管理人员、总承包项目管理人员以及其他建筑业企业从业人员。同时，也能为高校、研究机构从事建筑市场治理和风险防控研究的师生提供参考使用。

责任编辑：孙玉珍　何玮珂　丁洪良
责任设计：李志立
责任校对：焦　乐　李欣慰

建 设 单 位 风 险 防 控 手 册
工程建设全过程风险防控实务
刘洪　左勇志　陈鸣飞　董磊　刘育民　主编
*
中国建筑工业出版社出版、发行（北京海淀三里河路9号）
各地新华书店、建筑书店经销
北京红光制版公司制版
北京圣夫亚美印刷有限公司印刷
*
开本：850×1168毫米　1/16　印张：26¾　字数：581千字
2017年7月第一版　2017年7月第一次印刷
定价：**69.00**元
ISBN 978-7-112-20663-6
（30321）

主编团队介绍

刘洪

刘洪：教授级高工，中国移动通信集团设计院建筑业务总监，主持和参加了中国移动国际信息港一期（数据中心）工程、中国移动苏州研发中心工程、中国移动（哈尔滨）数据中心一期工程等一批中国移动大型基地园区及重点工程设计任务。正式出版《高可靠性绿色数据中心的构建》专著1本，参与发改委重点课题"政府投资大型数据中心建设指南"，国家地震行业科研专项"大震生命线工程灾害损失评估新技术研究"，主要起草或参加《互联网数据中心工程技术规范》、《通信建筑抗震设防分类标准》等11项国标、行标及企标编制，获得"通信塔、通信塔平台"等4项专利授权，发表学术论文10篇，主持和参加的一批工程咨询设计和科研项目，获得FIDIC奖项1项，国家级奖项1项，省（部）级优秀设计奖、科技进步奖、优秀工程咨询奖共4项。

左勇志

左勇志：教授级高工，北京市建筑工程研究院有限责任公司（职位：副总工程师/建设工程质量司法鉴定中心主任/工程咨询中心主任），2004年毕业于清华大学，获结构工程博士学位。已参与建设工程质量鉴定工作3000余项，在建设工程质量司法鉴定行业做出了突出成绩，被誉为行业领军人物。研究方向：建筑结构可靠性评估、结构灾后分析与处理、结构事故分析与处理、工程质量鉴定与可视化等。曾承担"十一五国家科技支撑计划项目"、"北京市科技计划项目"、"住宅和城乡建设部科学技术项目"、"北京市科技新星计划项目""中关村国家自主创新示范区现代服务业项目"、"北京市委组织部优秀人才项目"、"北京市科技计划绿色通道项目"等重大课题，多项科研成果达到国际领先、国际先进、国内领先水平，发表论文70余篇，取得专利、软件著作权多项，参与编写标准5项，培养硕士研究生10余名。

陈鸣飞

陈鸣飞：国家一级注册建造师，结构工程硕士，土木工程与法律双学士。中国移动通信集团设计院建筑所咨询设计师，先后参加中国移动（洛阳）呼叫中心、中国移动苏州研发中心等一批中国移动大型基地园区及重点工程设计任务；参与住房和城乡建设部建设单位行为规范与《建筑法》修订课题。至今发表国内外学术论文15篇，获得专利5项。主要研究方向：建筑市场治理、建设工程质量司法鉴定、大跨度空间结构等。

董磊

董磊：工学硕士，国家一级注册结构工程师，中国移动通信集团设计院建筑所高级咨询设计师，参加贵州移动通信枢纽楼工程、中国移动手机动漫基地一期工程、中国移动位置信息产业园一期工程、中国移动苏州研发中心一期工程等一批中国移动大型基地园区及重点工程设计任务。至今发表学术论文5篇，申报专利2项。主要研究方向：勘察设计管理、新型数据中心、建筑工程鉴定加固等。

刘育民

刘育民：高级工程师，北京市建筑工程研究院有限责任公司（职位：司法鉴定中心副主任），工学硕士，已参与建设工程质量鉴定工作1000余项。研究方向：钢结构设计及优化、钢结构事故及灾后分析与处理、结构工程鉴定等。主持或参与北京市优秀人才资助项目《火灾后钢结构司法鉴定关键技术研究》、北京市科委科技计划项目《钢结构事故分析与处理关键技术研究》、住房和城乡建设部研究开发项目《火灾后钢结构损伤识别与安全性评估关键技术研究》等多项重大课题，主持编制北京市地方（强制性）标准《火灾后钢结构损伤评估技术规程》，国内外期刊发表学术论文30余篇。

本书编委会名单

顾　　问：

　　　　张晓霞　北京建筑大学

　　　　赵玉东　北京市大兴区人民法院

　　　　杨　锋　达辉律师事务所

　　　　万　幸　达辉律师事务所

　　　　丁宏庆　中国移动通信集团公司

　　　　周泽君　中铁建工集团

主　　编：

　　　　刘　洪　左勇志　陈鸣飞　董磊　刘育民

副 主 编：

　　　　李　娜　宋国涛　张学斌　王　悦　张彦道　林瑞瑞

　　　　王学军　李　楠　曹坤远

参加编写人员：

覃建国	金诚伟	周　波	陈　力	张风岭	徐　锐
康科武	司　波	代春生	李　波	刘　建	李海洋
范兴铭	许　超	蒋孝鹏	王洪涛	马　靖	侯西明
高　飞	李宏勇	陈　旭	彭雪婷	彭　虎	徐昭曦
马　明	曾　杰	芦建军	杨浩文	何　立	王盈盈
冯　珂	翟福胜	陈云波	赵捷凯	李　丹	徐巧云

序

住房和城乡建设部在《关于推进建筑业发展和改革的若干意见》中明确了建筑业的发展目标，要求简政放权，开放市场，坚持放管并重，消除市场壁垒，构建统一开放、竞争有序、诚信守法、监管有力的全国建筑市场体系。我们有理由相信，随着《关于推进建筑业发展和改革的若干意见》的进一步落地实施，中国的建筑市场将全面开放，投资主体多元化进程将进一步加快，建筑业将迎来更大的发展机会。同时我们也要认识到，市场的全面开放也将使工程项目的竞争日趋激烈。任何合同形式的工程项目，其合同双方的行为本质都是商业行为，最终目标都表现为经济利益。由于工程本身具有的复杂性、长期性等特点，在激烈的市场竞争中建设各方将面临比以往更多更大的风险。不少企业因忽视了风险管理或对风险估计不足或判断错误，从而在工程建设活动中遭受巨额亏损，甚至导致企业破产倒闭。因此，加强工程项目的风险管理研究显得十分必要，风险管理事关工程项目的进度和质量，乃至建设单位、设计单位、施工单位等企业的存亡。

由于建设工程的一次性特点，因此工程项目实施过程中必然存在着很多的不确定因素。建设工程项目中的风险就是指这些不确定因素导致工程项目可能出现的灾难性事件和不符合预期的结果。所谓风险管理就是对潜在的风险进行辨识、评估，并根据具体情况采取相应的措施进行处理，即在主观上尽可能有备无患或在无法避免时亦能寻求切实可行的补偿措施，从而减少意外损失。风险管理直接影响企业的经济效益，做好风险管理工作，有助于提高重大决策的质量，可避免许多不必要的损失，从而降低成本，增加企业利润。风险管理的主要内容包括风险的辨识与衡量、风险的分析与评估、风险的防控与对策等内容。近几年来，建筑行业对施工企业和勘察设计企业的风险管理进行了较为深入地研究，取得了一系列研究成果。这些成果较好地指导和规范了施工企业和勘察设计企业的风险管理水平，特别是提升了企业的法律风险防控和实务操作的能力。但是从《住房城乡建设部关于2016年工程质量治理两年行动违法违规典型案例的通报》中来看，五方责任主体的违法违规情形仍在不断上演，特别是建设单位的违法违规行为越演越烈，不断扰乱建筑市场秩序，甚至导致工程质量安全事故频出。构建良性的建筑市场体系少不了市场监管和行业内各方主体的自律，其中提升建设单位的风险管理水平已成为当务之急，建筑行业也迫切需要提升针对建设单位的风险管理研究水平。

本书作者有志于研究建设单位的风险管理，根据多年的工作积累，面向建设单位需求，历时一年时间编撰了《工程建设全过程风险防控实务》一书。本书编写团队涵盖了来自建设单位、勘察设计单位、施工单位、监理单位、检测鉴定机构等建筑行业各领域的编写人员，同时又聘请了来自高校、法院、律所和建设单位一批主要从事建设工程法律研究、风险防控和争议解决的学者以及专家作为顾问，为本书的编写提供了强有力的学术支撑。本书作者以"立项决策、勘察设计、建设准备、施工准备及实施、工程竣工及工程质量后评价"这六个工程建设阶段为主线，以建设单位项目管理人员为视角切入，悉心挑选 50 多个司法和实务案例作为引子，深入浅出地指出了建设单位管理人员在工程管理实务操作中存在的风险点和风险行为，并相应地提出了防控建议。该书专业、全面、深入，体现了实务、实用精神，对建设单位从事工程管理的人员具有较强的指导作用，同时也能为建筑市场治理和建设单位监管提供一份较为全面的参考资料。

中国移动通信集团设计院有限公司

副院长，总工程师　高　　鹏

2017 年 1 月

前言

2016 年是《国民经济和社会发展第十三个五年规划的建议》（以下简称《规划建议》）开篇之年，作为我国国民经济和社会发展的纲领性建议文件，必将对我们生产生活产生重大影响，同时也将全面影响着建筑行业的市场走势和市场监管方式。住房和城乡建设部《关于推进建筑业发展和改革的若干意见》（以下简称《意见》）提出的"简政放权，开放市场，坚持放管并重，消除市场壁垒，构建统一开放、竞争有序、诚信守法、监管有力的全国建筑市场体系"的发展目标与《规划建议》所强调的"简政放权、减少行政审批事项、加快形成统一开放、打破地域分割和行业垄断的规定"不谋而合。然而，简政放权、建筑市场开放的同时又带来了建筑市场如何规范化发展的问题。

长久以来，我国建筑市场一直呈现建设单位强势，其余主体弱势的不良特征。在这样的大背景下，建筑活动的秩序很大程度上受建设单位一方的影响，很多市场不规范行为、工程质量问题乃至一些重大工程事故都是因为建设单位的不规范行为造成的。据住房和城乡建设部《2015 年全国建设工程质量责任主体行政处罚统计情况》统计，2015 年各地依据《建设工程质量管理条例》和《建设工程勘察设计管理条例》对工程质量责任主体行政处罚共计 2556 起，处罚总额 44541.2 万元。其中，涉及建设单位 1419 起，占总数 55.5％，处罚总额 36057.9 万元，占总额 81.0％。可见，建设单位实践中的违法违规行为不在少数。据此，《意见》明确提出要强化建设单位行为监管，全面落实建设单位项目法人责任制，强化建设单位的质量责任，并积极探索研究对建设单位违法行为的制约和处罚措施。然而，实践中建设单位的违法违规行为不仅仅是因为缺乏有效监管、制约和处罚，更多的是因为缺乏规范化行为的自律意识和专业化的业务素养。

本书针对工程建设全过程中建设单位较易出现的不规范和违法违规行为方式，通过司法案例（或实务案例）指出操作方面可能存在的风险点，并结合相关法律、法规以及规范性文件提出风险防控建议，以期为建设单位在实务操作中提供一本行为规范化的指导手册。

　　因编者水平有限，书中难免有不足之处，恳请广大读者批评指正。

2016 年 12 月

目录

第1章
绪　论

工程建设是指为了国民经济各部门的发展和人民物质文化生活水平的提高而进行的有组织、有目的的投资兴建固定资产的经济活动，即建造、购置和安装固定资产的活动以及与之相联系的其他工作。凡从事工程建设活动的主体必须严格遵守基本建设程序。

基本建设程序是建设项目从设想、选择、评估、决策、设计、施工到竣工验收、投入使用整个建设过程中，各项工作必须遵守的先后次序的法则。按照建设项目发展的内在联系和发展过程，建设程序分成若干阶段，它们各有不同的工作内容，有机地联系在一起，有着客观的先后顺序，不可违反，必须共同遵守，这是因为它科学地总结了建设工作的实践经验，反映了建设工作所固有的客观自然规律和经济规律，是建设项目科学决策和顺利进行的重要保证。

1.1　我国基本建设程序

1978 年 4 月 22 日原国家计委、国家建委、财政部颁布的《关于基本建设程序的若干规定》将基本建设程序明确为：①计划任务书；②建设地点的选择；③设计文件；④建设准备；⑤计划安排；⑥施工；⑦生产准备；⑧竣工验收、交付生产，总共八个程序。这是建设行业在改革开放前结合当时的基本国情，总结过去多年操作运行经验的基础上，按照"有计划、有步骤、有秩序"的原则，制定的较全面的基本建设程序规定。

随着社会的发展，各种配套制度也逐步完善，一系列法规性文件颁布，基本建设程序的实质内容也得到了补充和完善，形成了更加科学完善的基本建设程序。结合理论研究和实际操作，基本建设程序可划分为六个阶段：①立项决策阶段；②勘察设计阶段；③建设准备阶段；④施工准备及实施阶段；⑤竣工验收阶段；⑥后评价阶段。

1. 立项决策阶段

立项决策是根据我国国民经济和社会发展的计划、资源条件、布局要求等多方面因素，提出建设项目的建议，进行可行性研究，选择建设地点等。

（1）项目建议书

项目建议书是计划建设某一具体项目的建议文件，是建设程序中最初阶段的工作，是投资决策前对拟建项目的轮廓设想。项目建议书的编制是根据国民经济和社会发展长远规划结合行业和地区发展规划的要求提出和编制的。编制、提交和审批项目建议书是投资建设程序的初始环节，是将国家计划落实到具体地点、具体项目的重要步骤。项目建议书的主要作用是为了推荐一个拟进行建设的项目的初步说明，论述它建设的必要性、条件的可行性和获利的可能性，供基本建设管理部门选择并确定是否进行下一步工作。

项目建议书的内容视项目的不同情况而定，但一般包括：①建设项目提出的必要性和依据；②使用功能要求，拟建规模和建设地点的初步设想；③建设条件、协作关系等的初步分析；④投资估算和资金筹措设想；⑤项目的建设进度初步安排；⑥经济效益、社会效益和环境效益的估计。

（2）可行性研究

可行性研究是指在建设工程项目拟建之前，运用多种科学手段综合论证建设工程项目在技术上是否先进、实用，在财务上是否盈利，作出环境影响、社会效益和经济效益的分析和评价，以及建设工程项目抗风险能力等的结论，从而确定建设工程项目是否可行以及选择最佳实施方案等结论性意见，为投资决策提供科学的依据。

在建设工程项目投资决策之前，通过项目的可行性研究，使项目的投资决策工作建立在科学性、可靠性的基础之上，从而实现项目投资决策科学化，减少和避免投资决策的失误，提高项目投资的经济效益。

（3）建设地区和地点选择

一般情况下，确定某个建设项目的具体地址，需要经过建设地区选择和建设地点选择两个不同层次、相互联系又相互区别的工作阶段。二者之间是一种递进关系。其中，建设地区选择是指在几个不同地区之间对拟建项目适宜配置的区域范围的选择；建设地点选择是对项目具体坐落位置的选择。

建设地区选择要充分考虑各种因素的制约，具体要考虑以下因素：

1）要符合国民经济发展战略规划、国家工业布局总体规划和地区经济发展规划的要求。

2）要根据项目的特点和需要，充分考虑原材料条件、能源条件、水源条件、各地区对项目产品需求及运输条件等。

3）要综合考虑气象、地质、水文等自然条件。

4）要充分考虑劳动力来源、生活环境、协作、施工力量、风俗文化等社会环境因素的影响。

建设地点的选择，按照隶属关系，由主管部门组织勘察设计等单位和所在地主管部门共同进行。凡在城市辖区内选点的，要取得城市规划部门的同意。建设地点选择在遵照上述原则确定建设区域范围后，还应满足下列要求：

1）节约土地，少占耕地，降低土地补偿费用。

2）减少拆迁移民数量。

3）尽量选在工程地质、水文地质条件较好的地段。

4）要有利于厂区合理布置和安全运行。

5）应尽量靠近交通运输条件和水电供应等条件好的地方。

6）应尽量减少对环境的污染。

2. 勘察设计阶段

建设工程勘察，是指根据工程建设的要求，查明、分析、评价建设场地的地质、地理环境特征和岩土工程条件，编制建设工程勘察文件的活动。建设工程勘察包括建设工程项目的工程测量，岩土工程、水文地质勘察、环境地质勘察等工作。建设工程勘察的目的是根据建设工程建设的规划、设计、施工、运营和综合治理的需要，对地形、地质及水文等要素进行测绘、勘察、测试和综合评定，并提供可行性评价和建设所需要的勘察成果。

建设工程设计，是指根据工程建设的要求，对工程所需的技术、经济、资源、环境等条件进行综合分析、论证，编制建设工程设计文件的活动。建设工程设计运用工程技术理论及技术经济方法，按照现行的技术标准，对新建、扩建、改建项目的工艺、土建工程、公共工程、环境工程等进行综合性设计，包括必需的非标准设备设计及经济技术分析，并提供作为工程建设依据的文件和图纸。

经批准的可行性研究报告和建设单位提供的必要而准确的设计基础资料，是编制设计文件的主要依据。根据《建筑工程设计文件编制深度规定》（2016 年版），建筑工程一般分方案设计、初步设计和施工图设计三个阶段。对于技术要求简单的民用建筑工程，当有关主管部门在初步设计阶段没有审查要求，且合同中没有做初步设计的约定时，可在方案设计审批后直接进入施工图设计。

3. 建设准备阶段

建设准备阶段的工作主要是建设单位为创造后续施工条件所做的项目报建、建设现场、建设队伍等方面的准备工作。主要包括用地申请、拆迁、安置，工程招标、办理建筑工程规划许可证和建筑工程施工许可证等一系列项目报建工作以及有关工程项目的施工、监理等单位的招标工作。

根据《清理规范投资项目报建审批事项实施方案的通知》（国发【2016】29 号）有关规定，65 项报建审批事项中，保留 34 项，整合 24 项为 8 项；改为部门间征求意见的 2 项，涉及安全的强制性评估 5 项，不列入行政审批事项。清理规范后报建审批事项减少为 42 项。其中①住房城乡建设部门 5 项，分别为：建设用地（含临时用地）规划许可证核发、乡村建设规划许可证核发、建筑工程施工许可证核发、超限高层建筑工程抗震设防审批、风景名胜内建设活动审批。②国土资源部 4 项：农用地转用审批、土地征收审批、供地方案审批、建设项目压覆重要矿床审批。③人民防空部门 1 项：应建防空地下室的民用建设项目报建审批。

（1）用地申请

任何单位和个人进行建设，需要使用土地的，必须依法申请使用国有土地；但是，兴办乡镇企业和村民建设住宅经依法批准使用本集体经济组织农民集体所有的土地的，或者乡（镇）村公共设施和公益事业建设经依法批准使用农民集体所有的土地的除外。

经批准的建设项目需要使用国有建设用地的，建设单位应当持法律、行政法规规定的有关文件，向有批准权的县级以上人民政府土地行政主管部门提出用地申请，经土地行政主管部门审查，报本级人民政府批准。

（2）土地征收、房屋征收

土地征收是国家为了公共利益的需要，在依法给予农村集体经济组织及农民补偿后，将农民集体所有的土地变为国有土地的行为。

房屋征收是指为了公共利益的需要，房屋征收部门可以委托房屋征收实施单位依法征收国有土地上单位、个人的房屋，拆除建设用地范围内的房屋和附属物，将该范围内的单位和居民重新安置，并对其所受损失予以补偿的法律行为。

根据相关规定，拟出让地块必须是土地征收（房屋征收）安置补偿落实到位、没有法律经济纠纷、具备动工开发基本条件的"净地"。不具备"净地"条件的宗地，一律不得出让。

（3）工程发包

工程招标是指建设单位对拟建的工程项目通过法定的程序和方式吸引建设项目的承包单位竞争，并从中选择条件优越者来完成工程建设任务的法律行为。建设项目实行招标投标管理，有助于缩短建设工期，保证工程质量，降低工程造价，提高投资效益。

根据《中华人民共和国招标投标法》的规定，在中华人民共和国境内进行的大型基础设施、公用事业等关系社会公共利益、公共安全的项目，全部或者部分使用国有资金投资或者国有融资的项目，使用国际组织或者外国政府贷款、援助资金的项目，在此基础上的勘察、设计、施工、监理以及与工程建设相关的重要设备、材料等的采购必须进行招标。

根据《中华人民共和国招标投标法实施条例》的规定，依法必须进行招标的工程建设项目的具体范围和规模标准，由国务院发展改革部门会同国务院有关部门制定，报国务院批准后公布施行。

按现行法律规定，必须进行招标的项目而不招标的，将必须进行招标的项目化整为零或者以其他任何方式规避招标的，责令限期改正，可以处项目合同金额千分之五以上千分之十以下的罚款；对全部或者部分使用国有资金的项目，可以暂停项目执行或者暂停资金拨付；对单位直接负责的主管人员和其他直接责任人员依法给予处分。

工程招标的方式有公开招标、邀请招标和协议招标三种。在我国，协议招标方式不是法定的招标形式，招投标法也未对其进行规范。

（4）建设用地规划许可证、建设工程规划许可证、建筑工程施工许可证等许可证的办理

建设用地规划许可证是经城乡规划主管部门确认建设项目位置和范围符合城乡规划的

法定凭证。建设工程规划许可证是城乡规划主管部门依法核发的，确认有关建设工程符合城市规划要求的法律凭证，是建设单位建设工程的法律凭证，是建设活动中接受监督检查时的法定依据。建筑工程施工许可证是建筑施工单位符合各种施工条件、允许开工的批准文件，是建设单位进行工程施工的法律凭证，也是房屋权属登记的主要依据之一。上述 3 类许可证是项目开发建设的重要法律凭证，也是建设单位在报建过程中需要重点办理的证件，具体办理事项可参见本书第 4 章有关内容。

4. 施工准备及实施阶段

（1）施工准备阶段

建设工程施工准备阶段是指建设单位与施工单位签订施工合同后，为了保证该项目工程能够按照合同确定的开工时间，而进行的组织、经济、技术、人力、材料、机具、设施、水、电、路的准备工作。

（2）施工实施阶段

建设工程实施阶段是指在建设单位完成工程施工的各项准备工作并签发开工报告后，工程开始实施直至工程竣工的整个过程的管理工作。在工程的施工阶段，建设单位的主要管理工作包括建设工程施工工期管理、质量管理、安全管理、工程变更与签证管理、工程结算与工程款支付管理等工作。施工实施阶段中，建设项目行政管理的目的是保障建设项目安全施工、质量可靠。

5. 竣工验收阶段

竣工验收是工程建设过程的最后一环，是全面考核基本建设成果、检验设计、施工质量的重要步骤，也是确认建设项目能否使用的标志。工程完工后，施工单位向建设单位提交工程竣工报告，申请工程竣工验收。实行监理的工程，工程竣工报告须经总监理工程师签署意见。建设单位收到工程竣工报告后，对符合竣工验收要求的工程，组织勘察、设计、施工、监理等单位组成验收组，制定验收方案。对于重大工程和技术复杂工程，根据需要可邀请有关专家参加验收组。建设单位应当在工程竣工验收 7 个工作日前将验收的时间、地点及验收组名单书面通知负责监督该工程的工程质量监督机构。

6. 后评价阶段

建设项目后评价是工程项目竣工投产、生产运营一段时间后，再对项目的立项决策、设计施工、竣工投产、生产运营等全过程进行系统评价的一种技术经济活动，是固定资产投资管理的一项重要的内容，也是固定资产投资管理的最后一个环节。通过建设项目后评价以达到肯定成绩，总结经验，研究问题，吸取教训，提出建议，改进工作，不断提高项目决策水平和投资效果的目的。

值得一提的是，本书主要针对工程建设全过程的各阶段展开叙述，因此主要涉及：立项决策阶段、勘察设计阶段、建设准备阶段、施工准备及实施阶段、竣工验收阶段和工程质量评价阶段。

1.2 国外基本建设程序

1.2.1 国外一般建设程序

一般常见的国外工程项目建设程序，是在最有利于实现投资项目建成的前提下建立的。其项目建设程序见图 1.2.1。

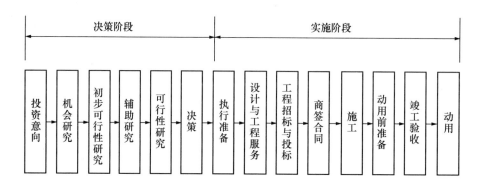

图 1.2.1 国外常见工程项目建设程序

国外项目建设程序的阶段性工作如下：

1. 机会研究

这里的机会研究专门指项目投资机会研究。机会研究的目的主要是研讨这个项目投资的必要性、可能性以及初步经济效益，为投资者选择投资机会。

机会研究的内容因项目性质不同而有所差异，但大体上类似。例如，民用项目的机会研究包括：市场需求调查和预测；有关资源条件以及其他经济影响因素；市场发展预测；投资建议等。

2. 可行性研究

在一些发达国家的工程项目程序中都把可行性研究放在重要位置，安排得深、细、扎实。整个可行性研究工作分为三个阶段进行，即初步可行性研究、辅助研究和可行性研究。

（1）初步可行性研究实际上是机会研究向详细可行性研究的过渡。它主要解决项目大致是否可行的问题，为进一步的研究确定方向。例如，确定机会研究的真实价值；确定影响项目可行的基本因素；判断投资建议的可行性等。

（2）辅助研究是一种专题性研究。它可以在可行性研究之前或同时来进行。必要时，也可放在后面进行补充。辅助研究着重研究一些关键性或复杂的问题。例如，有关市场的专门问题；厂址问题；服务对象问题；规模大小问题等。

（3）可行性研究的最后一步是对整个工程项目进行全面技术经济论证，从而为项目决策提供可靠的依据。它的深度、广度应当完全达到决策的要求，并有多方案的分析比较和最佳方案的推荐。其内容主要有市场和项目规模；土地费用估算；项目建设方案；生产组织和管理费用；人力测算；时间安排；财务和经济评价等。

根据可行性研究的结果，项目业主做出投资决策，确定基本建设方案，并确定项目总目标。

3. 执行（实施）

项目业主做出投资的决定后即开始项目决策执行阶段。它包括执行准备、设计与工程服务、工程招标、商签工程承包合同、施工、竣工验收、动用等各项工作。

（1）执行准备。执行准备的最主要工作是建立执行组织机构，筹措资金和购置土地以及确定执行计划，做好设计和工程咨询招标准备等。

（2）设计与工程服务。通过设计和工程咨询招标，业主委托设计和咨询单位进行设计和工程咨询服务。其主要工作包括进一步做好调查研究，为制定计划和开展设计打下基础；开展设计，细化建设方案使其达到可以实施的程度并为工程招标做好技术准备；提出工程实施方案和合同方式，并由业主加以确定；制定项目实施总体计划；协助业主进行建设条件准备等。

（3）工程招标。国外的项目建设程序中，工程招标工作占有重要位置。这说明他们对工程招标给予极大的重视。他们认为，市场竞争机制在工程建设中起着至关重要的作用，是关系项目成败的一项关键性工作。

（4）商签合同。工程招投标结束是以签订合同为标志的。签订合同说明工程承包人已经选定，合同价格、合同工期及工程质量标准也相应确定。它标志着施工阶段即将开始。

（5）施工、验收和动用。施工阶段是工程项目建设过程中的重要阶段，而且是持续时间最长的阶段。在施工阶段同时还要进行必要的动用前准备等工作。施工结束进行竣工验收，交付使用。

1.2.2 西方发达国家基本建设程序

1. 美国常规建设程序

主要包括：①设计前期工作；②场地分析；③方案设计；④设计发展；⑤施工文件；⑥招标或谈判；⑦施工合同管理；⑧工程后期工作。

2. 英国常规建设程序

主要包括：①立项；②可行性研究；③设计大纲或草图规划；④方案设计；⑤详细设计或施工图；⑥生产信息；⑦工程量表；⑧招标；⑨合同：项目计划、施工、竣工验收及工程反馈。

3. 世界银行的建设程序

主要包括：①项目的选定；②项目的准备；③项目的评估：技术、组织、财务等方面；④项目谈判；⑤项目的实施与监督；⑥项目的总结评价。

1.3 建设单位在工程建设中的风险行为分析

在所有参建单位中，建设单位的参与程度最高，几乎涵盖整个建设工程生命周期（详见图1.3）。因此作为工程建设活动中重要主体的建设单位，负有依法建设和规范管理的责任。在市场竞争环境下，建设单位往往凭借优势地位，怠于履行应尽的职责和义务，甚至有些建设单位违反法律法规的强制性规定或者游走于法律法规的空白区域。这些风险行为往往给工程建设活动埋下了巨大的安全隐患。国家立法机构近年颁布一系列有关工程建设方面的法律法规，以期通过加强法制建设来约束建设单位的主体行为。然而实践中，建设单位的风险行为依然层出不穷。

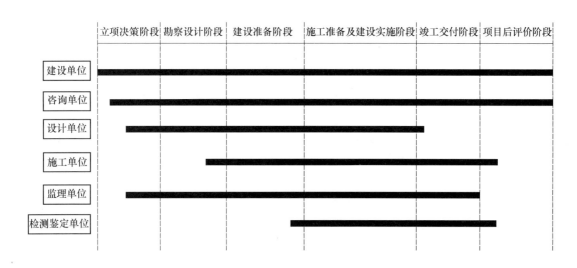

图1.3 各参建单位在工程建设中的参与程度

建设单位的风险行为主要分成两方面：一方面是不规范的管理行为；另一方面则是违法违规行为。

1.3.1 建设单位在工程建设中的不规范管理行为

建设单位强势地位所造成的最大影响是市场交易的不平等现象。在建设单位与勘察单位、设计单位、施工单位等主体的交易关系中，建设单位往往可以利用强势地位提出种种不合理要求甚至是不平等条件，例如对设计、监理、施工等活动进行干预，压低投标报价，无原则地扣减或延迟支付设计技术咨询与监理管理咨询服务的费用。部分建设单位在项目前期与设计阶段设置的组织结构欠合理、不规范操作与非专业咨询支持的项目决策，是造成大部分项目建设程无序和项目参与组织主体之间的责任界面混沌的源头，为工程建设市场的"合谋行为"与"贪污腐败"土壤提供了"催化剂"。

以工程质量问题为例，虽然施工单位是工程质量的直接负责者，但是建设单位的角色以及市场关系对工程质量有至关重要的作用。

首先，部分建设单位偏重于项目建设的进度目标的推进，无限制地压缩设计与咨询方编制成果文件周期，有些建设单位甚至提出设计文件不允许变更等苛刻要求。然而设计文件由于编制时间仓促，再加之建设单位的需求不稳定而反复修改，难免产生各专业设计文件之间的错漏碰等问题，为施工现场留下直接的工程质量隐患。

其次，部分建设单位往往在完成建筑主体土建与安装工程施工服务采购进入施工环节后，才对相关专项工程进行设计服务采购。而部分专项设计界面的工程特性，往往引发建筑主体设计文件的大量变更。这些设计界面变更引发的工程构件或系统变更往往在主体施工期间才陆续显性化，而部分工程系统产品建造活动不可逆转的客观存在，可能给为建筑产品带来间接的工程质量隐患。

再次，施工单位为了中标，会迎合建设单位的要求，压低中标价，乃至行贿，这样就会造成利润空间的极度压缩，为了弥补这些亏损，施工单位常常采用工程签证的形式进行找补，有些甚至会采取偷工减料、压缩工期、与监理方串通等行为来保证利润，造成工程质量隐患。同样，相关学者指出，建设单位拖欠工程款是造成农民工工资拖欠现象的最主要的原因。

此外，部分建设单位基于部分亟待完善的法规体系与地方规定，或基于建设单位自身明确或隐含的群体与个体利益，在价高或量大材料与设备，如钢筋、混凝土、大型机电设备、关键系统与终端设备采购中欠规范的操作行为，在一定范围内纵容了部分材料与设备供应商潜规则运作，造成设计方、工程监理方与施工总承包方的被动与无奈，也成为项目建设期与运营期的工程质量责任追索中的难点。

建设单位自计划经济年代以来形成的强势主导地位，加之现行法律法规对建设单位主体行为的约束力度欠缺，使得建设单位在实践中出现一系列不规范行为。这些不规范的风险行为也为工程质量和生产安全埋下了巨大隐患。

1.3.2　工程建设中的违法、违规行为

建设单位的违法、违规风险行为主要表现为违反法律法规的强制性规定，或者游走于法律法规的空白区域。一旦被监管机构查证，将给企业或当事人造成较大损失。据住房和城乡建设部《2015年全国建设工程质量责任主体行政处罚统计情况》报告，2015年各地依

据《建设工程质量管理条例》和《建设工程勘察设计管理条例》对工程质量责任主体行政处罚共计 2556 起，处罚总额 44541.2 万元。其中，涉及建设单位 1419 起，占总数 55.5％。处罚总额 36057.9 万元，占总额 81.0％。

建设单位的违法违规行为主要集中在三大阶段，即招标、合同订立、工程建设阶段，同时这几个阶段也是法律纠纷的高发地。

以招标投标活动为例，建设单位作为招标的主体单位，拥有绝对的主导权利。虽然招标的目的是为了选择在保证工程质量和工期的前提下最具价格优势的承包商，但因招标环节涉利巨大，一直是建设单位"违法违规行为"的高发地。

首先，一些建设单位通过化整为零的方式规避招标，或者出于各种目的（如实现上级领导意图、协调各方利益冲突、选择垫资承包单位、获得暗扣返点收入等），采用化整为零、肢解项目的方法，或以技术独有、涉及保密等种种借口规避招标。有些则是必须采用公开招标方式的而采用邀请招标，甚至议标方式，严重违背了《招标投标法》的相关规定。

其次，一些建设单位为了限制或排斥潜在投标人，不在指定媒介（北京为两报两网）发布招标公告，限定不合理的资质条件和业绩证明，规定不合理的招标文件获取办法等。少数建设单位由于不知道具体规定，未在指定媒介发布公告。

再次，一些建设单位在发放招标文件时要求投标人在同张表格上逐一签名，在现场踏勘时要求投标人报出单位名称，在标前会议时设置投标人桌签等，有意无意透露了投标人的名称或者数量；设有标底时，因为上级领导意图或者自身利益作祟，而向他人故意泄露标底，违反了法律法规的强制性规定。

此外，一些建设单位为了控制工程造价，在评标澄清或者定标之前，与中标候选人就投标价格或者投标方案（包括清单项目单价、措施项目金额、利润管理费、投标实施方案等）实质性内容进行谈判，并以中标为条件胁迫候选人让步获利。

最后，一些建设单位为了能够自由选择中标人，想方设法突破相关法律法规规定（如：《评标委员会和评标方法暂行规定》第 45 条规定中标候选人应当限定在 1～3 人。第 48 条规定：国有资金占控股或者主导地位的项目，招标人应当确定排名第一的中标候选人为中标人），如在推荐名单之外确定中标人；否定原有评标结果，进行复议确定新候选人；胁迫、诱使第一候选人主动弃标，改由他人中标；剥离替换单位的国有企业身份等不一而足。

以工程建设为例，建设单位在项目建设中往往处于主导、强势地位，其他建设主体很难对其违规行为进行有效的监督和制衡，因而直接导致工程在施工过程及后期使用阶段出现较大的安全隐患。

首先，建设单位为能保证工期或形象进度，在施工许可证尚未领取，或施工图设计文件尚未审查，或施工现场尚未"三通一平"的情况下，即催促施工单位尽快进场强行开工。有部分工程边施工边送审施工图，或工程完工后才送审。

其次，建设单位指定承包单位购入用于工程的建筑材料、建筑构配件和设备或者指定生产厂、供应商；有些甚至明示或者暗示施工单位使用不合格的建筑材料、建筑构配件和设备；更甚者，明示或者暗示设计单位或者施工单位违反工程建设强制性标准，降低建设工程质量。

再次，一些建设单位对于安全管理没有足够的投入，怠于及时足额拨付安全防护文明施工措施费，且未监督检查施工单位对该项资金的使用。开工前没对安全管理进行策划，没有建立符合实际情况的安全管理体系和管理制度。对施工单位的重大施工方案、重大安全技术措施未进行严格审查，审查流于形式。

最后，建设单位为能提前竣工或者提前使用，存在压缩合理工期现象。有的工期甚至比定额工期减少一半；竣工验收的时候，一些建设单位不按规定程序进行竣工验收；一些大型工程未待验收合格便提前使用；进行竣工验收资料备案时，由于资料遗失、损坏或者其他目的而进行虚假编制，骗取备案。

本章参考文献

[1] 曹善琪. 民用建筑可行性研究与快速报价[M]. 北京：中国建筑工业出版社，2001.
[2] 陈章洪，王维权. 建设单位(甲方)代表手册(第二版)[M]. 北京：中国建筑工业出版社，2007.
[3] 欣立庆，张启龙. 建设单位的法律风险及其防范[J]. 《市政技术》2008(5)：459-461.
[4] 全国造价工程师执业资格考试培训教材编委委员会. 建设工程计价(2014年修订)[M]. 北京：中国计划出版社.

第2章
立项决策阶段风险防控实务

　　建设工程立项决策阶段包括投资意向、市场研究与投资机会分析、工程建设前期决策分析、项目建议书、可行性研究及立项审查几个阶段。

　　立项决策阶段是建设工程的基础阶段，是建设项目科学决策和顺利进行的重要保证。

2.1 项目建议书

2.1.1 项目建议书的概念

　　项目建议书，是指按规定由政府部门、全国性专业公司以及现有企事业单位或新组成的项目法人，根据国民经济和社会发展的长期规划、产业政策、地区规划、经济建设的方针、技术经济政策和建设任务，结合资源情况、建设布局等条件和要求，经过调查、预测和分析，向国家计划部门、行业主管部门等或本地区有关部门提出的对某个投资建设项目需要进行可行性研究的建议性文件，是对投资建设项目的轮廓性设想。

2.1.2 项目建议书的编制

　　根据国民经济和社会发展长远规划，结合行业和地区发展规划的要求，提出项目建议书。由建设方或委托咨询机构编制，主要内容包括投资机会、项目构成设想、建设地点选择等。

2.1.3 项目建议书编制所需附件

　　1. 拟建地点的用地协议。
　　2. 建设资金来源的初步意向。
　　3. 国土、规划部门对拟建地点的意向性意见。

2.1.4 项目建议书的审批

　　随着我国投资体制的改革深入，特别是随着《国务院关于投资体制改革的决定》的出台和落实，除政府投资项目延续上述审批要求外，非政府投资类项目一律取消审批制，改为核准制和备案制。像房地产等非政府投资的经营类项目基本上都属于备案制之列，房地产开发商只需依法办理环境保护、土地使用、资源利用、安全生产、城市规划等许可手续和减免税确认手续，项目建议书和可行性研究报告可以合并，甚至不是必经流程。房地产开发商按照属地原则向地方政府投资主管部门（一般是当地发改委）进行项目备案即可。（详见《国务院关于投资体制改革的决定》国发〔2004〕20 号）

根据原国家发展计划委员会于 1988 年 1 月颁布的《关于大中型和限额以上固定资产投资项目建议书审批问题的通知》，对大中型和限额以上固定资产投资项目建议书的编制和审批问题做了相应规定。然而 2011 年的《中华人民共和国国家发展和改革委员会令》第十号文将上述文件进行了废止。目前针对地方政府投资项目，按照地方政府的有关规定审批；属于国家审批权限的项目，经地方发展改革委初审后报国家发展改革委审批。

根据《国家发展改革委关于审批地方政府投资项目的有关规定（暂行）》（发改投资〔2005〕1392 号），对国家发展改革委审批地方政府投资项目的有关要求作出如下规定：一、各级地方政府采用直接投资（含通过各类投资机构）或以资本金注入方式安排地方各类财政性资金，建设《政府核准的投资项目目录》范围内应由国务院或国务院投资主管部门管理的固定资产投资项目，需由省级投资主管部门报国家发展改革委会同有关部门审批或核报国务院审批。二、需上报审批的地方政府投资项目，只需报批项目建议书。国家发展改革委主要从发展建设规划、产业政策以及经济安全等方面进行审查。项目建议书经国家发展改革委批准后，项目单位应当按照国家法律法规和地方政府的有关规定属行其他报批程序。三、地方政府投资项目申请中央政府投资补助、贴息和转贷的，按照国家发展改革委发布的有关规定报批资金申请报告，也可在向国家发展改革委报批项目建议书时，一并提出申请。四、本规定范围以外的地方政府投资项目，按照地方政府的有关规定审批。

近期，国务院关于北京市开展公共服务类建设项目投资审批改革试点的批复（国函〔2016〕83 号）中提到"一、同意在北京城市副中心开展公共服务类建设项目投资审批改革试点，中央国家机关在京重点建设项目参照执行。试点期为 3 年，自国务院批复之日起算。请认真组织实施《北京市开展公共服务类建设项目投资审批改革试点方案》"。该方案中提到"简化建设项目立项手续。将项目建议书和可行性研究报告合并审批"。

2.1.5　项目建议书阶段建设单位的权利与义务

1. 建设单位在此阶段的权利主要有

（1）有权向编制单位提出编制要求，例如分析项目的建设需求、功能构成、建设标准、建设规模，项目投资的经济效益、环境效益、社会效益等要素，结合有关法律和政策，得出项目是否可行的结论；根据项目的功能定位、现状调查、需求分析及规划情况，并结合有关的政策因素，分析项目建设是否必要、建设条件是否具备、建设时机是否成熟。

（2）项目建设选址及概念设计方案需要提供多方案比较，特别要注重项目全生命周期费用测算。

（3）基于国家颁布的有关政策、建设标准、规范、规定、定额、评价参数及相关案例等，分析项目功能构成、建设规模和投资规模是否合理。如没有参考规范或案例，可采用科学分析方法，包括：费用效益分析法的最有效原则、最经济原则和费用效益比原则。

（4）改扩建项目，需注重分析原有资源的利用，争取更多的投资效益。

（5）有权对《项目建议书》的评审机构提出要求，保证项目建议书为建设方提供科学合理的投资决策依据。基于《项目建议书文件编制内容与深度要求》（各地区、行业不同）及评审原则，客观、公正地对《项目建议书》进行评估，并编制《项目建议书评估报告》（含项目投资风险评估）。

2. 建设单位在此阶段的义务主要有

（1）建设单位应明确决策层的目标体系。包括项目的建设需求、功能构成、建设规模、可利用资源、企业效益、投资能力等。

（2）建设单位组织机构应相对稳定、流程清晰、责任明确。

（3）建设单位可自行编制《项目建议书》，也可招标委托具有编制能力及相关资格的监理单位或设计单位编制。监理及设计招标需要及时备案，选择监理单位或设计单位时，应注重评估其市场诚信度、技术实力、前期咨询业绩及是否具备有资质的规划设计人员。工程咨询单位资格等级分为甲级、乙级、丙级，某些大型项目立项所提交的《项目建议书》需附带咨询机构的公章。《项目建议书》的评估须由建设单位负责组织。

（4）政府投资项目，《项目建议书评估报告》部分信息应在政务平台公开；国有企业投资项目，应通过内部工作流程进行会审与会签，并在相应的决策平台备案。

（5）建设单位应根据项目特性，充分考虑咨询设计单位在项目前期收集信息方面做出的努力，在咨询合同中合理约定必要的工期与酬金，并支付酬金。

2.1.6　建设单位（甲方代表）在实践中的风险点及防控建议

1. 建设单位前期未对项目投资及工期做合理预估

未能按照项目实际情况对项目中客观存在的咨询服务内容和项目前期收集信息的难度向咨询单位支付合理的费用。未给咨询单位预留必要的工作周期，导致后者为赶进度而提交的咨询成果不完善，无法为项目决策提供有力支持，同时为建设实施阶段管理缺位造成项目超投资埋下隐患。

【防控建议】

（1）建立咨询成果回溯机制，由于咨询报告不完善造成的重大决策失误，咨询单位应承担相应责任。

（2）建设单位应根据项目特性，充分考虑咨询设计单位在项目前期收集信息方面做出的努力，在咨询合同中合理约定必要的工期与酬金，并支付酬金，且给予充分的工作周期。

2. 建设单位决策不科学，论证不完善，造成投资计划和建设方案问题频出

无视建设需求存在的客观限制条件与实施逻辑规律，过度放大进度目标的需求，勘测、设计、施工并行，造成工程建设程序混乱、质量隐患多等问题；脱离实际，好高骛远，不顾建设地点交通、资源、环境的限制，盲目引资，建设"形象"工程、"政绩"工程；超使用面积标准和超装修标准修建豪华办公用房，搞"面子"工程。联合咨询机构，在《项目建议书》报告中，扩大建设需求与市场预测数据、有意避开拟购建设场地存在不利的客观条件对项目投资效益的影响，虚设项目收益、夸大项目的投资效益、社会效益与环境效益。

《项目建议书》没有或没有足够的深度对决策问题进行全面研究，报告的编制内容和研究方法所采用的标准是在 20 世纪 80 年代计划经济条件下制定的，不能适应当前竞争激烈的市场经济的要求，缺乏可信度。

【防控建议】

（1）规范投资决策程序，提高决策水平。坚持科学决策、民主决策的原则，以投资效益最大化为目标，在深入调查研究基础上，广泛吸收专家和社会公众的意见，对若干建设方案进行技术和经济的分析、论证、比较，择优确定最佳建设方案，合理确定投资项目各项技术经济指标，为项目建设提供准确、可靠的依据。

（2）建议建设单位成立投资决策委员会，授权一名管理者负责统筹工作，以避免个人意志替代群体决策。其责任、权利以岗位职责、流程、备忘录等方式留下工作轨迹。

（3）组建一个组织相对稳定与人员构成相对专业的团队，明确责任与分工。

（4）涉及国有投资数额较大的项目，建议委托具备综合实力的专业机构，为投资委员会提供"项目投资决策策划"技术支撑与管理咨询服务。

3. 建设周期及顺序违背自然规律，前期工作不充分

忽略项目决策应按国家规定的基本建设程序。政府项目以推动地区经济发展为理由，跳过《项目建议书》进入必要的程序与相关的咨询过程，直接进入《可行性研究》环节，甚至直接进入《实施规划》与启动建筑设计采购环节。建设单位对自然环境、人文环境的了解不够充分，因而在项目实施过程中出现不利于项目顺利实施的情况。

虽然国务院关于北京市开展公共服务类建设项目投资审批改革试点的批复（国函[2016] 83 号）中提到"简化建设项目立项手续，将项目建议书和可行性研究报告合并审批，"但不代表前期工作可以简化。

【防控建议】

明确责任与分工，设定项目全过程决策与主体责任跟踪机制。

4. 建设单位选择自行编制《项目建议书》，但内部缺乏专业编制团队

一般项目建设单位往往不是建设领域的专家，在项目建议书中所提出的建设方案显得简单粗糙，特别是对项目的内容、建设规模、项目意义等部分都无法准确描述和说明，整个建设方案显得特别"抽象"。因此，从项目建议书阶段到可行性研究阶段再到扩初设计阶段，随着设计方案的逐步细化，随着建设内容和使用功能不断确定和细化，原有的方案将发生较大变化，当初所做的投资匡算，已根本不能控制造价。

【防控建议】

对于不具备编制《项目建议书》能力的建设单位，应委托具有编制能力及相应资质的咨询或者设计单位来完成。专业编制团队的及早地介入，将更好地运用价值理论来进行使用功能的准确定位，找到经济有效又能让业主满意的建设方案；特别是前期建筑师的介入，能把"抽象"的概念具体化，形成初步的方案，落实到图纸上并能和未来可行性研究阶段的建设方案趋于一致，避免过多地调整方案而影响造价。

2.2　项目可行性研究报告

2.2.1　项目可行性研究报告的概念

项目可行性研究报告指项目决策前通过对与项目有关的工程、技术维修等各方面条件和情况进行调研分析，对各种可能的建设方案进行比较论证，并对项目建成后的经济效益进行预测和评价的一种科学分析方法。评价项目技术上的先进性和实用性，经济上的盈利性和合理性，建设的可能性。

2.2.2　项目可行性研究报告的编制

项目可行性研究报告由项目建设单位批准的项目建议书为依据，在勘察、试验、调查研究及详细技术经济论证的基础上编制，并在项目建议书规定的地区范围内，由规划、国土部门确定项目建设地点。

项目可行性报告应按照国家发改委发布的《可行性研究报告编制目录大纲》进行编制，并根据项目自身特点对其进行完善和调整。

2.2.3　项目可行性研究报告内容

1. 建设项目可行性研究报告必须包含内容：
（1）项目需求分析及建设规模。
（2）项目的背景和投资意义。
（3）建设条件、场地情况。
（4）设计方案。
（5）环境影响、生产安全、劳动保护的评价。
（6）投资估算、资金筹措。
（7）项目建设进度安排。
（8）社会效益，经济效益的评估。

2. 项目可行性研究报告的编制应针对项目类型、地域、地方政策、业主要求等个性化差异对报告框架进行调整，有的放矢，突出重点。

以《中国移动××中心可行性研究报告》为例，其编制框架如图 2.2.3 所示：

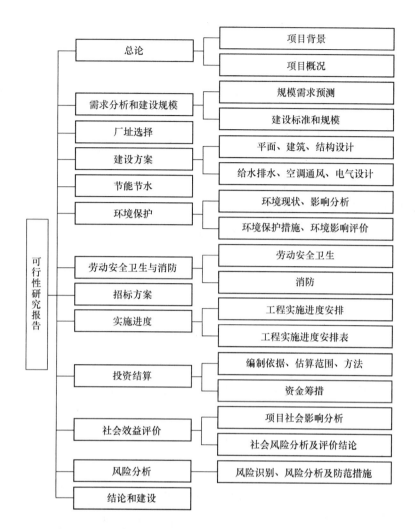

图 2.2.3 《中国移动××中心可行性研究报告》编制框架

其中，"项目背景"标题下的"编制依据"中，针对本项目补充了若干中国移动企业标准。

2.2.4 项目可行性研究报告的主要附件

1. 批准的项目建议书。

2. 国土、规划部门的定点意见（建设项目选址意见书等）。

3. 中外合资项目必须有中外各方的营业执照、资信证明、协议等相关材料。

4. 重大项目必须具备有资格的咨询评估单位的评估意见和经过批准的选址报告。

2.2.5 项目选址意见书

城乡规划主管部门应当参加建设项目可行性研究报告阶段的选址工作，对确定安排在城市规划区内的建设项目从城市规划方面提出选址意见书。可行性研究报告报请批准时，必须附有城市规划行政部门的选址意见书。

1. 项目选址意见书应当包括以下内容：

（1）建设项目的基本情况。主要是建设项目名称、性质、用地与建设规模，供水与能源的需求量，采取的运输方式与运输量，以及废水、废气、废渣的排放方式和排放量。

（2）项目规划选址的主要依据。

（3）项目选址、用地范围和具体规划要求。

（4）项目选址意见书应当包括建设项目地址和用地范围的附图和明确有关问题的附件。附图和附件是建设项目选址意见书的配套证件，具有同等的法律效力。附图和附件由发证单位根据法律、法规规定和实际情况制定。

2. 项目选址意见书，按建设项目计划审批权限实行分级规划管理。

县级人民政府计划行政主管部门审批的建设项目，由县人民政府城市规划行政主管部门核发选址意见书。

地级、县级市人民政府计划行政主管部门审批的建设项目，由该市人民政府城市规划行政主管部门核发选址意见书。

直辖市、计划单列市人民政府计划行政主管部门审批的建设项目，由直辖市、计划单列市人民政府城市规划行政主管部门核发选址意见书。

省、自治区人民政府计划行政主管部门审批的建设项目，由项目所在地县、市人民政府城市规划行政主管部门提出审查意见，报省、自治区人民政府城市规划行政主管部门核发选址意见书。

中央各部门、公司审批的小型和限额以下的建设项目，由项目所在地县、市人民政府城市规划行政主管部门核发选址意见书。

国家审批的大中型和限额以上的建设项目，由项目所在地县、市人民政府城市规划行政主管部门提出审查意见，报省、自治区、直辖市、计划单列市人民政府城市规划行政主管部门核发选址意见书，并报国务院城市规划行政主管部门备案。

2.2.6　项目可行性报告的审批

项目可行性报告的审批是有关部门对建设项目可行性研究报告的审查批准程序，审查通过后即予以立项，正式进入建设准备阶段。关于《建设项目进行可行性研究的试行办法》对审批的权限有具体的规定。

根据《国务院关于投资体制改革的决定》（国发 [2004] 20 号），对于政府投资项目须审批项目建议书和可行性研究报告。《国务院关于投资体制改革的决定》指出，对于企业不使用政府资金投资建设的项目，一律不再实行审批制，区别不同情况实行核准制和登记备案制。对于《政府核准的投资项目目录》以外的企业投资项目，实行备案制。

1. 项目可行性报告报批、要求立项批准时，主要需要提交下列文件：

（1）项目建议书以及批准文件。

（2）可行性研究报告。

（3）设计任务书。

（4）选址意见书。

（5）建设用地预审意见书。

（6）建设项目环境影响评价。

（7）建设项目交通影响评价。

（8）建设场地地震安全性评价。

2. 建设场地的地震安全性评价及其报审

（1）地震安全性评价的概念

地震安全性评价是指在对具体建设工程场址及其周围地区的地震地质条件、地球物理场环境、地震活动规律、现代地形变及应力场等方面深入研究的基础上，采用先进的地震危险性概率分析方法，按照工程所需要采用的风险水平，科学地给出相应的工程规划或设计所需要的一定概率水准下的地震动参数（加速度、设计反应谱、地震动时程等）和相应的资料。

（2）地震安全性评价的内容

地震基本烈度鉴定与复核、地震危险性分析、场址及周围活断层评价、设计地震动参数的确定（加速度、设计反应谱、地震动时程）、场址及周围地震地质稳定性评价、地震小区划、场区地震灾害预测等。这些工作内容不是所有工程都要做的，而是根据工程重要程度和安全的需要来选取其中的相关项目。

（3）地震安全评价的审批

相关部门或机构，在收到地震安全性评价报告之日起15日内进行审定，确定建设工程的抗震设防要求，并以书面形式通知建设单位和建设工程所在地的市、县人民政府负责管理地震工作的部门或机构。

对可行性研究报告中未包含抗震设防要求的项目，不予批准。

3. 建设场地的交通影响评价及其报审

（1）交通影响评价的概念

交通影响评价，是对城市土地开发或土地使用性质变更的项目可能对城市交通所产生的影响进行定量评估并制定解决方案的过程。交通影响评价是预测土地开发特别是大规模商住设施建设所诱发的交通需求，主要是分析由此导致的交通量增加及项目周边道路的拥挤程度和环境负荷的变化。

（2）交通影响评价的内容

交通影响评价的内容包括：项目所在地段的现状和规划土地使用情况；项目所在地段目前的开发状况；项目所在地段地区道路交通状况；现有项目方案交通预测及地段和地区交通的影响分析；为改善交通的土地使用与交通组织对策和建议；配套交通建议；总评价意见与结论。

4．项目的环境影响评价及审批

（1）环境污染防治法律制度

《环境保护法》1989 年制定，2014 年修订，是其他环保法律的基础。

《大气污染防治法》1987 年制定，1995 年、2000 年、2015 年三次修订。

《水污染防治法》1984 年制定，1996 年、2008 年两次修订。

《海洋环境保护法》1982 生效，1999、2013 年修订。

《环境噪声污染防治法》1996 年制定。

《固体废物污染环境防治法》1995 年制定，2004 年、2013 年、2015 年三次修订。

（2）环境影响评价制度

有关环境影响评价的范围、内容、编制和填报环境影响报告书以及审批和备案的程序、违反环境影响评价要求的法律责任等方面规定的总称。

首创于美国 1969 年的《国家环境政策法》，1977 年纽约州制定了专门的《环境质量评价法》，继美国之后，其他发达国家纷纷效仿和采用。

（3）环境影响评价

指对规划和建设项目实施后仍可能造成的环境影响进行分析、预测和评估，提出预防或减轻不良环境影响的对策和措施，进行跟踪监测的方法与制度。

环境影响评价类型：

1）环境影响报告书

建设项目对环境可能造成重大影响的，应当编制环境影响报告书，对建设项目产生的污染和对环境的影响进行全面、详细的评价。

2）环境影响报告表

建设项目对环境可能造成轻度影响的，应当编制环境影响报告表，对建设项目产生的污染和对环境的影响进行分析或者专项评价。

3）登记表

建设项目对环境影响很小，不需要进行环境影响评价的，应当填报环境影响登记表。

（4）环境影响评价报告书的内容

环境影响报告表和环境影响登记表的内容和格式由国务院环境保护行政主管部门制定。

主要内容如下：

1）建设项目概况。

2）建设项目周围环境现状。

3）建设项目对环境可能造成影响的分析、预测和评估。

4）建设项目环境保护措施及其技术、经济论证。

5）建设项目对环境影响的经济损益分析。

环境影响报告须分析建设项目对环境产生影响所造成的成本或负面影响，以及建设项目本身所可能产生的经济效益，并将二者进行比较，使环境保护措施具有实证基础。

6）对建设项目实施环境监测的建议。

建设项目中采取了环境保护措施，并不意味着环境污染或影响就能完全避免，因而须对建设项目实施环境监测，以便有效控制建设项目对环境的影响。

7）环境影响评价的结论。

环境影响评价结论是环境影响报告的核心内容，关系到建设项目能否实施，是先于建设项目可行性研究报告的研究。

（5）环境影响报告书的审批

审批部门应当自收到环境报告书之日起 60 日内；收到环境影响报告表之日起 30 日内；收到环境影响登记表之日起 15 日内；分别作出审批决定并书面通知建设单位。预审、审核、审批建设项目环境影响评价文件不得收取任何费用。

（6）审批权限

国务院环境保护行政主管部门负责审批下列建设项目的环境影响评价文件：

1）核设施、绝密工程等特殊性质的建设项目。

2）跨省、自治区、直辖市行政区域的建设项目。

3）由国务院审批的或者由国务院授权有关部门审批的建设项目。

前款规定以外的建设项目的环境影响评价文件的审批权限由省、自治区、直辖市人民政府规定。

建设项目可能造成跨行政区域的不良环境影响，有关环境保护行政主管部门对该项目的环境影响评价结论有争议的，其环境影响评价文件由共同的上一级环境保护行政主管部门审批。

（7）重新报批与重新审核

1）建设项目的环境影响评价文件经批准后，建设项目的性质、规模、地点、采用的生产工艺或者防治污染、防止生态破坏的措施发生重大变动的，建设单位应当重新报批建设项目的环境影响评价文件。

2）建设项目的环境影响评价文件自批准之日起超过 5 年才决定该项目开工建设的，其环境影响评价文件应当报原审批部门重新审核；原审批部门应当自收到建设项目环境影响评价文件之日起 10 日内，将审核意见书面通知建设单位。

2.2.7　项目可行性研究阶段建设单位的权利与义务

1. 建设单位此阶段的权利主要有：

（1）在设定拟购土地交易意向前，要求相关机构通过科学客观的分析与评价，提交符合国家法规要求的《灾评报告》与《环评报告》。

（2）为避免拟购土地因地质灾害、污染源、规划道路条件等环境因素造成投资风险，导致项目选址决策欠合理而影响投资效益，应要求《项目建议书》编制机构全面了解拟购土地所在区域的"土地利用规划导则"的稳定性、土地场地建设现状及周边条件。

（3）建设单位有权要求《可行性研究报告》的编制单位，协助其重点分析"项目建设需求、功能构成、建设标准、建设规模、项目投资计划、融资计划、节能、环保、建设模式、进度计划、服务采购模式及经济效益、环境效益、社会效益"等具体问题。相比建设项目建议书更进一步地分析项目建设条件及时机的可行性。根据项目前期已通过咨询/评审/政府批复/相关公示等合法合规文件、根据国家颁布的有关政策、建设标准、规范、规定、定额、评价参数、同类项目经验等，分析项目功能配置、建设规模和投资规模的合理性。如没有参考规范或案例，可采用的科学分析方法包括：费用效益分析法的最有效原则、最经济原则和费用效益比原则。

（4）建设单位有权要求《可行性研究报告》的编制单位能提供项目评估环节分析与对比的 2 个以上工程设计方案与项目投资估算、项目全生命周期费用测算。

（5）改、扩建项目，建设单位有权要求《可行性研究报告》的编制单位分析原有资源的利用及实施方案。

（6）有权对《可行性研究报告》的评审机构提出要求，保证可行性研究报告为甲方提供科学合理的投资决策依据。客观、公正地对《可行性研究报告》进行评估，并编制《可行性研究报告》（含项目投资风险评估内容）。

（7）为保障项目的顺利进行，建设单位有权根据项目实际情况在建设工程其他费用中增加设计咨询费与 BIM 技术咨询费。

2. 建设单位此阶段的义务主要有：

（1）委托有相关资质的咨询机构，编制《拟建项目选址场地地质灾害评估报告》、《建设项目环境影响评估报告》、《风、雷电灾害评估报告》（高层建筑）并通过对应部门审核后，由咨询机构先行编制《项目选址意见书》，再报政府规划部门批复。

（2）根据拟购土地项目特性与自身资源的局限性，尊重咨询单位在项目前期收集信息受方方面面条件制约的客观存在，在咨询合同中合理地约定必要的工作周期与酬金，并按合同约定支付酬金。

（3）建设单位不得向设计单位提出有悖于政府规划部门审批下发的规划意见书的设计

要求，规划意见书是设计单位进行设计的基本依据。

（4）建设单位应尽量保障组织机构的稳定性，明确责任分工，建立完善的工作流程。

（5）项目决策层应有明确的目标预估，包括对拟建项目的建设需求、功能构成、建设规模与项目选址位置的关联与制约条件、国家和地方的政策、现有资源能否有效利用、项目投资能为当地或企业带来哪方面的效益等。

（6）建设单位在实行监理招标及设计招标时，应委托具有编制能力及相关资格的监理单位或设计单位编制。监理及设计招标要及时备案。国内咨询机构分为甲、乙、丙三个级别。部分大型项目立项必须要加盖甲级资质编制机构的公章才能通过。正常条件下，可继续委托负责编制《项目建议书》的咨询机构完成《可行性研究报告》工作的编制。建设单位应该对《可行性研究报告》的编制单位加强审查，避免跨行业、越资质承揽任务的违法行为。

（7）政府投资项目的《项目可行性评估报告》部分信息应在政府政务平台公开；国有企业投资项目的《项目可行性评估报告》应通过内部工作流程进行会审与会签，并在相应的决策轨迹平台上备案。

（8）详细可行性研究阶段，是最终决策阶段，投资估算误差率需控制在±10％以内。

（9）建设单位和设计单位人员应具备可行性研究方面的专业知识，包括国家法律法规政策、行业规定、项目建设程序及周期、可行性研究方法及涵盖内容、经济评价方法和相关软件应用等。还应定期组织相关培训，与时俱进。

（10）委托具备相应资质及实力的第三方专业咨询机构，对《可行性研究报告》进行分析与评估。

（11）根据项目的特性及实际情况，在咨询合同中合理地约定必要的工作周期与酬金，并按合同约定支付酬金。

2.2.8 建设单位（甲方代表）在实践中的风险点及防控建议

1. 决策变化导致重要环节返工

例如项目原决策团队重组之后，基于不同成员潜在的利益驱动等原因，要求咨询机构重新编制《项目选址意见书》等重要文件，造成工程进度受阻。

【防控建议】

（1）建设单位内部的项目组织相对稳定，为避免项目决策反复，建设单位的投资决策委员会，其最高决策管理者应相对稳定。如决策者更替，离任与现任决策者均须进行交接。其岗位职责与权利、流程、备忘录等方式以留下工作轨迹。

（2）执行团队须相对稳定，不以决策层人事变更对原团队组织进行大范围的变更。如有执行层面轮岗或离职时，相关成员须进行"责任个体工作交接程序"，保持所有的工作轨迹的可持续性。

（3）建议企业内部根据自身职能组织与决策流程，设定项目全过程决策与主体责任跟踪机制。

2. 忽略建设场地选址前相关咨询工作的重要性与必要性

不重视或片面重视可行性研究，认为可行性研究是"走过场"，或是只提供给贷款机构、投资方看的或往往是为了立项和报批而做，编造数据，其真实性、可靠性和科学性值得怀疑。

例如某项目在选址前，未进行《雷电灾害评估》，同时追求"标志性建筑"的效果，此建筑成为某开发区的"避雷针"。项目在运营期间遭遇雷电袭击，使某层室内设备、设施、系统严重受损，直接、间接造成企业经济损失。某项目在进行建设场地土地转让交易前，忽略了区域开发条件的不成熟的客观存在，在项目选址决策上欠理性。导致项目建成后，由于市政供水的配套设施建设不同步，约 3 万平方米的建筑由此丢荒两年。

【防控建议】

建设单位应确保严格的工作流程，重视前期咨询，寻找有资质的咨询单位合作，并通过专家评审等形式尽量避免出现纰漏。建立责任追溯机制，责任分工需明确。

3. 暗箱操作指定咨询机构

咨询方不是正规招投标程序遴选得到，或建设单位明招暗定（即在招标前已确定意向单位，尔后由意向单位组织若干其他投标人按规定执行招标程序）。

【防控建议】

规范咨询服务采购行为——凡涉及国有投资数额较大/综合效益影响面较大的投资项目，建设单位应通过严格的服务采购遴选程序，并在服务采购文件及咨询合同中明确约定其工作内容与成果交付的要求，能为投资委员会提供"项目投资决策策划"提供专业技术支撑与统筹管理咨询服务。

4. 经过审批的可行性研究报告随意修改和变更

由于前期调研和分析不足，对实际情况掌握不充分，照抄、照搬其他项目数据，缺乏针对性，只注重形式。一些项目可行性研究报告编制单位由于受时间、经费、人力等诸多方面因素的影响，为了降低成本，不进行调查研究，未搜集到完整可靠的基础资料；或是完全按建设单位意见或领导意图办事，避实就虚，失去了公正、科学、务实的基本原则；或是因为时间、资金、竞争问题缩短可行性报告时间，基础工作不扎实，仅凭数据或主观推测、判断，可行性研究结论不可靠。

作为初步设计的重要依据，可行性研究报告批准后如随意修改，将影响建设项目的进度，报告整体框架的合理性也会受到质疑。

【防控建议】

建设单位内部的组织架构相对稳定，避免决策链条断裂。重视前期咨询工作，为后期建设项目推进打下坚实基础。建立完善的报告修改程序，经过充分评估、论证及审批后才能进行修改。

5."三超"项目

"三超"：工程概算超工程估算，工程预算超工程概算，工程决算超工程预算。

一方面由于项目在设计/采购/实施阶段项目管理缺位的原因外，更多的是由于在可研阶段对建设范围、投资界面、工程设计方案比选、建设标准与估算欠准确分析而造成。

【防控建议】

促使建设单位对有限的人力、物力、财力资源加强管理，使其得到充分的利用，取得最佳的经济效益和社会效益。重视项目可行性研究报告的编制和评审，规范投资决策程序，提高决策水平，对若干建设方案进行技术、经济分析、论证、比较，择优确定最佳建设方案，合理确定投资项目各项技术经济指标，为项目建设提供准确、可靠的依据。

6.忽略工程设计方案编制方法与深度

部分建设单位联合咨询机构在《可行性研究报告》的"专业工程设计方案"章节，忽略用图形文件表达"建筑功能与空间构成"、"地质条件与结构方案"等工程方案的编制方法与深度要求。由于工程设计方案仅用定性方式与文字对项目建设产品进行简单描述，对项目投资估算产生很大影响，使项目后阶段负责建设实施的部门与外部组织承担重大风险。

缺乏全面、系统、多维度的分析，导致可行性研究在项目定位、战略目标、功能分析、产业策划、风险评估等决策研究上存在不足。

【防控建议】

规范文件编制方法与深度，为项目后阶段建设提供尽量精确、全面的信息。

7.违章建筑

《项目选址建议书》尚未编制与报审就开始委托设计及施工，违章建筑大量存在。

【防控建议】

建设单位应严格遵守工程建设的基本程序，尊重咨询设计及施工的正常周期，不能为了赶工期自作主张，造成资源浪费。

8.对有利于项目建设的新技术接纳度不高

对 BIM 技术、建设项目信息管理平台等新技术持怀疑态度，回避项目前期决策规范化、透明化的先进技术与管理措施。

【防控建议】

BIM 技术可以为项目前期外部咨询组织与建设单位内部管理组织提供准确、详细、及时的信息是项目投资理性决策的基础。因此，建议涉及国有投资数额较大/综合效益影响面较大的投资项目在项目全寿命周期采用 BIM 辅助技术。

2.2.9　典型案例评析：可行性研究报告不可行

××露天煤矿损害赔偿案

原告（被上诉人）：庞××，新疆××县煤矿劳动服务公司养鸡场承包人

被告（上诉人）：乌鲁木齐矿务局××露天煤矿建设指挥部（简称"指挥部"）

案情梗概：

1983年，新疆维吾尔自治区决定开发××地下煤炭资源，并将××露天煤矿的建设确定为新疆"七五"期间的重点建设项目。1985年6月，可行性研究报告中肯定该露天煤矿爆破引起的噪声和震动会对周围自然环境产生影响，但对如何采取预防措施未加论述。

1988年，乌鲁木齐矿务局成立露天建设管理委员会，1990年更名为乌鲁木齐矿务局××露天煤矿建设指挥部（下称指挥部），1991年该矿开始建设。

在指挥部计划建设露天煤矿期间，××县煤矿劳动服务公司在该露天煤矿东南界线的边缘建立养鸡场。1991年4月，劳动服务公司将该养鸡场民包给本案原告庞××，承包期为4年。1992年2至6月，庞××分4次购进雏鸡6970只，饲养在鸡场。同年8至10月，这些鸡先后进入产蛋期。与此同期，指挥部在露天煤矿进行爆破施工，其震动和噪声惊扰养鸡场的鸡群，鸡的产蛋率突然大幅度下降，并有部分鸡死亡。同年12月底和1993年初，庞××将成鸡全部淘汰。经计算，庞××因蛋鸡产蛋率下降而提前淘汰减少利润收益120411.78元。

新疆维吾尔自治区畜牧科学院兽医研究所对庞××承包的养鸡场的活、死鸡进行抽样诊断、检验，结论为因长期放炮施工的震动和噪声造成鸡群"应激产蛋下降综合症"。另外，指挥部在露天煤矿爆破施工的震动、噪声，致使附近居民的房屋墙壁出现裂损和正常的生活秩序受到影响，引起些居民不满，政府有关部门曾拨专款给予补偿。1993年2月，指挥部委托地震局、环保局，对露天煤矿爆破施工的震动和噪声进行监测，结论是震动速度和噪声均没超出国家规定的标准。

原告庞××向新疆维吾尔自治区乌鲁木齐市中级人民法院起诉称：指挥部开矿爆破造成蛋鸡产蛋率由原来的90%以上下降到10%左右，并出现部分鸡死亡的现象，要求被告赔偿损失402418.42元。被告指挥部辩称：我部开矿爆破经国家有关批准，没有违法，不构成侵权，不应承担赔偿责任。

法院审判：

1. 乌鲁木齐市中级人民法院经审理认为：露天煤矿开始施工建设时，养鸡场已经建成并投入生产，养鸡场的建立没有违反有关规定。指挥部长期开矿爆破施工，其震动和噪声惊扰庞××养鸡场的鸡群，造成该鸡群"应激产蛋下降综台症"，应该承担赔偿责任。

2. 该院根据民法通则一百二十四条之规定，于 1993 年 4 月 28 日判决如下：指挥部赔偿庞××的经济损失 120411.78 元。

二审法院的审理和判决：

1. 新疆维吾尔自治区高级人民法院在审理中，对地震、环保部门的监测结论进行了核实，认为：这种事后委托有关部门作出的监测结论，因用作监测的对象与当时的客观情况不相一致，放炮点也发生了变化，加之养鸡场的鸡不复存在，故该监测结论不能作为推翻兽医研究所诊断结论的证据。

2. 二审法院还就鸡群"应激产蛋下降综合症"的问题听取了有关专家的咨询意见。专家认为：根据兽医学的理论研究，包括鸡在内的各种动物都对外界环境的变化有一定本能的反应，当这种反应超过其本身的适应能力时，就会给其生理和心理造成不良的影响，这种"反应"就是"应激"。庞××养鸡场的鸡群，属于对周围环境要求较高、适应环境能力较低的鸡种，这种鸡好静，长期爆破产生的震动和噪声完全改变了它生长的环境，给鸡群的生理和心理造成了不良的影响，以致产蛋率下降。据此，排除了庞××养鸡场的鸡群产蛋率下降是由于患病所致的因素。

3. 二审法院经重新核算，庞××所受到的经济损失为 131000 元。

二审法院在进一步查明事实和分清是非、责任的基础上进行调解。经调解，双方于 1994 年 2 月 2 日自愿达成如下协议：

(1) 指挥部赔偿庞××的经济损失 131000 元。

(2) 指挥部于 1994 年 2 月 20 日付给庞×× 65500 元，剩余部分于 2 月底全部付清，否则加倍支付迟延履行期间的利息。

案例评析：

由本案可见，被告在居民区附近建设露天煤矿，在可行性研究报告中已经明确肯定该煤矿爆破施工会对周围自然环境产生不良的影响，但在该可行性报告中没有关于采取防范措施的论述，在开发时又没有采取实际防范措施，这足以证明被告污染环境行为具有违法性。

建设单位应对可研编制单位提供成果的内容与深度提出要求并进行审核，避免本案中"提出问题"却没有"解决问题"，最终"导致问题"的情况发生。

2.2.10 工程设计任务书的概念

工程设计任务书是工程技术人员根据经济发展规划和建设需要，按照委托方要求编制的有关工程项目具体任务、设计目标、设计原则及有关技术指标的技术文件。工程设计任务书是确定工程建设项目和建设方案的基本文件，是生产、施工单位进行生产、施工的依据；也是工程项目完成后质量管理部门验收的标准。

2.2.11 工程设计任务书的编制

工程设计任务书一般由工程设计说明书、设计图纸、概算书等文件组成，统称为工程设计任务书，又称工程设计说明书。工程设计任务书一般在工程项目可行性研究和技术经济论证以后，在对客观条件进行全面考察了解、科学分析基础上，由各方面设计人员共同编制成功的。

2.2.12 工程设计任务书的内容

设计任务书除包含可行性研究报告的内容外，主要增加了如下内容：对设计单位工作内容、服务需求、进度的要求；提交成果内容、深度、时间等要求。

以《中国移动××中心规划设计比选文件》中的规划设计任务书为例，其编制框架如图 2.2.12 所示。

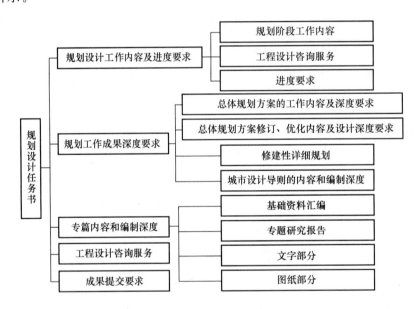

图 2.2.12 规划设计任务书编制框架

2.2.13 工程设计任务书的主要附件

1. 可行性研究报告。
2. 征地和外部协作条件的意向性协议。
3. 总平面图。
4. 资金来源及筹措情况。

5. 凡排放三废和污染环境的项目，要附上环境保护部门的正式意见；凡原料、燃料、动力和交通运输等涉及国家平衡的，应附上主管部门同意的文件，有关水资源的利用，应附上征得主管部门和有关省、市、自治区同意的文件。

2.2.14 相关法律和技术标准❶（重要条款提示）

针对本节所面临的风险点，建设单位应注意以下相关法律、法规、部门规章及其他规范性文件的重要条款。

1.《中华人民共和国城乡规划法》

第三十六条 按照国家规定需要有关部门批准或者核准的建设项目，以划拨方式提供国有土地使用权的，建设单位在报送有关部门批准或者核准前，应当向城乡规划主管部门申请核发选址意见书。前款规定以外的建设项目不需要申请选址意见书。

2.《中华人民共和国防震减灾法》

第二十四条：新建、扩建、改建建设工程，应当避免对地震监测设施和地震观测环境造成危害；建设国家重点工程，确实无法避免造成危害的，建设单位应当按照县级以上地方人民政府负责管理地震工作的部门或者机构的要求，增建抗干扰设施；不能增建抗干扰设施的，应当新建地震检测设施。

对地震观测环境保护范围内的建设工程项目，城乡规划主管部门在依法核发选址意见书时，应当征求负责管理地震工作的部门或者机构的意见；不需要核发选址意见书的，城乡规划主管部门在依法核发建设用地规划许可证或者乡村建设规划许可证时，应当征求负责管理地震工作的部门或者机构的意见。

第三十五条：新建、扩建、改建建设工程，应当达到抗震设防要求。

重大建设工程和可能发生严重次生灾害的建设工程，应当按照国务院有关规定进行地震安全性评价，并按照经审定的地震安全性评价报告所确定的抗震设防要求进行抗震设防。建设工程的地震安全性评价单位应当按照国家有关标准进行地震安全性评价，并对地震安全性评价报告的质量负责。

前款规定以外的建设工程，应当按照地震烈度区划图或者地震动参数区划图所确定的抗震设防要求进行抗震设防；对学校、医院等人员密集场所的建设工程，应当按照高于当地房屋建筑的抗震设防要求进行设计和施工，采取有效措施，增强抗震设防能力。

本条第三款规定以外的建设工程，必须按照国家颁布的地震烈度区划图或者地震动参数区划图规定的抗震设防要求，进行抗震设防。

---

❶ 本书在"相关法律和技术标准"中所称的法律是指中华人民共和国法律、行政法规、部门规章，以及工程所在地的地方性法规、自治条例、单行条例和地方政府规章等。技术标准指适用于工程的现行有效的国家标准、行业标准、工程所在地的地方性标准，以及相应的规范、规程等。

重大建设工程和可能发生严重次生灾害的建设工程，必须进行地震安全性评价；并根据地震安全性评价的结果，确定抗震设防要求，进行抗震设防。

本法所称重大建设工程，是指对社会有重大价值或者有重大影响的工程。

本法所称可能发生严重次生灾害的建设工程，是指受地震破坏后可能引发水灾、火灾、爆炸、剧毒或者强腐蚀性物质大量泄漏和其他严重次生灾害的建设工程，包括水库大坝、堤防和贮油、贮气、贮存易燃易爆、剧毒或者强腐蚀性物质的设施以及其他可能发生严重次生灾害的建设工程。

核电站和核设施建设工程，受地震破坏后可能引发放射性污染的严重次生灾害，必须认真进行地震安全性评价，并依法进行严格的抗震设防。

第八十七条：未依法进行地震安全性评价，或者未按照地震安全性评价报告所确定的抗震设防要求进行抗震设防的，由国务院地震工作主管部门或者县级以上地方人民政府负责管理地震工作的部门或者机构责令限期改正；逾期不改正的，处三万元以上三十万元以下的罚款。

3.《地震安全性评价管理条例》

第十二条　建设单位应当将建设工程的地震安全性评价业务委托给具有相应资质的地震安全性评价单位。

第十三条　建设单位应当与地震安全性评价单位订立书面合同，明确双方的权利和义务。

第十四条　地震安全性评价单位对建设工程进行地震安全性评价后，应当编制该建设工程的地震安全性评价报告。

地震安全性评价报告应当包括下列内容：

（一）工程概况和地震安全性评价的技术要求；

（二）地震活动环境评价；

（三）地震地质构造评价；

（四）设防烈度或者设计地震动参数；

（五）地震地质灾害评价；

（六）其他有关技术资料。

第十五条　建设单位应当将地震安全性评价报告报送国务院地震工作主管部门或者省、自治区、直辖市人民政府负责管理地震工作的部门或者机构审定。

4.《中华人民共和国职业病防治法》

第十七条　新建、扩建、改建建设项目和技术改造、技术引进项目（以下统称建设项目）可能产生职业病危害的，建设单位在可行性论证阶段应当进行职业病危害预评价。

医疗机构建设项目可能产生放射性职业病危害的，建设单位应当向卫生行政部门提交放射性职业病危害预评价报告。卫生行政部门应当自收到预评价报告之日起三十日内，作出审核决定并书面通知建设单位。未提交预评价报告或者预评价报告未经卫生行政部门审核同意的，不得开工建设。

职业病危害预评价报告应当对建设项目可能产生的职业病危害因素及其对工作场所和劳动者健康的影响作出评价，确定危害类别和职业病防护措施。

建设项目职业病危害分类管理办法由国务院安全生产监督管理部门制定。

5.《中华人民共和国水污染防治法》

第十七条　新建、改建、扩建直接或者间接向水体排放污染物的建设项目和其他水上设施，应当依法进行环境影响评价。

建设单位在江河、湖泊新建、改建、扩建排污口的，应当取得水行政主管部门或者流域管理机构同意；涉及通航、渔业水域的，环境保护主管部门在审批环境影响评价文件时，应当征求交通、渔业主管部门的意见。

建设项目的水污染防治设施，应当与主体工程同时设计、同时施工、同时投入使用。水污染防治设施应当经过环境保护主管部门验收，验收不合格的，该建设项目不得投入生产或者使用。

6.《中华人民共和国环境噪声污染防治法》

第十三条　新建、改建、扩建的建设项目，必须遵守国家有关建设项目环境保护管理的规定。建设项目可能产生环境噪声污染的，建设单位必须提出环境影响报告书，规定环境噪声污染的防治措施，并按照国家规定的程序报环境保护行政主管部门批准。环境影响报告书中，应当有该建设项目所在地单位和居民的意见。

2.2.15　本节疑难释义

1. 除环评、交通评、地震安全评外，还有如下评价

（1）水影响评价

在准确全面的工程分析和充分的水环境状况调查的基础上，利用合理的数学模型对建设项目给地表水环境带来的影响进行计算、预测、分析和论证，划分出环境影响的程度和范围，比较项目建设前后水体主要指标的变化情况，并结合当地的水环境功能区划，得出是否满足使用功能的结论，并进一步提出建设项目影响区域主要污染物的控制和防治对策。

按照 2013 年 10 月出台的北京市《关于进一步优化投资项目审批流程的办法（试行）》"建设项目水资源论证（评价）报告审批"、"生产建设项目水土保持方案审批"、"非防洪建设项目洪水影响评价报告审批" 3 项行政许可事项整合为 "水影响评价审查" 1 项许可，作为建设项目立项的前置条件。

建设项目水影响评价包括水资源论证（评价）、水土保持方案、洪水影响评价三部分内容。

（2）能源评估

能源评估是指通过对建设项目分析，核算该项目的各种能源的消费结构和消费量，核算主要用能设备的能源利用状况，分析各种节能降耗措施的效果，核算该项目单位产品和单位产值能源效率指标和经济指标，评价该项目的用能合理性和先进性，简称"能评"。

相关法律法规：《中华人民共和国节约能源法》和《公共机构节能条例》。

（3）安全评价

安全评价，国外也称为风险评价或危险评价，它是以实现工程、系统安全为目的，应用安全系统工程原理和方法，对工程、系统中存在的危险、有害因素进行辨识与分析，判断工程、系统发生事故和职业危害的可能性及其严重程度，从而为制定防范措施和管理决策提供科学依据。安全评价既需要安全评价理论的支撑，又需要理论与实际经验的结合，二者缺一不可。

相关法律法规：《中华人民共和国安全生产法》、《建设项目安全设施"三同时"监督管理暂行办法》（安全监管总局令第 36 号）、《危险化学品建设项目安全监督管理办法》（安全监管总局令第 45 号）。

（4）文物影响评估

"文物（文化遗产）影响评估"是指用于对文物的发展计划及其他行动的潜在影响加以评估的系统性方法。近年来，这项工作正越来越多受到国内外文化遗产保护者的重视。在国内，文物影响评估已经涉及诸如重大基础项目，公路、铁路、城市轨道交通的选址、选线，国家考古遗址公园建设项目等，评估结果供相关部门进行决策和参考。

相关法律法规：《中华人民共和国文物保护法》。

（5）雷击风险评估

雷击风险评估是根据项目所在地雷电活动时空分布特征及其灾害特征，结合现场情况进行分析，对雷电可能导致的人员伤亡、财产损失程度与危害范围等方面的综合风险计算，从而为项目选址、功能分区布局、防雷类别（等级）与防雷措施确定、雷灾事故应急方案等提出建设性意见的一种评价方法。

（6）气象评估

气象灾害风险评估，是指对本行政区域内可能发生的，对人民生命财产安全、经济社会发展产生重大影响的气象灾害，以及与气象条件密切相关的城乡规划、重点领域或者区域发展建设规划和建设项目进行气候可行性、气象灾害风险性等分析、评估的活动。

相关法律法规：《气象灾害防御条例》、《中华人民共和国气象法》。

（7）压覆矿产资源

相关法律法规：《中华人民共和国矿产资源法》。

2. 项目可行性研究报告与设计任务书的关系

项目可行性研究报告是制定设计任务书的基础。可行性研究报告主要用于建设单位评估项目是否可行，设计任务书主要目的是确定工程建设项目和建设方案，是生产、施工单位进行生产、施工的依据，也是工程项目完成后质量管理部门验收的标准。

2.3 项目申请报告

2.3.1 项目申请报告的概念

项目申请报告，是企业投资建设应报政府核准或备案的项目时，为获得项目核准或备案机关对拟建项目的行政许可，按核准或备案要求报送的项目论证报告。

项目申请报告与可行性研究报告不同，项目申请报告主要从宏观的角度，重点阐述项目的外部性、公共性等事项，包括维护经济安全、合理开发利用资源、保护生态环境、优化重大布局、保障公众利益、防止出现垄断等内容；可行性研究报告主要从企业（投资者）的角度出发，分析和论证项目的市场前景、经济效益、资金来源、产品技术方案等内容。

按照国务院关于投资体制改革的要求，政府不再审批企业投资项目的可行性研究报告，但为了防止和减少投资失误，保证投资效益，企业在进行自主决策时，仍应编制可行性研究报告，作为投资决策的重要依据，其内容和深度可由企业根据决策需要和项目情况相应确定。

2.3.2 项目申请报告的编制

项目申请报告应由具备相应工程咨询资质的机构编制，其中由国务院投资主管部门核准的项目，其项目申请报告应由具备甲级工程咨询资格的机构编制。项目申请报告内容各地区差异较大。

1. 境内建设的企业投资项目（含外商投资项目）申请报告应包括以下内容：

（1）申报单位及项目概况；

（2）发展规划、产业政策和行业准入分析；

（3）资源开发及综合利用分析；

（4）节能方案分析；

（5）建设用地、征地拆迁及移民安置分析；

（6）环境影响、地质灾害影响、特殊环境影响分析及生态环境保护措施；

（7）经济费用效益或费用效果分析，行业、区域及宏观经济影响分析；

（8）社会影响效果、社会适应性、社会风险及对策分析。

2. 境外投资项目申请报告应包括以下内容:

(1) 项目名称、投资方基本情况;

(2) 项目背景情况及投资环境情况;

(3) 项目建设规模、主要建设内容、产品、目标市场,以及项目效益、风险情况;

(4) 项目总投资、各方出资额、出资方式、融资方案及用汇金额;

(5) 购并或参股项目,应说明拟购并或参股公司的具体情况;

(6) 附件,包括:

1) 公司董事会决议或相关的出资决议;

2) 证明中方及合作外方资产、经营和资信情况的文件;

3) 银行出具的融资意向书;

4) 以有价证券、实物、知识产权或技术、股权、债权等资产权益出资的,按资产权益的评估价值或公允价值核定出资额、应提交具备相应资质的会计师、资产评估机构等中介机构出具的资产评估报告,或其他可证明有关资产权益价值的第三方文件;

5) 投标、购并或合资合作项目,中外方签署的意向书或框架协议等文件;

6) 境外竞标或收购项目,应按规定报送信息报告,并附国家发改委出具的有关确认函件。

企业在编写具体项目的申请报告时,可根据拟建项目的实际情况,对上述内容进行适当调整。如果拟建项目不涉及其中有关内容,可以在说明情况后,不进行有关分析。

对于专项或专题的项目申请报告,还需要根据专项或专题要求,结合项目的实际情况,进行适当调整。

2.3.3　项目申请报告的内容

项目申请报告内容各地区差异较大,按照《国家发展改革委关于发布项目申请报告通用文本的通知》要求,项目申请报告应包括的主要内容有:

1. 申报单位及项目概况;

2. 发展规划、产业政策和行业准入分析;

3. 资源开发及综合利用分析;

4. 节能方案分析;

5. 建设用地、征收补偿及居民安置分析。

2.3.4　建设单位(甲方代表)在实践中的风险点及防控建议

建设单位要按照要求填写《项目申报书》:

1.《项目申报书》中的"项目"描述是为方便审批单位更全面理解所申报项目的内容及关联而设，申报单位只能按"项目"申报。

2. 项目申报单位编制《项目申报书》，可以对所申报的项目提出或补充更优化的阶段目标、性能指标、考核指标、进度等。

3. 项目申报单位在《项目申报书》中要明确列出与本项目有关的已获得的国家及各级省、市政府项目支持情况，包括各种扶持计划名称、已资助金额及验收情况。

4. 项目经费来源包括：专项资金（或称专项资助）和配套资金。配套比例请注意各项目描述中的规定。项目总经费、申请专项资金额度应与申报单位的现有研发能力、经济实力、注册资本、资金筹措能力及项目任务的要求相匹配。

5. 有互动要求的项目，请关注相关互动项目的内容与要求。资源开发及综合利用分析；节能方案分析；建设用地、征收补偿及居民安置分析。

2.4 立项决策阶段造价管理

实践证明，项目前期阶段的造价管理是整个工程造价管理的重要环节，这一阶段的准确定位和控制，对于工程"三超"现象的避免起到了至关重要的作用。相关调查研究显示，工程建设各项费用的投入在前期阶段比较缓慢且数额较少，大量工程费用发生于施工阶段。然而，对于工程造价的控制，情况恰好相反，工程前期阶段对工程造价的影响可高达95%以上。因此，在进行工程造价控制时，应对前期阶段的造价研究给予充分重视，从根本上合理控制工程造价。

2.4.1 项目策划

项目策划是选择和决定投资行动方案的过程，是对拟建工程必要性和可行性进行技术经济论证的过程，是对不同建设方案进行技术经济比较、作出判断和决定的过程。根据政府投资项目和非政府投资项目两种形式，前期项目策划的一般程序如图2.4.1-1所示。

在工程建设全过程中，策划决策对工程造价的影响程度达到80%～90%，这一阶段的造价管理是设计、招标投标、施工、竣工验收等阶段造价管理的基础和依据，只有在这一阶段对建设工程投资作出科学估算，才能保证其他阶段的造价被控制在合理范围之内。项目的前期费用投入虽然较少，但是项目前期策划对项目生命周期的影响最大，稍有失误将导致项目的失败。项目前期策划对项目造价的影响如图2.4.1-2所示。

造价控制在项目策划阶段主要包括前期策划决策阶段的投资估算、项目经济评价、项目融资方案分析等。本节主要针对投资估算和项目经济评价展开叙述。

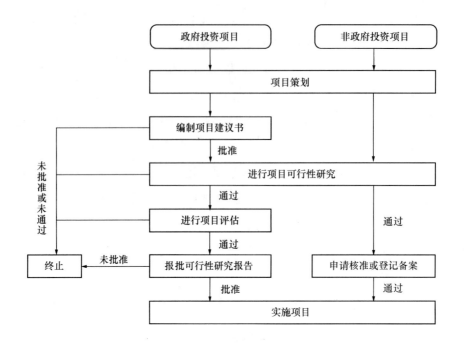

图 2.4.1-1　项目前期策划一般程序

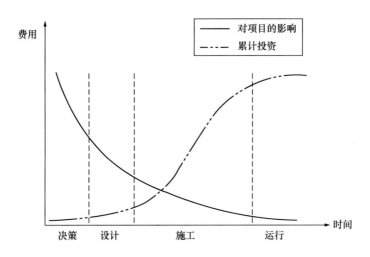

图 2.4.1-2　项目前期策划对项目造价的影响

2.4.2　投资估算

1. 投资估算概念

投资估算是在前期策划决策阶段，以方案设计或可行性研究文件为依据，按照规定的程序、方法和依据，对拟建项目所需总投资及其构成进行的预测和估计，是在研究并确定项目的建设规模、产品方案、技术方案、工艺技术、设备方案、厂址方案、工程建设方案以及项目进度计划等的基础上，依据特定的方法，估算项目从筹建、施工直至建成投产所需全部建设资金总额并测算建设期各年资金使用计划的过程。投资估算的成果文件称作投资估算书，也简称投资估算。投资估算书是项目建议书或可行性研究报告的重要组成部分，是项目决策的重要依据之一。我国现行建设项目总投资构成如图 2.4.2-1 所示。

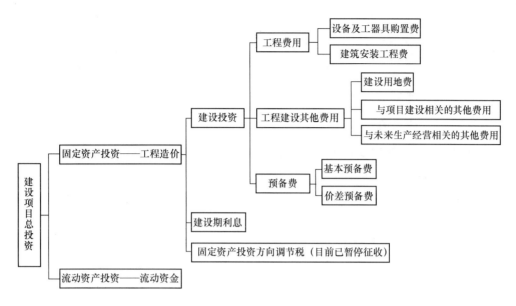

图 2.4.2-1 我国现行建设项目总投资构成

2. 投资估算的作用

投资估算的准确与否不仅影响到可行性研究工作的质量和经济评价结果，而且直接关系到下一阶段设计概算和施工图预算的编制，以及建设项目的资金筹措方案。因此，全面准确地估算建设项目的工程造价，是可行性研究乃至整个决策阶段造价管理的重要任务。

（1）项目建议书阶段的投资估算，是项目主管部门审批项目建议书的依据之一，并对项目的规划、控制项目规模起参考作用。

（2）项目可行性研究阶段的投资估算，是项目投资决策的重要依据，也是研究、分析、计算项目投资经济效果的重要条件。当可行性研究报告被批准之后，其投资估算额就作为设计任务书的投资限额，即建设工程项目投资的最高限额，不得随意突破。

（3）项目投资估算对工程设计概算起控制作用，设计概算不得突破批准的投资估算额，并应控制在投资估算额以内。

（4）项目投资估算可作为项目资金筹措及制定建设贷款计划的依据，建设单位可根据批准的项目投资估算额，进行资金筹措和向银行申请贷款。

（5）项目投资估算是核算建设工程项目固定资产投资需要额和编制固定资产投资计划的重要依据。

3. 投资估算的阶段划分

我国建设项目的投资估算可分为以下几个阶段：

（1）项目规划阶段的投资估算。建设项目规划阶段，是指有关部门根据国民经济发展规划、地区发展规划和行业发展规划的要求，编制一个建设项目的建设规划。此阶段是按项目规划的要求和内容，粗略估算建设项目所需投资额，其对投资估算精度的要求为允许误差控制在 +30%。

（2）项目建议书阶段的投资估算。项目建议书阶段，是指按项目建议书中的产品方案、项目建设规模、产品主要生产工艺、企业车间组成、初选建厂地点等，估算建设项目所需投资额。此阶段项目投资估算是审批项目建议书的依据，是判断项目是否需要进入下一阶段工作的依据，其对投资估算精度的要求为误差控制在 ±30% 以内。

（3）初步可行性研究阶段的投资估算。初步可行性研究阶段，是指在掌握更详细、更深入的资料的条件下，估算建设项目所需投资额。此阶段项目投资估算是初步明确项目方案，为项目进行技术经济论证提供依据，同时是判断是否进行详细可行性研究的依据，其对投资估算精度的要求为误差控制在 ±20% 以内。

（4）可行性研究阶段的投资估算。可行性研究阶段的投资估算较为重要。是对项目进行较详细的技术经济分析，决定项目是否可行，并比选出最佳投资方案的依据。此阶段的投资估算经审查批准后，即是工程设计任务书中规定的项目投资限额，对工程设计概算起控制作用，其对投资估算精度的要求为误差控制在 ±10% 以内。

4. 投资估算方法

建设项目投资的估算包括固定资产投资估算和流动资金估算两部分。固定资产投资估算的内容按照费用的性质划分，包括建筑安装工程费、设备及工器具购置费、工程建设其他费用、基本预备费、涨价预备费、建设期贷款利息、固定资产投资方向调节税（现已停收）等。

固定资产投资可分为静态部分和动态部分。涨价预备费、建设期贷款利息和固定资产投资方向调节税（现已停收）构成动态投资部分；其余部分为静态投资部分。

（1）静态投资部分的估算方法

静态投资部分估算的方法很多，各有其适用的条件和范围，而且允许误差也不相同。一般情况下，应根据项目的性质、占有的技术经济资料和数据的具体情况，选用适宜的估算方法。在项目规划和建议书阶段，投资估算的精度较低，可采取简单的匡算法，如单位生产能力估算法、生产能力指数法、系数估算法、比例估算法或混合法等，在条件允许时，也可采用指标估算法；在可行性研究阶段，投资估算精度要求高，需采用相对详细的投资估算方法，即指标估算法。

1）项目规划和建议书阶段投资估算方法

①单位生产能力估算法

单位生产能力估算法是根据已建成的、性质类似的建设项目的单位生产能力投资乘以建设规模，即得到拟建项目的静态投资额的方法。其计算公式为：

$$C_2 = \left(\frac{C_1}{Q_1}\right)Q_2 f \tag{1}$$

式中 C_1——已建类似项目的静态投资额；

C_2——拟建项目静态投资额；

Q_1——已建类似项目的生产能力；

Q_2——拟建项目的生产能力；

f——不同时期、不同地点的定额、单价、费用变更等的综合调整系数。

这种方法将项目的建设投资与其生产能力的关系视为简单的线性关系，估算简便迅速。而事实上单位生产能力的投资会随生产规模的增加而减少，因此，这种方法一般只适用于与已建项目在规模和时间上相近的拟建项目，一般两者间的生产能力比值为 0.2～2。另外，由于在实际工作中不易找到与拟建项目完全类似的项目，通常是把项目按其构成的车间、设施和装置进行分解，分别套用类似车间、设施和装置的单位生产能力投资指标计算，然后加总求得项目总投资，或根据拟建项目的规模和建设条件，将投资进行适当调整后估算项目的投资额。

②生产能力指数法

生产能力指数法又称指数估算法，它是根据已建成的类似项目生产能力和投资额来粗略估算同类但生产能力不同的拟建项目静态投资额的方法，是对单位生产能力估算法的改进。其计算公式为：

$$C_2 = C_1 \left(\frac{Q_2}{Q_1}\right)^x \cdot f \tag{2}$$

式中 x——生产能力指数；

C_1——已建类似项目的静态投资额；

C_2——拟建项目静态投资额；

Q_1——已建类似项目的生产能力；

Q_2——拟建项目的生产能力；

f——不同时期、不同地点的定额、单价、费用变更等的综合调整系数。

式（2）表明，造价与规模（或容量）呈非线性关系，且单位造价随工程规模（或容量）的增大而减小。生产能力指数法的关键是生产能力指数的确定，一般要结合行业特点确定，并应有可靠的例证。正常情况下，$0 \leqslant x \leqslant 1$。不同生产率水平的国家和不同性质的项目中，$x$ 的取值是不同的。若已建类似项目规模和拟建项目规模的比值在 0.5～2 之间时，x 的取值近似为 1；若已建类似项目规模与拟建项目规模的比值为 2～50，且拟建项目生产规模的扩大仅靠增大设备规模来达到时，则 x 的取值约在 0.6～0.7 之间；若是靠增加相同规格设备的数量达到时，x 的取值约在 0.8～0.9 之间。

生产能力指数法与单位生产能力估算法相比精确度略高，其误差可控制在 ±20% 以内。生产能力指数法主要应用于设计深度不足，拟建建设项目与类似建设项目的规模不同，设计定型并系列化，行业内相关指数和系数等基础资料完备的情况。一般拟建项目与已建类似项目生产能力比值不宜大于50，以在10倍内效果较好，否则误差就会增大；另外，尽管该办法估价误差仍较大，但有它独特的好处：即这种估价方法不需要详细的工程设计资料，只需要知道工艺流程及规模就可以，在总承包工程报价时，承包商大都采用这种方法。

③系数估算法

系数估算法也称为因子估算法，它是以拟建项目的主体工程费或主要设备购置费为基数，以其他工程费与主体工程费或设备购置费的百分比为系数，依此估算拟建项目静态投资的方法。在我国国内常用的方法有设备系数法和主体专业系数法，世行项目投资估算常用的方法是朗格系数法。

a. 设备系数法。设备系数法是指以拟建项目的设备购置费为基数，根据已建成的同类项目的建筑安装费和其他工程费等与设备价值的百分比，求出拟建项目建筑安装工程费和其他工程费，进而求出项目的静态投资。其计算公式为：

$$C = E(1 + f_1 P_1 + f_2 P_2 + f_3 P_3 + \cdots) + I \tag{3}$$

式中　　　C——拟建项目的静态投资；

　　　　　E——拟建项目根据当时当地价格计算的设备购置费；

　P_1，P_2，$P_3\cdots$——已建项目中建筑安装工程费及其他工程费等与设备购置费的比例；

　f_1，f_2，$f_3\cdots$——由于时间地点因素引起的定额、价格、费用标准等变化的综合调整系数；

　　　　　I——拟建项目的其他费用。

b. 主体专业系数法。主体专业系数法是指以拟建项目中投资比重较大，并与生产能力直接相关的工艺设备投资为基数，根据已建同类项目的有关统计资料，计算出拟建项目各专业工程（总图、土建、采暖、给水排水、管道、电气、自控等）与工艺设备投资的百分比，据以求出拟建项目各专业投资，然后加总即为拟建项目的静态投资。其计算公式为：

$$C = E(1 + f_1 P_1' + f_2 P_2' + f_3 P_3' + \cdots) + I \tag{4}$$

式中　$P_1', P_2', P_3'\cdots$——已建项目中各专业工程费用与工艺设备投资的比重。

c. 朗格系数法。这种方法是以设备费购置费为基数，乘以适当系数来推算项目的静态投资。这种方法在国内不常见，是世行项目投资估算常采用的方法。该方法的基本原理是将项目建设中的总成本费用中的直接成本和间接成本分别计算，再合为项目的静态投资。其计算公式为：

$$C = E(1 + \Sigma K_i) \cdot K_c \tag{5}$$

式中　K_i——管线、仪表、建筑物等项费用的估算系数；

　　　K_c——管理费、合同费、应急费等间接费项目费用的总估算系数。

静态投资与设备购置费之比为朗格系数 K_L。即：

$$K_L = (1 + \Sigma K_i) \cdot K_c \tag{6}$$

朗格系数法是国际上估算一个工程项目或一套装置的费用时，采用较为广泛的方法。但是应用朗格系数法进行工程项目或装置估价的精度仍不是很高，主要原因是：①装置规模大小发生变化；②不同地区自然地理条件的差异；③不同地区经济地理条件的差异；④不同地区气候条件的差异；⑤主要设备材质发生变化时，设备费用变化较大而安装费变化不大。

④ 比例估算法。

比例估算法是根据已知的同类建设项目主要生产工艺设备占整个建设项目的投资比例，先逐项估算出拟建项目主要生产工艺设备投资，再按比例估算拟建项目的静态投资的方法。其计算公式为：

$$I = \frac{1}{K} \sum_{i=1}^{n} Q_i P_i \tag{7}$$

式中　I——拟建项目的静态投资；

　　　K——已建项目主要设备投资占拟建项目投资的比例；

　　　n——设备种类数；

　　　Q_i——第 i 种设备的数量；

　　　P_i——第 i 种设备的单价（到厂价格）。

比例估算法主要应用于设计深度不足，拟建建设项目与类似建设项目的主要生产工艺设备投资比重较大，行业内相关系数等基础资料完备的情况。

⑤ 混合法

混合法是根据主体专业设计的阶段和深度，投资估算编制者所掌握的国家及地区、行业或部门相关投资估算基础资料和数据，以及其他统计和积累的、可靠的相关造价基础资料，对一个拟建建设项目采用生产能力指数法与比例估算法或系数估算法与比例估算法混合估算其相关投资额的方法。

2）可行性研究阶段投资估算方法

为了保证编制精度，可行性研究阶段建设项目投资估算原则上应采用指标估算法。指标估算法是指依据投资估算指标，对各单位工程或单项工程费用进行估算，进而估算建设项目总投资的方法。首先把拟建建设项目以单项工程或单位工程，按建设内容纵向划分为各个主要生产设施、辅助及公用设施、行政及福利设施以及各项其他基本建设费用，按费用性质横向划分为建筑工程、设备及工器具购置、安装工程等费用；然后，根据各种具体的投资估算指标，进行各单位工程或单项工程投资的估算；在此基础上汇集编制成拟建建设项目的各个单项工程费用和拟建项目的工程费用投资估算；再按相关规定估算工程建设其他费、基本预备费等，形成拟建建设项目静态投资。

① 建筑工程费用估算。建筑工程费用是指为建造永久性建筑物和构筑物所需要的费用。总的来看，建筑工程费的估算方法有单位建筑工程投资估算法、单位实物工程量投资估算

法和概算指标投资估算法。前两种方法比较简单，适合有适当估算指标或类似工程造价资料时使用，当不具备上述条件时，可采用计算主体实物工程量套用相关综合定额或概算定额进行估算，这种方法需要较为详细的工程资料，工作量较大。实际工作中可根据具体条件和要求选用。

a. 单位建筑工程投资估算法。单位建筑工程投资估算法是以单位建筑工程费用乘以建筑工程总量来估算建筑工程费的方法。根据所选建筑单位的不同，这种方法可以进一步分为单位长度价格法、单位面积价格法、单位容积价格法和单位功能价格法等。

b. 单位实物工程量投资估算法。单位实物工程量投资估算法是以单位实物工程量的建筑工程费乘以实物工程总量来估算建筑工程费的方法。具体如式（8）所示。大型土方、总平面竖向布置、道路及场地铺砌、厂区综合管网和线路、围墙大门等，分别以立方米、平方米、延长米或座为单位，套用技术标准、结构形式相适应的投资估算指标或类似工程造价资料进行建筑工程费估算。矿山井巷开拓、露天剥离工程、坝体堆砌等，分别以立方米、延长米为单位，套用技术标准、结构形式、施工方法相适应的投资估算指标或类似工程造价资料进行建筑工程费估算。桥梁、隧道、涵洞设施等，分别以 100m^2 桥面（桥梁）、100m^2 断面（隧道）、道（涵洞）为单位，套用技术标准、结构形式、施工方法相适应的投资估算指标或类似工程造价资料进行估算。

$$建筑工程费 = 单位实物工程量建筑工程费指标 \times 实物工程总量 \qquad (8)$$

c. 概算指标投资估算法。对于没有上述估算指标，或者建筑工程费占总投资比例较大的项目，可采用概算指标估算法。采用此种方法，应拥有较为详细的工程资料、建筑材料价格和工程费用指标信息，投入的时间和工作量较大。

② 设备及工器具购置费估算。设备购置费根据项目主要设备表及价格、费用资料编制，工器具购置费按设备费的一定比例计取。对于价值高的设备应按单台（套）估算购置费，价值较小的设备可按类估算，国内设备和进口设备应分别估算。

③ 安装工程费估算。安装工程费一般以设备费为基数区分不同类型进行估算。

④ 工程建设其他费用估算。工程建设其他费用的计算应结合拟建项目的具体情况，有合同或协议明确的费用按合同或协议列入；无合同或协议明确的费用，根据国家和各行业部门、工程所在地地方政府的有关工程建设其他费用定额（规定）和计算办法估算。

⑤ 基本预备费估算。基本预备费的估算一般是以建设项目的工程费用和工程建设其他费用之和为基础，乘以基本预备费率进行计算，如公式（9）所示。基本预备费率的大小，应根据建设项目的设计阶段和具体的设计深度，以及在估算中所采用的各项估算指标与设计内容的贴近度、项目所属行业主管部门的具体规定确定。

$$基本预备费 = （工程费用 + 工程建设其他费用） \times 基本预备费费率(\%) \qquad (9)$$

（2）动态投资部分的估算方法

动态投资部分包括价差预备费和建设期利息两部分。动态部分的估算应以基准年静态投资的资金使用计划为基础来计算，而不是以编制的年静态投资为基础计算。

1）价差预备费

价差预备费是指为在建设期内利率、汇率或价格等因素的变化而预留的可能增加的费用，亦称为价格变动不可预见费。价差预备费的内容包括：人工、设备、材料、施工机械的价差费，建筑安装工程费及工程建设其他费用调整，利率、汇率调整等增加的费用。

价差预备费一般根据国家规定的投资综合价格指数，按估算年份价格水平的投资额为基数，采用复利方法计算。计算公式为：

$$PF = \sum_{t=1}^{n} I_t \left[(1+f)^m (1+f)^{0.5} (1+f)^{t-1} - 1 \right] \tag{10}$$

式中　PF——价差预备费；

　　　n——建设期年份数；

　　　I_t——估算静态投资额中第 t 年投入的工程费用；

　　　f——年涨价率；

　　　m——建设前期年限（从编制估算到开工建设，单位：年）。

2）建设期利息

建设期利息包括银行借款和其他债务资金的利息，以及其他融资费用。其他融资费用是指某些债务融资中发生的手续费、承诺费、管理费、信贷保险费等融资费用，一般情况下应将其单独计算并计入建设期利息；在项目前期研究的初期阶段，也可作粗略估算并计入建设投资；对于不涉及国外贷款的项目，在可行性研究阶段，也可作粗略估算并计入建设投资。

（3）流动资金的估算

1）流动资金估算方法

流动资金是指项目运营需要的流动资产投资，指生产经营性项目投产后，为进行正常生产运营，用于购买原材料、燃料，支付工资及其他经营费用等所需的周转资金。流动资金估算一般采用分项详细估算法，个别情况或者小型项目可采用扩大指标法。

①分项详细估算法。流动资金的显著特点是在生产过程中不断周转，其周转额的大小与生产规模及周转速度直接相关。分项详细估算法是根据项目的流动资产和流动负债，估算项目所占用流动资金的方法。其中，流动资产的构成要素一般包括存货、库存现金、应收账款和预付账款；流动负债的构成要素一般包括应付账款和预收账款。流动资金等于流动资产和流动负债的差额。

②扩大指标估算法。扩大指标估算法是根据现有同类企业的实际资料，求得各种流动资金率指标，亦可依据行业或部门给定的参考值或经验确定比率。将各类流动资金率乘以相对应的费用基数来估算流动资金。一般常用的基数有营业收入、经营成本、总成本费用和建设投资等，究竟采用何种基数依行业习惯而定。其计算公式为：年流动资金额＝年费

用基数×各类流动资金率；扩大指标估算法简便易行，但准确度不高，适用于项目建议书阶段的估算。

5. 投资估算的编制

（1）投资估算的编制依据

依据建设项目特征、设计文件和相应的工程计价依据，对项目总投资及其构成进行估算，并对主要技术经济指标进行分析。建设项目投资估算编制依据主要有以下几个方面：

① 国家、行业和地方政府的有关规定。

② 拟建项目建设方案确定的各项工程建设内容。

③ 工程勘察与设计文件，图示计量或有关专业提供的主要工程量和主要设备清单。

④ 行业部门、项目所在地工程造价管理机构或行业协会等编制的投资估算办法、投资估算指标、概算指标（定额）、工程建设其他费用定额（规定）、综合单价、价格指数和有关造价文件等。

⑤ 类似工程的各种技术经济指标和参数。

⑥ 工程所在地的同期的人工、材料、设备的市场价格，建筑、工艺及附属设备的市场价格和有关费用。

⑦ 政府有关部门、金融机构等部门发布的价格指数、利率、汇率、税率等有关参数。

⑧ 与项目建设相关的工程地质资料、设计文件、图纸等。

⑨ 其他技术经济资料。

（2）投资估算的编制要求

建设项目投资估算编制时，应满足以下要求：

1）应委托有相应工程造价咨询资质的单位编制。

2）应根据主体专业设计的阶段和深度，结合各自行业的特点，所采用生产工艺流程的成熟性，以及编制单位所掌握的国家及地区、行业或部门相关投资估算基础资料和数据的合理、可靠、完整程度，采用合适的方法，对建设项目投资估算进行编制。

3）应做到工程内容和费用构成齐全，不漏项，不提高或降低估算标准，计算合理，不少算，不重复计算。

4）应充分考虑拟建项目设计的技术参数和投资估算所采用的估算系数、估算指标在质和量方面所综合的内容，应遵循口径一致的原则。

5）应根据项目的具体内容及国家有关规定等，将所采用的估算系数和估算指标价格、费用水平调整到项目建设所在地及投资估算编制年的实际水平。对于建设项目的边界条件，如建设用地费和外部交通、水、电、通信条件，或市政基础设施配套条件等差异所产生的与主要生产内容投资无必然关联的费用，应结合建设项目的实际情况进行修正。

6）应对影响造价变动的因素进行敏感性分析，分析市场的变动因素，充分估计物价上涨因素和市场供求情况对项目造价的影响，确保投资估算的编制质量。

7）投资估算精度应能满足控制初步设计概算要求，并尽量减少投资估算的误差。

（3）投资估算的编制步骤

根据投资估算的不同阶段，主要包括项目建议书阶段及可行性研究阶段的投资估算。可行性研究阶段的投资估算编制一般包含静态投资部分、动态投资部分与流动资金估算三部分（见图2.4.2-2），主要包括以下步骤：

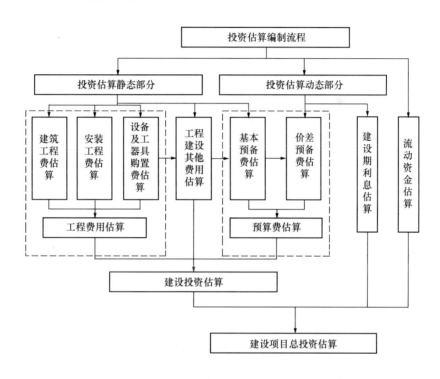

图2.4.2-2　建设项目可行性研究阶段投资估算编制流程

1）分别估算各单项工程所需建筑工程费、设备及工器具购置费、安装工程费，在汇总各单项工程费用的基础上，估算工程建设其他费用和基本预备费，完成工程项目静态投资部分的估算。

2）在静态投资部分的基础上，估算价差预备费和建设期利息，完成工程项目动态投资部分的估算。

3）估算流动资金。

4）估算建设项目总投资。

（4）投资估算文件的编制

根据《建设项目投资估算编审规程》CECA/GC1-2007规定，单独成册的投资估算文件应包括封面、签署页、目录、编制说明、有关附表等，与可行性研究报告（或项目建议书）统一装订的应包括签署页、编制说明、有关附表等。在编制投资估算文件的过程中，一般需要编制建设投资估算表、建设期利息估算表、流动资金估算表、单项工程投资估算汇总表、总投资估算汇总表和分年度总投资估算表等。对于对投资有重大影响的单位工程或分部分项工程的投资估算应另附主要单位工程或分部分项工程投资估算表，列出主要分部分项工程量和综合单价进行详细估算。

2.4.3　建设项目经济评价

建设项目经济评价应根据国民经济和社会发展以及行业、地区发展规划的要求，在建设项目初步方案的基础上，采用科学的分析方法，对拟建项目的财务可行性和经济合理性进行分析论证，为建设项目的科学决策提供经济方面的依据。建设项目经济评价是建设项目决策阶段重要的工作内容，对于加强固定资产投资的宏观调控，提高投资决策的科学化水平，引导和促进各类资源合理配置，优化投资结构，减少和规避投资风险，充分发挥投资效益，具有十分重要的作用。

建设项目经济评价分为财务评价和国民经济评价。这里主要介绍财务评价。

1. 财务评价的概念

财务评价是根据国家现行财税制度和价格体系，分析、计算项目直接发生的财务效益和费用，编制财务报表，计算评价指标，考察项目盈利能力、清偿能力以及外汇平衡等财务状况，据以判别项目的财务可行性。它是项目可行性研究的核心内容，其评价结论是决定项目取舍的重要决策依据。

2. 财务评价的目的

（1）评价项目的盈利能力

一个建设项目是否值得投资最重要的是看它投产后是否盈利和盈利多少，因此财务评价首先评价项目的盈利能力。

（2）评价项目的偿还能力

项目的投资偿还包括两个方面：一是整个项目的投资回收；二是投资构成中贷款的偿还。能否如期回收投资和偿还贷款直接决定了项目的投资和贷款情况。

（3）评价项目承受风险能力

考虑到未来的市场有很多不确定因素，因此应当考核项目承受客观因素变动的能力，即承受风险的能力。承受风险的能力越强，项目可行性程度越高。

3. 财务评价指标

建设项目经济效果可采用不同的指标来表达，任何一种评价指标都是从某一角度、某一侧面反映项目的经济效果，总会带有一定的局限性。因此，需建立一整套指标体系来全面、真实、客观地反映项目的经济效果。

建设项目财务评价指标体系根据不同的标准，可进行不同的分类。根据计算项目财务评价指标时是否考虑资金的时间价值，可将常用的财务评价指标分为静态指标和动态指标两类。静态评价指标主要用于技术经济数据不完备和不精确的方案初选阶段，或对寿命周期比较短的方案进行评价；动态指标则用于方案最后决策前的详细可行性研究阶段，或对寿命周期较长的方案进行评价。

项目财务评价指标按评价内容不同，还可分为盈利能力分析指标和偿债能力分析指标两类。财务评价指标体系如图2.4.3所示。至于每个参数的意义和具体计算方法本节不再展开叙述，有兴趣的读者可以查看造价管理类相关书籍做进一步了解。

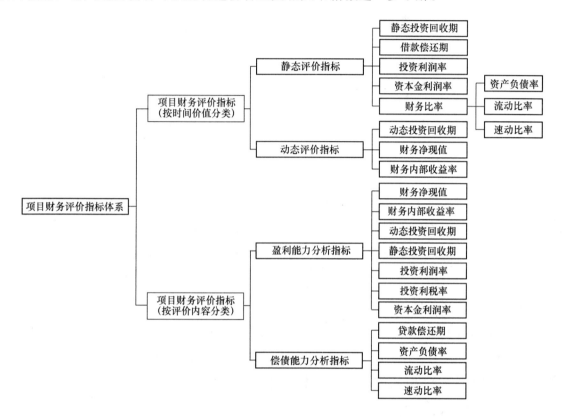

图2.4.3 项目财务评价指标体系

2.4.4 典型案例分析之一：缺乏项目前期策划，从而导致投资失败

1992年，在事业之巅的史××决定建造××大厦。当时"××集团"的资产规模已经达到1亿元，流动资金约数百万元。最初的计划是盖38层，大部分自用，并没有搞房地产的设想。那年下半年，一位领导来"××大厦项目"视察。当他被引到××大厦工地参观的时候，四周一顾盼，便兴致十分高昂地对史××说，这座楼的位置很好，为什么不盖得高一点？就是这句话，让史××改变了主意。××大厦的设计从38层升到54层，后来定为70层，将成为全国最高的楼。工程预算费用也由原来的2亿元增加到12亿元，工期从2年增加到6年。当时××集团账上只有几百万流动资金，靠卖楼花筹集一部分资金，其余的靠电脑业的资金回报和抽调生物工程的资金，没用银行的一分贷款。××大厦动工后，××集团自己投入6000万元，卖楼花筹集了1.2亿元。70层楼的地基做完，就投入1亿

元，随着工程的不断进行，需要源源不断地注入资金。到了 1996 年下半年，史××才意识到仅靠电脑和生物工程的资金来维持大厦的正常进行是远远不够的。1996 年 9 月，××大厦完成了地下工程，同年 11 月，首层大堂完工，这是大厦将进入几天一层的快速建设阶段。然而由于把生产和广告促销的资金全部投入到大厦，生物工程一度停产，用于支持大厦建设的资金供应中断。国内签订楼花买卖合同的规定，3 年内大楼一期工程（20 楼）完工后履约，如果未能如期完工，退定金并给予经济补偿，而 3 年合同期限是 1994 年初到 1996 年底。前期××集团国内卖楼花筹集了 4000 万元，由于施工没有按期完工，债主纷纷上门，××集团只退了 1000 万元，另外 3000 万元因财务状况恶化，无法退赔。此时国家正在加大宏观调控，紧缩银根，银行贷款已经不可能。至此，××大厦全部停工。1997 年 1 月 12 日，数十位债权人和一群媒体记者来到××集团总部，"××集团"在公众和媒体心目中的形象轰然倒塌。

案例评析：

工程项目策划是指在建设领域内项目策划人员根据建设业主总的目标要求，从不同的角度出发，通过对建设项目进行系统分析，对建设活动的总体战略进行运筹规划，对建设活动的全过程作预先的考虑和设想。工程的前期策划直接影响工程的建设情况及投资的成败。案例中，因过分追求"高楼"效应，但对改变前期策划的决定未进行充分论证，导致造价管理失控。同时，因项目建设高度的不断攀升，建设周期也随之增长，建设资金需源源不断注入，导致其支柱产业的资金需求被迫压缩，最终陷入恶性循环。

2.4.5　典型案例分析之二：××生产指挥调度中心可行性研究阶段方案及投资估算比较

1. 建设内容概况

（1）建设目标与规模

拟建××移动生产指挥调度中心，位于××文化产业园内，净用地面积 29997m²，约合 45 亩。××文化产业园共 132km²，园区定位于文化创意、时尚旅游、高端商务、企业总部为主导产业，总体目标是要建设国际化、现代化的时尚创意旅游文化新城。该园区得到了××省政府的高度重视，2016 年 1 月，××省政府工作报告明确提出"创新发展文化产业，推进××文化产业园建设。"

××移动生产指挥调度中心拟建总规模约 7.66 万 m²，其中地上建筑面积 5.3 万 m²，地下建筑面积 2.36 万 m²。

（2）建设内容

根据建设单位总体规划，拟通过新建××移动生产指挥调度中心，在满足建设单位办公场地需求的同时，实现建设单位各部门集中化管理，××移动生产指挥调度中心主要建设内容如下：

1）生产调度用房；

2）传输汇聚机房；

3）渠道用房；

4）员工餐厅等配套用房；

5）地下车库。

（3）建设周期

本工程建设期为 2017 至 2019 年，2019 年底投入使用。

（4）建设方案

项目所在地块为商务用地，容积率≤4.0；建筑密度＜35％；绿地率＞30％。建筑限高＜80m。

规划技术经济指标（含发展用地建筑）：

总用地面积：　29999.99m² （45 亩）

总建筑面积：　76600m²

计容建筑面积：53000m²

建筑密度：　　19％

容积率：　　　1.77

绿地率：　　　33％

××移动生产指挥调度中心拟建总规模约 7.66 万 m²，包括 6.66 万 m² 生产管理楼，1.0 万 m² 配套服务楼。

本项从地块的整体规划考虑，根据使用功能要求、场地限制及空间感受，进行总平面布置，模拟两个总平面方案。

方案一：

整个用地共设五个出入口，其中西侧的城市次干路屏华路上设置园区主出入口一个，地下车库入口一个，园区主要的车流和人流均由此进入园区，该出入口同时作为园区对外形象入口；用地北侧的绿博大道南辅路上设置一个次要出入口，该出入口主要供生产管理人员使用；用地南侧城市支路富贵七路上设置一个次要出入口，供园区生产辅助人员使用，同时南侧结合渠道用房设置人行入口一个，方便市民来营业厅办理业务。

此方案功能分区明确，园区的主要出入口与中央景观空间相结合作为整个场地的绿色枢纽，营造出良好的入口空间氛围，东西两侧集中布置地面停车场，提高土地利用效率，同时打造人车分流的效果，南侧布置五层配套服务楼，北侧布置十九层生产管理楼，互不遮挡，人员流线互不干扰，营造良好的工作环境。

园区主入口及中央景观结合设置在场地中部，便于人员出入交通及对外交流。同时，员工在出入建筑和室内外活动时也可享受到园区内优美的环境氛围。

方案二：

整个用地共设四个出入口，其中用地北侧的绿博大道南辅路上设置园区主出入口一个，地下车库入口一个，园区主要的车流和人流均由此进入园区，该出入口同时作为园区对外形象入口；西侧的城市次干路屏华路上设置一个次要出入口，供园区工作人员使用；用地南侧支路富贵七路上各设置一个次要出入口，供园区生产辅助人员使用。

此方案功能分区明确，园区的主要出入口与中央景观空间相结合作为整个场地的绿色枢纽，营造出良好的入口空间氛围，用地南侧集中布置地面停车场，提高土地利用效率，同时打造人车分流的效果，东侧为主要城市景观路，布置十九层生产管理楼，西侧布置五层配套服务楼，互不遮挡，营造良好的工作环境。园区主入口及中央景观结合设置在场地中部，便于人员出入交通及对外交流。同时，员工在出入建筑和室内外活动时也可享受到园区内优美的环境氛围。

一：方案比选：

方案二与方案一的主要区别在于，方案一园区主出入口在东侧，南北向布置建筑，主楼临街立面为山墙面。方案二园区主出入口在北侧，东西向布置建筑，主楼临街立面效果好。

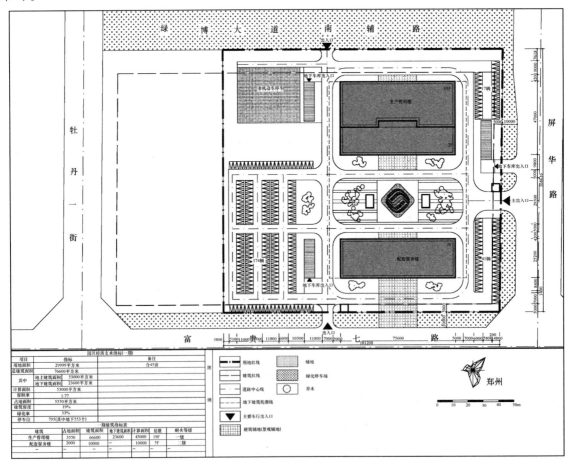

方案一　总体规划

经模拟布置，方案一建筑南北向布局，采光合理，工作人员办公环境好，结合配套服务楼设置渠道用房，功能布局紧凑，内部工作人员，外部办事人员流线互不干扰。方案二东西向布局建筑，建筑受西晒影响，不利于建筑节能，南侧用地用于停车场，不利于土地后续开发。

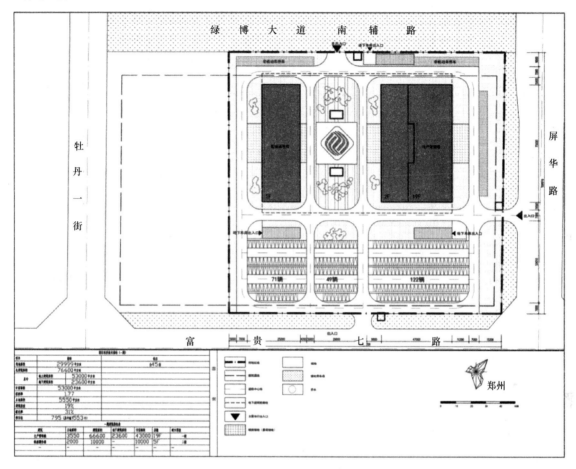

方案二　总体规划

二：投资估算比选

××移动生产指挥调度中心工程，总建筑面积 76600m²，方案一投资约为 45417.94 万元，本项目方案二投资约为 47309.82 万元。即方案一投资估算低于方案二。

结论：经本工程方案比选和投资估算比较，可见方案一在平面总布局和投资方面均优于方案二，故推荐方案一作为实施方案。

案例评析：

投资估算是投资决策的重要依据，也是编制项目规划、确定建设规模的参考依据，更是优选设计单位和设计方案的重要依据。建设（或咨询）单位根据投资估算对各项设计方案的经济合理性进行分析、衡量、比较，在此基础上，建设单位可择优确定最终实施方案，从而在可行性研究阶段对造价进行有效控制。

2.4.6　建设单位（甲方代表）在实践中的风险点及防控建议

1. 不重视投资决策阶段工程造价管理

长期以来，我国的建设项目普遍忽视了项目建设前期阶段的造价管理，对在立项决策阶段形成工程造价的源头缺乏有效的管理，而往往把主要精力放在施工阶段的施工图预算和竣工结算审查上，形成了一种轻决策重实施、先建设后算账的状况。这种"秋后算账"只算细账，尽管也有效果，但收效甚微。在建设方案和设计图纸都已确定的情况下，造价已基本确定，造价管理的工作就是控制变更、签证的费用和防止高估冒算，其实质就是预结算工作，造价管理的弹性很小。若项目一开始就存在决策失误，在经济上不合理，则预结算人员无能为力，全过程造价管理无异于空中楼阁。事实上，前期投资估算的偏差是造成投资效益低下，"三超"现象屡禁不止的真正根源。

【防控建议】

更新观念，强化意识，落实投资决策责任制，强化投资决民策阶段进行工程造价管理的意识。首先，本着"谁投资谁负责，谁决策谁承担风险享受收益"的原则，通过建设项目法人责任制，落实各项制度和责、权、利的规定，将建设项目从筹建到实施全过程中的资金使用和偿还责任落实到人，确立"决策阶段造价管理"的正确风险理念，来强化投资风险约束机制，克服投资决策的随意性和盲目性，让有限的资源配置达到最佳的经济效益。要严格按照基本建设程序和规章办事，建设项目的程序化是合理确定造价的基本前提。其次，建设单位应建立全过程造价管理的理念，把造价管理的重点转移到建设项目前期阶段来，要重视和加强项目决策阶段的投资估算工作，对建设项目的投资估算进行研究和论证，努力提高投资估算的准确度，以提高经济效益为目的，正确处理好技术先进性与经济合理性两者之间的辩证关系。

2. 投资估算误差大，不能满足项目决策的需要

在项目决策阶段，建设单位委托具有工程咨询资质的设计单位编制可行性研究报告，投资估算一般由设计单位工程经济人员编制。但目前有些工程咨询单位能力有限，编制的投资估算误差大，主要表现在以下两个方面：一是可行性论证不规范，不重视多方案比选及项目风险性分析，对建设项目的技术方案和工艺流程缺乏认真研究论证，达不到国家规定的深度，存在较多设计上的漏洞，往往造成漏项，致使估算内容不全面，估算精度难以保证；二是工程咨询单位仅参照估算指标、类似工程决算，缺少对项目自身特点、建设条件和实际情况的深入研究，致使各种费用估计不足，或者没有考虑不同地区、不同时间费用的调整，从而使投资估算缺乏准确性，误差较大。

【防控建议】

选择有实力的工程咨询单位是项目决策的基础，需要由专业的工程技术人员、造价人员、财会人员等，考虑技术、经济、环境等因素进行综合的论证。这项工作做得好，投资和效益就能够形成良好的比例关系；否则，投资多见效少，造成投资失控和浪费。由于工程可行性论证的重要性，特别是大型、复杂、技术性强的项目，建设单位应选择有相应资质、实力雄厚、信誉良好、具有类似工程经验的工程咨询单位。在咨询合同中约定可行性论证工作的深度和质量要求，督促工程咨询单位做好多方案论证，编制高质量的项目投资估算，对投资估算的合理性及投资构成的合理性进行论证，重视建设项目的投资效果。

3. 人为因素造成投资估算不真实

建设单位为了上项目，从主观意愿出发，不考虑项目实施的可行性，只求项目快启动、先做大、保政绩，对可行性研究缺乏科学论证，投资估算过于盲目，实际上把可行性研究变成了可批性研究；或编造建设项目的使用功能，虚报投资，搞"钓鱼工程"，把可行性研究当作形式；还有的建设单位为了使项目能尽快通过批准，把项目效益算好，要求工程咨询单位在投资估算时有意压缩工程投资，预留资金缺口。可行性研究是建设项目立项的基础，这样人为地压缩投资会给建设项目以后的顺利运作埋下很大隐患，导致项目后续资金不足而不得不延长工期，甚至成为竣工无望的胡子工程。

【防控建议】

（1）严格可行性论证制度：建设立项是工程项目建设的依据。凡列入建设计划的项目，都必须经过可行性论证，须经有相应资质的工程咨询单位经过科学的分析和论证，认为技术先进、经济合理、达到经济效益标准的项目，才能决策立项。

（2）做好方案的技术论证：建设单位要认真做好市场调查研究工作，及时、准确、全面地向工程咨询单位提供拟建项目的各项建设条件，加强与工程咨询单位的沟通，有的放矢，加强建设项目市场定位、建设规模及建设标准的研究，做好方案的技术论证。在做好方案论证的基础上，遵循投资估算的编制原则，计算出较为准确、切合实际的投资估算额，使工程造价从一开始就定位在一个较为合理的水平上，为全过程造价管理的实施打好基础。可行性研究报告提交后，决策部门应及时组织有关技术、经济专家或委托社会中介机构对可行性研究报告进行审查，以保证可行性研究的严肃性、客观性、真实性、科学性和可靠性，确保投资估算的合理性，从而防止可行性论证流于形式，杜绝"可批性研究"。

4. 缺乏建设前期确定工程造价的计价依据

一是投资估（概）算指标往往是以几年前的工程为基础编制的，并在一段时间内保持稳定不变，在经济快速增长的形势下，相对静态、滞后的估（概）算指标已不适应工作的需要。二是在新技术、新工艺、新材料日益更新的市场，现有的估（概）算指标已难以满足工作的需要。三是各行业、各部门及项目所在地的工程造价管理机构或行业协会等都编制有估（概）算指标、类似工程的各种技术经济指标，但其来源不畅通。四是近年来设备材料价格涨幅较大，价格信息系统不健全，还不能定期发布设备材料价格指数，以指导投资估算的预测和调整。建设队伍、建设设备等方面的准备工作，具体包括报建、用地申请、拆迁、安置，工程招标、办理质量监督及安全监督、办理建筑工程施工许可证、报送开工报告等内容。

【防控建议】

建立健全工程定额、指标动态管理体系，完善工程造价信息服务，当前地方政府及行业造价主管部门对计价依据的管理应放在动态管理上。一是加强定额、指标应用的市场调查，收集工程造价资料，根据各类工程开展实地调研与专题研究，积累、整理第一手资料。二是积极推广和应用计算机及互联网进行科学管理，建立工程造价动态管理的资料、数据库，对各类工程的造价进行测算、分析和研究，根据施工技术、施工工艺的发展变化确定先进合理的定额工料机消耗量，依据市场的变化及时调整估（概）算指标。三是随着新技术、新工艺、新材料应用的日益广泛，要根据建筑市场的需求，不断补充定额、估（概）算指标、工程技术经济指标。四是建立工程造价信息网，定期发布市场价格信息，包括设备、材料、人工价格信息，公布各类工程造价指数，力求价格管理信息化、网络化。

5. 建设项目经济评价与现实不符

建设项目经济评价是在可行性研究和评估过程中，采用科学的经济分析方法，对项目建设期和生产期内投入产出诸多经济因素进行调查、预测、研究、计算和论证，经过比较选择，推荐最佳决策项目的重要依据。经济评价是可行性研究和评估的核心内容，决定项目的上与下，其目的在于最大限度地提高投资的经济效益和社会效益。实践中，很多建设单位并不重视经济评价这一环节工作，为了保证项目的可行性研究报告各项指标漂亮，肆意编造基础数据，使得建设项目经济评价结果与现实完全不符，为后续项目上马埋下巨大隐患。

【防控建议】

在决策阶段必须做好项目的经济评价工作。建设项目的经济评价应遵循动态分析与静态分析相结合、定量分析与定性分析相结合、宏观效益分析与微观效益分析相结合、价值量分析与实物量分析相结合、预测分析与统计分析等原则。秉着实事求是的科学分析态度，确保经济评价工作的预期与现实最大程度吻合。

本章参考文献

[1] 刘海峰. 大型工程项目风险评价及管理研究[D]. 天津：天津大学，2003
[2] 张一驰. 环境影响评价在建设项目可行性研究中的经济影响分析[J]. 林业建设，2007，43.
[3] 曹善琪. 民用建筑可行性研究与快速报价[M]. 北京：中国建筑工业出版社，2001.
[4] 克里斯.T.翰觉克森. 建设项目管理[M]. 北京：高等教育出版社，2007.
[5] 沈建明等. 现代项目管理导论. 北京：机械工业出版社，2003.
[6] 全国造价工程师执业资格考试培训教材编审委员会. 建设工程计价（2014年修订）[M]. 北京：中国计划出版社，2013.
[7] 全国造价工程师执业资格考试培训教材编审委员会. 建设工程造价管理（2013年版）[M]. 北京：中国计划出版社，2013.
[8] 吴怀俊，马楠. 工程造价管理[M]. 北京：人民交通出版社，2006.

第3章
勘察设计阶段的风险防控实务

在工程建设过程中，勘察设计是非常关键的环节之一。在建设项目确定以前，勘察设计为建设项目立项提供科学依据，在建设项目确定以后，勘察设计为工程建设提供设计文件。做好勘察设计工作，对于工程建设过程中提高工程质量和节约投资，建成投产后取得良好经济效益均起着决定性的作用。在勘察设计阶段做好风险防控，会对整个项目的工程建设起到良好的开局和指引示范效果。

本章内容仅限项目开工前的勘察设计阶段，项目开工后的风险点主要集中在施工、监理、造价咨询等单位主体，对应阶段涉及勘察设计的风险防控实务详见其他篇章。

3.1 概 述

3.1.1 基本概念

1. 建设工程勘察的概念

建设工程勘察是指根据工程建设的要求，查明、分析、评价建设场地的地质、地理环境特征和岩土工程条件，编制建设工程勘察文件的活动。建设工程勘察包括建设工程项目的工程测量，岩土工程、水文地质勘察，环境地质勘察等工作。建设工程勘察的目的是根据建设工程建设的规划、设计、施工、运营和综合治理的需要，对地形、地质及水文等要素进行测绘、勘察、测试和综合评定，并提供可行性评价和设计需要的勘察成果。

2. 建设工程设计的概念

建设工程设计，是指根据工程建设的要求，综合分析、论证工程所需的技术、经济、资源、环境等条件，编制建设工程设计文件的活动。建设工程设计运用工程技术理论及技术经济方法，按照现行的技术标准，对新建、扩建、改建项目的工艺、土建工程、公共工程、环境工程等进行综合性设计，包括必需的非标准设备设计及经济技术分析，并提供作为工程建设依据的文件和图纸。

3. 工程勘察设计的基本原则

工程勘察设计应当与社会、经济发展水平相适应，做到经济效益、社会效益和环境效益相统一。从事工程勘察设计活动，应当坚持先勘察、后设计、再施工的原则。工程勘察设计单位应依法进行勘察设计，严格执行工程建设强制性标准，并对勘察设计质量负责。

3.1.2　工程勘察设计现行主要法规

　　建设工程行业中，关于勘察设计的立法主要为了规范勘察设计市场管理、资质管理和质量管理等。现行的重要行政法规主要包括：2000 年 1 月 30 日起施行的《建设工程质量管理条例》，2000 年 9 月 25 日起施行并根据 2015 年 6 月 12 日《国务院关于修改〈建设工程勘察设计管理条例〉的决定》修订的《建设工程勘察设计管理条例》，2004 年 2 月 1 日起施行的《建设工程安全生产管理条例》，2007 年 6 月 1 日起施行的《生产安全事故报告和调查处理条例》，2008 年 10 月 1 日起施行的《民用建筑节能条例》等。

　　此外，还有部分重要的部门规章，主要包括：2000 年 8 月 25 日起施行的《实施工程建设强制性标准监督规定》，2002 年 12 月 4 日建设部颁布的《建设工程勘察质量管理办法》（2007 年 11 月 22 日根据《建设部关于修改〈建设工程勘察质量管理办法〉的决定》修正），2002 年国家计委和建设部颁布的《工程勘察设计收费标准》，2013 年国家发改委、住房和城乡建设部等 8 部委联合修正的《工程建设项目勘察设计招标投标办法》，2003 年建设部、国家知识产权局联合发布的《工程勘察设计咨询业知识产权保护与管理导则》，2005 年建设部颁布的《勘察设计注册工程师管理规定》，2006 年 4 月 1 日起施行的《房屋建筑工程抗震设防管理规定》，2007 年 3 月 1 日起施行的《工程建设项目招标代理机构资格认定办法》，2007 年 9 月 1 日起施行的《建设工程勘察设计资质管理规定》，2008 年 3 月 15 日起施行的《中华人民共和国注册建筑师条例实施细则》，2013 年 8 月 1 日起施行的《房屋建筑和市政基础设施工程施工图设计文件审查管理办法》，2016 年 11 月 17 日住房和城乡建设部颁布的《建筑工程设计文件编制深度规定》（2016 年版），2017 年 1 月 24 日发布的《建筑工程设计招标投标管理办法》（住房和城乡建设部令第 33 号）等。

3.1.3　工程勘察设计标准

1. 工程建设标准的概念

　　工程建设标准是为在工程建设领域内获得最佳秩序，对基本建设中各类工程的勘察、规划、设计、施工、安装、验收、运营维护及管理等活动和结果需要协调统一的事项所制定的共同的、重复使用的技术依据和准则。它经协商一致并由公认机构审查批准，以科学技术和实践经验的综合成果为基础，以保证工程建设的安全、质量、环境和公众利益为核心，以促进最佳社会效益、经济效益、环境效益和最佳效率为目的，是工程建设标准、规范、规程的统称。

制定工程建设标准对促进技术进步，保证工程的安全、质量、环境和公众利益，实现最佳社会效益、经济效益、环境效益和最佳效率等，具有直接作用和重要意义。具体建设中，通过行之有效的标准规范，特别是工程建设强制性标准，为建设工程实施安全防范措施、消除安全隐患提供统一的技术要求，以确保在现有的技术、管理条件下尽可能地保障建设工程安全，从而最大限度地保障建设工程的建造者、使用者和所有者的生命财产安全以及人身健康安全。工程建设标准在保障建设工程质量安全、人民群众的生命财产与人身健康安全以及其他社会公共利益方面一直发挥着重要作用。

2. 工程建设标准的分类

工程建设标准具有标准数量多、内容综合性强、相互之间有较强的协调和相互关系等特点，其涉及工程建设领域的各个方面。科学、合理地对工程建设标准进行分类，对了解和掌握工程建设标准的内在关系，研究其内在规律，确定其相关依存和制约关系具有重要意义。常用的分类方法有：约束性分类法、层次分类法、内容分类法、属性分类法等。

（1）约束性分类法

工程建设标准按照约束性分类法可划分为强制性标准和推荐性标准。保障人体健康，人身财产安全的标准和法律、行政性法规规定强制执行的国家和行业标准是强制性标准。省、自治区、直辖市标准化行政主管部门制定的工业产品的安全、卫生要求的地方标准在本行政区域内是强制性标准。对工程建设业来说，下列标准属于强制性标准：工程建设勘察、规划、设计、施工（包括安装）及验收等通用的综合标准和重要的通用的质量标准；工程建设通用的有关安全、卫生和环境保护的标准；工程建设重要的通用的术语、符号、代号、计量与单位、模数和制图方法等标准；工程建设重要的通用的试验、检验和评定方法等标准；工程建设重要的通用的信息技术标准；国家需要控制的其他工程建设通用的标准。强制性标准必须执行。其他非强制性的国家和行业标准是推荐性标准。推荐性标准国家鼓励企业自愿采用，不具有强制性约束力，但若双方都同意并在合同中明确约定按照国家推荐标准执行时，国家推荐标准也将具有约束力。

原建设部自 2000 年批准了《工程建设标准强制性条文》共十五部分，包括城乡规划、城市建设、房屋建筑、工业建筑、水利工程、电力工程、信息工程、水运工程、公路工程、铁道工程、石油和化工建设工程、矿山工程、人防工程、广播电影电视工程和民航机场工程，覆盖了工程建设的各主要领域。此外，建设部还颁布了《实施工程建设强制性标准监督规定》（建设部令第 81 号），明确了工程建设强制性标准是指直接涉及工程质量、安全、卫生及环境保护等方面的工程建设标准强制性条文，从而确立了强制性条文的法律地位。2009 年，原建设部组织《工程建设标准强制性条文》（房屋建筑部分）咨询委员会等有关单位，根据《工程质量条例》和《实施工程建设强制性标准监督规定》，对 2002 年版强制性条文房屋建筑部分进行了修订。2009 年版《强制性条文》补充了 2002 版《强制性条文》实施以后新发布的国家标准和行业标准（含修订项目，截止时间为 2008 年 12 月 31 日）的强制性条文，并经适当调整和修订而成。2009 年版强制性条文共分 10 篇，引用工程建设标准 226 本，编录强制性条文 2020 条。2013 年 8 月，新一版的《工程建设标准强制性条文》（房屋建筑部分）（2013 年版）发行，《强制性条文》在 2009 年版基础上，纳入了 2013 年 5 月 31 日前发布的现行房屋建筑国家标准和行业标准中涉及人民生命财产安全、人身健康、节能、节地、节水、节材、环境保护和其他公众利益，以及保护资源、节约投资、提高经济效益和社会效益等政策要求的条文，全书共十一篇，在原有的基础上增加了第十一篇《住宅建筑规范》。

（2）层次分类法

国务院印发的《深化标准化工作改革方案》（国发〔2015〕13 号）中指出，政府主导制定的标准分 4 类，分别是强制性国家标准和推荐性国家标准、推荐性行业标准、推荐性地方标准；市场自主制定的标准分为团体标准和企业标准。政府主导制定的标准侧重于保基本，市场自主制定的标准侧重于提高竞争力。

国家标准是对需要在全国范围内统一的技术要求制定的标准。行业标准是对没有国家标准而又需要在全国某个行业范围内统一的技术要求所制定的标准。地方标准是对没有国家标准和行业标准而又需要在该地区范围内统一的技术要求所制定的标准。在标准管理上，对团体标准不设行政许可，由社会组织和产业技术联盟自主制定发布，通过市场竞争优胜劣汰。企业生产的产品没有国家标准和行业标准的，应当制定企业标准作为组织生产的依据。鼓励企业制定高于国家标准、行业标准、地方标准，具有竞争力的企业标准。

（3）内容分类法

工程建设标准按照内容可划分为：设计标准、施工及验收标准、计价规范等。设计标准：是指从事工程设计所依据的技术文件。施工及验收标准：施工标准是指施工操作程序及其技术要求的标准；验收标准是指检验、接收竣工工程项目的规程、办法与标准。计价规范：是指为规范建设工程施工发承包计价行为，统一建设工程工程量清单的编制和计价方法而制定的规范。

（4）属性分类法

工程建设标准按属性可分为：技术标准、经济标准、管理标准、工作标准。技术标准是指工程建设中需要协调统一的技术要求所制定的标准，技术要求一般包括工程的质量特性、采用的技术措施和方法等；经济标准是指工程建设中针对经济方面需要协调统一的事项所制定的标准，用以规定或衡量工程的经济性能和造价等，如工程概算、预算定额、工程造价指标、投资估算定额等；管理标准是指对标准化领域中需要协调统一的管理事项所制定的标准；工作标准是指对标准化领域中需要协调统一的工作事项所制定的标准。

3. 工程建设标准的特点

（1）综合性强。主要表现为工程建设标准的内容和考虑的因素是综合性的，例如《建筑设计防火规范》，其内容不仅包括民用建筑设计应采取的防火安全措施，也包括了各类工业建筑中应当采取的防火安全措施。在标准制定时，需要对各个不同领域的科学技术成果和经验教训进行分析总结，综合考虑各类技术条件、经济条件和管理工作水平等因素，全面衡量，统筹兼顾，保证标准的综合成果达到安全可靠的目的。

（2）政策性强。工程建设标准直接关系工程投资的高低和人民生命财产的安全，同时也关系到人身健康和公共利益，这就要求工程建设标准，尤其是强制性标准的效益，不能单纯着眼于经济效益，还必须考虑社会效益，如抗震、防火、环境保护、绿色能源等。

（3）涉及面广。工程建设的各行业各领域，工程建设程序的各步骤各阶段，均有对应建设标准，有国家标准、行业标准和地方标准，又有数量庞大的团体标准和企业标准，涉及面非常广泛。

（4）受自然环境影响大。从我国现行的工程建设标准看，都是考虑了幅员辽阔的因素，首先在技术标准分级上设置了地方标准一级，充分体现了对地域性自然环境条件影响的重视，同时针对一些特殊的自然条件，专门制定了相应的技术标准，如湿陷性黄土地区、冻土地区、膨胀土地区等的建筑技术规范等。

4. 工程建设标准的制定原则和审批、发布

（1）工程建设标准的制定原则

制定工程建设标准必须贯彻执行国家的有关法律、法规及相关方针、政策，密切结合自然条件，合理利用资源，充分考虑使用和维修的要求，做到安全适用、技术先进、经济合理；对需要进行科学试验或测试验证的项目，应当纳入各级主管部门的科研计划，认真组织实施，写出成果报告；纳入国家标准的新技术、新工艺、新设备、新材料，应当经有关主管部门或受委托单位鉴定，且经实践检验行之有效；积极采用国际标准和国外先进标准，并经认真分析论证或测试验证，符合我国国情；条文规定应当严谨明确，文句简练，不得模棱两可，其内容深度、术语、符号、计量单位等应当前后一致，不得矛盾；必须做好与现行相关标准之间的协调工作；发扬民主、充分讨论，广泛征集意见。

（2）工程建设标准的审批、发布

工程建设国家标准由国务院建设行政主管部门审查批准，国务院标准化行政主管部门和建设行政主管部门联合颁行。工程建设行业标准由国务院有关行政主管部门审批、颁行，并报国务院建设行政主管部门备案。工程建设地方标准的制定、审批、发布方法，由省、自治区、直辖市人民政府规定，但标准发布后应报国务院建设行政主管部门和标准化行政主管部门备案。工程建设企业标准由企业组织制定，并按有关规定报送备案。

3.2　勘察设计单位的资质管理与责任义务

3.2.1　勘察设计单位的资质管理

1. 工程勘察设计资质等级

《建设工程勘察设计管理条例》（国务院令第 662 号）规定，国家对从事建设工程勘察、设计活动的单位，实行资质管理制度。建设工程勘察、设计单位应当在其资质等级许可的范围内承揽建设工程勘察、设计业务。禁止建设工程勘察、设计单位超越其资质等级许可的范围或者以其他建设工程勘察、设计单位的名义承揽建设工程勘察、设计业务。禁止建设工程勘察、设计单位允许其他单位或者个人以本单位的名义承揽建设工程勘察、设计业务。

根据《建设工程勘察设计资质管理规定》（建设部令第 160 号），建设工程勘察设计资质可细分为工程勘察资质和工程设计资质。从事建设工程勘察、工程设计活动的企业，应当按照其拥有的注册资本、专业技术人员、技术装备和勘察设计业绩等条件申请资质，经审查合格并取得建设工程勘察、工程设计资质证书后，方可在资质许可的范围内从事建设工程勘察、工程设计活动。

取得工程勘察、工程设计资质证书的企业，可以从事资质证书许可范围内相应的建设工程总承包业务，可以从事工程项目管理和相关的技术、咨询与管理服务业务。承担业务的地区不受限制。

（1）工程勘察资质

根据住房和城乡建设部关于印发《工程勘察资质标准》的通知（建市〔2013〕9 号），工程勘察范围包括建设工程项目的岩土工程、水文地质勘察和工程测量。工程勘察资质分为三个类别：

1）工程勘察综合资质。工程勘察综合资质是指包括全部工程勘察专业资质的工程勘察资质。

2）工程勘察专业资质。工程勘察专业资质包括：岩土工程专业资质、水文地质勘察专业资质和工程测量专业资质；其中，岩土工程专业资质包括：岩土工程勘察、岩土工程设计、岩土工程物探测试检测监测等岩土工程（分项）专业资质。

3）工程勘察劳务资质。工程勘察劳务资质包括：工程钻探和凿井。

工程勘察综合资质只设甲级。工程勘察专业资质中岩土工程、岩土工程设计、岩土工程物探测试检测监测专业资质设甲、乙两个级别；岩土工程勘察、水文地质勘察、工程测量专业资质设甲、乙、丙三个级别。工程勘察劳务资质不分等级。

海洋工程勘察资质标准另行制定。

（2）工程设计资质

根据原建设部关于印发《工程设计资质标准》的通知（建市［2007］86号），工程设计资质分为四个序列，分别是为工程设计综合资质、工程设计行业资质、工程设计专业资质和工程设计专项资质。

1）工程设计综合资质。工程设计综合资质是指涵盖21个行业的设计资质。

2）工程设计行业资质。工程设计行业资质是指涵盖某个行业资质标准中的全部设计类型的设计资质。

涵盖的行业按工程行业划分为煤炭、化工石化医药（含石化、化工和医药）、石油天然气（海洋石油）、电力（含火电、水电、核电和新能源）、冶金（含冶金、有色和黄金）、军工（含航天、航空、兵器和船舶）、机械、商物粮（含商业、物资、粮食）、核工业、电子通信广电（含电子、通信和广播电影电视）、轻纺（含轻工和纺织）、建材、铁道、公路、水运、民航、市政、农林（含农业和林业）、水利、海洋、建筑（含建筑和人防）等21个行业。

3）工程设计专业资质。工程设计专业资质是指某个行业资质标准中的某个专业的设计资质。

4）工程设计专项资质。工程设计专项资质是指为适应和满足行业发展的需求，对已形成产业的专项技术独立进行设计以及设计、施工一体化而设置的资质。现有建筑装饰工程、建筑智能化系统、建筑幕墙工程、轻型房屋钢结构、风景园林工程、消防设施工程、环境工程、照明工程等8个专项设计资质。

为落实国务院行政审批制度改革要求，进一步推进简政放权，放管结合，优化服务改革，住房和城乡建设部市场监管司于2016年11月24日发函对取消8个工程设计专项资质征求意见，正式规定一旦出台，单独承接专项工程设计业务不再需要工程设计专项资质，具有工程设计综合、行业、专业和事务所资质的企业可以承接与其主体相配套的专项工程设计。

工程设计综合资质只设甲级。工程设计行业资质和工程设计专业资质设甲、乙两个级别；根据行业需要，建筑、市政、公用、电力（限送变电）、农林和公路行业设立工程设计丙级资质，建筑工程设计专业资质设丁级。建筑行业根据需要设立建筑工程设计事务所资质。工程设计专项资质根据需要设置等级。

2. 工程勘察设计资质承担业务范围

（1）工程勘察资质及承担业务范围

根据《工程勘察资质标准》规定，具有岩土工程专业资质，即可承担其资质范围内相应的岩土工程治理业务；具有岩土工程专业甲级资质或岩土工程勘察、设计、物探测试检测监测等三类（分项）专业资质中任一项甲级资质，即可承担其资质范围内相应的岩土工程咨询业务。

具体勘察资质对应的承担业务范围为：

1）工程勘察综合甲级资质可承担各类建设工程项目的岩土工程、水文地质勘察、工程测量业务（海洋工程勘察除外），其规模不受限制（岩土工程勘察丙级项目除外）。

2）工程勘察专业资质甲级可承担本专业资质范围内各类建设工程项目的工程勘察业务，其规模不受限制。乙级可承担本专业资质范围内各类建设工程项目乙级及以下规模的工程勘察业务。丙级可承担本专业资质范围内各类建设工程项目丙级规模的工程勘察业务。

3）工程勘察劳务资质可承担相应的工程钻探、凿井等工程勘察劳务业务。

工程勘察项目规模划分详见《工程勘察资质标准》附件3。

（2）工程设计资质及承担业务范围

根据《工程设计资质标准》有关条文，工程设计范围包括本行业建设工程项目的主体工程和配套工程（含厂/矿区内的自备电站、道路、专用铁路、通信、各种管网管线和配套的建筑物等全部配套工程）以及与主体工程、配套工程相关的工艺、土木、建筑、环境保护、水土保持、消防、安全、卫生、节能、防雷、抗震、照明工程等。建筑工程设计范围包括建设用地规划许可证范围内的建筑物构筑物设计、室外工程设计、民用建筑修建的地下工程设计及住宅小区、工厂厂前区、工厂生活区、小区规划设计及单体设计等，以及所包含的相关专业的设计内容（总平面布置、竖向设计、各类管网管线设计、景观设计、室内外环境设计及建筑装饰、道路、消防、智能、安保、通信、防雷、人防、供配电、照明、废水治理、空调设施、抗震加固等）。

具体设计资质对应的承担业务范围为：

1）工程设计综合甲级资质可承担各行业建设工程项目的设计业务，其规模不受限制；但在承接工程项目设计时，须满足资质标准中与该工程项目对应的设计类型对人员配置的要求。承担其取得的施工总承包（施工专业承包）一级资质证书许可范围内的工程施工总承包（施工专业承包）业务。

2）工程设计行业资质甲级可承担本行业建设工程项目主体工程及其配套工程的设计业务，其规模不受限制；乙级可承担本行业中、小型建设工程项目的主体工程及其配套工程的设计业务；丙级可承担本行业小型建设项目的工程设计业务。

3）工程设计专业资质甲级可承担本专业建设工程项目主体工程及其配套工程的设计业务，其规模不受限制；乙级可承担本专业中、小型建设工程项目的主体工程及其配套工程的设计业务；丙级可承担本专业小型建设项目的工程设计业务；丁级（限建筑工程设计）可承担建筑工程行业简单的建筑物和构筑物的工程设计业务（具体限制标准见《工程设计资质标准》第三章）；建筑工程设计事务所可承担规定资质范围内的工程设计业务，具体规定见有关建筑工程设计事务所资质标准。

4）现行工程设计专项资质可承担规定的专项工程的设计业务，具体规定见有关专项设计资质标准。专项设计资质取消后，单独承接专项工程设计业务就不需要工程设计专项资质，具有工程设计综合、行业、专业和事务所资质的企业可以承接与其主体相配套的专项工程设计。

工程建设项目设计规模划分详见《工程设计资质标准》附件 3。

3. 注册建筑师、勘察设计注册工程师执业范围

根据《建设工程勘察设计管理条例》的规定，国家对从事建设工程勘察、设计活动的专业技术人员，实行执业资格注册管理制度。未经注册的建设工程勘察、设计人员，不得以注册执业人员的名义从事建设工程勘察、设计活动。建设工程勘察、设计注册执业人员和其他专业技术人员只能受聘于一个建设工程勘察、设计单位；未受聘于建设工程勘察、设计单位的，不得从事建设工程的勘察、设计活动。

在《工程设计资质标准》的附则中对注册人员进行明确，注册人员是指参加中华人民共和国统一考试或考核认定，取得执业资格证书，并按照规定注册，取得相应注册执业证书的人员。

注册人员专业包括：

1）注册建筑师。

2）注册工程师。包括结构（房屋结构、塔架、桥梁）、土木（岩土、水利水电、港口与航道、道路、铁路、民航）、公共设备（暖通空调、动力、给水排水）、电气（发输变电、供配电）、机械、化工、电子工程（电子信息、广播电影电视）、航空航天、农业、冶金、采矿/矿物、核工业、石油/天然气、造船、军工、海洋、环保、材料工程师。

3）注册造价工程师。

注册人员的具体执业范围为：

1）注册建筑师

注册建筑师的执业范围在《中华人民共和国注册建筑师条例实施细则》（建设部令第167 号）中有明确规定，为：建筑设计、建筑设计技术咨询、建筑物调查与鉴定、对本人主持设计的项目进行施工指导和监督，以及国务院建设行政主管部门规定的其他业务。

一级注册建筑师的执业范围不受工程项目规模和工程复杂程度的限制。二级注册建筑师的执业范围只限于承担工程设计资质标准中建设项目设计规模划分表中规定的小型规模的项目。注册建筑师的执业范围不得超越其聘用单位的业务范围。注册建筑师的执业范围与其聘用单位的业务范围不符时，个人执业范围服从聘用单位的业务范围。

2）注册工程师

对勘察设计注册工程师的管理，原建设部《勘察设计注册工程师管理规定》（建设部令第 137 号）及住房和城乡建设部关于修改《勘察设计注册工程师管理规定》等 11 个部门规章的决定（住房和城乡建设部令第 32 号）有相关要求：注册工程师的执业范围：工程勘察或者本专业工程设计；本专业工程技术咨询；本专业工程招标、采购咨询；本专业工程的项目管理；对工程勘察或者本专业工程设计项目的施工进行指导和监督；国务院有关部门规定的其他业务。

除注册结构工程师分为一级和二级外，其他专业注册工程师不分级别。对注册结构工程师的执业范围，原建设部、人事部《关于印发〈注册结构工程师执业资格制度暂行规定〉的通知》（建设 [1997] 222 号）规定，注册结构工程师是指取得注册结构工程师执业资格证书和注册证书，从事房屋结构、桥梁结构及塔架结构等工程设计及相关业务的专业技术人员，一级注册结构工程师的执业范围不受工程规模及工程复杂程度的限制，二级注册结构工程师仅限承担国家规定的民用建筑工程三级及以下或工业小型项目。此外，国家规定的一定跨度、高度等以上的结构工程设计，应当由注册结构工程师主持设计。

3）注册造价工程师

《注册造价工程师管理办法》（建设部令第 150 号，住房和城乡建设部令第 32 号局部修改）对注册造价工程师的执业范围有如下规定：建设项目建议书、可行性研究投资估算的编制和审核，项目经济评价，工程概、预、结算、竣工结（决）算的编制和审核；工程量清单、标底（或者控制价）、投标报价的编制和审核，工程合同价款的签订及变更、调整、工程款支付与工程索赔费用的计算；建设项目管理过程中设计方案的优化、限额设计等工程造价分析与控制，工程保险理赔的核查；工程经济纠纷的鉴定。

3.2.2　勘察设计单位的责任和义务

勘察设计的质量是决定工程建设质量的首要环节，它关系到国家财产和人民生命的安全，关系到建设投资的综合效益，也反映一个国家的科技水平和文化水平，因此，强化勘察设计的责任和义务一直是各级主管部门和勘察设计单位的工作重点。

建设工程勘察设计的要求主要有以下几个方面：

1. 依法勘察设计的要求

从事建设工程勘察、设计的单位和个人必须依法进行建设工程勘察、设计，严格执行工程建设强制性标准，并对建设工程勘察、设计的质量负责。

2. 科学勘察设计的要求

建设工程勘察、设计应当与社会、经济发展水平相适应，做到经济效益、社会效益和环境效益相统一。从事建设工程勘察、设计活动，应当坚持先勘察、后设计、再施工的原则。国家鼓励在建设工程勘察、设计活动中采用先进技术、先进工艺、先进设备、新型材料和现代管理办法。

3. 从业资质和执业资格的要求

勘察设计是专业性很强的工作，为了保证建设工程勘察设计的质量，国家对从事工程建设勘察设计活动的单位实行资质管理制度，并对从事工程建设勘察设计活动的专业技术人员实行执业资格注册管理制度。

勘察、设计单位在承揽相应业务过程中的责任和义务主要为：

（1）勘察设计业务承揽应符合资质要求

从事建设工程勘察、设计的单位应当依法取得相应等级的资质证书，并在其资质等级许可的范围内承揽工程。禁止勘察、设计单位超越其资质等级许可的范围或者以其他勘察、设计单位的名义承揽工程。禁止勘察、设计单位允许其他单位或者个人以本单位的名义承揽工程。勘察、设计单位不得转包或者违法分包所承揽的工程。

（2）勘察设计按照工程建设强制性标准进行

勘察、设计单位必须按照工程建设强制性标准进行勘察、设计，并对其勘察、设计的质量负责。

（3）注册执业人员签字制度

注册建筑师、注册结构工程师等注册执业人员应当在设计文件上签字，对设计文件负责。

（4）工程勘察质量要求

勘察单位提供的地质、测量、水文等勘察成果必须真实、准确，应当符合国家规定的勘察深度要求。工程勘察企业的法定代表人、项目负责人、审核人、审定人等相关人员，应当在勘察文件上签字或者盖章，并对勘察质量负责。

（5）工程设计质量要求

设计单位应当根据勘察成果文件进行建设工程设计。设计文件应当符合国家规定的设计深度要求，注明工程合理使用年限。设计单位在设计文件中选用的建筑材料、建筑构配件和设备，应当注明规格、型号、性能等技术指标，其质量要求必须符合国家规定的标准。除有特殊要求的建筑材料、专用设备、工艺生产线等外，设计单位不得指定生产厂、供应商。

（6）施工图设计文件说明义务

设计单位应当就审查合格的施工图设计文件向施工单位作出详细说明。

（7）设计单位参与建设工程质量事故分析

设计单位应当参与建设工程质量事故分析，并对因设计造成的质量事故，提出相应的技术处理方案。

3.2.3 建设单位（甲方代表）在实践中的风险点及防控建议

1. 对勘察设计单位资质管理不清晰

建设工程的勘察设计应委托给具备相应资质的单位，如建设单位对参建单位资格管理不清晰，委托的建设工程勘察、设计单位超越其资质等级许可的范围，或者以其他建设工程勘察、设计单位的名义承揽业务，建设工程勘察、设计单位允许其他单位或者个人以本单位的名义承揽业务，或未取得资质证书承揽工程的，其行为不受法律保护。

【防控建议】

建设单位应熟悉政府相关部门对勘察设计单位的资质管理规定，结合工程建设项目的性质、规模等，选择具有符合法律法规规定资质等级的勘察、设计单位。

2. 对勘察设计人员资格管理不熟悉

建设工程的勘察设计应委托给具备相应执业资格的人员，如建设单位对勘察设计人员资格管理不清晰，委托给未经注册，擅自以注册建设工程勘察、设计人员的名义从事建设工程勘察、设计活动，或建设工程勘察、设计注册执业人员和其他专业技术人员未受聘于一个建设工程勘察、设计单位或者同时受聘于两个以上建设工程勘察、设计单位，其从事建设工程勘察、设计活动的行为不受法律保护。

【防控建议】

建设单位应熟悉勘察设计人员的资格管理规定，结合工程建设项目的性质、规模等，选择具有符合法律法规规定执业资格的人员，或要求勘察设计单位提供相应人员的执业资格证明，劳动合同证明等。

3.2.4　典型案例评析之一：委托不具有勘察设计资质的企业开展设计业务需承担相应风险

上诉人抚顺市××建材有限公司与被上诉人抚顺市××实业有限责任公司、山东××建设安装有限公司建设工程设计合同纠纷二审民事判决书

上诉人（原审被告）：山东××建设安装有限公司（以下简称山东××公司）。

被上诉人（原审原告）：抚顺市××建材有限公司（以下简称××建材公司）。

被上诉人（原审原告）：抚顺市××实业有限责任公司（以下简称××实业公司）。

案情梗概：

2010年10月9日，××实业公司（甲方）与山东××公司（乙方）签订《焊接式钢板仓制作安装合同》。合同目的为甲方将直径50m，高30m钢板仓（库）工程项目交给乙方设计，乙方根据设计范围独自承担设计质量和安全责任。主要条款约定，工程名称为焊接式钢板仓（库），规格建造一座直径50m，库体入料口总高度30m，设计范围：为库体、直爬梯围栏仓顶的平台设计，土建基础的设计及出料系统的安装设计（含气源、出料管道库壁为止），合同签订后，××实业公司与××建材公司分期支付山东××公司设计费30万元，施工费49.7万元，山东××公司提交的施工图没有加盖设计院公章，设计说明写明本工程为辽宁省××实业公司大型钢板库体施工图，库仓规格直径50m、高30m粉煤灰库2座，材料钢板采用Q235和BQ34B，允许使用××实业公司采购的旧钢板。根据山东××公司提供的设计，在山东××公司技术人员的现场技术管理下，钢板仓于2011年6月基本建设完毕。2010年12月，××建材公司设立，粉煤灰项目逐步转由××建材公司全面承接建设。2012年2月12日，刚刚投入试用的钢板仓发生坍塌事故，现场房屋和若干车辆被粉煤灰埋没，给××建材公司、××实业公司造成了巨大的经济损失，初步估计超过2000万元。事故发生后，经××建材公司、××实业公司申请，法院委托辽宁省建设科学研究院司法鉴定所对山东××公司设计方案进行了鉴定，鉴定意见为设计方案不合理，工程的设计缺陷可导致钢板库倒塌，该意见可证明山东××公司履行合同中存在过错。故××建材公司、××实业公司提出诉讼，要求山东××公司承担赔偿责任。

一审法院认为：××实业公司与山东××公司签订的焊接式钢板仓制作安装合同约定，甲方将直径50m，高30m钢板仓（库）工程项目交给乙方设计，乙方根据设计范围独自承担设计质量和安全责任，设计费30万元，而且甲方依据乙方提供的设计图纸施工，因此双方符合建设工程设计合同关系。依据法律法规，设计单位应当具有相应资质，没有资质或超越资质等级签订建设工程设计合同应认定无效。山东××公司不是固体粉态料大型储库设计专利人，也没有大型钢板库设计资质，与××实业公司订立设计合同违反法律强制性规定，应属无效，对此负有主要责任；××实业公司对山东××公司设计资质及设计图纸未尽到审慎注意义务，对合同无效有一定过错，应负有相应责任。判决合同无效，山东××公司收取的30万元设计费应予返还××实业公司和××建材公司，其次，山东××公司承担××建材公司、××实业公司损失70%的赔偿责任。

判决生效后，山东××公司提出上诉，二审法院经过审理，驳回上诉，维持原判。

案例评析：

在本案中正因为××实业公司、××建材公司对于山东××公司是否具备涉案工程的设计资质及能力未尽到审慎的注意义务，并按照山东××公司未经设计院盖章即交付的上述"施工图"组织施工，工程未经验收即予使用，建设流程也存在过错，一审法院才减轻了山东××公司的涉案赔偿责任，判令其承担70%的责任；显然，其余30%的责任，应由××建材公司与××实业公司自行承担。

3.2.5 典型案例评析之二：与不具有建筑设计资格的个人签订设计合同属于无效合同

××与广东××新能源科技有限公司建设工程设计合同纠纷二审民事判决书

上诉人（原审被告）：广东××新能源科技有限公司（以下简称××新能源公司）。

被上诉人（原审原告）：曾××（系自然人）。

案情梗概：

2012年10月18日，××新能源公司作为发包人、曾××作为设计人，双方签订了一份《广东××新能源科技有限公司工业园项目工程设计合同》（以下简称《设计合同》），委托设计人承担沙水工业园区厂房、宿舍楼、办公楼、综合楼等建筑设计工作。双方签订《设计合同》后，曾××根据其与佛山市××建筑设计院有限公司的《合作协议》，委托该设计院有限公司对《设计合同》约定的项目进行了设计。曾××按期将工程项目设计图纸交付给××新能源公司，并委托韶关市××建筑技术咨询有限公司对双方约定工程项目的施工图设计文件进行了审查，2013年4月16日，韶关市××建筑技术咨询有限公司出具了上述五个工程施工图审查合格书。2013年4月16日，曾××将上述五个工程项目设计审理文件移交给××新能源公司。后××新能源公司向曾××支付了5万元费用，剩余设计费用一直未支付。曾××多次索要未果，对××新能源公司提起诉讼。

原审法院认为：本案系建设工程设计合同纠纷。××新能源公司作为发包人、曾××作为设计人签订《设计合同》，该合同虽系双方真实意思表示，但曾××未取得建筑设计资质，《中华人民共和国建筑法》第十四条规定："从事建筑活动的专业技术人员，应当依法取得相应的执业资格证书并在执业资格证书许可的范围内从事建筑活动。"曾××没有取得建筑设计资质，其与××新能源公司签订的该合同违反法律的强制性规定，该合同无效。作为设计人的曾××完成了××新能源公司工程项目的设计部分设计，并将部分设计成果交付××新能源公司使用，且该部分设计成果经有资质的公司审查合格，作为发包人的××新能源公司应按照合同约定支付设计价款，并支付违约期间的利息。

判决生效后，××新能源公司提出上诉，二审法院经过审理，驳回上诉，维持原判。

案例评析：

本案中，曾××为自然人，不具备建筑设计资质，其与××新能源公司签订《设计合同》，承接并从事建筑设计活动，违反了《中华人民共和国建筑法》第十二条："从事建筑活动的建筑施工企业、勘察单位、设计单位和工程监理单位，应当具备下列条件：（一）有符合国家规定的注册资本；（二）有与其从事的建筑活动相适应的具有法定执业资格的专业技术人员；（三）有从事相关建筑活动所应有的技术装备；（四）法律、行政法规规定的其他条件。"、第十三条："从事建筑活动的建筑施工企业、勘察单位、设计单位和工程监理单位，按照其拥有的注册资本、专业技术人员、技术装备和已完成的建筑工程业绩等资质条件，划分为不同的资质等级，经资质审查合格，取得相应等级的资质证书后，方可在其资质等级许可的范围内从事建筑活动。"、第十四条："从事建筑活动的专业技术人员，应当依法取得相应的执业资格证书，并在执业资格证书许可的范围内从事建筑活动。"的强制性规定，故根据《中华人民共和国合同法》第五十二条："有下列情形之一的，合同无效：……（五）违反法律、行政法规的强制性规定。"的规定，曾××与××新能源公司签订的《设计合同》为无效合同。

3.2.6 相关法律和技术标准（重要条款提示）

我国有关法律对勘察单位和设计单位的勘察设计责任有相当多的规定，这些规定是勘察设计单位承担民事责任的法律基础。

1.《建筑法》第五十六条和五十七条专门规定了勘察设计单位的质量责任。其中第五十六条规定，建筑工程的勘察、设计单位必须对其勘察、设计的质量负责。勘察、设计文件应当符合有关法律、行政法规的规定和建筑工程质量、安全标准、建筑工程勘察、设计技术规范以及合同的约定。设计文件选用的建筑材料、建筑构配件和设备，应当注明其规格、型号、性能等技术指标，其质量要求必须符合国家规定的标准。第五十七条规定，建筑设计单位对设计文件选用的建筑材料、建筑构配件和设备，不得指定生产厂、供应商。

2. 国务院颁布的《建设工程质量管理条例》第三章规定了勘察、设计单位的质量责任和义务。这些规定的内容包括：

第十八条　从事建设工程勘察、设计的单位应当依法取得相应等级的资质证书，并在其资质等级许可的范围内承揽工程。

禁止勘察、设计单位超越其资质等级许可的范围或者以其他勘察、设计单位的名义承揽工程。禁止勘察、设计单位允许其他单位或者个人以本单位的名义承揽工程。

勘察、设计单位不得转包或者违法分包所承揽的工程。

第十九条　勘察、设计单位必须按照工程建设强制性标准进行勘察、设计，并对其勘察、设计的质量负责。

注册建筑师、注册结构工程师等注册执业人员应当在设计文件上签字，对设计文件负责。

第二十条　勘察单位提供的地质、测量、水文等勘察成果必须真实、准确。

第二十一条　设计单位应当根据勘察成果文件进行建设工程设计。

设计文件应当符合国家规定的设计深度要求，注明工程合理使用年限。

第二十二条　设计单位在设计文件中选用的建筑材料、建筑构配件和设备，应当注明规格、型号、性能等技术指标，其质量要求必须符合国家规定的标准。

除有特殊要求的建筑材料、专用设备、工艺生产线等外，设计单位不得指定生产厂、供应商。

3. 住房和城乡建设部令第13号《房屋建筑和市政基础设施工程施工图设计文件审查管理办法》第十五条规定：勘察设计企业应当依法进行建设工程勘察、设计，严格执行工程建设强制性标准，并对建设工程勘察、设计的质量负责。

4. 建设单位的责任

《建设工程质量管理条例》第七条规定，建设单位应当将工程发包给具有相应资质等级的单位。

第九条　建设单位必须向有关的勘察、设计、施工、工程监理等单位提供与建设工程有关的原始资料。

原始资料必须真实、准确、齐全。

《建设工程质量管理条例》第十一条　建设单位应当将施工图设计文件报县级以上人民政府建设行政主管部门或者其他有关部门审查。施工图设计文件审查的具体办法，由国务院建设行政主管部门会同国务院其他有关部门制定。

施工图设计文件未经审查批准的，不得使用。

如果建设单位违反以上规定造成设计质量问题，也应承担责任。

5. 施工单位责任

《建设工程质量管理条例》第二十八条　施工单位必须按照工程设计图纸和施工技术标准施工，不得擅自修改工程设计，不得偷工减料。

施工单位在施工过程中发现设计文件和图纸有差错的，应当及时提出意见和建议。

如果出现以上问题，要视具体情况确定施工单位的民事责任。

6. 行政审批部门的责任

《建设工程质量管理条例》第十一条　建设单位应当将施工图设计文件报县级以上人民政府建设行政主管部门或者其他有关部门审查。施工图设计文件审查的具体办法，由国务院建设行政主管部门会同国务院其他有关部门制定。

施工图设计文件未经审查批准的，不得使用。

《房屋建筑和市政基础设施工程施工图设计文件审查管理办法》第十五条　审查机构对施工图审查工作负责，承担审查责任。施工图经审查合格后，仍有违反法律、法规和工程建设强制性标准的问题，给建设单位造成损失的，审查机构依法承担相应的赔偿责任。第二十九条　国家机关工作人员在施工图审查监督管理工作中玩忽职守、滥用职权、徇私舞弊，构成犯罪的，依法追究刑事责任；尚不构成犯罪的，依法给予行政处分。

国家标准、行业标准对于判断勘察人、设计人的勘察设计是否有缺陷具有重要作用。国家标准、行业标准一般分为强制性标准和推荐性标准。强制性标准是必须遵守的。违反强制性标准造成工程质量缺陷，当事人要承担责任。勘察人、设计人是否有缺陷要通过有关专业技术部门的技术鉴定才能确定。

3.3　勘察设计阶段的招投标管理

相较施工过程劳动密集、重资产等特点，勘察设计业务由于具备知识密集、技术密集和以项目为依托的特点，勘察设计的招标与投标管理有明显不同于施工招标与投标的管理要求。

3.3.1   工程勘察设计的招标与投标

招投标，即招标和投标，招投标是利用市场竞价机制来采购的一种较公平的竞争方式。招标是指建设单位就拟建的工程发布通告，用法定方式吸引工程项目的承包单位参加竞争，进而通过法定程序从中选择条件优越者来完成工程任务的一种法律行为。勘察设计招标指根据批准的可行性研究报告，择优选择勘察设计单位的行为。投标是指经过特定审查而获得投标资格的工程勘察设计单位，按照招标文件的要求，在规定的时间内向招标单位提交投标书，争取中标的行为。

根据《中华人民共和国招标投标法》、《工程建设项目勘察设计招标投标办法》（2013年修正）、《建筑工程方案设计招标投标管理办法》及《建设工程勘察设计管理条例》等的规定，工程建设项目符合《工程建设项目招标范围和规模标准规定》（原国家计委令第3号）规定的范围和标准的，必须进行招标。任何单位和个人不得将依法必须进行招标的项目化整为零或者以其他任何方式规避招标。

按照国家规定需要履行项目审批、核准手续的依法必须进行招标的项目，有下列情形之一的，经项目审批、核准部门审批、核准，项目的勘察设计可以不进行招标：

（1）涉及国家安全、国家秘密、抢险救灾或者属于利用扶贫资金实行以工代赈、需要使用农民工等特殊情况，不适宜进行招标；

（2）主要工艺、技术采用不可替代的专利或者专有技术，或者其建筑艺术造型有特殊要求；

（3）采购人依法能够自行勘察、设计；

（4）已通过招标方式选定的特许经营项目投资人依法能够自行勘察、设计；

（5）技术复杂或专业性强，能够满足条件的勘察设计单位少于三家，不能形成有效竞争；

（6）已建成项目需要改、扩建或者技术改造，由其他单位进行设计影响项目功能配套性；

（7）国家规定其他特殊情形。

住房和城乡建设部于2017年1月24日发布的《建筑工程设计招标投标管理办法》（住房和城乡建设部令第33号）也有类似规定。

3.3.2   工程勘察设计的招投标管理

依法必须进行勘察设计招标的工程建设项目，在招标时应当具备下列条件：①招标人已经依法成立；②按照国家有关规定需要履行项目审批、核准或者备案手续的，已经审批、核准或者备案；③勘察设计有相应资金或者资金来源已经落实；④所必需的勘察设计基础资料已经收集完成；⑤法律法规规定的其他条件。具备上述条件后即可开展招标活动，建筑工程勘察设计招标依法可以公开招标或邀请招标。

依法必须进行公开招标的项目，在下列情况下可以进行邀请招标：①技术复杂、有特殊要求或者受自然环境限制，只有少量潜在投标人可供选择；②采用公开招标方式的费用占项目合同金额的比例过大。其第二款所列情形，属于按照国家有关规定需要履行项目审批、核准手续的项目，由项目审批、核准部门在审批、核准项目时作出认定；其他项目由招标人申请有关行政监督部门作出认定。招标人采用邀请招标方式的，应保证有三个以上具备承担招标项目勘察设计的能力，并具有相应资质的特定法人或者其他组织参加投标。

《建筑工程设计招标投标管理办法》（住房和城乡建设部令第 33 号）规定建筑工程设计招标可以采用设计方案招标或者设计团队招标，招标人可以根据项目特点和实际需要选择。招标人一般应当将建筑工程的方案设计、初步设计和施工图设计一并招标。确需另行选择设计单位承担初步设计、施工图设计的，应当在招标公告或者投标邀请书中明确。

鼓励建筑工程实行设计总包。实行设计总包的，按照合同约定或者经招标人同意，设计单位可以不通过招标方式将建筑工程非主体部分的设计进行分包。建设工程勘察设计单位不得将所承揽的建设工程勘察设计转包。

1. 工程勘察设计招标

招标人应当按照资格预审公告、招标公告或者投标邀请书规定的时间、地点出售招标文件或者资格预审文件。自招标文件或者资格预审文件出售之日起至停止出售之日止，最短不得少于五日。

建筑工程勘察设计招标文件一般应当包括下列内容：

（1）投标须知；

（2）投标文件格式及主要合同条款；

（3）项目说明书，包括资金来源情况；

（4）勘察设计范围，对勘察设计进度、阶段和深度要求；

（5）勘察设计基础资料；

（6）勘察设计费用支付方式，对未中标人是否给予补偿及补偿标准；

（7）投标报价要求；

（8）对投标人资格审查的标准；

（9）评标标准和方法；

（10）投标有效期。

投标有效期，从提交投标文件截止日起计算。

招标人应当确定潜在投标人编制投标文件所需要的合理时间。依法必须进行勘察设计招标的项目，自招标文件开始发出之日起至投标人提交投标文件截止之日止，最短不得少于二十日。除不可抗力原因外，招标人在发布招标公告或者发出投标邀请书后不得终止招标，也不得在出售招标文件后终止招标。

2. 工程勘察设计投标

投标人是响应招标、参加投标竞争的法人或者其他组织。在其本国注册登记，从事建筑、工程服务的国外设计企业参加投标的，必须符合中华人民共和国缔结或者参加的国际条约、协定中所作的市场准入承诺以及有关勘察设计市场准入的管理规定。投标人应当符合国家规定的资质条件。

投标人应当按照招标文件或者投标邀请书的要求编制投标文件。投标文件中的勘察设计收费报价，应当符合国务院价格主管部门制定的工程勘察设计收费标准。投标人在投标截止时间前提交的投标文件，补充、修改或撤回投标文件的通知，备选投标文件等，都必须加盖所在单位公章，并且由其法定代表人或授权代表签字，但招标文件另有规定的除外。招标人在接收上述材料时，应检查其密封或签章是否完好，并向投标人出具标明签收人和签收时间的回执。

3. 工程勘察设计的开标、评标

开标应当在招标文件确定的提交投标文件截止时间的同一时间公开进行；除不可抗力原因外，招标人不得以任何理由拖延开标，或者拒绝开标。投标人对开标有异议的，应当在开标现场提出，招标人应当当场作出答复，并制作记录。

评标由依法组成的评标委员会负责。评标委员会由招标人代表和有关专家组成，评标委员会人数一般为五人以上单数，其中技术方面的专家不得少于成员总数的三分之二。投标人或者与投标人有利害关系的人员不得参加评标委员会。

投标文件有下列情况之一的，评标委员会应当否决其投标：①未经投标单位盖章和单位负责人签字；②投标报价不符合国家颁布的勘察设计取费标准，或者低于成本，或者高于招标文件设定的最高投标限价；③未响应招标文件的实质性要求和条件。

投标人有下列情况之一的，评标委员会应当否决其投标：①不符合国家或者招标文件规定的资格条件；②与其他投标人或者与招标人串通投标；③以他人名义投标，或者以其他方式弄虚作假；④以向招标人或者评标委员会成员行贿的手段谋取中标；⑤以联合体形式投标，未提交共同投标协议；⑥提交两个以上不同的投标文件或者投标报价，但招标文件要求提交备选投标的除外。

勘察设计评标一般采取综合评估法进行。评标委员会应当按照招标文件确定的评标标准和方法，结合经批准的项目建议书、可行性研究报告或者上阶段设计批复文件，对投标人的业绩、信誉和勘察设计人员的能力以及勘察设计方案的优劣进行综合评定。

采用设计方案招标的，评标委员会应当在符合城乡规划、城市设计以及安全、绿色、节能、环保要求的前提下，重点对功能、技术、经济和美观等进行评审。采用设计团队招标的，评标委员会应当对投标人拟从事项目设计的人员构成、人员业绩、人员从业经历、项目解读、设计构思、投标人信用情况和业绩等进行评审。招标文件中没有规定的标准和方法，不得作为评标的依据。

4．工程勘察设计中标

评标委员会完成评标后，应当向招标人提出书面评标报告，推荐合格的中标候选人。评标委员会推荐的中标候选人应当限定在一至三人，并标明排列顺序。能够最大限度地满足招标文件中规定的各项综合评价标准的投标人，应当推荐为中标候选人。

国有资金占控股或者主导地位的依法必须招标的项目，招标人应当确定排名第一的中标候选人为中标人。排名第一的中标候选人放弃中标、因不可抗力提出不能履行合同，不按照招标文件要求提交履约保证金，或者被查实存在影响中标结果的违法行为等情形，不符合中标条件的，招标人可以按照评标委员会提出的中标候选人名单排序依次确定其他中标候选人为中标人。依次确定其他中标候选人与招标人预期差距较大，或者对招标人明显不利的，招标人可以重新招标。招标人可以授权评标委员会直接确定中标人。国务院对中标人的确定另有规定的，从其规定。

招标人应在接到评标委员会的书面评标报告之日起三日内公示中标候选人，公示期不少于三日。招标人和中标人应当在投标有效期内并在自中标通知书发出之日起三十日内，按照招标文件和中标人的投标文件订立书面合同。

招标人与中标人签订合同后五日内，应当向中标人和未中标人一次性退还投标保证金及银行同期存款利息。招标文件中规定给予未中标人经济补偿的，也应在此期限内一并给付。招标人或者中标人采用其他未中标人投标文件中技术方案的，应当征得未中标人的书面同意，并支付合理的使用费。

5．对招标代理机构的工作管理

建设单位不具备自行组织招标条件的，应委托招标代理机构开展招投标工作。招标代理机构进行代理活动，要具备以下两个前提：

（1）代理机构要有合法的代理资格

代理机构作为具有民事主体资格的社会组织，其产生和存在必须经过合法的程序。如果是法人的，必须具备法人应当具备的条件和成立必须经过的程序。这种合法的主体资格一般是以工商行政管理部门的核准登记为标准。这一前提还要求代理机构从事有关的代理活动，要经过相应的行政主管部门审查和认定。行政主管部门可以对代理机构的条件、代理范围、代理等级等作出明确的规定。代理机构的代理行为必须符合行政主管部门认定的范围。从事工程招标代理业务的，必须依法取得国务院建设行政主管部门或者省、自治区、直辖市人民政府建设行政主管部门认定的工程招标代理机构资格。

（2）代理机构必须有被代理人的授权

被代理人的授权，是代理机构进行代理行为的前提，也是代理行为的依据。如果没有被代理人授权，或者被代理人授权期限已经终止，则进行的"代理行为"无效，其法律后果应当由行为人承担。代理机构的代理行为必须在被代理人的授权范围内进行，如果代理机构超越被代理人的授权进行"代理行为"，则该行为的法律后果也由行为人承担。这种授权应当通过招标代理机构与招标人订立委托代理合同予以明确。委托代理合同应当具有招标人与招标代理机构的名称、代理事项、代理权限、代理期限、酬金、地点、方式、违约责任、争议解决方式等。

招标代理机构的职责有：

（1）拟订招标方案

招标方案内容一般包括：建设项目的具体范围、拟招标的组织形式、拟采用的招标方式，上述内容确定后，还应包括制定招标项目的作业计划，计划内容包括招标流程、工作进度安排、项目特点分析和解决预案等。

招标实施之前，招标代理机构凭借自身经验，根据项目特点，有针对性地编制周密和切实可行的招标方案，提交给招标人，使招标人能预期整个招标过程，以便给予很好配合，保证招标方案顺利实施。招标方案对整个招标过程起着重要的指导作用。

（2）编制和出售资格预审文件、招标文件

招标代理机构重要职责之一就是编制招标文件。招标文件是招标过程中必须遵守的法律文件，是投标人编制投标文件、招标代理机构接受投标及组织开标、评标委员会评标、招标人确定中标人和签订合同的依据。招标文件编制的优劣将直接影响招标质量和招标的成败，也是体现招标代理机构服务水平的重要标志。如果项目需要进行资格预审，招标代理机构还要编制资格预审文件。资格预审文件和招标文件经招标人确认后，招标代理机构方可对外发售。资格预审文件和招标文件发出后，招标代理机构还要负责有关澄清和修改等工作。

（3）组织审查投标人资格

招标代理机构负责组织资格审查委员会或评标委员会，根据资格预审文件或招标文件的规定，组织审查潜在投标人或投标人资格。审查投标人资格分为资格预审和资格后审两种方式。资格预审是在投标前对潜在投标人进行的资格审查；资格后审一般是在开标后对投标人进行的资格审查。

（4）编制标底、工程量清单和最高投标限价

根据招标人的委托，且招标代理机构同时具备相应工程造价咨询资质时，招标代理机构可编制标底、工程量清单和最高投标限价。招标代理机构应按国家颁布的法规、项目所在地政府管理部门的相关规定，编制标底、工程量清单和最高投标限价，并负有对标底保密的责任。

（5）组织投标人踏勘现场

根据招标项目的需要和招标文件的规定，招标代理机构可组织潜在投标人踏勘现场，

收集投标人提出的问题，编制答疑会议纪要或补遗文件，发给所有的招标文件收受人。

（6）接受投标、组织开标、评标、协助招标人定标

招标代理机构应按招标文件的规定接受投标，并组织开标、评标等工作。根据评标委员会的评标报告，协助招标人确定中标人，向中标人发出中标通知书，向未中标人发出招标结果通知书。

（7）草拟合同

招标代理机构可以根据招标人的委托，依据招标文件和中标人的投标文件拟订合同，组织或参与招标人和中标人合同谈判，签订合同。

（8）招标人委托的其他事项

根据实际工作需要，有些招标人委托招标代理机构负责合同的执行、货款的支付、产品的验收等工作。一般情况下，招标人委托的招标代理机构承办所有事项，都应当在委托协议或委托合同中明确规定。

3.3.3　工程勘察设计的分包管理

建筑市场分工日趋专业化，在承揽某些技术较为简单、劳动相对密集的勘察设计项目，或某些技术含量较高、设计很复杂及专业性很强的工程项目时，总包设计单位可能因人力资源不足、不具备专项设计资质或能力上不足以完成该专项设计内容等原因，需要将某项设计内容分包给具有相应资质的其他勘察设计单位来完成。勘察设计分包是随着劳动生产率提高和社会分工发展的必然产物，是人们追求市场效率、实现有序竞争的迫切要求。设计分包管理是一项系统工程，需要企业与项目上下联动，使整个管理过程透明化、程序化，形成一套系统的、规范的操作程序，从而达到合作双方的共赢，所以加强对设计分包过程的管理就显得尤为重要。

1. 建设工程合法分包的概念

建设工程合法分包，是指建设工程总承包单位将所承包工程的一部分依法发包给具有相应资质的承包单位的行为，该总承包人与分包人就分包人完成的工程成果向发包人承担连带责任。建设工程设计分包则是建筑设计企业之间的专业工程设计项目或劳务项目发生的承、发包关系。从设计分包角度说，作为发包一方的建筑设计企业是分发包人，作为承包一方的设计企业是分承包人。

合法分包需满足四个要件：①分包必须取得发包人的同意或认可；②分包只能是一次分包，即分包单位不得将其承包的工程再次分包出去；③分包必须是分包给具备相应资质条件的承包单位；④总承包人可以将承包工程中的部分工程发包给具有相应资质条件的分包单位，但不得将主体工程分包出去。不具备建设工程合法分包的任一要件，均是违法分包。

建设工程转包，是指工程承包人违反法律规定，以营利为目的，将承包的工程整体转让或肢解后全部转让给其他单位或个人，承包工程的技术、质量、安全、现场、经济等全部主要工作完全交由受转让的单位或个人自行管理的行为。转包的特征主要为违法性、非法营利性、转让的完全性和管理的放任性。我国《建筑法》明确规定无论发包人是否同意承包人转包，均予以禁止。

2. 工程勘察设计的分包管理

如前所述，勘察设计分包是随着劳动生产率提高和社会分工发展的必然产物，是人们追求市场效率，实现有序竞争的迫切要求。合法的勘察设计分包可以实现合作双方的共赢。但目前在勘察设计分包管理中存在一些问题，主要有以下几点：

（1）企业实力问题。勘察设计分包企业良莠不齐，专业单一，选择难度大。

（2）人力资源问题。勘察设计分包企业内部作业人员素质参差不齐，现场人员素质不高，或缺少有效的上岗培训和安全教育。

（3）责任意识问题。部分勘察设计分包企业综合管理水平不高，在工期进度方面存在不严格执行进度计划，仅从自身成本控制角度考虑问题，难以投入足够的人力、物力；质量意识不强，设计方案不合理，图纸审核走过场，设计变更数量庞大等现象，导致项目投资不可控，工程使用功能难以最大限度发挥等问题，造成工程浪费。

（4）沟通机制问题。勘察设计总承包单位与分包企业沟通机制不通畅，分包企业只顾自身项目管理，缺乏前瞻意识和大局意识，缺乏与总承包单位的有效沟通，与主体工程设计配合脱节，难以满足项目的整体系统性。

基于此，建设单位及勘察设计承包单位应从以下几个方面加强对分包过程的管理。

（1）确保分包行为合法

首先，勘察设计的分包应经发包人同意或认可。《建筑法》等相关法律法规没有明确规定发包人认可的方式和时间，在总承包合同中约定对非主体结构部分允许分包是发包人认可的一种方式；在总承包合同中对是否允许分包没有约定或约定不明的，在承包人实施分包的过程中征得发包人书面同意也是认可的一种方式。承包合同未约定允许分包，在实施分包过程中，发包人既未书面反对也未阻止分包实施，并接受分包企业完成的勘察、设计成果的，也没有确凿证据证明发包人不认可该分包的情况下，应认定发包人以其行为认可了该分包。承包合同明确约定不允许分包，除非发包人在承包人实施分包过程中书面同意或认可，应认定分包无效。

其次，应分包给具有相应资质的分包单位。在选择分包单位的过程中，应确认分包方具有独立法人资格，具备相应法律规定的资质要求，获得相关市场准入资格证明等，并确认分包单位具备完成相应专项工程的能力，可要求其提供已完成的代表工作、从事类似项目的经验、项目实际完成的绩效等。

再者，不得将主体结构部分分包。现行建筑法律、法规、规章未对"主体结构"的涵义进行明确，行业内一般通俗认为主体结构是工程的主要承重及传力体，是实现建设目的的主要部分或重要部分。以房屋建筑的设计为例，项目各单体的建筑、结构、给水排水、暖通空调及电气等专业设计，就是工程主体结构，幕墙工程、装饰装修工程、园区景观绿化工程及园区其他配套工程等则不属于主体结构，需要由专项设计单位来完成。

第四，避免再分包或变相再分包。再分包是指分包人将其分包的工程再次部分或全部发包给第三方，只要分包人再次向第三方发包，无论分包人与总承包人的分包是否合法或再分包行为是否符合其他合法分包要件，均是违法分包，是无效的。

（2）严控分包质量管理

质量控制的管理过程一般可分为事前、事中和事后管理。事前应对拟签订分包合同的企业人员组成、设备资源、技术方案以及企业资质、业绩、规模、财务状况等进行全面的审核，确保所选择的分包单位符合分包工程的实际需要。事中通过对分包的技术文件、报告、报表进行抽查审核分析，对分包方承担分包项目的能力、工程实际进度和质量体系进行检查和评价，如对勘察分包，在勘察开工前的检查、取样、标贯、现场试验等工序检查、室内土工试验检查、分部分项工程完工的检查、成品及试验设备的检查、质量关键点的控制与检查等，确保质量有效控制。事后是对分包方勘察设计文件的验证和会签、质量事故的处理配合等工作的控制，保证其分包的勘察设计质量终身责任得以落实。

质量控制监督是以勘察设计规范为标准，对各个工序、分部分项工程的完成质量进行定期和不定期的检查验收，对不合格的坚决不予验收，由分包企业造成的质量问题由其承担责任和费用等进行管理。分包方的勘察设计成果及设计文件，须经勘察设计总包单位相关专业负责人和审定人验证和会签，作为总包单位正式设计文件加盖有关印章交付建设单位。

（3）保证分包设计进度

工期是合同履行的重要内容，为了确保分包企业按合同约定期限完成相应分包工程，总承包单位首先要如期提供完整的输入性技术资料和图纸，及时拨付工程进度款；其次在与建设单位确定总进度计划时，要求分包方的主要负责人员参与，对总承包进度计划进行分解、论证和确认，充分预计并储备为实现计划目标可能用到的技术、人员、工器具等资源，制定分包进度计划，注明关键工序的节点要求，确保总进度计划顺利实现。

总包单位应加强对分包工程进度的检查监控，缩小进度计划的更新周期，收集过程文件，动态检查进度，严格按照总包和分包合同约定的期限进行管理。

（4）建立协调沟通机制

分包工程大多属于独立的专项工程，分包工程开展过程应提前建立分包单位与总承包单位、建设单位等协调沟通的渠道，制定沟通计划，定期召开工程设计例会，解决工程中输入性资料的准确性和时效性问题，处理工程进度中各专业的协调配合问题。

3. 工程转包或违法分包的法律处理原则

我国《建筑法》第 67 条第 1 款规定："承包单位将承包的工程转包的，或者违反本法规定进行分包的，责令改正，没收违法所得，并处罚款，可以责令停业整顿，降低资质等级；情节严重的，吊销资质证书。"国务院颁布施行的《工程质量管理条例》第 62 条规定："违反本条例规定，承包单位将承包的工程转包或者违法分包的，责令改正，没收违法所得，对勘察、设计单位处合同约定的勘察费、设计费百分之二十五以上百分之五十以下的罚款；对施工单位处工程合同价款百分之零点五以上百分之一以下的罚款；可以责令停业整顿，降低资质等级；情节严重的，吊销资质证书。工程监理单位转让工程监理业务的，责令改正，没收违法所得，处合同约定的监理酬金百分之二十五以上百分之五十以下的罚款；可以责令停业整顿，降低资质等级；情节严重的，吊销资质证书。"

由上述规定可见，我国对工程转包或违法分包的法律处理原则是很明确的，主要有如下几点：

（1）转包或违法分包行为无效。

（2）转包人或违法分包人因非法转包或违法分包建设工程所获取的非法所得要予以没收。

（3）转包或违法分包工程的，转包人或违法分包人应受到行政处罚。

3.3.4 工程勘察设计的合同管理

1. 工程勘察设计合同

工程勘察设计合同是委托方与承包方为完成一定的勘察设计任务，明确双方权利义务关系的协议。合同的委托方一般是建设单位或工程代建单位，承包方是指有国家认可的勘察设计资质的勘察设计单位。合同的委托方、承包方必须是具有民事权利能力和民事行为能力的特定的法人组织。以承包方为例，它的民事权利能力是指具有国家批准的勘察设计许可证；它的民事行为能力是指它具有经有关部门核准的资质等级，某一资质等级的勘察设计单位只能接受相应等级或限额的项目勘察设计任务，不能越级承包，否则该勘察设计合同是无效合同。此外，勘察设计合同的签订必须符合国家规定的基本建设管理程序，并以国家批准的设计任务书或其他有关文件为基础。

2015 年 3 月 4 日，住房和城乡建设部与国家工商总局联合对《建设工程设计合同（一）（民用建设工程设计合同）》（GF-2000-0209）进行了修订，制定了《建设工程设计合同示范文本（房屋建筑工程）》（GF-2015-0209）（以下简称《示范文本》）。《示范文本》由合同协议书、通用合同条款和专用合同条款三部分组成。

（1）合同协议书

《示范文本》合同协议书集中约定了合同当事人基本的合同权利义务。

（2）通用合同条款

通用合同条款是合同当事人根据《中华人民共和国建筑法》、《中华人民共和国合同法》等法律法规的规定，就工程设计的实施及相关事项，对合同当事人的权利义务作出的原则性约定。

通用合同条款既考虑了现行法律法规对工程建设的有关要求，也考虑了工程设计管理的特殊需要。

（3）专用合同条款

专用合同条款是对通用合同条款原则性约定的细化、完善、补充、修改或另行约定的条款。合同当事人可以根据不同建设工程的特点及具体情况，通过双方的谈判、协商对相应的专用合同条款进行修改补充。

2. 工程勘察设计合同的管理

（1）主管机关对合同的管理和监督

建设行政主管部门和工商行政管理部门是对合同的签订、履行实施管理和监督的法定机关，其主要职能是：第一，贯彻国家和地方有关法律、法规和规章；第二，制定和推荐使用工程勘察设计合同文本；第三，审查和签订工程勘察设计合同，监督合同履行，调解合同争议，依法查处违法行为；第四，指导勘察设计单位的合同管理工作，培训勘察设计单位的合同管理人员，总结交流经验，表彰先进的合同管理单位。

其对合同备案的核验内容一般为：第一，合同文本主要条款填写是否完整、准确，合同签订双方签字、盖章是否遗漏；第二，合同承包方是否具备相应的工程勘察设计资质；第三，参加项目的人员是否为合同承包方的人员；第四，是否存在其他违反法律、法规或规章的行为。

（2）建设单位对勘察设计合同的管理

建设单位为了保证勘察设计工作的顺利进行，可以设立合同管理部门，也可以委托具有相应资质等级的建设监理公司、项目管理公司、工程咨询公司等，聘请相关技术人员，对勘察设计合同进行管理。合同管理人员的主要任务一般为：

1）根据设计任务书等有关批文和资料编制"设计要求文件"或"方案竞赛文件"或"招标文件"。

2）组织设计方案竞赛、招投标，并参与评选设计方案或评标。

3）协助选择勘察设计单位或提出评标意见及中标单位候选名单。

4）起草或协助起草勘察设计合同条款及协议书。

5）监督勘察设计合同的履行情况。

6）审查勘察设计阶段的方案和设计成果。

7）向建设单位提出支付合同价款的意见。

（3）勘察设计单位对合同的管理

勘察设计单位对勘察设计合同的管理也应充分重视，应从以下三个方面加强对合同的管理，保障自己的合法权益。

1）建立专门的合同管理部门。设计单位应设立专门的经营及合同管理部门，负责设计任务的投标、标价策略确定、起草并签署合同以及对合同的实施控制等工作。建立档案管理制度，合同订立的基础资料以及合同履行中形成的所有过程资料，包括双方往来的传真、会议纪要、邮件等，都应设专人负责，随时注意收集和保存，及时归档。健全的合同档案是解决合同争议和提出索赔的主要依据。

2）研究合同条款。勘察设计合同是勘察设计工作的法律依据，勘察设计的广度、深度和质量要求、付款条件以及违约责任都构成了勘察设计合同中至关重要的条款，任何一项条款执行失误或不执行，都将严重影响合同双方的经济利益，也可能给国家造成不可挽回的损失，因此注重合同条款和合同文件的研究，对勘察设计单位履行合同以及实现经济效益都是至关重要的。

3）合同履行的控制。在合同规定的条件下，控制设计进度在合同工期内，保证设计人员按照合同要求进行合乎规范的设计，按照批准的投资估算控制初步设计及概算，按照批准的初步设计及总概算控制施工图设计及预算，在保证使用功能要求的前提下，各专业按分配的造价限额进行设计，保证估算、概算、施工图预算起到层层控制的作用，不突破合同规定的造价限额等。

3.3.5 建设单位（甲方代表）在实践中的风险点及防控建议

1. 应该招标的项目未实施招投标

《招标投标法》和《工程建设项目勘察设计招标投标办法》中，对重大工程建设项目包括项目的勘察、设计、施工、监理以及工程建设有关的重要设备、材料等的采购必须进行招标有明确规定，实际操作中部分建设单位对应该招标的项目未实施招标，致使签订的勘察设计合同归为无效合同，给合同双方权利伸张和工程质量控制带来不必要的风险。

【防控建议】

建设单位应根据工程建设项目的性质和特点，严格按照《招标投标法》、《工程建设项目勘察设计招标投标办法》等相关法律法规的规定开展勘察设计招投标活动，并在活动中监督投标单位遵纪守法。

2. 未具备招标条件发布招标文件或招标过程管理不规范

招标项目未按照国家有关规定履行项目审批手续，或招标项目的相应资金或者资金来源尚未完全落实是不具备招标条件的，发布招标公告也可能会被行政主管部门叫停。不具备邀请招标条件而采取邀请招标方式的，将会被依法处罚。而招标文件编制不细致，发出的招标文件中对潜在投标单位的限定条件过于严格或过于宽松，关键信息未在标书中明确，出现虚假信息或资料不全等信息缺失风险，对入围单位审查不细致，存在投标单位围标、串标等风险，对报价评分标准说明不清晰，发生低价报价或高价报价等现象，对联合体资格要求不明确，或对联合体协议内容未做要求，导致联合体中标后双方权责和利益分配出现分歧，对未中标方案的处理方式及补偿方案未说明，未经投标单位允许使用未中标方案导致侵权发生等等，上述招标程序不规范的问题均可能导致招标项目流标或招标结果未能达到择优选择的预期。

【防控建议】

项目勘察设计招标前应落实项目招标的基本条件，严格遵照法律法规要求开展招投标活动，不得将依法必须进行招标的项目化整为零或者以其他任何方式规避招标。招标活动中主要技术负责人和商务、市场负责人应参与招标文件的编写，对招标过程和目标科学决策，对工期有特殊要求或限额设计等应在招标文件中专门提示。通过正规渠道发布招标公告，研究投标报名或入围资格获得者的企业之间关系，科学设定报价评分标准和投标限价，明确未中标方案的处理方式和补偿方案，认真筛查潜在合作伙伴，依法确定合作关系，确保达到择优选择勘察设计单位之目的。

3. 对招标代理机构管理不严格

随着招投标法和相应省、市监管条例的贯彻实施，对建设单位招标行为的要求越来越规范，对不符合工程建设招标条件的一律要求实行建设工程招投标代理。招标代理机构及从业人员可有效促进建设工程招标投标工作顺利、有序进行，为建设方节省投资、提高办事效率、提供专业咨询等，发挥了较好的作用，但同时也暴露了很多问题。现有的招标代理机构前身大都是建设工程监理公司、工程造价咨询或工程审计咨询公司，而建设工程招标代理工作是一项综合性的工作，它既有政策性、法规性层面的东西，也有专业技术层面的东西。由于这些公司过去只从事单一方面的工作，缺乏整体性、综合性的知识和经验，造成招标代理质量普遍不高。一些招标代理机构人员，利用自身参与招标活动和自身专业技术优势介入投标单位的投标活动，从中谋取个人利益，破坏了投标人之间的公平竞争。此外，也存在建设单位为达到自己的私利，在编制资格预审文件、招标文件和评分办法时，授意招标代理纳入带有排斥性或歧视性、影响招标公正性、公平性的条款，或对代理机构的违法违规行为听而任之，带来了不良的社会影响。

【防控建议】

建设单位要加强对《建筑法》、《招标投标法》及相关法律、法规的宣传教育，使其在建设市场各方面深入人心，做到建设方、代理机构人员都知法守法，用法律、法规来约束建设市场各方的行为。同时，对招标代理机构的主体资格和水平严格审查，对代理过程加强监督管理，严格按照法定程序组织招标、投标活动，恪守"守信、践约、无欺、自律"的市场原则，不受任何单位、个人的干预和影响，严格执行招标活动保密规定，不谋取小集体或个人的不正当利益。

4. 未对投标单位的资质资格进行必要审查

实际操作中，存在发包人未对投标单位进行必要审查，将建设工程勘察设计业务发包给不具有相应资质等级的建设工程勘察设计单位，或不具备独立法人资格的分公司，甚至直接发包给个人等现象，致使签订的勘察设计合同归为无效合同，当其合法权利受到侵害时，无法得到法律的有效保护。

随着市场竞争的放开，勘察设计单位具有跨省、跨市承接相应业务的资格，但其在开展勘察设计业务的过程中，如存在违法行为将被取消当地市场准入资格，计入不良记录档案，在一定的时间内不得进入当地市场开展工程勘察设计活动。建设单位如未对其市场准入资格进行审查，致使签订的合同无法继续履行或不能完全履行，会因此带来极大风险。

【防控建议】

建设单位应对投标单位进行必要和详尽的资质审查，确保中标单位符合工程项目对应的资质等级要求，具备签订合同的主体资格。应对承接勘察设计业务的中标单位进行必要的市场准入资格审查，要求其提供当地的诚信证明或相应承诺，并对勘察设计活动进行监督。

5. 未及时签订勘察设计合同或签订背离合同实质内容的其他协议

相关法律规定：确定中标人后应当自中标通知书发出之日起三十日内，按照招标文件和中标人的投标文件订立书面合同。招标人和中标人不得再行订立背离合同实质性内容的其他协议。中标人无正当理由不与招标人订立合同，在签订合同时向招标人提出附加条件，或者不按照招标文件要求提交履约保证金的，取消其中标资格，投标保证金不予退还。由此可见，勘察设计单位未根据投标文件订立合同即开展相关业务的，不受法律保护，建设单位未及时按照招标文件和中标人的投标文件订立合同的，或者招标人、中标人订立背离合同实质性内容的协议的，也将受到法律的处罚。

【防控建议】

择优选择勘察设计单位，并发出中标通知书后，及时与勘察设计单位签订勘察设计服务合同或咨询合同，并监督其依据建设行政主管部门和工商行政管理部门的规定，办理合同备案手续。

6. 不重视对勘察设计的合同管理

勘察设计合同，是建设单位和勘察设计单位就约定的工程建设项目的开展过程及双方的权利义务进行约定的合同文本。在合同履行期间，做到有法可依有据可循，使当事双方都能规范地按承诺履行合同义务，遇有纠纷可按约定主张权利，其意义不言而喻。但部分建设单位直接套用《建设工程设计合同示范文本》，对《示范文本》的具体内容并不深入研究，该约定的条款未能有效约定，遇有纠纷时也无法得到法律的有效保护。也有建设单位擅自修改《示范文本》的条款，制定显失公平的条款，实际执行过程中，也不会得到相关法律的支持。

【防控建议】

住房和城乡建设部和国家工商总局联合并几次改版了勘察设计合同示范文本，其目的就是明确工程建设各责任主体的责任和义务，适应建筑行业的市场要求，在实际使用中又具有可操作性。在无特殊要求时，应以《示范合同》为模板，制订和签署勘察设计服务合同，要求勘察设计单位及时办理合同备案，并设专人对勘察设计合同进行管理。通过多种方式完成审查，确保勘察单位提供详尽准确的勘察文件，确保设计单位提供安全可靠、经济适用的设计成果，并对其是否满足合同约定进行审查，为保证工程质量打下良好基础。

7. 勘察设计单位违法分包、转包勘察设计任务或建设单位直接指定分包

随着劳动生产率的提高和社会分工发展，勘察设计分包是人们追求市场效率，实现有序竞争的迫切要求，相关法律对违法分包、转包有明确的惩罚措施。如建设工程勘察、设计单位将所承揽的建设工程勘察、设计转包的，责令改正，没收违法所得，处合同约定的勘察费、设计费25％以上50％以下的罚款，可以责令停业整顿，降低资质等级；情节严重的，吊销资质证书。即便如此，违法分包或转包行为仍屡禁不止。同时，合法的分包行为，但因分包企业的整体水平良莠不齐，承包人对分包人疏于管理等问题存在，对分包后的工程质量管控带来较多不可控因素。

【防控建议】

建设单位应加强勘察设计的分包管理，不得允许或默认违法分包、转包行为存在，如发现承包单位未经认可擅自分包，应书面反对或阻止分包实施，并对分包成果不予接收。对确有必要分包的专项工程，应在服务合同中予以明确约定，并对分包单位加强管理，建立顺畅的沟通协调机制，以使其分包工程的质量和进度与工程整体相匹配。

另外，应注意区分总公司与分公司之间的内部承包关系以及母公司与子公司之间的承包关系。根据我国《公司法》第14条第1款的规定："公司可以设立分公司，设立分公司应向公司登记机关申请登记，领取营业执照。分公司不具有法人资格，其民事责任由公司承担。"因此总公司和分公司之间的内部承包关系，属于公司经营策略，不属于分包或转包。根据《中华人民共和国公司法》第14条第2款的规定："公司可以设立子公司，子公司具有法人资格，依法独立承担民事责任。"因此子公司应视为独立于母公司之外的第三人，母公司与子公司之间的承包关系属于分包，应征得建设单位同意，如子公司不具有承揽该项业务的资质，则子公司的承包行为属于借用资质，这是法律禁止的行为。

3.3.6　典型案例评析之一：资质等级与承接范围影响合同效力

上诉人上海××城市设计有限公司与被上诉人常德市××建筑设计院有限责任公司建设工程设计合同纠纷民事判决书

上诉人（原审被告，反诉原告）上海××城市设计有限公司（以下简称上海××公司）。

被上诉人（原审原告、反诉被告）常德市××建筑设计院有限责任公司（以下简称常德××设计院）。

案情梗概：

2009年7月31日常德××设计院与上海××公司签订《建设工程设计合同》，约定了常德××设计院委托上海××公司"承担白马湖区域环境综合治理工程（北区）工程方案设计"，设计项目名称为"方案设计"，设计阶段为"方案"，估算设计费为800000元，并就设计费支付进度进行约定，上海××公司责任包括"进行工程设计，按合同规定的进度要求提交质量合格的设计资料"等，上海××公司应无偿对常德××设计院的下一步施工图设计作好指导和服务工作，对合同双方权利义务进行约定。2009年8月14日，常德××设计院取得招标人常德市××建设项目管理有限公司发出的《中标通知书》，并于8月18日由招标监督部门常德市建设局签章"同意中标结果"的意见。该中标通知书所确定的工程设计项目即为双方签订的前述合同所指工程。2009年9月8日，上海××公司与常德市规划局签订项目名称为"江北城市新区（白马湖区域）城市"的《上海市城市规划设计合同》。2009年12月，上海××公司向常德××设计院提交《常德市××文化公园规划设计》（成果稿）并由常德市规划局批复通过。常德××设计院遂于2014年2月27日向原审人民法院提起本诉，请求判决双方于2009年7月31日、8月17日签订的《建设工程设计合同》无效及判决上海××公司返还常德××设计院已付设计费并赔偿利息损失。上海××公司提起反诉，要求常德××设计院支付剩余设计费并支付逾期付款违约金。

一审法院经过审理，认为双方就同一工程的施工图设计第一阶段的方案设计任务，签订涉案合同系工程设计合同，而非规划设计合同或旅游设计合同。而上海××公司取得《城市规划设计资质证书》、《旅游规划设计资质证书》，却至今未取得法定的工程设计资质证书，未取得资质证书承揽工程，还应依法予以取缔，并处罚款。同时，因双方签订的涉案合同违反了关于禁止承包人将工程分包给不具备相应资质条件的单位的规定，故双方签订的两份涉案合同均违反了上述法律、行政法规的有关强制性规定，应当根据《中华人民共和国合同法》第五十二条第（五）项的规定，认定双方签订的两份涉案合同无效。无效的合同自始没有法律约束力的规定，双方关于设计费的约定对双方自始没有法律约束力，上海××公司不能据此主张支付设计费的权利。同理，因合同无效，根据《中华人民共和国合同法》第五十八条关于因该无效合同取得的财产应当予以返还，有过错的一方应当赔偿对方因此所受到的损失，双方都有过错的，应当各自承担相应的责任的规定，上海××公司明知其无工程设计资质而承揽工程设计业务，明显存在过错，除应依法返还因合同取得的设计费外，还应承担已支付款项的利息损失，但常德××设计院作为工程设计单位，未在签约时对上海××公司有无工程设计资质进行查验即与上海××公司签订合同，也存在一定的过错，且上海××公司为此做了大量的工作，产生了相关费用，常德××设计院应对其所付设计费造成的利息损失自行承担。

判决生效后,上海××公司不服提起上诉,二审法院经过重新审理,就双方提交的相关证据资料,认为上海××公司承担的是工程方案设计而非整个工程设计,就工程方案设计而言,上海××公司具有《城市规划设计资质证书》和《旅游规划设计资质证书》,能够对合同约定的工程方案进行设计。根据常德××设计院与上海××公司签订的《建设工程设计合同》。不存在《中华人民共和国合同法》第五十二条规定的合同无效的法定情形,应认定该合同有效。常德××设计院应依据《关于××文化公园方案设计的函》的内容支付剩余设计费。

案例评析:

本案的争议焦点为:一、《建设工程设计合同》是否有效;二、本案中的设计费应如何计算。上海××公司持有上海城市规划管理局颁发的城市规划编制资质证书,承担业务范围为:在全国承担下列任务:①20万人口以下城市总体规划和各种专项规划的编制(含修订或者调整);②详细规划的编制;③研究拟定大型工程项目规划选址意见书。上海××公司承担的是工程方案设计,而不是包括施工图设计在内的所有建设工程设计,合同履行的也是工程方案设计。就工程方案设计而言,上海××公司具有《城市规划设计资质证书》和《旅游规划设计资质证书》,能够对合同约定的工程方案进行设计,不属于违法分包,也不属于无效合同的范畴。

3.3.7 典型案例评析之二:未按法规要求招投标签订的设计合同属于无效合同

武汉××设计工程顾问有限公司与湖北××置业有限公司建设工程
设计合同纠纷二审民事判决书

上诉人(一审原告):武汉××设计工程顾问有限公司(以下简称××设计公司)。

上诉人(一审被告):湖北××置业有限公司(以下简称××置业公司)。

案情梗概:

2011年9月20日,××置业公司与××设计公司签订了一份《设计合同》,××置业公司委托并确认××设计公司及其合作方北京××建筑设计有限公司(以下简称北京××公司)武汉分公司为"湖北省仙桃市××大道、××路商业住宅项目"的规划设计、建筑设计方案及园林设计。设计内容为:1.规划方案设计方案;2.建筑设计方案及初步设计;3.园林规划设计概念性方案和方案设计、设计图设计;4.根据××置业公司需要,指导并协助施工图设计单位按确定方案并进行完成方案和初步设计交底。合同约定总设计费为1048.05万元,并明确约定设计费支付方式。合同签订后,2011年10月20日,××置业公司向××设计公司支付80万元（双方均认可该款系支付的设计费）；2012年1月18日至2013年2月8日，××置业公司通过私人账户向××设计公司分多次共计支付设计费300万元。2012年6月10日、9月10日，××设计公司两次向××置业公司发出《联系函》，要求其支付下欠的设计费。

一审法院认为，根据《中华人民共和国招标投标法》（以下简称《招标投标法》）第三条的规定，设计公用事业等关系社会公共利益、公众安全的项目必须进行招标。涉案工程项目为商品住宅，属于前款法律规定设计应该进行招标的范围。××置业公司未提交涉案项目的设计进行了招标的相关证据。××设计公司在承接该工程设计时，未取得相应的设计资质。根据最高人民法院《关于审理建设工程施工合同纠纷案件适用法律问题的解释》第一条第一款第（一）、（三）项的规定，涉案建设工程设计合同虽是双方当事人的真实意思表示，但因违反法律、行政法规的强制性规定，应认定为无效。

判决生效后，双方均提出上诉，二审法院经过审理，××置业公司给付××设计公司下欠所有设计费及利息。

案例评析：

根据《招标投标法》第三条"在中华人民共和国境内进行下列工程建设项目包括项目的勘察、设计、施工、监理以及与工程建设有关的重要设备、材料等的采购，必须进行招标：（一）大型基础设施、公用事业等关系社会公共利益、公众安全的项目；（二）全部或者部分使用国有资金投资或者国家融资的项目；（三）使用国际组织或者外国政府贷款、援助资金的项目。"根据《工程建设项目招标范围和规模标准规定》第三条规定："关系社会公共利益、公众安全的公用事业项目的范围包括：……（五）商品住宅，包括经济适用住房；……"本案所涉"天泽一方"工程是商品住宅建设项目，属于必须进行招标的项目范围。本案中，××置业公司作为房地产开发商，虽称对多家设计公司进行过邀约邀请、询价，就设计进行初步讨论，但作为建设工程的招标主体，明知涉案项目的设计依法必须进行招标而并未依照《招标投标法》的规定履行法定的招投标程序，即将该项目的规划设计、建筑方案设计以及园林设计等任务委托给××设计公司，同时其在与××设计公司签订设计合同时已知晓该公司不具备相应设计资质，仍与其签订设计合同；××设计公司作为建筑设计工程顾问公司，不具备相应设计资质仍承接建筑设计工作，双方对造成合同无效均存在过错责任。

《合同法》第58条规定，合同无效或被撤销后，因该合同取得的财产，应当予以返还；不能返还或者没有必要返还的，应当折价补偿。有过错的一方应当赔偿对方因此所受到的损失，双方都有过错的，应当各自承担相应的责任。根据这一规定，合同无效或被撤销后的应当处理两大主要问题即返还财产（或折价补偿）、根据过错责任承担损失。由于建设工程勘察、设计作为专业技术服务具有非物质性，财产属性亦不强，存在难以量化的困境。

勘察设计合同被认定无效或被撤销的，合同当事人产生的直接损失主要有：勘察设计人已发生费用的损失，主要为勘察设施设备费用、人员劳务费用、工资薪酬、加班费用、差旅费用、技术服务费用和其他管理费用等；发包人已发生的费用或因此将发生的费用损失，主要为已支付的勘察设计费用、重新招标选择合格勘察设计人而增加的费用、重新招标造成工程延期产生的损失等。

在实际操作中，合同未履行的不得履行，合同已履行的应停止履行，并及时处理返还财产或折价补偿，根据过错责任承担损失。返还财产或折价补偿问题主要涉及工程资料的返还、已支付费用的返还和其他财产的返还，该项诉求较易界定和实现。但对根据过错责任承担损失，涉及损失的确定和过错责任的认定问题。

过错责任的认定，一般情况下，发包人和勘察设计人对勘察设计合同无效或被撤销均有相应的过错责任，特殊情况下为单方过错责任，应注意区分。

3.3.8　相关法律和技术标准（重要条款提示）

关于建设工程设计招投标的法律、法规的相关条文如下：

1.《招标投标法》

第3条　在中华人民共和国境内进行下列工程建设项目包括项目的勘察、设计、施工、监理以及工程建设有关的重要设备、材料等的采购，必须进行招标：（一）大型基础设施、公用事业等关系社会公共利益、公众安全的项目；（二）全部或者部分使用国有资金投资或者国家融资的项目；（三）使用国际组织或者外国政府贷款、援助资金的项目。前款所列项目的具体范围和规模标准，由国务院发展计划部门会同国务院有关部门制订，报国务院批准。法律或者国务院对必须进行招标的其他项目的范围有规定，依照其规定。

2.《工程建设项目招标范围和规模标准规定》

第1条　为了确定必须进行招标的工程建设项目的具体范围和规模标准，规范招标投标活动，根据《中华人民共和国招标投标法》第3条的规定，制定本规定。

第2条　关系社会公共利益、公众安全的基础设施项目的范围包括：（一）煤炭、石油、天然气、电力、新能源等能源项目；（二）铁路、公路、管道、水运、航空以及其他交通运输业等交通运输项目；（三）邮政、电信枢纽、通信、信息网络等邮电通信项目；（四）防洪、灌溉、排涝、引（供）水、滩涂治理、水土保持、水利枢纽等水利项目；（五）道路、桥梁、地铁和轻轨交通、污水排放及处理、垃圾处理、地下管道、公共停车场等城市设施项目；（六）生态环境保护项目；（七）其他基础设施项目。

第3条　关系社会公共利益、公众安全的公用事业项目的范围包括：（一）供水、供电、供气、供热等市政工程项目；（二）科技、教育、文化等项目；（三）体育、旅游等项目；（四）卫生、社会福利等项目；（五）商品住宅、包括经济适用房；（六）其他公用事业项目。

第4条 使用国有资金投资项目的范围包括：（一）使用各级财政预算资金的项目；（二）使用纳入财政管理的各种政府性专项建设基金的项目；（三）使用国有企业事业单位自有资金，并且国有资产投资者实际拥有控制权的项目。

第5条 国家融资项目的范围包括：（一）使用国家发行债券所筹资金的项目；（二）使用国家对外借款或者担保所筹资金的项目；（三）使用国家政策性贷款的项目；（四）国家授权投资主体融资的项目；（五）国家特许的融资项目。

第6条 使用国际组织或者外国政府资金的项目的范围包括：（一）使用世界银行、亚洲开发银行等国际组织贷款资金的项目；（二）使用外国政府及其机构贷款资金的项目；（三）使用国际组织或者外国政府援助资金的项目。

第7条 本规定第二条至第六条规定范围内的各类工程建设项目，包括项目的勘察、设计、施工、监理以及工程建设有关的重要设备、材料等的采购，达到下列标准之一的，必须进行招标：（一）施工单项合同估算价在200万元人民币以上的；（二）重要设备、材料等货物的采购，单项合同估算价在100万元人民币以上的；（三）勘察、设计、监理等服务的采购，单项合同估算价在50万元人民币以上的；（四）单项合同估算价低于第（一）、（二）、（三）项规定的标准，但项目总投资额在3000万元人民币以上的。

第8条 建设项目的勘察、设计，采用特定专利或者专有技术的，或者其建筑艺术造型有特殊要求的，经项目主管部门批准，可以不进行招标。

3.《工程建设项目勘察设计招标投标办法》

第三条 工程建设项目符合《工程建设项目招标范围和规模标准规定》（国家计委令第3号）规定的范围和标准的，必须依据本办法进行招标。

任何单位和个人不得将依法必须进行招标的项目化整为零或者以其他任何方式规避招标。

第五条 勘察设计招标工作由招标人负责。任何单位和个人不得以任何方式非法干涉招标投标活动。

第七条 招标人可以依据工程建设项目的不同特点，实行勘察设计一次性总体招标；也可以在保证项目完整性、连续性的前提下，按照技术要求实行分段或分项招标。

招标人不得利用前款规定限制或者排斥潜在投标人或者投标。依法必须进行招标的项目的招标人不得利用前款规定规避招标。

第八条 依法必须招标的工程建设项目，招标人可以对项目的勘察、设计、施工以及与工程建设有关的重要设备、材料的采购，实行总承包招标。

第十条 工程建设项目勘察设计招标分为公开招标和邀请招标。

国有资金投资占控股或者主导地位的工程建设项目，以及国务院发展和改革部门确定的国家重点项目和省、自治区、直辖市人民政府确定的地方重点项目，除符合本办法第十一条规定条件并依法获得批准外，应当公开招标。

第十一条 依法必须进行公开招标的项目,在下列情况下可以进行邀请招标:(一)技术复杂、有特殊要求或者受自然环境限制,只有少量潜在投标人可供选择;(二)采用公开招标方式的费用占项目合同金额的比例过大。

有前款第二项所列情形,属于按照国家有关规定需要履行项目审批、核准手续的项目,由项目审批、核准部门在审批、核准项目时作出认定;其他项目由招标人申请有关行政监督部门作出认定。招标人采用邀请招标方式的,应保证有三个以上具备承担招标项目勘察设计的能力,并具有相应资质的特定法人或者其他组织参加投标。

第五十条 招标人有下列限制或者排斥潜在投标人行为之一的,由有关行政监督部门依照招标投标法第五十一条的规定处罚;其中,构成依法必须进行勘察设计招标的项目的招标人规避招标的,依照招标投标法第四十九条的规定处罚:(一)依法必须公开招标的项目不按照规定在指定媒介发布资格预审公告或者招标公告;(二)在不同媒介发布的同一招标项目的资格预审公告或者招标公告的内容不一致,影响潜在投标人申请资格预审或者投标。

第五十一条 招标人有下列情形之一的,由有关行政监督部门责令改正,可以处 10 万元以下的罚款:(一)依法应当公开招标而采用邀请招标;(二)招标文件、资格预审文件的发售、澄清、修改的时限,或者确定的提交资格预审申请文件、投标文件的时限不符合招标投标法和招标投标法实施条例规定;(三)接受未通过资格预审的单位或者个人参加投标;(四)接受应当拒收的投标文件。招标人有前款第一项、第三项、第四项所列行为之一的,对单位直接负责的主管人员和其他直接责任人员依法给予处分。

4.《建筑工程方案设计招标投标管理办法》

第二条 在中华人民共和国境内从事建筑工程方案设计招标投标及其管理活动的,适用本办法。

学术性的项目方案设计竞赛或不对某工程项目下一步设计工作的承接具有直接因果关系的"创意征集"等活动,不适用本办法。

第三条 本办法所称建筑工程方案设计招标投标,是指在建筑工程方案设计阶段,按照有关招标投标法律、法规和规章等规定进行的方案设计招标投标活动。

第九条 建筑工程方案设计招标方式分为公开招标和邀请招标。

全部使用国有资金投资或者国有资金投资占控股或者主导地位的建筑工程项目,以及国务院发展和改革部门确定的国家重点项目和省、自治区、直辖市人民政府确定的地方重点项目,除符合本办法第四条及第十条规定条件并依法获得批准外,应当公开招标。

除上述国家的法律、法规外,各省市自治区也出台一些实施细则或相应管理办法,在实施操作过程中,应贯彻执行。若违反法律、法规规定,对应当实施招标的工程设计不实施招标的,建设单位应承担行政处罚等相应的法律责任。

3.3.9 本节疑难释义

1. 工程勘察设计收费标准的形成和发展过程

我国的勘察设计收费制度是从 1979 年开始试行的。1979 年原国家计委、原国家建委、财政部印发的《关于勘察设计单位实行企业化取费试点的通知》，1984 年原国家计委发布了《工程勘察收费标准》、《工程设计收费标准（试行）》，确定民用建筑和市政工程的设计收费按照统一的工程概算百分比收费，同时规定设计单位不得提高收费标准，也不得压价竞争。从此我国有了一套正式的勘察设计收费标准。随着设计单位的企业化转变和市场经济地位的逐渐确立，1992 年，国家物价局和原建设部在 1984 年试行标准的基础上进行了调整，颁发《关于发布工程勘察和工程设计收费标准的通知》，提出了民用建筑分级标准、收费定额及调整系数等。

为了贯彻落实《国务院办公厅转发建设部等部门关于工程勘察设计单位体制改革若干意见的通知》，调整工程勘察设计收费标准，规范工程勘察设计收费行为，原国家计划发展委员会和原建设部于 2002 年 1 月 7 日制定发布了《工程勘察设计收费标准》（2002 年版，自 2002 年 3 月 1 日起施行），原国家物价局、原建设部颁发的《关于发布工程勘察和工程设计收费标准的通知》（［1992］价费字 375 号）及相关附件同时废止。2002 年版《工程勘察设计收费管理规定》，对各类建筑和各类工程的收费加权系数进行了详细的规定，基本覆盖了所有勘察设计项目，收费比率也由 1984 年的 1.5% 大幅提升到 3% 左右。援外项目依据原外经贸部、财政部颁发的《对外技术援助项目管理办法（试行）》、《对外援助成套项目设计监理取费标准》和《对外援助成套项目施工监理取费标准的通知》等，此外，还有其他一些地方政府根据当地情况颁布的一些地区收费标准。

2. 现行工程设计收费标准

2015 年国家发改委发布了《关于进一步放开建设项目专业服务价格的通知》（发改价格 ［2015］ 299 号），明确在已放开非政府投资及非政府委托的建设项目专业服务价格的基础上，全面放开建设项目前期工作咨询费、工程勘察设计费等 5 项实行政府指导价管理的建设项目专业服务价格，实行市场调节价。同时规定，专业服务价格实行市场调节价后，经营者应严格遵守《价格法》、《关于商品和服务实行明码标价的规定》等法律法规规定，告知委托人有关服务项目、服务内容、服务质量，以及服务价格等，并在相关服务合同中约定。经营者提供的服务，应当符合国家和行业有关标准规范，满足合同约定的服务内容和质量等要求。不得违反标准规范规定或合同约定，通过降低服务质量、减少服务内容等手段进行恶性竞争，扰乱正常市场秩序。

通知要求，各有关行业主管部门要加强对本行业相关经营主体服务行为监管。要建立健全服务标准规范，进一步完善行业准入和退出机制，为市场主体创造公开、公平的市场竞争环境，引导行业健康发展；要制定市场主体和从业人员信用评价标准，推进工程建设服务市场信用体系建设，加大对有重大失信行为的企业及负有责任的从业人员的惩戒力度。充分发挥行业协会服务企业和行业自律作用，加强对本行业经营者的培训和指导。

3. 现行工程设计收费标准存在的问题

现行工程设计收费体系，从"设计收费基价"到"工程设计收费基准价"，再到现在的市场调节价，进行了多次调整。虽然市场调节价更符合现在建筑市场的发展规律，但在实际操作中，仍然在参考 2002 年版《工程勘察设计收费标准》，且该计费标准中的工程复杂程度的评估、设计工作范围的界定等更难以被业主认同。

采取市场调节价的计费方式，虽然给了优质设计企业产品计费的取值自由度，给设计企业通过提高设计产品质量获得更高价值的空间，但对一般设计单位来讲，缺少了对设计费上下浮动幅度的限制，更加重了市场竞争的激烈程度，迫于竞争压力只能靠低收费维持，而低收费将直接导致设计企业难以将更多的人力、物力投入到提高设计产品的质量上来，进而也无法创作出更多更好的建筑精品。

3.4　勘察设计阶段的质量管理

勘察设计工作是工程建设程序的先行环节，其质量优劣直接关系到建设项目的经济效益和社会效益。勘察设计单位必须对其勘察设计质量负责，通过建立、健全质量管理制度，推行全面质量管理，不断提高勘察设计质量。

3.4.1　勘察设计阶段的质量目标

1. 勘察工作质量目标

勘察单位要切实抓好勘察纲要的编制、原始资料的取得和成果资料整理的质量管理。勘察工作的每一环节都应做到事前有布置、中间有检查、成果有校审、质量有评定。勘察工作应体现规划、设计意图，如实反映现场的地形和地质概况，符合规范的规定，及时编录、核对、整理勘察原始资料，不得遗失或任意涂改；成果资料必须做到数据准确，论证有据，结论明确，建议具体。勘察单位必须建立健全原始资料的检查验收制度和成果资料的审核制度，对各项原始资料必须坚持自检和互检相结合。对大型或地质条件复杂的勘察纲要和成果资料应组织会审。各级主管部门在审批大型或地质条件复杂工程的设计文件时，应审查勘察成果资料。

2. 设计工作质量目标

设计阶段质量管理分以下几个内容：

（1）功能性质量管理。功能性质量管理的目的，是保证建筑工程项目使用功能的符合性，其内容包括项目内部的平面空间组织，生产工艺流程组织，如满足使用功能的建筑面积分配、宽度、高度、净空、通风、日照等的物理指标符合性要求。

（2）可靠性质量管理。主要是指建设工程项目建成后，在规定的使用年限和正常的使用条件下，保证使用安全，建（构）筑物及其设备系统稳定、可靠。

（3）观感性质量管理。对于建筑工程项目，主要指建筑物的总体格调、外部形体及内部空间观感效果，整体环境的适宜性、协调性，文化内涵的韵味魅力等的体现；道路、桥梁等基础设施工程同样也有其独特的造型格调、观感效果及其与周边环境的协调性要求等。

（4）经济性质量管理。建设工程项目设计的经济性质量，是指不同设计方案的选择对建设投资的影响。设计经济性质量控制的目的，在于强调设计过程的多方案比较，通过优化设计不断提高建设工程项目的性价比。在满足项目投资目标要求的条件下，做到物有所值，防止浪费。

具体来讲，设计编制工作要认真抓好事前指导、中间检查、成果校审、质量评定等环节，做到设计基础资料齐全准确，遵守设计工作原则，各专业采用的技术条件一致，采用的新技术行之有效，选用的设备性能优良，计算依据齐全可靠，计算结果准确可信，正确执行现行标准规范，各阶段设计文件的内容、深度满足合同约定，设计合理，综合经济效益好。设计单位须及时收集施工中和投产后对设计质量的意见，进行分析研究，不断改进设计工作，提高设计质量；必须建立健全各级各类人员岗位责任制度，严格执行，加强管理，做到工作有秩序，进度有控制，质量有保证，责任有追溯。

3. 工程勘察、设计文件的编制要求

（1）编制建设工程勘察文件的要求

编制建设工程勘察文件，应正确反映场地工程地质条件、查明不良地质作用和地质灾害，通过对原始资料的整理、检查和分析，提出资料完整、评价正确、建议合理的勘察报告，满足建设工程规划、选址、设计、岩土治理和施工的需要。

（2）编制工程设计文件的要求

1）方案设计文件，应满足编制初步设计文件的需要，对于报批方案设计文件的编制深度，应满足方案审批或报批的要求。对于投标方案设计文件的编制深度，应执行住房和城乡建设部颁发的相关规定。

2）初步设计文件，应满足编制施工图设计文件的需要，应满足初步设计审批的需要。

3）施工图设计文件，应满足设备材料采购、非标准设备制作和施工的需要。对于将项目分别发包给几个设计单位或实施设计分包的情况，设计文件相互关联处的深度应满足各承包或分包单位设计的需要。

4）在设计中宜因地制宜正确选用国家、行业和地方建筑标准设计，并在设计文件的图纸目录或施工图设计说明中注明所应用图集的名称。重复利用其他工程的图纸时，应详细了解原图利用的条件和内容，并作必要的核算和修改，以满足新设计项目的需要。

5）设计单位在设计文件中选用的建筑材料、建筑构配件和设备，应当注明规格、性能等技术指标，其质量要求必须符合国家规定的标准。除有特殊要求的建筑材料、专用设备和工艺生产线等外，设计单位不得指定生产厂、供应商。

另外，针对具体的建筑设计文件的编制要求和质量评定办法，住房和城乡建设部颁发了《建筑工程设计文件编制的规定》和《民用建筑工程设计质量评定标准》，并作出明确规定，提出建筑设计质量的基本标准是"合格品"要求。要求建筑设计的基本质量标准为：

1）贯彻国家建设方针、政策以及有关技术标准，符合批准的初步设计文件；

2）设计方案合理，满足功能要求，运行安全可靠，技术经济指标适度；

3）计算完整、准确，设计标准恰当，构造措施合理，便于施工、维修和管理；

4）符合设计深度，正确表达设计意图，设计文件完整，图面质量好。

3.4.2 勘察设计阶段的划分

1. 勘察阶段的划分

勘察阶段的划分主要根据工程不同设计阶段要求对工程地质勘察需求的不同划分阶段。一般工程地质勘察可分为：规划选址勘察、可行性研究勘察、初步设计勘察、详细勘察及施工阶段的工程地质勘察等。各个阶段根据岩土工程勘察深度要求不同而采用不同方法进行勘察工作。

选址勘察应符合选择场址方案的要求，收集和分析比较各方案区域的地形、地质、地震、建筑材料等档案资料和当地建设经验；进行现场工程地质调查，测绘工程地质平面图；在认为有重要地质因素影响的方案评价时，可进一步布置勘探工作予以查明；编制选址勘察的工程地质报告，对照工程地质平面图说明各分区的工程地质条件，比较各方案在工程地质上的优缺点，推荐最优方案。

初步勘察应符合初步设计的要求，初步查明地层、构造、岩石和土的物理力学性质、地下水埋藏条件及冻结深度；查明场地不良地质现象的成因、分布范围、对场地稳定性的影响及发展趋势；对设防烈度为 6 度以上的建筑物，应判定场地和地基的地震效应。

详细勘察应符合施工图设计的要求，查明建（构）筑物范围内的地层结构、岩石和土的物理力学性质，并对地基稳定性及承载力作出评价；提供不良地质现象防治工程所需的计算指标及资料。查明地下水的埋藏条件和侵蚀性，必要时，还应查明地层的渗透性，水位变化幅度及规律；判定地基岩石、土和地下水在建（构）筑物施工和使用中可能产生的变化及影响，并提出防治办法及建议。

场地条件复杂或有特殊要求的工程，在施工阶段宜进行施工勘察。

勘察阶段的划分并非固定不变，实际操作一般视场地条件复杂程度及工程实际需要而定。对场地较小且无特殊要求的工程也可合并勘察阶段,例如,当建筑物总平面已确定、邻近场地已有岩土工程经验或资料时,也可根据实际情况直接开展详细勘察。

2. 设计阶段的划分

设计单位应当根据勘察成果文件进行建设工程设计。关于设计阶段的划分,习惯上一般根据建设项目的规模大小、技术复杂程度以及是否有成熟设计经验来决定。

(1)一般建设项目

《建筑工程设计文件编制深度规定》(2016 年版)中,对建筑工程一般分为方案设计、初步设计和施工图设计三个阶段。对技术要求相对简单的民用建筑工程,当有关主管部门在初步设计阶段没有审查要求,且合同中没有做初步设计的约定时,可在方案设计审批后直接进入施工图设计。

在现行的城市规划建设管理中,对方案设计的审查是重要又关键的环节。建设单位在办理建设工程申请时,规划部门一般会要求先报送设计方案,经规划部门审查批准后方可进行后续设计。在发改委的相关文件中,通常提到五个审批过程,分别是项目建议书、可行性研究报告、初步设计、年度投资计划和开工报告,即初步设计和总概算是安排年度计划的依据,其内容、深度应满足对投资进行控制及计划安排的审批要求,初步设计未经批准不得列入年度基本建设计划,初步设计文件经批准,年度计划下达后,方可据此进行施工图设计。

实际操作中,对技术要求简单且设计经验成熟的中小型工程,为了简化设计步骤,缩短设计周期,可以分为两个阶段或一次性完成设计等情况。两个阶段设计又分为两种情况,一是分为方案设计和施工图设计两个阶段,另一种情况是将方案设计和初步设计合并为扩大初步设计,即扩初设计和施工图设计两个阶段。而一次性完成设计即不区分阶段,直接提供施工图设计文件。

设计方案只对建筑物的层数、高度、平面布置、建筑形式立面处理和环境协调等做概括考虑。因设计方案只有建筑图而无详细尺寸,无法编制准确概算,其深度不能全面反映可行性研究报告的内容,要想达到控制投资和计划安排的审批要求,就必须经过初步设计阶段的进一步深化。另外,设计方案往往对结构布置、水暖电设计等缺乏详细考虑,如果根据设计方案来直接进行施工图设计,当设计周期紧张时,各专业间配合的矛盾未能及时暴露和解决,可能会造成边施工边修改设计,影响工程进度,增加投资,甚至影响使用功能。因此,只有对技术要求简单且设计经验成熟的中小型工程,才能考虑合并阶段设计,而对技术要求复杂的中大型民用建筑项目直接依据设计方案进行施工图设计是违反基本建设程序的,同时也会对勘察设计的质量管理带来较大挑战。

(2)技术上复杂的建设项目

对于技术上复杂而又缺乏设计经验的项目,经主管部门同意,可增加技术设计阶段,即分为方案设计、初步设计、技术设计和施工图设计四个阶段。

（3）存在总体部署的建设项目

对于一些涉及面较广的项目，如大型矿区、油田、林区、垦区、联合企业等，存在总体开发方案和建设的总体部署等重大问题，一般在设计前可进行总体规划设计、修正性详细规划设计或总体设计。

3.4.3　设计基础资料的搜集和提供

建设项目（包括单项工程）进行设计招标或办理委托设计手续时，建设单位应向设计单位提供的主要设计资料和有关文件包括以下内容，并可根据工程大小，复杂程度进行增减：

1. 方案设计

（1）政府有关主管部门对立项报告的批复、设计任务书或设计委托书。

（2）经批准的可行性研究报告。

（3）经规划行政主管部门核发的选址意见书，建设用地规划许可证和规划设计条件。如：人防平战设置要求和防护等级，根据城市规划对建筑高度限制说明建筑物的控制标高、建筑层数、层高、外檐装饰要求等，并应注明界外主要道路及中心线标高，拟建地界边线距道路中心线的距离、角度、规划要求退建筑红线的尺寸。

（4）拟建项目 1/500 实测地形图。

（5）气象、地形地貌、安评、环评、地质初勘报告或周边可做参考的地质条件资料等。

2. 初步设计

（1）经批准的可行性研究报告和规划部门批准的方案文件。

（2）工程所在地区的气象、地理条件，建设场地的工程勘察报告，场地地震安全性评价报告和风工程研究报告等。

（3）规划用地、环保、卫生、绿化、消防、人防、抗震等要求和依据资料。

（4）扩建、改建项目（不需征地的）提供的实测地形图，应标明的界内室外管线资料。包括：

1）水表井、阀门井位置、水表口径、水压、干支管走向及管径；

2）化粪井、检查井位置及型号，排水干支管的管径及流向；

3）界外电源引入位置或界内变电室位置、容量、电压、电杆或电缆的走向，导线的规格、截面及引入拟建单项工程的方向、位置；

4）采暖、热水锅炉房、截门井的位置、锅炉型号、暖气干支管的走向及管径、热水（或蒸汽）温度；

5）天然气（煤气）调压站、凝水器、截门井位置、干支管走向及管径。

（5）所有新建、扩建、改建项目均应提供各单项工程的详细使用要求。其主要内容含有：

　　1）建筑面积、结构形式、建筑规模、产品年产量、机架数等；

　　2）总投资（投资限额）；

　　3）使用功能要求；

　　4）装修标准；

　　5）主要设备重量、布局、设备使用时的防震、防微波辐射、环境温度及湿度要求；

　　6）用电负荷、各类电器安装要求；

　　7）采暖、给水排水、通风要求；

　　8）建筑要求：总图布置、建筑外形要求等。

3. 施工图设计阶段

（1）经主管部门审查批准的初步设计文件和审查意见。

（2）当地人防、消防、行政主管部门对该工程初步设计的审查意见。

（3）工程地质勘察资料（详勘）。

（4）经市政、交通、园林、人防、环保等部门审查通过的总平面布置图。

（5）特殊用房的工艺设计要求或设计图。

（6）特殊使用荷载要求及相关工艺设备要求或条件图。

（7）超限抗震专项审查意见。

（8）经批准的年度基本建设计划等。

3.4.4　勘察设计文件的编制依据和内容深度

1. 工程勘察设计文件的编制依据

编制建设工程勘察设计文件，应当以下列规定为依据：①经批准的可行性研究报告（包括新建项目经批准的选址报告）等项目批准文件；②城市规划；③工程建设强制性标准；④国家规定的建设工程勘察、设计深度要求；⑤建设单位提供的必要而准确的设计基础资料；⑥铁路、交通、水利等专业建设工程，还应当以专业规划的要求为依据。

设计单位应按可行性研究报告规定的内容，认真编制设计文件。设计必须严格执行基本建设程序。按现行规定，没有经批准可行性研究报告和规划行政部门核发的《建设用地规划许可证》（需征地的项目）和规划部门核定的该项目用地位置、界限，不能进行设计，更不能进行设计审批。

2. 方案设计的内容和深度要求

方案设计是根据城市规划行政主管部门对该工程的规划设计和建设要求、建设单位的意见等进行综合构思，结合设计师的设计理念提出的初步设想。设计方案经城市规划行政主管部门审查批准后，建设单位方可据此委托设计单位进行下阶段的扩初设计和施工图设计，它是其他设计阶段的根本依据。

（1）方案设计的主要内容

方案设计一般用文字说明、图纸或模型表现出来，图纸一般是该工程的总平面位置图，平面图、立面图、主要剖面图的草图和建筑工程透视图等。其内容主要包括建设规模、产品方案、原料来源、工艺流程概况、主要设备配备、主要建筑物及构筑物、公用和辅助工程、"三废"治理及环境保护方案、占地面积估算、总图布置及运输方案、生活区规划、生产组织和劳动定员估计、工程进度和配合要求、投资估算等。

具体来说，方案设计应包含如下内容：

1）设计的依据；

2）设计所采用的主要法规和标准；

3）设计基础资料，如气象、地形、地貌、水文地质、地震、区域位置等；

4）建设方和政府有关主管部门对项目设计的要求，如总平面布置，建筑立面造型等，当城市规划对建筑高度有限制时，应说明建（构）筑物的控制高度（包括最高和最低高度限制）；

5）委托设计的内容和范围，包括项目功能和设备设施的配套情况；

6）工程规模（如建筑面积、总投资等）和设计标准（包括工程等级、结构的设计使用年限、耐火等级、装修标准等）；

7）主要经济指标，如总用地面积、总建筑面积及各单项工程建筑面积（还要分别列出地上部分和地下部分建筑面积）、建筑基底面积、绿地总面积、容积率、建筑密度、绿地率、停车泊位数以及主要建筑或核心建筑的层数、层高和总高度等指标；

8）总平面图、设计委托或设计合同中规定的透视图、鸟瞰图模型等；

9）各层平面图、建筑立面图、剖面图；

10）总平面设计说明和各专业设计说明；

11）投资估算编制说明及投资估算表。

（2）方案设计的深度

方案设计的深度应满足方案比选和编制初步设计文件的需要，应满足方案审批或报批的需要，对于投标方案设计文件尚应满足标书的要求。总体设计的深度应满足开展初步设计、主要大型设备材料的预安排、土地征收谈判等工作的要求。

此外需特殊说明的是，装配式建筑工程设计中宜在方案阶段进行"技术策划"，其深度应符合相关规定的要求。预制构件生产之前应进行装配式建筑专项设计，包括预制混凝土构件加工详图设计。主体建筑设计单位应对预制构件深化设计进行会签，确保其荷载、连接以及对主体结构的影响均符合主体结构设计的要求。

3. 初步设计的内容和深度要求

初步设计文件应根据批准的可行性研究报告、设计任务书和可靠的设计基础资料进行编制。初步设计和总概算经批准后，是确定建设项目的投资额，编制固定资产投资计划，签订建设工程总包合同、贷款总合同，施行投资包干，控制建设工程拨款，组织主要设备订货，进行施工准备，编制技术设计文件（或施工图设计文件）等的依据。

（1）初步设计的内容

初步设计一般应包括以下文字说明和图纸：设计依据；设计指导思想；建设规模；产品方案；原料、燃料、动力的用途和来源；工艺流程；主要设备选型及配置；总图运输；主要建筑物和构筑物；公用及辅助设施；新技术采用情况；主要材料用量；外部协作条件；占地面积和土地利用情况；综合利用和"三废"治理；生活区建设；抗震和人防措施；生产组织和劳动定员；各项技术经济指标；建设顺序和期限；总概算等。

具体来说，初步设计应包含如下内容：

1）设计依据和设计指导思想；

2）建设规模、分期建设及远景规划，企业专业化协作和装备水平、建设地点、土地面积、征地数量、总平面图布置和内外交通、外部协作条件；

3）生产工艺流程；

4）产品方案：主要产品和综合回收产品的数量、等级、规格、质量、原料、燃料、动力来源、用量供应条件；主要材料用量；主要设备选型、数量、配置；

5）新技术、新工艺、新材料、新设备采用情况；

6）主要建（构）筑物、公用、辅助设施、生活区建设，消防、抗震和人防措施；

7）综合利用、环境保护和"三废"治理；

8）生产组织工作制度和劳动定员；

9）各项技术经济指标；

10）建设顺序、建设期限；

11）经济评估、成本、产值、税金、利润、投资回收期、贷款偿还期、净现值、投资收益率、盈亏平衡点、敏感性分析、资金筹措、综合经济评价等；

12）总概算及概算书、概算表；

13）附件、附表、附图、包括设计依据的文件批文、各项协议批文、主要设备表、主要材料明细表、劳动定员表。

此外，应特别注意对于超限高层建筑结构，应在初设阶段进行超限抗震专项审查，结构专业计算分析内容除了常规的分析外，还可能有以下几种专项分析内容：

1）抗震专项分析，包括弹性反应谱分析、弹性时程分析、弹塑性静力分析和弹塑性时程分析；

2）抗风专项分析，包括风荷载作用下的静力弹性分析和风振响应引起的舒适性分析；

3）整体稳定专项分析；

4）抗连续倒塌专项分析；

5）施工模拟专项分析；

6）非荷载作用专项分析，包括收缩徐变、温度效应及沉降分析等。

（2）初步设计的深度要求

初步设计的深度应满足开展设计方案的比选和确定、主要设备和材料的订货、土地征收、基建投资的控制、施工图设计的编制、施工组织设计的编制、施工准备和生产准备等。具体应满足下列要求：

1）多方案比较，在充分细致论证设计项目的经济效益、社会效益、环境效益的基础上，择优推荐初步设计方案；

2）基建项目的单项工程要齐全，规模面积的误差应允许范围内；

3）总概算不应超过可行性研究估算投资总额；

4）主要设备和材料明细表要满足订货要求，可作为订货依据；

5）满足施工图设计的准备工作的要求；

6）满足土地征用、投资包干、招标承包、施工准备、生产准备等项工作的要求。

4．技术设计的内容和深度要求

（1）技术设计的内容

技术设计的内容由有关部门根据工程的特点和需要自行制定。技术设计文件应根据批准的初步设计文件进行编制，对于设计中比较复杂的项目、遗留问题或特殊需要，通过更详细的设计和计算，进一步研究和阐明可靠性和合理性，准确决定各主要技术问题，其设计范围基本上与初步设计一致。技术设计和修正总概算经批准后，是建设工程拨款和编制施工图设计文件等的依据。

（2）技术设计的深度要求

其深度应满足确定设计方案中重大技术问题、有关特殊工艺流程方面的实验、研究及确定，重要而复杂的设备的实验、制作和确定，大型建（构）筑物等某些关键部位的试验研究和确定以及某些技术复杂问题的研究和确定等要求。技术设计阶段应编制修正概算。

5．施工图设计的内容和深度要求

（1）施工图设计的内容

施工图设计应根据已获批准的初步设计和主要设备的订货情况进行编制，并据以指导施工。施工图预算经审定后，即作为预算、工程结算的依据。具体包括：

1）各专业施工图设计说明、施工所需要的全部图纸；

2）重要施工安装部位和生产环节的施工操作说明；

3）在施工总图（平、立、剖面图）上，应有设备、房屋或构筑物、结构、管线各部分的布置，以及它们的相互配合，标高和外形尺寸、坐标；

4）设备材料明细表、标准件清单；

5）预制的建筑构配件明细表；

6）施工详图：非标准详图，设备安装及工艺详图，建筑檐口大样及一切配件和构件尺寸、连接、结构断面图；

7）施工图预算；

8）各专业计算书。

（2）施工图设计深度

施工图设计的深度应满足设备、材料的安排和非标准设备的制作、施工图预算的编制、施工要求等。

1）满足设备、材料的订货和采购；

2）满足非标准设备和预制构配件制作的要求；

3）满足编制工程量清单和标底的要求；

4）满足施工组织设计的编制和土建施工、设备安装的需要；

5）防火设计专篇和环境保护专篇应满足办理消防及环保审批手续的要求。

6. 设计文件完成后的修改和变更

设计文件的修改和变更是指设计单位对原设计文件中所表达的设计标准、状态的修改和改变。设计文件的更改主要产生于工程施工建造阶段，但也有部分建设单位在勘察设计阶段对使用功能或需求发生变化而产生。设计更改按变更原因一般分为两种类型：一是设计修改，主要由内部原因造成，一般指设计师在设计过程中出现疏忽、遗漏或失误等而修改；二是设计变更，主要由外部因素引起，可能由建设单位、施工单位或监理单位中的任何一方提出，变更产生的原因可以是修改施工技术要求，增减工程内容，改变使用功能，施工中产生失误，使用的建材性能改变，地质勘察资料不准确，政策性条件变化如城市规划的改变等。设计变更按变更内容可分为两类：凡属于住房城乡建设部第13号令第十一条规定内容的变更属于重大变更，除此之外的变更为一般性变更。通过施工图审查的施工图纸，一旦出现重大变更，原则上应交原施工图审查单位重新审查，审查通过后方可实施。

设计文件是工程建设的主要依据，经批准后就具有一定的严肃性，不得任意修改和变更。如必须修改，则需要有关部门批准根据其批准权限，视修改的内容所涉及的范围而定。根据《建设工程勘察设计管理条例》，修改勘察、设计文件应遵守以下规定：

（1）建设单位、施工单位、监理单位不得修改建设工程勘察、设计文件；确需修改建设工程勘察、设计文件的，应当由原建设工程勘察、设计单位修改。经原建设工程勘察、设计单位书面同意，建设单位也可以委托其他具有相应资质的建设工程勘察、设计单位修改。修改单位对修改的勘察、设计文件承担相应责任。

（2）施工单位、监理单位发现建设工程勘察、设计文件不符合工程建设强制性标准、合同约定的质量要求的，应当报告建设单位，建设单位有权要求建设工程勘察、设计单位对建设工程勘察、设计文件进行补充、修改。

（3）建设工程勘察、设计文件内容需要作重大修改的，建设单位应当报经原审批机关批准后，方可修改。

具体设计文件的修改和变更，一般包括出具设计变更通知单和设计变更图两种方式。对一般的局部修改或文字可描述清楚的采用设计变更通知单形式进行，当设计变更较大，或文字描述可能产生歧义时，采用设计变更图的形式。所有设计更改均要注明变更原因、相关原设计图纸编号和变更内容，设计变更应按照有关规定进行校审和审核，签署姓名，并做好变更记录单和及时更新施工图。设计变更发出后，应及时通知有关人员将涉及变更的文件正确传达至各参建单位并按要求签收、归档和撤换原设计文件，以防止施工现场非预期使用。关于设计变更的管理，后文有专门章节单独介绍，在此不赘述。

针对不同类型的设计文件修改和变更，设计单位都应及时应对，总结经验教训，强化自身素质，提高设计质量，避免拖沓推诿造成事态进一步恶化，对工程投资和施工进度带来不可控的损失。此外，设计单位应加强主动沟通和服务意识，加强与建设单位、施工单位及监理单位等的沟通交流，拓展施工技术、项目管理等相关知识，提前预知预判可能产生的变更，进而避免设计更改的出现。

7. 工程竣工图的编制

工程竣工图是在工程施工完成后的竣工阶段，一般由施工单位按照施工实际情况编制的图纸，也即竣工图要到工程竣工阶段再考虑。后文有对工程竣工阶段关键要点及风险防控的专门篇章，本小节主要关注竣工图编制的相关具体问题。

对工程竣工图的编制主体，《基本建设项目档案资料管理暂行规定》第十四条有如下规定："编制竣工图的费用，按下列办法处理：1. 因设计失误造成设计变更较大，施工图不能代用或利用的，由设计单位负责绘制竣工图，并承担其费用。2. 因建设单位或主管部门要求变更设计，需要重新绘制竣工图时，由建设单位绘制或委托设计单位负责绘制，其费用由建设单位在基建投资中解决。3. 第1、2项规定以外的，则由施工单位负责编制竣工图，所需费用，由施工单位自行解决。"实际操作中竣工图的编制主体大多由施工单位负责，也有部分工程由设计单位编制或施工单位支付相应费用委托设计单位编制。

基于《暂行规定》的规定，设计单位普遍认为竣工图是施工单位的工作，应该由施工单位编制，设计单位对竣工图的概念较为薄弱，一般不参与竣工图整理。而现阶段设计单位完成施工图设计的过程偏重二维的平面绘图，此时项目并未实施，仍处于概念或图纸状态，且施工图基本是施工实施的最终结果，不会体现施工的过程，只有当具体实施才会发现设计过程中容易疏忽的错漏碰等问题。为了有效提高设计人员的设计质量和设计经验，如果条件允许建议设计单位参与竣工图的编制，通过编制竣工图，能够对工程施工的最终结果予以认定，可总结设计图纸的问题，提高后续工程设计的质量。

3.4.5 建筑工程信息模型应用与发展

自 1975 年美国的 Chuck Eastman 提出了建筑物计算机模拟系统（Building Description

System，BDS）的概念以来，建筑信息模型即 BIM（Building Information Model）技术的理念有着迅速的发展。建筑信息模型（BIM）的概念最开始在美国得以推广应用，随后欧洲、日本、新加坡等国家也得到了积极的推广。我国的 BIM 应用虽然刚刚起步，但发展速度很快，许多企业有了非常强烈的 BIM 意识，出现了一批 BIM 应用的标杆项目，同时，BIM 的发展也逐渐得到了政府的大力推动。

1. BIM 的概念和特点

建筑信息模型包含建筑全生命期或部分阶段的几何信息及非几何信息的数字化模型，以数据对象的形式组织和表现建筑及其组成部分，并具备数据共享、传递和协同的功能，一般用作个体名词。建筑信息化模型是集合名词，是指在项目全生命周期或各阶段创建、维护及应用建筑信息模型进行项目计划、决策、设计、建造、运营等的过程。一般情况下，也可简称为"建筑信息模型"。

BIM 有三个层次的含义：

（1）BIM 是一个建筑物的几何、物理和功能特性的数字表达；

（2）BIM 是一个共享的知识资源，是一个分享有关这个建筑的信息，为该建筑从建设到拆除的全生命周期中的所有决策提供可靠依据的过程；

（3）在项目的不同阶段，不同利益相关方通过在 BIM 中插入、提取、更新和修改信息，以支持和反映其各自职责的协同作业。

根据 BIM 的定义，结合工程建设实践，总结出 BIM 具有以下五个特点：可视化、协调性、模拟性、优化性、可出图性。

2. BIM 在设计阶段的应用现状

2011 年 5 月，住房和城乡建设部发布了《2011－2015 建筑业信息化发展纲要》，2012年 1 月，住房和城乡建设部《2012 年工程建设标准规范制订、修订计划》（建标［2012］5号）宣告了中国 BIM 标准制定工作的正式启动。前期一些大学和科研院所在 BIM 的科研方面也做了很多探索，如清华大学通过研究，参考 NBIMS，结合调研提出了中国建筑信息模型标准框架（CBIMS）。随着企业各界对 BIM 的重视，对大学的 BIM 人才培养需求渐起，部分院校成立了 BIM 方向工程硕士的培养。

目前设计单位应用 BIM 的主要内容：

（1）方案设计：使用 BIM 技术能进行造型、体量和空间分析外，还可以同时进行能耗分析和建造成本分析等，使得初期方案决策更具有科学性。

（2）扩初设计：建筑、结构、机电各专业建立 BIM 模型，利用模型信息进行能耗、结构、声学、热工、日照等分析，进行各种干涉检查和规范检查，以及进行工程量统计。

（3）施工图：各种平面、立面、剖面图纸和统计报表都从 BIM 模型中得到。

（4）设计协同：设计有上十个甚至几十个专业需要协调，包括设计计划、互提资料、校对审核、版本控制等。

（5）碰撞检查：利用 BIM 的三维技术在前期进行碰撞检查，直观解决空间关系冲突，优化工程设计，减少在建筑施工阶段可能存在的错误和返工，而且优化净空，优化管线排布方案。

（6）设计工作重心前移：目前设计师 50％以上的工作量用在施工图阶段，BIM 可以帮助设计师把主要工作放到方案和扩初阶段，使得设计师的设计工作集中在创造性劳动上。

（7）知识管理：保存信息模拟过程可以获取原设计方式中不易被积累的知识和技能，使之变为设计单位长期积累的知识库内容。

3. BIM 应用中存在的问题

BIM 在实践过程中也遇到了一些问题和困难，主要体现在 4 个方面：

（1）BIM 应用软件方面。目前，市场上的 BIM 软件很多，大多数 BIM 软件以满足单项应用为主，集成性高的 BIM 应用系统较少，与项目管理系统的集成应用更是匮乏。此外，软件商之间存在的市场竞争和技术壁垒，使得软件之间的数据集成和数据交互困难，制约了 BIM 的应用与发展。

（2）BIM 数据标准方面。随着 BIM 技术的推广应用，数据孤岛和数据交换难的现象普遍存在。作为国际标准的 IFC 数据标准在我国的应用和推广不理想，而我国对国外标准的研究也比较薄弱，结合我国建筑工程实际对标准进行拓展的工作更加缺乏。在实际应用过程中，不仅需要像 IFC 一样的技术标准，还需要更细致的专业领域应用标准。

（3）BIM 应用模式方面。一方面，BIM 的专项应用多，集成应用少，而 BIM 的集成化、协同化应用，特别是与项目管理系统结合的应用较少；另一方面，一个完善的信息模型能够连接建设项目生命周期不同阶段的数据、过程和资源，为建设项目参与各方提供了一个集成管理与协同工作的环境，但目前由于建设单位制定的设计周期不足以完成如此艰巨的任务，无形之中为 BIM 的深入应用和推广制造了障碍。

（4）BIM 人才方面。BIM 从业人员不仅应掌握 BIM 工具和理念，还必须具有相应的工程专业或实践背景，不仅要掌握一两款 BIM 软件，更重要的是能够结合企业的实际需求制定 BIM 应用规划和方案，但这种复合型 BIM 人才在我国勘察设计单位中相当匮乏。

4. BIM 技术的应用趋势

BIM 技术在未来的发展必须结合先进的通信技术和计算机技术才能够大大提高建筑工程行业的效率，预计将有以下几种发展趋势：

第一，移动终端的应用。随着互联网和移动智能终端的普及，人们现在可以在任何地点和任何时间来获取信息。而在建筑设计领域，将会看到很多承包商，为自己的工作人员都配备这些移动设备，在工作现场就可以进行设计。

第二，无线传感器网络的普及。现在可以把监控器和传感器放置在建筑物的任何一个地方，针对建筑内的温度、空气质量、湿度进行监测。然后，再加上供热信息、通风信息、供水信息和其他的控制信息，这些信息通过无线传感器网络汇总之后，提供给工程师就可以对建筑的现状有一个全面充分的了解，从而对设计方案和施工方案提供有效的决策依据。

第三，云计算技术的应用。不管是能耗，还是结构分析，针对一些信息的处理和分析都需要利用云计算强大的计算能力。甚至，渲染和分析过程可以达到实时的计算，帮助设计师尽快地在不同的设计和解决方案之间进行比较。

第四，数字化现实捕捉。这种技术，通过一种激光的扫描，可以对于桥梁、道路、铁路等进行扫描，以获得早期的数据。未来设计师可以在一个3D空间中使用这种沉浸式交互式的方式来进行工作，直观地展示产品开发的未来。

第五，协作式项目交付。BIM是一个工作流程，是基于改变设计方式的一种技术，同时也改变了整个项目执行施工的方法，它是一种设计师、承包商和业主之间合作的过程，每个人都有自己非常有价值的观点和想法。

所以，如果能够通过分享BIM让这些人都参与其中，在这个项目的全生命周期都参与其中，那么，BIM将能够实现它最大的价值。国内BIM应用处于起步阶段，绿色和环保等词语几乎成为各个行业的通用要求。特别是建筑设计行业，设计师早已不再满足于完成设计任务，而更加关注整个项目从设计到后期的执行过程是否满足高效、节能等要求，期待从更加全面的领域创造价值。

3.4.6 建设单位（甲方代表）在实践中的风险点及防控建议

1. 提供的基础性资料不及时、不准确、不全面

勘察设计基础资料的内容，大体可归纳为以下几个方面：人文地理和技术经济状况，原材料、设备等资料，规划部门的规划要点、规划设计条件、规划场地红线图、规划地形坐标图，工程地质、水文地质、地形测量以及控制测量等资料，地震资料如大区地震等级、地震烈度、小区地震等级、地震等级线图等资料，气象资料如气温、风向及风力、降雨量、降雪量、湿度、气压、蒸发量等，公用工程协作条件资料，环境影响评价资料等，以及下阶段启动前应提供的输入性技术规范书。建设单位完整、全面地提供设计基础资料是控制勘察设计质量的前提，提供基础资料不及时、不准确、不全面，必然会给勘察设计工作带来不便。

【防控建议】

建设单位在项目立项阶段，应收集与建设项目相关的基础资料，及时发布全面、具体、明确的勘察委托书、设计任务书和其他基础资料，或明确约定由勘察设计单位收集的基础资料清单以便勘察设计单位尽早开展工作。基础性资料的交接应履行签字或盖章手续，电子资料应在交接时留存交接单或书面记录。

2. 勘察设计单位提交的勘察设计成果文件有错误

勘察设计成果文件错误是勘察设计单位违反合同义务，造成工程质量事故的主要表现形式。具体表现为勘察设计单位故意或因不可控因素导致的勘察孔点布置、深度、土层分布、地下水位、地基承载力数值等与实际不符，未根据勘察成果文件或其他基础性技术文件进行设计，设计依据错误，计算错误，图纸绘制错误，违法降低工程质量要求导致设计不符合工程质量的强制性标准等多种形式。如因建设单位压缩勘察设计工期，设计单位根据初步勘察成果进行地基和基础的施工图设计，等勘察单位提供通过施工图审查的详细勘察成果后，因设计人员疏忽，未对完成的基础施工图复核，出现质量事故。勘察设计错误一般在施工阶段或刚投入使用即发现和暴露，但此时往往已经开始施工或投入使用了，此时发现必将导致工程返工，改造加固处理，给建筑工程带来的损失较大。

《建设工程质量管理条例》中明确规定工程勘察设计单位有下列行为之一的，责令改正，处 10 万元以上，30 万元以下的罚款：①勘察单位未按照工程建设强制性标准进行勘察的；②设计单位未根据勘察成果文件进行工程设计的；③设计单位制定建筑材料、建筑构配件的生产厂、供应商的；④设计单位未按照工程建设强制性标准进行设计的。有上述所列行为，造成工程质量事故的，责令停业整顿，降低资质等级；情节严重的，吊销资质证书；造成损失的，依法承担赔偿责任。

【防控建议】

建设单位应委托具备相应勘察设计资质的单位完成相应工作，确保勘察设计的合理工期，监督勘察设计单位按时按程序提供相应成果文件至下步工序单位，加强勘察设计过程管理，及时收集和审查勘察设计过程文件，严格按照合同约定履行责任和义务，高度重视证据的保存和事故的调查工作等。

3. 同时有多个设计单位时管理出现衔接问题

当建设单位开发大型项目可能会遇有分期开发、专项工程单独设计等现象，此时可能会有多个设计单位同时参与项目设计的情况。如某城市综合体开发过程中，盲目相信海外设计公司，在没有完成好产品定位和商业规划的时候就委托国外设计公司进行方案设计，国内设计院配合施工图设计，双方界限不清晰，沟通机制不完善，施工图设计单位不能有效理解方案设计，方案设计不能落地，造成很多返工，国外与国内设计单位之间不断扯皮。面对中外多家设计院的复杂管理，缺乏有效的管理方法与合理的设计流程管理，导致重复劳动以及无效劳动占据 50% 左右，严重影响设计进度，设计成本超支，设计质量也远逊预期。又如某房地产开发公司建设一商业广场，建筑主体设计和幕墙专项设计分别招标委托，建设单位管理人员数量有限，未能做好二者衔接，主体结构施工完成后发现幕墙连接构件未能准确预留预埋，只能采取后植筋的方式重新埋设，工程质量不易保证，影响工程造价和工期进度。由此可见，大型复杂项目的开发建设对建设单位的项目管理提出了较高要求，把设计过程看成一个整体，只有将项目完整的理解，才能很好完成分期设计管理。

【防控建议】

建设单位在类似项目开发初期，应提前做好项目规划，明确项目需求和目标，制定协调沟通机制，定期召开项目设计例会，协调多个设计单位之间做好衔接工作，发挥各自特长，及时将技术要求和设计条件互通反馈，加强专项设计管理，以实现工程建设质量和进度的匹配。当建设单位另行委托相关单位承担项目专项设计（包括二次设计）时，主体建筑设计单位应提出专项设计的技术要求并对主体结构和整体安全负责。专项设计单位应依据相关编制深度规定文件的要求、开展专项设计的实际需要以及主体建筑设计单位提出的技术要求进行专项设计并对专项设计内容负责。

4. 施工图阶段出现设计方案、技术或经济指标重大变更

施工图设计的重大设计变更，可以根据各专业设计的工作量来衡量，一般来说设计变更工作量超过已完成施工图设计工作量的30%以上可以称之为重大设计变更，也可以根据各专业的具体设计变更内容来衡量，例如：

建筑专业：总平指标调整；容积率、建筑密度、绿化率、停车位等调整；建筑物布局调整，建筑朝向、间距调整；总平竖向调整；总平车行、人行系统调整；建筑平面布局、功能性大规模调整；建筑物高度、层高、竖向设计修改；建筑体型、造型修改；建筑平面防火分区、疏散口调整；节能设计、可再生能源设计变更等等，这些变更基本都会涉及其他专业，属于重大变更。

结构专业：结构体系变更；抗震设计要求变更；建筑变更引起的变更（涉及超限审查的项目及其他平面、立面大规模调整引起的结构计算重新调整）；楼面荷载大规模调整；人防设计条件变更；基础形式变更等等。

水、电、暖等设备专业：专业系统调整（如水专业：供水系统方式调整，消防系统调整；电气专业：用电负荷大规模调整；暖通专业：空调形式、排排烟形式、送风形式调整等）；市政设计规范和市政基础资料变更（如：市政供水、供电方式、容量调整，市政污水、雨水排放形式调整）。

以上列举了部分重大设计变更的种类，具体到工作中，以各个施工图设计单位内部管理制度的规定和具体项目的复杂程度、实际情况来确定。一般出现重大变更，前期完成的准备工作、投资计划等均可能发生变化，工期安排也将随之调整。

【防控建议】

在方案设计或初步设计阶段，对设计方案、技术或经济指标等的确定应充分论证，采用的新技术应行之有效，选用的设备性能应优良，计算依据应齐全可靠，计算结果应准确可信，限额设计的同时应保证工程质量并实现建设意图，正确执行现行标准规范尤其是当地的地方标准，避免在施工图阶段发生重大变更。如因政府职能部门文件要求、勘察设计标准依据更新、建设单位使用功能调整等原因确有必要变更，应对变更情况进行论证，重新制定工期和投资计划，确保工程建设能够有序进行。

5. 勘察设计文件不满足合同约定的勘察设计深度要求

因勘察设计工期紧张或勘察设计人员专业素养不足等原因，完成的勘察设计成果文件不能够完全满足勘察设计合同对设计文件编制深度的约定，虽不属于设计错误，但由于成果文件的表达过于粗糙和含糊，轻则影响各专业图纸的相互协调和后续施工准备工作，重则因施工图缺漏、矛盾和施工人员对施工图纸的错误理解等，出现工程返工或其他严重的建筑工程质量和安全事故。如某地一钢结构厂房项目，在主钢架施工吊装完成，但未铺装屋面板时，发现多榀钢屋架发生较大变形，经调查分析，导致事故的直接原因是设计图纸对钢屋架屋脊连接节点的高强螺栓标示不清，施工单位未经设计确认直接用了同直径的普通螺栓。

【防控建议】

在初步设计和施工图设计完成后聘请各专业专家对设计方案、建筑造型、结构选型、结构断面尺寸、基础形式、消防安全、设备及材料的选择等进行全面的审查，并对勘察设计深度进行监督。如果有条件，可委托专门的设计咨询服务单位对设计过程监督和设计成果验证，确保勘察设计成果文件深度及经济技术指标符合国家规定和合同要求。施工图设计完成后应报施工图审查机构进行第三方审查，未经审查通过的施工图纸不得直接用于施工作业。

3.4.7　典型案例评析之一：因勘察设计质量问题对工程项目造成损害应承担赔偿责任

河南省偃师市××建安工程有限公司与洛阳××学院、河南省××建筑工程公司索赔及工程欠款纠纷案

申诉人（一审原告、二审被上诉人、再审申请人）：河南省偃师市××建安工程有限公司（以下简称偃师××公司）。

被申诉人（一审被告、二审上诉人、再审被申请人）：洛阳××学院。

被申诉人（一审被告、二审上诉人、再审被申请人）：河南××建筑集团有限公司（以下简称××建筑公司）。

案情梗概：

1998年6月18日，洛阳××学院与××建筑公司通过招标方式签订了《建设工程施工合同》，洛阳××学院将其成教楼、住宅楼发包给××建筑公司，并在合同中约定了工程名称、工程地点、工程内容、承包范围、工程造价、工期、质量等级及承包方式等内容。××建筑公司为组织施工，次日将上述工程分包给偃师××公司，双方签订了《洛阳××学

院工程分包合同》，该分包合同除了偃师××公司执行洛阳××学院与××建筑公司签订的合同中的施工义务外，对偃师××公司的责任进行了进一步明确。在分包合同中××建筑公司作为施工管理者的身份承担管理义务。1999年元月，因发现成教楼西半部浇板出现裂缝，16日洛阳××建设监理事务所（以下简称××事务所）作为该工程的监理单位向洛大项目部下发停工整改通知书，20日××建筑公司工程管理部向洛大项目部下发了停工通知书，至此，成教楼全部停工。

2001年3月10日，因洛阳××学院提供的地质报告有误、××建筑公司组织指挥和协调不力，造成偃师××公司分包的洛阳××学院成教楼、住宅楼工程停工，给偃师××公司造成巨大经济损失等理由，偃师××公司向河南省洛阳市中级人民法院起诉请求判令××建筑公司、洛阳××学院赔偿因过错给偃师××公司造成的经济损失，并支付剩余工程款。

对本案成教楼裂缝问题，1998年元月24日，××地质勘察工程公司、洛阳××学院土木工程系作出《洛阳××大学成教楼、住宅楼岩土工程勘察报告》，结论为："桩端持力层放在粉质黏土五层上"，该五层土的数值是1500kPa。1998年11月18日，机械工业部××设计研究院给洛阳××学院基建处函件记载："《洛阳××大学成人教育大楼基桩检测报告》发现部分桩端极限端阻力与原土质资料相差较大"。"若不处理，很可能引起楼房基础沉降不均，建筑物倾斜，开裂等不良后果"。1999年元月发现成教楼裂缝，1999年6月26日由洛阳市建委召集勘察、设计、建设、监理、施工单位就成教楼现浇板裂缝原因进行分析讨论，形成《洛阳××大学成教楼裂缝原因分析会审纪要》，该纪要第二条："鉴于地质勘探由无资质的洛阳××学院土木工程系勘探，所提供的承载力与桩检报告所反映的地基承载力有一定差异，要求洛阳××学院委托有资质的勘探单位重新勘探"。10月下旬洛阳××学院委托洛阳市××建筑设计研究院进行补充勘察，11月该研究院作出《洛阳××大学成教楼、住宅楼岩土工程勘察报告（补充）》，结论及建议为："该场地第5层粉质黏土的极端阻力标准值 $q_p = 1300$kPa，第6层粉土与粉质黏土的极端阻力标准值在北部，东部为 $q_{pk} = 1200$kPa"，"在西部、南部为 $750 - 900$kPa"，"对成教楼需进行基础加固"。2001年10月，一审法院委托国家建筑工程质量监督检验中心对成教楼裂缝原因进行检验，结论为："裂缝是由于两轴间基础的不均匀沉降引起的。"

本案经多级法院审理，最终认定裂缝是"基础不均匀沉降引起的"，造成基础不均匀沉降是洛阳××学院提供的《洛阳××大学成教楼、住宅楼岩土工程勘察报告》有误，其作为成教楼的业主，应当向施工单位提供准确无误的图纸，由于洛阳××学院给施工单位提供的基础图纸有误，导致成教楼裂缝，造成偃师××公司停工，应承担停工损失的主要责任，赔偿相应损失。

案例评析：

本案中，经洛阳市建委组织多名专家对裂缝原因进行论证，结论为"原工程地质报告深度不够，结论有误。"洛阳××学院成教楼出现裂缝的真正原因是洛阳××学院出具的地质报告有误所导致的地质不均匀沉降。而该勘察报告由××地质勘察工程公司和洛阳××学院土木工程系共同作出，洛阳××学院在没有勘察资质，没有营业执照的情况下，与他人作出岩土工程勘察报告，是造成该报告有误的主要原因，具有过错责任。

《建设工程质量管理条例》中明确规定了勘察、设计单位的质量责任和义务：从事建设工程勘察、设计的单位应当依法取得相应等级的资质证书，并在其资质等级许可的范围内承揽工程。禁止勘察、设计单位超越其资质等级许可的范围或者以其他勘察、设计单位的名义承揽工程。禁止勘察、设计单位允许其他单位或者个人以本单位的名义承揽工程。勘察单位提供的地质、测量、水文等勘察成果必须真实、准确。建设单位在开展工程建设活动时，应严格遵循相关法律法规的规定，并承担因违反相应规定带来的风险和赔偿责任。

3.4.8　典型案例评析之二：因设计错误造成质量事故应承担事故赔偿责任

内蒙古自治区××铝电有限责任公司与吉林省××电力设计有限公司建设工程设计合同纠纷二审民事判决

上诉人（一审原告）：内蒙古自治区××铝电有限责任公司（以下简称××铝电公司）。

被上诉人（一审被告）：吉林省××电力设计有限公司（以下简称××设计公司）。

案情梗概：

2008年9月20日，××铝电公司与××设计公司签订了《建设工程设计合同》，××铝电公司作为发包方将本公司铝合金项目续建工程××项目空冷机组余热发电工程的设计工作委托××设计公司完成。设计范围为：两台余热蒸汽锅炉、两台机组及其附属系统的工艺、土建、电气、热控等专业的设计；余热蒸汽锅炉及余热热煤锅炉的烟气系统和脱硫系统的工艺、土建、电气等专业的设计；化学水处理站的设计；热网首站及热力区域的厂区管架的设计，设计费合计169万元，不含补充协议。

2010年1月，××设计公司交付高温烟道（烟气系统所属）的设计（施工）图纸后，××铝电公司按照××设计公司的设计要求采购原料、组织施工，投入使用后发现高温烟道内衬上部全部脱落，下部内衬完全失去使用价值。2个余热发电高温平衡器、33个波纹补偿器（含31个金属补偿器）全部烧坏，土建施工部分全部失去利用价值。发生工程质量事故后，双方立即进行了沟通，并对高温烟道内衬脱落及受损情况一致认同。后××铝电公司单方聘请国内有关专家和技术人员对高温烟道进行了现场勘查核实并进行会审，专家鉴定意见为：高温烟道施工采取的材料在径向上热膨胀收缩率存在较大的差异，在高温气流和重力的作用下，使浇注料发生开裂、脱落。专家组一致认为此烟道设计方案及材料选用不符合炭素煅烧烟气工况，是造成烟道内衬整体脱落的根本原因，××设计公司亦来函认可此专家意见。

经郑州××耐火材料公司对涉案高温烟道内衬重新施工修复，修复工程的结算数额为978.7044万元。根据双方在合同中第9.2.4条的约定，设计人对设计文件出现的遗漏或错误负责修改或补充。由于设计人出现设计错误造成工程质量事故损失，设计人除负责采取补救措施外，应免收损失部分的设计费，并根据损失程度向发包人支付赔偿金。××铝电公司根据实际损失多次与××设计公司对赔偿事宜进行沟通，但由于××设计公司仅同意免收受损失部分的设计费，拒绝赔偿给××铝电公司造成的实际损失，故提起诉讼。

本案经两审终审，认定涉案高温烟道内衬发生脱落事故后，双方曾多次进行沟通，××铝电公司聘请国内有关专家及技术人员对高温烟道进行现场勘查和问题会审，专家组一致认为，此烟道设计方案及材料选用不符合炭素煅烧烟气工况，是造成烟道内衬整体脱落的根本原因，××设计公司对高温烟道浇注图、高温烟道内衬脱落专家鉴定意见、高温烟道内保温脱落浓密池处理意见均无异议。据此可以认定，××设计公司设计的高温烟道施工图纸存在设计缺陷，是导致高温烟道内衬整体脱落的根本原因之一。故××设计公司应对高温烟道内衬整体脱落负有赔偿责任。同时依据双方签订的《建设工程设计合同》第9.2.4条约定及《中华人民共和国合同法》第二百八十条之规定，××设计公司对高温烟道内衬重新施工修复的损失978.7044万元应承担一半的赔偿责任即489.3522万元。《建设工程设计合同》约定××设计公司收取设计费169万元，涉案高温烟道设计仅为工程总设计的一部分，本院对高温烟道工程造价与总工程造价酌情综合考量确定由××设计公司退还××铝电公司设计费16.9万元。

案例评析：

本案中的事故发生的原因之一是设计方案及材料选用不合理，而设计成果文件错误是勘察设计单位违反合同义务，造成工程质量事故的主要表现形式。为了避免类似问题，项目勘察设计阶段，建设单位应择优选用具备相应勘察设计资质，具备丰富勘察设计经验的单位完成相应工作，加强勘察设计过程管理，及时收集和审查勘察设计过程文件。勘察设计工作一般具有较强的专业性，建设单位如不具备相关经验，应委托该专业专家对勘察设计成果审核把关，确保勘察设计成果的准确性。

此外，一旦发生工程质量事故，对设计是否有错误或设计错误对事故发生因果关系的判定，一般需要专业人员参与，其根据勘察设计结果及事故发生的原因深入分析，建设单位在此过程中，严格按照合同约定履行责任和义务，高度重视证据的保存和事故的调查工作，并保证事故鉴定程序的合法性。

3.4.9　典型案例评析之三：违法降低工程质量要求导致事故各方均需承担相应法律责任

沈阳市铁西区××商业广场售楼处大厅火灾事故处理案例

建筑概况：

沈阳市铁西区××商业广场位于沈阳铁西区××中路与××南街交汇处，是××集团在沈阳开发的第二个××广场，也是东北最大的商业项目之一，项目总建筑面积近百万平方米，总投资近 50 亿元，由购物中心、精装公寓及中心名宅等组成。该楼盘集住宅、休闲、娱乐、百货、酒店、公寓等功能于一体。发生火灾的售楼处，为该广场的一个附属建筑，楼层为 3 层，楼层内设有敞开式楼梯间，一层只有一个通向室外的安全出口。

事故经过：

2010 年 8 月 28 日 14 时 54 分，沈阳市铁西区××商业广场售楼处大厅发生火灾，起火位置是销售中心一楼大厅的沙盘模型（沙盘大约 50 平方米）。此次着火前，该沙盘曾起火被扑灭，再度起火可能是复燃。由于销售大厅内放置大量宣传用展板和条幅等易燃物品，使火势迅速向二楼蔓延，并在短时间内封堵销售大厅出口。此时，厅内有服务人员、顾客等 40 余人。

从现场情况来看，该售楼处外墙为玻璃幕墙封闭式建筑，由于室内没有设计安装火灾报警和自动喷水灭火系统，沙盘起火后，烟火迅速向室内楼层蔓延，二层人员由于不知道一层已发生起火，由一名保安人员上楼通知火情，此时烟雾已蔓延到二楼，二楼人员得知一层起火后，由于二楼楼梯不是独立楼梯，与一层室内相通，大量烟雾已迅速蔓延到楼梯和走道，一些未能及时逃生的人员，由于吸入有毒烟雾，有的出现神志模糊，失去自我控制能力，甚至当场晕倒。即轻者中毒昏迷，重者当场中毒身亡。消防救助人员赶到现场，由于不能从一层进入室内，只能从外墙架起云梯，从二楼爆裂的玻璃窗上进行救人，直接影响了救援工作的迅速展开。

事故处理：

据国务院安委办通报，2010 年 8 月 28 日 14 时 54 分，辽宁省沈阳市铁西区××广场售楼处发生火灾，该起火灾共造成 12 人死亡，10 人受伤，死伤人员为该售楼处工作人员及看房人员，过火面积 350 平方米，直接财产损失 9 万元。已经构成重大事故。

法院经审理查明，相关人员擅改消防设施规划等导致灾难发生，火灾发生时，售楼处二楼还有不少工作人员和前来看房的买房者。易燃的沙盘材料燃烧后，释放出大量有毒有害气体，在短时间内将建筑两侧敞开式楼梯间封死，并沿建筑幕墙与楼板之间的缝隙涌入二层南侧室内，二楼人员已经无法下到一楼逃脱，最终造成 12 人死亡及 23 人受伤。经鉴定，有6人因火场中吸入有毒气体中毒窒息死亡。

辽宁省消防局出具的火灾有关情况的说明显示：这起火灾成因为沙盘模型采用大量可燃易燃材料建造，内部电气线路和电器元件安装混乱，经组织询问有关人员、勘验火灾现场、收集有关证据材料，综合认定该起火灾系售楼处楼盘展示沙盘内的电气线路接触不良过热，引燃可燃物所致。销售中心建筑消防设计、竣工验收未报经公安消防部门审核、备案，擅自改变建筑内部结构，降低消防安全设计标准，造成火灾发生后迅速蔓延扩大。

法院还查明，铁西区××商业广场售楼处两处楼梯均未设封闭楼梯间，未设自动喷水灭火系统及火灾自动报警系统，玻璃幕墙与二层楼板、隔墙处的缝隙未用防火材料封堵。这最终导致有毒气体迅速蔓延，二楼人员被困无法逃脱。

惨剧发生后，有关方面启动了责任追究工作。沈阳某建筑设计咨询有限公司法定代表人康某等4人涉嫌构成犯罪，先是被采取强制措施，随后被检察机关提起公诉。负责售楼处施工的王某、夏某违反国家规定，降低工程质量标准，造成重大安全事故，后果特别严重，均已构成工程重大安全事故罪，遂分别判处王某、夏某有期徒刑5年，并各处罚金人民币5万元；康某在明知本单位及其本人不具备专业幕墙设计资质的情况下，仍积极实施设计，违反相关规定又没有履行竣工验收义务，故应承担相应的刑事责任，法院以犯工程重大安全事故罪，判处其有期徒刑3年，并处罚金人民币3万元；沈阳某建筑设计咨询有限公司设计师富某的设计行为虽不是导致火灾发生的直接原因，却是致使这种损害发生不可缺少的因素，故应在其责任范围内承担相应的刑事责任，法院以犯工程重大安全事故罪，判处其有期徒刑2年，并处罚金人民币2万元。

事故教训：

1. 建设单位擅自变更设计，取消自动消防设施。该建筑原为七个独立的商业服务网点，各有一部楼梯。沈阳××房地产有限公司在装修阶段没有经过公安消防部门审核、备案，擅自将七个网点打通，形成了近千平方米的商业用房。该商业用房设计了火灾自动报警和自动喷水灭火系统，但未按图纸进行施工，擅自取消了火灾自动报警和自动喷水灭火系统。已有的消防设施也不完善，多个墙壁消火栓没有栓口、水带和水枪，导致火灾发生时消火栓不能发挥作用。

2. 初起火灾处置不当，组织逃生疏散不利。火灾初起时，员工使用灭火器进行处置，但扑救方法不当未能奏效。在扑救力量不足的情况下，盲目打开沙盘侧面维修口，导致新鲜空气涌入发生轰燃，大大缩短了人员逃生时间。火灾发生后，一楼工作人员没有及时通知二楼人员火灾情况，有效组织人员疏散；二楼工作人员及顾客得知火情后，不以为然，不及时逃生；待烟雾蔓延到二楼后，不会选择正确的逃生自救路线，不会逃生自救的方法和程序，造成不应有的人员伤亡。

3. 消防监督检查和宣传培训力度不够。公安消防部门组织的火灾隐患排查整治以人员密集场所、公众聚集场所、公共娱乐场所和石油化工等易造成重大人员伤亡的场所为重点，未将售楼处等临时性建筑作为整治对象。同时，消防监督人员对国家技术标准上未有明确要求的楼盘展示沙盘的火灾危险性估计不足，检查不细、不全。该起火灾还暴露出公众消防安全意识不强、消防安全素质不高，从业人员不能正确扑救初起火灾和组织逃生疏散的问题，表明消防宣传培训工作还需进一步加强。

3.4.10　相关法律和技术标准（重要条款提示）

1.《建设工程质量管理条例》

第三条　建设单位、勘察单位、设计单位、施工单位、工程监理单位依法对建设工程质量负责。

第十九条　勘察、设计单位必须按照工程建设强制性标准进行勘察、设计，并对其勘察、设计的质量负责。

注册建筑师、注册结构工程师等注册执业人员应当在设计文件上签字，对设计文件负责。

第二十条　勘察单位提供的地质、测量、水文等勘察成果必须真实、准确。

第二十一条　设计单位应当根据勘察成果文件进行建设工程设计。

设计文件应当符合国家规定的设计深度要求，注明工程合理使用年限。

2.《建设工程勘察设计管理条例》

第二十六条　编制建设工程勘察文件，应当真实、准确，满足建设工程规划、选址、设计、岩土治理和施工的需要。

编制方案设计文件，应当满足编制初步设计文件和控制概算的需要。

编制初步设计文件，应当满足编制施工招标文件、主要设备材料订货和编制施工图设计文件的需要。

编制施工图设计文件，应当满足设备材料采购、非标准设备制作和施工的需要，并注明建设工程合理使用年限。

3.《建筑工程设计文件编制深度规定（2016 版）》

1　总则

1.0.2　本规定适用于境内和援外的民用建筑、工业厂房、仓库及其配套工程的新建、改建、扩建工程设计。

1.0.3　本规定是设计文件编制深度的基本要求。在满足本规定的基础上，设计深度尚应符合各类专项审查和工程所在地的相关要求。

1.0.6　在设计中宜因地制宜正确选用国家、行业和地方建筑标准设计，并在设计文件的图纸目录或施工图设计说明中注明所应用图集的名称。

重复利用其他工程的图纸时，应详细了解原图利用的条件和内容，并作必要的核算和修改，以满足新设计项目的需要。

1.0.7 当设计合同对设计文件编制深度另有要求时，设计文件编制深度应同时满足本规定和设计合同的要求。

1.0.8 本规定对设计文件编制深度的要求具有通用性。对于具体的工程项目设计，应根据项目的内容和设计范围按本规定的相关条款执行。

1.0.9 本规定不作为各专业设计分工的依据。当多个专业由一人完成时，应分专业出图，设计文件的深度应符合本规定要求。

3.5 勘察设计阶段的过程管理

高水平的设计过程管理不仅会高效利用有限的设计周期提高设计质量，最大限度满足建设单位对使用功能的要求，还能节约资金提高投资效益。反之，设计过程的拖沓反复、粗制滥造，会给工程建设周期、施工质量等带来极大隐患，经济上也会造成巨大浪费。所以，必须加强对勘察设计过程管理，尤其要加强对勘察设计过程的事前和事中控制，对设计的阶段成果及最终成果进行严格的审查。

3.5.1 政府相关部门对勘察设计的过程管理

项目的设计管理分为两个层次，即政府相关部门对勘察设计的管理和建设单位对勘察设计的管理。二者管理目标一致，但侧重点不同。

政府职能部门作为行政主管部门为规范勘察设计市场秩序，确保勘察设计质量，对勘察设计的过程管理主要分以下几个内容：勘察设计合同备案、超限抗震专项审查、初步设计审批、施工图审查和质量检测制度等。其中勘察设计合同的备案，全国大部分省市自治区均有对应的政策文件，开展勘察设计任务之前，勘察设计单位应咨询当地政府职能部门办理流程和所需资料，及时办理合同备案；质量检测制度的侧重点在施工质量方面，勘察设计单位配合完成，此两项内容不在此赘述。下面重点介绍我国现行的超限抗震专项审查、初步设计审批和施工图审查制度及相关要求等。

1. 超限高层抗震专项审查

超限高层建筑结构设计项目近几年来比较常见，建设单位应特别注意超限高层建筑结构的抗震专项审查。所谓超限高层建筑工程，是指超出国家或地方现行规范、规程所规定的适宜高度和使用结构类型的高层建筑工程，结构布置特别不规则的高层建筑工程，以及有关政府管理机构文件中规定应当进行抗震专项审查的高层建筑工程等。

根据《超限高层建筑工程抗震设防专项审查技术要点》（建质［2010］109号），超限

高层建筑可以分为以下几种类型:

(1) 高度超限的高层建筑工程:建筑物高度超过规定的最大适用高度的高层建筑结构。

(2) 规则性超限的高层建筑工程:具有平面不规则、竖向不规则、扭转不规则等严重不规则的建筑结构。

(3) 其他类超限高层建筑工程,符合以下情况的高层建筑工程也属于超限高层建筑工程:①特殊类高层建筑:抗震设计规范、高层混凝土结构技术规程和高层钢结构技术规程暂未列入的其他高层建筑结构,特殊形式的大型公共建筑及超长悬臂结构,特大跨度的连体结构等;②超限大跨空间结构:屋盖的跨度大于120m或悬挑长度大于40m或单向长度大于300m,屋盖结构形式超出常用空间结构形式;③采用新结构体系、新结构材料或新抗震技术(超出现行规范应用范围)的高层建筑等。

具体认定参数和审查要点参考《超限高层建筑工程抗震设防专项审查技术要点》,并应随规范修订而相应调整。当具体工程的界定遇到问题时,可从严考虑或向全国、工程所在地省级超限高层建筑工程抗震设防专项审查委员会咨询。

超限高层建筑工程在初步设计阶段应完成超限高层建筑工程的抗震专项审查。超限抗震专项审查的一般流程如下图所示。

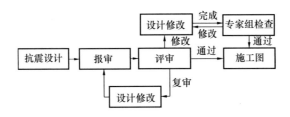

图 3.5.1　超限抗震专项审查的一般流程

2. 初步设计文件的审批

初步设计完成以后,应由建设单位的主管部门,建委或发改委组织规划部门和人防、消防、大配套、自来水、排水、环保等各专业部门对设计文件进行审批,重点是审查总平面布置、工艺流程、车间、厂房组成和交通运输组织。要求对技术经济方案进行论证和比较,总图布置要方便生产,获得最佳的工作效率,同时要满足环境保护、安全生产、抗震防灾、消防、防洪、生活环境的要求。

初步设计文件的审查,主要内容为设计概算是否超过可行性研究批复;总平面布置是否充分考虑方向、风向、采光、通信等要素;工艺设备、各种管线和道路的关系是否相互匹配无矛盾;供水、排水、供电、采暖等基础设施是否满足使用要求;是否创造了一个良好的生产和生活环境;能否在这样的环境中,创造高效、低耗和充满生机的条件。这主要体现在建筑设计的标准,建筑平面和空间的处理及环保要求等方面。

在我国建设项目设计文件的审批实行分级管理、分级审批的原则。《基本建设设计工作管理暂行办法》对设计文件具体审批权限规定如下:

（1）大中型建设项目的初步设计和总概算及技术设计，按隶属关系由国务院主管部门或省、直辖市、自治区审批。

（2）小型建设项目初步设计的审批权限由主管部门或省、直辖市、自治区自行规定。

（3）总体规划设计或总体设计的审批权限与初步设计的审批权限相同。

（4）各部直接代管的下放项目的初步设计，以国务院主管部门为主，会同有关省、市、自治区审查或批准。

初步设计和总概算是安排年度计划的依据，其内容、深度应满足对投资进行控制及计划安排的审批要求，初步设计未经批准不得列入年度基本建设计划，初步设计文件经批准，年度计划下达后，方可据此进行施工图设计。

3. 施工图设计文件审查

施工图设计文件的质量直接影响建设工程的质量，进行严格的施工图审查工作，是一项关系社会公共安全和社会公众利益的重要举措。2000年1月30日和9月25日，国务院分别发布了《建设工程质量管理条例》和《建设工程勘察设计管理条例》，通过行政立法手段，设立了施工图审查制度，将施工图审查列入基本建设程序之中，强制实施。《建设工程质量管理条例》第11条规定：建设单位应当将施工图设计文件报县级以上人民政府建设行政主管部门或者其他有关部门审查。第23条指出，设计单位应该就审查合格的施工图设计文件向施工单位作出详细说明。《建设工程勘察设计管理条例》中第四章第33条规定，县级以上人民政府建设行政主管部门或者交通、水利等有关部门应当对施工图设计文件中涉及公共利益、公众安全、工程强制性标准的内容进行审查。施工图未经审查合格的，不得使用。随着《房屋建筑和市政基础设施工程施工图设计文件审查管理办法》的施行，继房屋建筑工程推行施工图审查后，进而推进到对市政基础设施工程的施工图审查。

政府出台的上述办法体现了施工图审查制度由质量把关型向质量监管型转变的理念，建设主管部门不再承担具体的审查事务，而是通过审查机构的审查对建设单位、勘察设计企业、注册执业人员的违法违规行为进行监督，建设主管部门履行对审查机构和审查人员的监督检查职责。

（1）施工图设计文件审查的概念和要求

施工图设计文件（含勘察文件）审查是指施工图审查机构按照有关法律、法规，对施工图涉及公共利益、公众安全和工程建设强制性标准的内容进行审查。施工图审查应当坚持先勘察、后设计的原则。施工图未经审查合格的，不得使用。从事房屋建筑工程、市政基础设施工程施工、监理等活动，以及实施对房屋建筑和市政基础设施工程质量安全监督管理，应当以审查合格的施工图为依据。

《房屋建筑和市政基础设施工程施工图设计文件审查管理办法》规定，国务院建设行政主管部门和县级以上地方人民政府建设行政主管部门，依照有关规定对施工图审查工作实施指导和监督管理。按规定应当进行审查的施工图，未经审查合格的，住房城乡建设主管部门不得颁发施工许可证。

（2）施工图设计的审查内容

施工图设计文件审查机构审查的重点是按照有关法律、法规，对施工图设计文件中涉及安全、公众利益和强制性标准的内容进行审查。

《房屋建筑和市政基础设施工程施工图设计文件审查管理办法》规定，施工图审查的主要内容：

1）是否符合工程建设强制性标准；

2）地基基础和主体结构的安全性；

3）是否符合民用建筑节能强制性标准，对执行绿色建筑标准的项目，还应当审查是否符合绿色建筑标准；

4）勘察设计企业和注册执业人员以及相关人员是否按规定在施工图上加盖相应的图章和签字；

5）法律、法规、规章规定必须审查的其他内容。

除施工图审查机构对施工图审查外，消防部门重点审查拟建建筑与原有建筑的防火间距、建筑物的防火等级、建筑内部的消防设施以及厂区的消防设施是否满足防火规范的要求。规划管理部门重点审查建筑物的平面布置及立面涉及是否满足规划要求，建筑物之间的采光间距是否满足采光要求，位于城市主要干道的建筑物还要审查建筑物的高度及造型与周围环境是否协调等。

（3）施工图审查机构的设置

审查机构按承接业务范围分两类，一类机构承接房屋建筑、市政基础设施工程施工图审查，业务范围不受限制；二类机构可以承接中型及以下房屋建筑、市政基础设施工程的施工图审查。房屋建筑、市政基础设施工程的规模划分，按照国务院住房城乡建设主管部门的有关规定执行。

建设单位应根据建设工程的性质、规模等选择相应的审查机构对施工图进行审查，尤其对大型园区项目、重要的公共建筑、超限高层建筑等工程项目施工图的审查，应选择一类机构进行委托。

（4）施工图审查结果的处理

审查机构对施工图进行审查后，应当根据下列情况分别作出处理：

1）审查合格的，审查机构应当向建设单位出具审查合格书，并在全套施工图上加盖审查专用章。审查合格书应当有各专业的审查人员签字，经法定代表人签发，并加盖审查机构公章。审查机构应当在出具审查合格书后 5 个工作日内，将审查情况报工程所在地县级以上地方人民政府住房城乡建设主管部门备案。

2）审查不合格的，审查机构应当将施工图退建设单位并出具审查意见告知书，说明不合格原因。同时，应当将审查意见告知书及审查中发现的建设单位、勘察设计企业和注册执业人员违反法律、法规和工程建设强制性标准的问题，报工程所在地县级以上地方人民政府住房城乡建设主管部门。

施工图退建设单位后，建设单位应当要求原勘察设计企业进行修改，并将修改后的施工图送原审查机构复审。

3）审查通过后，具体实施过程如出现住房城乡建设部第13号令第十一条规定内容的重大变更、应交原施工图审查单位重新审查，合格后方可实施。

（5）施工图审查通过后的责任划分

勘察设计施工图结果审查机构通过后，一旦出现图纸质量问题，涉及多个单位及相应人员的责任划分，区分如下：

1）勘察设计单位与设计人员的责任

勘察设计单位及其人员必须对自己勘察设计文件的质量负责，并不因施工图通过了审查机构的审查就可免责。对此，《房屋建筑和市政基础设施工程施工图设计文件审查管理办法》第15条明确规定，勘察设计企业应当依法进行建设工程勘察、设计，严格执行工程建设强制性标准，并对建设工程勘察、设计的质量负责。施工图审查机构应当对审查的图纸质量负相应的审查责任，但不代替设计单位承担设计质量责任。审查机构的审查只是一种监督行为，仅对工程设计质量承担间接的审查责任，其直接责任仍由完成勘察设计的单位及个人负责。倘若出现质量问题，勘察设计单位及人员必须依据实际情况和相关法律规定，承担相应的民事责任、行政责任与刑事责任。此外，《建设工程质量条例》第19条及《建设工程勘察设计管理条例》第5条第2项也有类似规定。

2）审查机构与审查人员的责任

审查机构与审查人员在设计质量上的免责并不意味着其不承担任何责任。《房屋建筑和市政基础设施工程施工图设计文件审查管理办法》第15条规定，审查机构对施工图审查工作负责，承担审查责任。施工图经审查合格后，仍有违反法律、法规和工程建设强制性标准的问题，给建设单位造成损失的，审查机构依法承担相应的赔偿责任。第16条规定，审查机构应当建立、健全内部管理制度。施工图审查应当有经各专业审查人员签字的审查记录。审查记录、审查合格书、审查意见告知书等有关资料应当归档保存。

施工图审查机构和审查人员应当依据法律、法规和国家与地方的技术标准认真履行审查职责，应当对审查的图纸质量负相应的审查责任。《建筑工程施工图设计文件审查有关问题的指导意见》更明确表明，建设工程经施工图审查后因勘察设计原因发生工程质量问题，审查机构必须承担审查失察的责任。

3）政府主管部门的责任

依据相关法律规定，政府各级建设行政主管部门在施工图审查中拥有行政审批权，主要负责行政监督管理和程序性审批工作。对于设计文件的质量不承担直接责任，但对其审批工作的质量，负有不可推卸的责任，此项责任具体表现为行政责任与刑事责任。《房屋建筑和市政基础设施工程施工图设计文件审查管理办法》第 29 条规定，国家机关工作人员在施工图审查监督管理工作中玩忽职守、滥用职权、徇私舞弊，构成犯罪者，依法追究刑事责任；尚不构成犯罪的，依法给予行政处分。

3.5.2　建设单位对勘察设计的过程管理

政府职能部门对设计文件的审查内容主要侧重于规划、消防、节能、环保、抗震、卫生、人防等有关强制性标准内容，其他内容则由建设单位自行审查。建设单位要对建设项目全过程质量管理，首先要加强对勘察设计过程进行管理和控制，具体的管理模式可分为业主直接管理、代理管理和委托管理等，不同的管理模式各有利弊。

业主直接管理模式即建设单位组建工程设计管理机构负责工程设计管理，也可聘请专家或咨询公司协助其进行设计管理，其特点是建设单位要有很强的专业技术力量和较高的设计管理水平，具有设计评审经验和专业判断能力，有利于对工程建设目标和风险控制，但因其对设计介入过深，易造成设计方案的反复变更，不利于设计单位发挥主观能动性。

代理管理模式是聘请专业咨询公司代其进行设计管理工作，并将专业咨询公司代理管理的内容、要求及职能书面通知设计单位。该模式对专业咨询公司的工程设计管理水平、能力和资质均有严格的要求，其对工程设计单位必须具有独立性。其特点是不要求建设单位具备很强设计管理能力和专业技术力量，而咨询公司长期从事工程咨询服务工作，经验较为丰富，有利于保证质量、进度和节约投资。

委托管理模式即委托项目（工程）管理公司，使其作为建设单位代表对项目进行集成化管理，承担委托管理范围的责任，但不属于决策机构，重大方案仍需建设单位决策。该模式与代理管理模式的主要区别是建设单位与设计单位没有合同关系，改由项目（工程）管理公司独立负责组织完成工程设计或通过设计招标选择设计单位承担工程设计，建设单位的工程设计意见和要求通过项目（工程）管理公司才能实现。委托管理模式不要求建设单位具有设计管理能力和专业技术力量，项目（工程）管理公司全权负责设计管理工作，其对建设单位负责。

建设单位可根据自身特点选择适宜的管理模式，对勘察设计工作从如下几个方面开展过程管理工作。

1. 重视勘察设计的招标工作并做好合同管理

重视勘察设计的招标工作，择优选择勘察设计单位，通过专家评审确保勘察单位提供详尽可靠的勘察文件，确保设计单位提供安全可靠、经济适用的设计方案，为保证工程质量打下良好基础。及时签订勘察设计服务合同，并要求勘察设计单位办理合同备案。

2. 搜集和提供可靠的设计基础资料

建设单位完整、全面地提供设计基础资料是控制勘察设计质量的前提。设计基础资料的内容，大体可归纳为以下几个方面：人文地理和技术经济状况，原材料、设备等资料，工程地质、水文地质、地形测量以及控制测量等资料，地震评价资料如大区地震等级、地震烈度，小区地震等级、地震等级线图，对超限高层还应提供地震动安全性评价报告等资料，气象资料如气温、风向及风力、降雨量、降雪量、湿度、气压、蒸发量等，公用工程协作条件资料，环境影响评价资料等。

3. 加强限额设计和关键节点的控制

工程建设项目的设计周期短则二三十天，长则可能会持续数月，有的项目规模较大，分期建设或多家设计单位共同参与设计。在勘察设计的过程中，建设单位不可能做到实时关注，这就要求建设单位提前制定管控流程，确定设计协调例会制度，明确设计关键节点，加强限额设计等关键程序的管控。关键节点是指能够制约设计进度的时间节点，这一般会在勘察设计合同中以条文或附件的形式约定。邻近合同约定的关键节点时，应提前召开设计例会组织检查，如有必要也可邀请相关部门共同参与研讨，遇到不确定性问题应及时征询规划、消防等主管部门的意见，及早发现问题，提前解决问题。而对限额设计，在后文中会有专门章节进行论述，在此主要强调建设单位应提前制定合理的工程造价限额，并在设计单位提交阶段性成果后及时审查。

4. 聘请各专业专家对设计成果进行审查

建设单位作为项目管理方，可能对勘察设计的具体内容并不专业，为了更好地做到对勘察设计成果的管控，可聘请各专业专家对设计方案、初步设计中的建筑造型、结构选型、结构断面尺寸、基础形式、建筑的使用功能，设备、材料的选择，预算造价的编制等进行全面的审查。切忌仅仅依靠政府相关部门的施工图审查，因施工图审查只是对涉及公共利益、公众安全、工程强制性标准的内容进行审查，不会关注到使用功能、方案经济合理性、预算编制准确性等细节问题，这需要建设单位自行审查把关。加强建设单位自行审查可以减少设计上的浪费，使设计更加合理，给建设单位带来效益。

5. 组织好设计交底和图纸会审

在工程施工前，建设单位应组织监理、施工等单位进行图纸会审，组织设计单位进行设计交底。施工图技术交底和图纸会审可以一次进行，也可以根据工程施工进度分期进行。设计单位应提前制定交底提纲，遵照要求按时参加。

技术交底一般先由设计单位结合设计成果介绍设计意图、结构特点、施工要求、技术措施和施工安全等有关注意事项，关键工程部分的质量要求以及施工单位可能疏忽的关键问题，尤其当设计中有新技术、新材料、新工艺、新设备时，要特别注意交底说明，其目的是为了使施工单位熟悉设计图纸，了解工程特点和设计意图，贯彻设计理念，确保工程质量。

图纸会审一般在监理和施工单位熟悉图纸内容后，提出图纸中尤其不同专业间可能存在的错、碰、漏之类问题，根据施工技术和工法、建筑材料供应等情况提出优化建议，澄清相应技术疑惑，沟通需要解决的技术难题，将图纸和施工中可能产生的质量隐患消灭于萌芽状态。通过技术交底和图纸会审，参建方多方研究协商工程建设中可能出现的问题，拟定解决方案，将工程变更尽量控制在施工之前。如果能在此阶段发现设计问题，克服或补救设计方案的不足或缺陷，所花费的代价最小，取得的效果也是最好的。

对技术交底和图纸会审形成的会议纪要及时整理汇总，传达至各参建方尤其施工人员，使其关注施工安全措施，确保工程质量，降低工程造价，避免不必要的变更。

6. 完善勘察设计的施工现场服务制度

设计现场服务是设计工作的重要组成部分，作为设计工作的一道技术服务程序，发挥着对设计成果的补充和完善的作用，使得设计项目在交付实施过程中的服务，满足设计服务合同、技术规范的要求。根据职责分工，设计驻场人员的主要工作职责为：

（1）参与设计图纸会审，贯彻工程勘察设计意图，解释工程勘察设计文件，认真做好开工前的技术交底工作；

（2）按照工程基本建设项目设计文件编制办法的规定，以及建设方有关该工程的项目管理条例，完善工程变更设计手续及各项图纸资料，对施工过程中发生的设计变更进行整理、编号、归档；

（3）参加项目关键节点的工地例会，对施工中的关键节点可能遇到的技术问题和工程质量问题进行协调和答疑，做好关键节点的技术交底；

（4）经常深入施工现场，随时掌握施工情况，认真解决有关设计的各种问题，对不符合设计施工图要求的做法及时指正；

（5）参加隐蔽工程、主体工程中间检查、投产试运行和工程交（竣）工验收等分部、分项及整体验收工作；

（6）对方案性的变更设计，应及时报告设计单位，由设计单位研究提出变更设计方案，送交建设单位组织实施；

（7）对其他参建方提出的设计变更，设计代表应经过深入调查，权衡利弊，并请示设计单位同意后方可进行设计变更；

（8）对建设单位发出的工作联系单要关注跟踪，发现问题应及时与设计人员沟通；

（9）积极配合建设、监理或承包方的工作，做好建设方的参谋。

7. 关注施工临时结构的设计支撑和管理工作

施工临时结构是工程施工过程中的重要辅助设施，受建设项目工期、成本和设计分工等因素制约，施工临时结构的设计大多由施工单位自行完成。但近年来，因施工临时结构或设施的倾覆、倒塌而导致的安全事故时有发生，造成较大的人员伤亡和经济财产损失，带来恶劣的社会影响。

在设计合同明确要求设计单位进行施工临时结构设计支撑的前提下，设计单位相关人员应积极配合，了解和关注临时结构的施工流程、施工注意事项、安全防范措施，结合结构设计经验，对施工临时结构设计、施工组织方案等进行深入的分析和设计，对容易忽视的质量隐患和风险较高的关键部位传达至施工单位，审查施工单位的施工技术方案、施工组织计划和质量保证措施，从而减少甚至杜绝施工过程中由于临时结构导致的安全事故，降低施工成本和施工风险，保护人员生命、财产的安全，保障施工安全、经济、高效、快捷的进行。

3.5.3 建设单位（甲方代表）在实践中的风险点及防控建议

1. 施工图审查中存在的问题

设立施工图审查制度，目的是以行政和技术手段将事后的质量管理变为事前的监督管理，将勘察设计文件中存在的质量问题在工程施工之前发现并及时纠正，排除质量安全隐患，确保设计文件符合国家法律、法规和强制性标准，确保工程设计不损害公共安全和公众利益，确保工程设计质量以及国家财产和人民生命财产的安全。按照国务院《工程质量条例》和《建设工程勘察设计管理条例》的规定，施工图审查具有社会公共事务管理属性，具有强制性，应由政府部门组织实施审查，属于行政审批的范畴。但国务院颁发的《关于第三批取消和调整行政审批项目的决定》改变了施工图审查管理方式，实行自律管理。《房屋建筑和市政基础设施工程施工图设计文件审查管理办法》又明文规定，建设单位施工图送审的审查机构，不与所审查项目的建设单位、勘察设计企业有隶属关系或者其他利害关系即可。

随着市场经济的发展和政府机构改革的逐步实施，现在全国各地的施工图审查机构性质也不尽相同，部分省市认定的施工图审查机构部不但有事业单位，还有企业单位、民办非企业单位，甚至有私有企业单位。以上海、浙江、辽宁为代表的一些施工图审查机构进行了市场化转变；以江苏为代表的一些施工图审查机构还是行政监管机构。

目前，施工图审查制度设置的目的与执行定位之间存在差异，审查机构设置不当，使非事业单位性质的施工图审查机构因营利目的，屈从于建设单位的压力，被迫满足其不合理的要求，从而使施工图审查失去了行政效力，严重削弱了施工图审查制度的权威性和制约力，难以发挥政府强制监督作用。

【防控建议】

建设单位应正确认识施工图审查的作用和意义，选择具有较高技术权威的审查机构开展施工图审查，提前准备施工图审查所需的各类资料，包括建设工程可行性报告和批复、规划许可证、地勘报告、全套施工图纸、计算书、试桩检测报告等（具体内容应根据建设工程的性质、规模、设计方案等情况咨询当地审图机构要求为准）。审查过程中确保审查机构的独立性和权威性，不施加外力干预或引导审查结果，及时安排勘察设计单位根据审查结果修改或补充勘察设计成果文件。施工图审查通过后，仍需要作重大修改的，建设单位应当报原审查机构重新审查，通过后方可正式变更。

2. 随意压缩合理勘察设计工期

由于工程项目筹备阶段的工作量很大，手续繁杂，从立项到实际启动，前期决策的准备工作占用了很长的时间，导致后期设计和施工时间十分紧张，或者纯粹为了降低成本减少支出，在实际操作过程中，非合理的压缩设计工期的现象也较为普遍。目前设计行业的竞争非常激烈，部分设计单位为了中标，不正当竞争给非合理压缩工期的现象创造了存在的市场和空间，并且愈演愈烈。

压缩合理设计工期最直接的后果就是各专业间配合、专项设计分包与主体建筑设计配合、相对复杂的工艺设计以及必要的人性化设计等无法实现或大打折扣，工程设计的质量或深度不达标，施工图审查无法通过，施工期间设计变更多甚至无法实现建设意图等，对整个工程建设都带来较大负面影响。同时，因建设单位任意压缩合理工期的、明示或者暗示设计单位违反工程建设强制性标准，降低工程质量的、施工图设计文件未经审查或者审查不合格擅自施工等行为相关法律法规也有明确的处罚措施。

【防控建议】

建筑设计的特点是以脑力劳动为主的复杂的创造性劳动，建筑设计产品是科学技术与文化艺术的结晶，设计单位和工程技术人员必须对建设项目的设计质量在保质期内终身负责，设计文件必须符合国家现行法律、法规、技术标准和设计深度的要求。因此，合理的设计周期是满足设计质量与设计深度的必要条件、建设单位和设计单位不得任意压缩设计周期，为保证具体实施过程中有据可依，住房城乡建设部修订了《全国建筑设计周期定额（2016版）》（建质函〔2016〕295号）在考虑各类民用建筑设计一般需要投入的设计力量，以单项工程为单位，分别列出除施工配合至施工验收以外的设计工作周期，建设单位和设计单位应参照执行。

建设单位应自项目启动开始，制定合理的工作流程管理办法，加强与各参建单位沟通协商。合理安排工期是工程质量的前提和保证，不能急于求成，在过程中加强监督，如项目因设计方案、技术经济指标变更等原因，勘察设计按期交付暂确遇困难，应尊重客观规律适当延长交付时间，强化工程质量是第一位的观念。

3. 勘察设计单位延迟交付勘察设计文件

勘察设计单位延迟交付勘察设计成果文件，尤其在工程建设关键环节，前后工序时效性较强的情况下，往往会造成工期延长甚至造成工程质量事故。如勘察单位未能及时将施工图审查通过的详细勘察报告提供给设计单位，必然会影响设计单位出具地基基础施工图，一旦该工程基础基坑提前开挖，由于设计单位的基础施工图延迟交付，造成基坑暴露时间过长、受到不可避免的工程扰动或太阳暴晒、雨水浸泡等自然影响，影响地基土承载能力，建设单位需采取临时保护措施或追加投资保证工程基础安全，同时也造成工期延误。

【防控建议】

勘察设计招标时就应明确勘察设计任务及工期、质量等相关要求，确保选择的勘察设计单位具备完成相关工作的资源和能力，加强与政府职能部门沟通，及时办理各种项目开展需要的备案和报建手续，加强设计过程管控，提前与审图机构联系确保报审资料齐全，制定勘察设计工期任务时间表并贯彻执行，按时收集勘察设计过程文件，协调处理制约设计工期的其他问题等。

4. 对设计过程管控乏力

因建设单位对具体设计内容不熟悉或不专业，对设计阶段的过程管控乏力，甚至认为对设计的管控仅是对设计文件的审查，这是存在误区的。设计单位提交的设计成果，在深度和质量上是否满足法规和相关规范的要求，待设计基本完成后才由各专业专家进行审查，一旦此时发现重大问题再修改设计往往会延误时间，浪费人力、财力、物力，如若因各种条件限制在此阶段已无法彻底修改设计中存在的问题，还会造成施工困难、浪费投资、影响使用等不利后果。所以，虽设计完成后对设计文件的审查必不可少，但对设计过程的管控十分重要。

【防控建议】

建议建设单位或受其委托的设计咨询单位在设计全过程中加强跟踪控制，尤其应注意设计过程中的以下问题：

（1）设计单位对政府有关部门的审批意见及使用单位的意图是否确切理解并认真贯彻；

（2）掌握设计标准是否恰当，建筑造型、设备、主要材料及结构选型是否满足实用、安全、经济、美观的要求；

（3）建（构）筑物的平面布置是否满足功能要求，平面利用率如何，层高及层数的确定是否恰当；

（4）建设单位向设计单位提供的基础资料是否齐全；

（5）设计单位和政府有关主管部门（消防、人防、环保、规划）之间的联系和沟通是否顺畅；

（6）设计单位和设备供应单位（如生产设备、实验设备、配套设备、电梯、厨具等）以及分包设计单位（景观、幕墙、厨房工艺等）之间的联系及沟通是否顺畅；

（7）设计单位内部各专业之间的联系和沟通存在的问题；

（8）在设计中是否遵守国家有关标准、规范的规定；

（9）设计单位是否采用了成熟可靠的新技术、新工艺、新材料、新设备，以及在设计中对于实施新技术、新工艺、新材料、新设备的施工要点是否作出详细说明等等。

5. 勘察设计单位对勘察设计成果未交底或交底不清

设计人员对设计意图，特殊工艺要求以及建筑、结构、设备等专业在施工中的难点、疑点和容易发生的问题最为清楚，如未组织技术交底或技术交底深度不够贸然开工，施工遇到问题轻则现场停工待设计人员确认，影响工期，重则错误理解设计意图造成建筑功能无法实现或发生严重的质量和安全事故，前文提到的钢结构厂房项目多榀钢屋架发生较大变形的质量事故，部分原因就是设计单位在施工图交底中，未对使用高强螺栓的特殊要求明确说明，而施工单位错误理解设计意图造成误用。

【防控建议】

按照行业惯例，设计单位完成设计文件后，交建设单位转发施工、监理等参建单位，建设单位在施工开工前应及时组织设计、监理、施工等参建单位对施工图进行全面的会审和技术交底，并形成各参建方会签的技术交底会议纪要，加强勘察设计的现场配合管理。

6. 未经原勘察设计单位同意，擅自修改勘察设计文件

工程施工过程中，因建设意图调整或勘察设计文件表达不清晰等原因，未经设计人员同意擅自改变设计文件内容的行为较为普遍，工程投产使用过程中，随意改变建筑使用功能的行为也时有发生。对此类现象，其行为不受法律保护，由此产生的工程质量或安全事故，勘察设计单位不承担相应责任。

【防控建议】

正确认识勘察设计文件的法律效力，尊重勘察设计单位的劳动成果，工程建设过程以及后期投产使用过程中的任何设计变更、工程洽商、改变建筑使用功能等情况，均应事先征得原勘察设计单位同意，或委托具备相应勘察设计资质的单位另行设计，不得擅自修改已经生效的勘察设计文件。

7. 勘察设计单位未参加建设工程质量事故分析，或对因勘察设计造成的质量事故未及时提出相应技术处理措施

建筑工程要求达到的使用功能、质量目标在勘察设计阶段已经确定，工程质量在某种程度上就是工程设计意图的具体表达，当工程质量出现问题，勘察设计单位对事故的分析具有权威性，故其有义务参与质量事故分析。同时，因勘察设计原因造成的质量事故，勘察设计单位也有义务提出相应的技术处理方案。当工程质量事故发生后，建设单位未及时通知勘察设计单位，或因其他原因勘察设计单位违反上述义务未参加工程质量事故分析，对由勘察设计原因造成的质量事故未及时提出相应的技术处理措施，均有可能造成工程质量事故难以正确处理，甚至还会引起危害和损失进一步扩大。

【防控建议】

工程质量事故发生后，应及时通知勘察设计单位相关技术负责人参加质量事故分析会，分析事故原因，区分责任主体并提出技术处理方案，形成各责任方会签的质量事故分析会议纪要，并约定该技术处理方案作为事故处理依据，相关责任方及事故处理过程不得擅自修改、调整达成共识的技术处理方案。

3.5.4 典型案例评析之一：勘察设计存在遗漏或未充分考虑风险应承担相应赔偿责任

北京市××设计研究院与浙江××针织有限公司、浙江××勘察工程有限公司等建设工程施工合同纠纷再审民事判决书

再审申请人（一审被告、二审上诉人）：北京市××设计研究院（以下简称××设计院）。

被申请人（一审原告、二审上诉人）：浙江××针织有限公司（以下简称××针织公司）。

被申请人（一审被告、二审被上诉人）：浙江××勘察工程有限公司（以下简称××勘察公司）。

被申请人（一审被告、二审被上诉人）：义乌市××建设工程设计咨询有限公司（以下简称××设计咨询公司）。

被申请人（一审被告、二审被上诉人）：××建设集团有限公司（以下简称××建设公司）。

案情梗概：

原告××针织公司为建造厂房及综合楼委托被告××勘察公司对其在建工程场地进行岩土工程勘察，与被告××设计院签订了《建设工程设计合同》，对综合楼、厂房一、厂房二等进行建筑设计，设计费估算为 154298 元；被告××设计院设计的工程图经被告××设计咨询公司审查合格。2007 年 5 月 30 日，原告与被告××建设公司签订了《建设工程施工合同》，由被告××建设公司承建原告的综合楼、厂房一、二及地下室。同时，原告提供给了被告××建设公司由被告××设计院出具、被告××设计咨询公司审查合格的工程图，被告××建设公司按照合同约定进行施工。地基工程经设计单位、勘察单位、建设单位及监理工程师会同验收符合设计要求，地下室防水工程经监理工程师检查验收合格，基础结构包含土方工程（土方开挖、土方回填）、混凝土结构工程、砌体结构工程经勘察单位、设计单位、总监理工程师验收合格。

2008 年 5 月 28 日，义乌下暴雨后，原告发现地下室顶板露天部分有上抬现象（最高起拱约 260 毫米），地下室部分框架柱、梁、板及地下室隔墙出现裂缝。原告及四被告商定共同委托浙江省××建筑科学设计研究院有限公司对该起工程质量事故的原因及该起事故对现有的建筑造成的损害程度进行鉴定，经检测鉴定，原告地下室局部起拱及部分结构构件受损主要是由于地表水渗入基坑四周，使地下水位上升，导致地下室底板受水浮力，而地下室自重不足以抵抗水浮力所致，鉴定结论为应对地下室采取有效的抗浮措施，对地下室受损构件采取有效的处理措施。原告认为，其作为建设单位，委托被告××勘察公司进行工程勘察、被告××设计院工程设计、被告××设计咨询公司工程图纸审查、被告××建设公司工程建设，四被告应共同提供给原告符合质量要求的工作成果，现原告的工程出现了严重的质量问题，给原告带来了重大损失，四被告应共同承担赔偿损失的民事责任。同

时，因四被告原因造成延误工期的损失，原告保留向四被告主张赔偿的权利。为此，原告于 2009 年 11 月 30 日向义乌市人民法院提起诉讼，要求四被告共同赔偿相关费用。

本案经三审终审认定，涉案工程事故经浙江省××建筑科学设计研究院有限公司检测，系由于地表水渗入基坑四周，导致地下室底板受水浮力，地下室自重不足以抵抗水浮力所致。从本案被告××勘察公司出具的《岩土工程勘察报告》对场地工程地质条件、场地水文地质特征、地基基础均作出了分析与评价，该场地经勘察本身无地下水存在，并对设计和施工提出了相应的建议，本案被告××勘察公司已适当履行了合同义务，其未违反合同约定和法律规定，在本案中不应承担违约责任。××设计院在设计施工图过程中，虽然尚无强制性规范要求必须进行抗浮设计，但作为专业的设计机构，应当考虑到地表水渗入地下可能引起地下室底板自重不足而上浮的情形，即应当对地下室底板的抗浮措施进行设计，其应按照合同约定提供合理可使用的设计方案，保证工程按其设计方案施工后能够正常投入使用。而其设计上的遗漏即构成违约，应对本案工程加固费用的损失承担相应的赔偿责任。鉴于 2008 年 5 月 28 日义乌普降暴雨这一天气状况的突发性，可适当减轻被告××设计院的赔偿责任，酌定被告××设计院对原告加固费用的合理损失承担 90% 的赔偿责任。××设计咨询公司只是对图纸质量负相应的审查责任，如构成玩忽职守等上述情形的由行政主管部门给予行政处罚或由司法机关追究刑事责任，对本案原告的工程加固费用损失则不予承担赔偿责任。××建设公司已按合同约定履行了施工义务，并不存在违约行为，不应承担赔偿责任。

案例评析：

本案中因勘察设计疏漏，造成建设工程出现质量事故应承担相应赔偿责任这基本没有异议，施工图审查机构对审查的图纸质量负相应的审查责任但不代替设计单位承担设计质量责任，即设计单位承担了赔偿责任并不必然要求施工图审查机构也要承担赔偿责任。施工图审查机构只有在违反法律、法规和工程建设强制性标准并给建设单位造成损失的情况下，才承担民事赔偿责任。本案中，设计单位的设计存在抗浮措施遗漏，××设计咨询公司未能审出，确有不当，但在场地经勘察本身无地下水的情况下，没有证据证明其违反了法律、法规和工程建设强制性标准，故其对本案工程质量事故损失依法不承担民事赔偿责任。

虽然相关法规提出建筑设计质量的基本标准是"合格品"要求，但设计单位对建筑物的设计必须以工程对象所需的功能和性能要求为目标，仅凭满足现行技术标准规范的最低要求，不能免除相关设计人对建筑物质量安全事故的设计责任。在此，提醒设计单位在开展设计活动中，应提前告知建设单位可能出现的隐患，并对此提供设计建议，由建设单位决定是否需要提高性能目标和设计标准。例如，在本案所涉项目设计阶段，设计师结合设计和工程实践经验，书面提出本工程地质勘察报告未揭露地下水但考虑后期使用阶段可能出现地下水位波动，建议进行抗浮设计，而建设单位反馈不需抗浮设计，则本事故的赔偿责任认定可能会是另外一种判罚。

3.5.5 典型案例评析之二：已完成的部分设计工作应根据工作量占比支付相应设计费

浙江××规划建筑设计研究院有限公司与禹城××置业有限
公司建设工程设计合同纠纷二审民事判决书

上诉人（原审被告）：禹城××置业有限公司（以下简称××置业公司）。

被上诉人（原审原告）：浙江××规划建筑设计研究院有限公司（以下简称××设计院）。

案情梗概：

2012年5月5日，××设计院与××置业公司签订《建设工程设计合同》（合同编号2012-JD-517）约定：××置业公司委托××设计院承担"山东禹城××生态园项目建筑"的工程设计，设计阶段及内容为项目的住宅部分建筑设计以及商业部分建筑设计的方案设计、初步设计及施工图设计；××设计院向××置业公司提交了建筑方案文本、设计总平面图及初步设计文本，××置业公司予以签收并已经上报到禹城相关部门审批，基于目前市场形势及规划局的相关意见，希望××设计院减少地下车库面积、控制排屋户型面积等。后，××设计院致函××置业公司，称××置业公司新控股股东要求对原方案进行重大修改，希望××置业公司能够支付原方案设计费154.5万元的50%的费用，以便能够对原方案进行修改。对此××置业公司回函认为之前××设计院提交的文本未经××置业公司认可，要求××设计院予以优化完善直至××置业公司认可，并按照原合同约定支付费用。因双方对此意见不一，现××设计院提起诉讼。

本案经两审法院审理认为：案涉《建设工程设计合同》系双方当事人的真实意思表示，主体适格、内容合法，不违反法律、行政法规的强制性规定，依法应认定有效。判决如下：一、××置业公司继续履行与××设计院所签订的《建设工程设计合同》；二、××置业公司于判决生效之日起十日内支付××设计院设计费123.5万元；三、××置业公司于判决生效之日起十日内支付××设计院逾期付款违约金171958.5元。

案例评析：

涉案《建设工程设计合同》为××设计院、××置业公司双方自愿签订，未违反法律的禁止性规定，具有合法效力，对××设计院、××置业公司双方均具有约束力。××设计院、××置业公司双方约定在合同生效后××设计院应到行政审批部门备案，根据该约定登记备案的性质为××设计院方的合同义务，并不涉及合同效力问题，而××置业公司提供的《禹城市城乡规划设计市场管理暂行办法》为地方性行政规章，依法亦不影响合同效力，××置业公司以××设计院至今未到禹城市规划局备案为由认为合同不合法的意见不成立。××置业公司提出减少地下车库面积、控制排屋户型面积的要求，显然已经超过合同所约定的时限要求，不属于对于设计成果的修改意见，属于对设计内容的变更，应该另行支付费用。

建设单位应就勘察设计加强过程管理，如在设计过程中发现勘察设计单位在工作质量有不合格情况，应及时提出修改意见，督促勘察设计单位按意见修改。如勘察设计单位在执行合同过程中确有违约损害行为应承担违约损害赔偿责任。勘察设计单位在工程建设方面的违约损害赔偿责任，是指勘察设计单位不履行或不当履行与参与工程建设其他主体之间合同约定的义务，造成合同相对人因工程质量或进度问题而产生财产损失，应当承担赔偿损失的民事责任。而勘察设计主要是以智力劳动参与工程建设，其在工程建设违约赔偿责任的主要体现在合同义务的不履行或不当履行，具体表现为拒绝履行、因勘察设计单位原因造成不能履行、不完全履行、履行延迟和履行瑕疵，如勘察设计单位延迟交付工程所需的勘察设计成果文件、勘察设计文件内容有差错等。本案中，设计单位履约过程并无明显瑕疵，而建设单位存在相应过错，故而作出相应判决。

3.5.6　典型案例评析之三：勘察设计现场服务人员责任重大

某单层门式刚架钢结构厂房围护结构倒塌事故处理案例

事故概况：

某单层门式刚架钢结构厂房，工程规模约2600平方米，围护结构为180厚砖砌体填充墙高约10米。建设单位是港商投资的企业，主要生产汽车充填塑料产品，为了扩大生产规模，这家企业于2004年底向有关部门申请办理了扩建厂房手续，并于2005年1月与施工单位签订建设工程施工合同，总投资约500万元，工程开工日期是2005年1月15日，合同约定竣工日期是2005年5月20日，合同工期总日历天数125天。2005年4月9日下午4时20分左右，某在建厂房中间间墙突然发生倒塌事故，倒塌墙体面积约1500平方米，事发时工程共完成总工程量的60%左右，造成5名民工死亡，22人受伤。

事故原因分析：

经初步调查分析，此次事故的原因是：施工单位没有按照施工方案进行施工，按照设计图纸，厂房的主体结构是个单层门式刚架钢结构，砖墙只是维护结构。如果先施工安装钢柱后砌砖，墙体与钢柱有效连接后形成了可靠的支撑，墙体稳定性有保证就不会倒塌的；或者先砌墙，采取了另外的专门支撑系统，也无问题。本工程却是既没有先安装钢柱，也没有另外加墙体支撑系统，砌起了一幅长达140米，高10.8米的围护墙，而墙体（包括构造柱和圈梁）厚度仅18厘米，稳定性明显不满足要求。另外，工程监理公司监理不到位，没有审查好施工顺序，没有及时制止违反程序的施工，加之事故当天周边有桩基打桩，墙体可能受振动影响，而且事发时正在进行墙体顶部圈梁混凝土浇筑，泵送和振实混凝土而产生振动，导致长 140 米、高 10.8 米的墙体整体倒塌，酿成 5 人死亡、22 人受伤的惨剧。

事故处理：

这起事故是当地新中国成立以来伤亡人数最多的一次建筑工程安全事故，在社会上引起强烈反响，引起各级领导的高度重视。事故发生后，这次事故的 4 名责任人因涉嫌犯重大责任事故罪，被依法逮捕，他们分别是承包该工程的具体负责人黎某，施工单位负责该厂房建设工程施工质量、安全管理的施工员林某，与黎某签订挂靠协议使其承包了该工程的施工单位总经理助理张某，监理单位的监理员练某。

此外，还对 4 单位共计 22 人进行了处罚。建设单位、施工单位、监理单位和设计单位和有关人员均被处罚款，施工单位项目经理的执业资格证书被吊销，5 年内不予注册；施工员的施工员证书被收缴；总监理工程师被注销监理工程师注册资格；设计单位负责本工程的注册结构工程师被吊销执业资格证书，5 年内不予注册；责成设计单位开除本工程的具体设计人员。

事故教训：

本次事故明明是施工和监理单位的责任，为什么设计单位、注册结构工程师和具体设计人员也被处罚呢？处罚的理由是：本工程已开展多时，设计人也多次到现场参加验收，在事发前几天还到过现场并在验收记录上签名，却对工地上明显违反设计意图、存在安全隐患的施工操作熟视无睹。

设计人员一般对主体结构施工质量较为重视，对非结构构件的安全性、稳定性易产生忽视，对施工现场配合的重视程度也有待提高，这个事故案例值得借鉴。

3.5.7 本节疑难释义

其他国家或地区的施工图审查制度。

1. 美国

美国对建筑工程产品，特别是事关社会公众利益和公共安全的建设工程，采取直接监管的方式。美国的《国际建筑规范》（International Building Code，IBC）明确规定建筑工程实行规划许可、施工许可、使用许可制度，施工图审查通过是颁发施工许可证、使用许可证的必备条件。美国各州州法规定，地方政府（市/县）必须设置建管局（或类似机构），建立完善的审查制度，明确审查权限，配备符合规定的审查员（Plans Examiner）来执行施工图审查，建管局与消防局、规划局、公务局等协调审查工作。

美国施工图审查的范围包括厂房、住宅、化工、医药等各类工业与民用建筑，审查的内容包括：结构设计、建筑构造设计、防火安全与灭火、紧急逃生与预警、无障碍设计、节能设计、机械设计、电气设计等。审查员须具有工程经历、培训经历、土木工程师

（professional engineer）资格，并取得行业组织核发的审查员证书。施工图审查是非营利性质的政府行为，审查机构收取相当于工程造价的 0.5％～1％ 的审查费。工程的设计质量仍由设计单位负责，在施工图审查中，当发生经验不足或疏忽等质量责任时，一般不会追究审查员个人民事和刑事责任，仅承担名誉损失，由审查机构承担民事责任。

2. 德国

在德国，联邦交通建设房屋部负责城市建设、住宅建设和建筑业的行政管理。各市/县设有相应的建设管理机构。开发商和业主可持建筑设计方案、结构设计图及结构计算书向市或县的建设审批部门提出施工图审查申请。政府重点审查建设项目是否符合国家法律、法规和规划建设要求。审核的主要方面包括：①结构稳定性、安全性审查；②消防安全审查；③交通安全审查；④适用性能审查；⑤其他方面的审查。以上五方面的审查内容，以结构安全最为重要，由政府委托技术审核工程师来完成。技术审核工程师必须获得由国家认可的专业机构颁发的资质证书。其他方面的内容，由政府技术管理人员及委托的专业技术人员完成。审核通过，由审核工程师向建设审批机关出具审查报告，政府建设审批机关审批后再开工建设。

3. 新加坡

在新加坡，建设工程施工图审查工作由公共工程局（Public Works Department，PWD）下属的建筑控制署（Building Control Department，BCD）负责。政府对各类建设工程制定详细的设计标准，建筑控制署主要审查建筑图和结构图，并注重发挥顾问工程师（必须是相关协会会员并在政府注册）的作用。尤其是在建筑使用安全性方面，要求顾问工程师严格遵照法律法规执行。工程施工图必须由顾问工程师签字认可，并由其报送审查。政府高度重视结构设计的安全性，除要求报送结构施工图及结构计算书外，对超限的工程和由公共工程局自己设计的工程，要求结构设计在报送审查前须经政府认可的第三方结构进行复核，复核认可签字后才可正式报送审查。

4. 我国香港地区

在我国香港地区，环境运输及公务局下属的建筑署（Architecture Services Department）和房屋及规划局下属的屋宇署（Housing Department），是特区政府管理工程建设行业的部门，在建筑署与屋宇署，均设有专门的施工图审查部门。其中建筑署设立的"审查委员会"负责政府投资工程的施工图审查，屋宇署设立的"工程设计审查委员会"负责私人投资工程的施工图审查，审查合格的项目颁发审查通过证明，作为申领工程开工许可证的必备条件。建筑署和屋宇署负责施工图审查的工作人员均为政府公务员，另外聘请社会专业人员，负责具体施工图审查工作。

3.6　勘察设计阶段的造价管理

工程造价管理贯穿工程建设全过程，但长期以来，工程建设项目管理将控制造价的重点放在审核施工图预算、控制建筑安装工程价款结算等施工实施阶段，对工程项目前期决策和勘察设计阶段的造价管理重视不够，同时，存在只考虑建设成本忽视建筑未来使用和维护成本的现象。而工程设计合理与否是影响和控制工程造价的关键因素，对降低工程造价起着决定性作用，要有效控制工程造价，应将工程造价管理的重点转到工程项目策划决策和设计阶段。

3.6.1 勘察设计阶段的造价编制过程和特点

任何工程建设都有相应的投资计划，投资计划主要是依据项目建议书或可行性研究来编制的。实践证明，在决策正确的条件下，在初步设计阶段，设计影响项目投资的可能性为70%~90%；在技术设计阶段，设计影响项目投资的可能性为35%~70%；在施工图阶段，设计影响项目投资的可能性为15%~35%。这是因为设计概预算造价是施工阶段造价控制的基础，只有在设计图纸未实施之前把好了工程造价管理第一关，才能为总体造价控制打好基础。

1. 勘察设计阶段的造价编制过程

工程项目按一定的建设程序进行决策和实施，为保证工程造价的准确性和控制的有效性，工程计价需在不同阶段多次进行。在初步设计阶段，要按照可行性研究报告及投资估算进行多方案的技术经济比较，确定初步设计方案；在施工图设计阶段，要按照审批的初步设计内容、范围和概算造价进行技术经济评价与分析，确定施工图设计方案。在整个工程设计阶段，工程造价管理人员均要密切配合设计人员，协助其处理好工程技术先进性与经济合理性之间的关系。

在勘察设计阶段，一般会有如下造价编制过程：

（1）概算造价：是指在项目初步设计阶段，根据初步设计成果编制工程设计概算文件，预先测算和确定工程造价。与项目建议书和可行性研究阶段的投资估算造价相比，概算造价的准确性有所提高，但一般受估算造价控制。概算造价一般又可分为建设项目概算总造价、各个单项工程概算综合造价、各单位工程概算造价等。

（2）修正概算造价：是指在项目技术设计阶段，根据技术设计的要求，通过编制修正概算文件，预先测算和确定工程造价。修正概算是在影响工程造价的关键技术问题解决后，对初步设计阶段的概算造价进行修正和调整。修正概算造价比概算造价准确，但受概算造价控制。

（3）预算造价：是指在施工图设计阶段，根据完成的施工图纸，通过编制预算文件，预算测算和确定工程造价。预算造价比概算造价和修正概算造价更为详尽和准确，但同样受前一阶段造价的控制，并非所有工程项目均要确定预算造价，而一旦确定，往往会成为施工单位招标控制的最高限价。

2. 勘察设计阶段的造价特点

工程设计阶段是项目建设过程中最具创造性和思想最活跃的阶段，是人类聪明才智与物质技术手段完美结合的阶段，也是人们充分发挥主观能动性，在技术和经济上对拟建项目的实施进行全面安排的阶段，对于拟建项目的工程质量、建设周期、工程造价以及在建成后能否获得较好的经济效果起着决定性的作用。因此，该阶段的造价管理具有明显不同于其他阶段的特点。

（1）设计造价的唯一性。建筑产品的单件性特点，决定了每项工程都必须单独计算造价。而设计成果一旦施工实施完成，该建设工程的造价也就唯一确定，即便同样设计成果重复利用，因物价指数和资金时间成本等客观因素的影响，每个单体的最终造价也是独一的。

（2）设计造价的多次性。根据前述的勘察设计阶段造价编制过程可见，设计造价是分阶段多次完成的。工程设计的多次计价有其各不相同的计价依据，对其精确度要求也各不相同，每一个造价编制过程均较前一阶段更为详尽和准确，但同样要受前一阶段的控制。此外，尚应认识到即便经过多次造价编制阶段，设计预算与工程最终造价也无法精确匹配。

（3）设计造价的差异性。为实现同一建设意图，不同设计方案和设计手段会有不同的设计造价。要有效控制造价，应从组织、技术、经济等多方面采取措施，如在设计方案招标阶段，选择既能实现建设意图，又经济美观的设计方案；在设计阶段，采取限额设计和设计评价优化，建立合理指标体系，采取有效措施实现建设意图；在概预算审查过程中，严格控制相关工程量计算依据和工程、设备单价计算依据等。

（4）设计造价的复杂性。影响工程造价的因素较多，决定了设计造价编制过程十分复杂。评判造价水平不仅仅考虑资金总额，还应考虑多种影响因素，同样的设计方案，不同时间点实施，物价指数动态变化、主管部门政策调整、施工技术升级换代、资金的时间成本递增等等，均会影响设计造价的准确性。

（5）设计造价的综合性。评价设计造价的优劣，应综合考虑工程质量、造价、工期、安全、环保和社会效益等多个因素，力求达到整体目标最优，而不能孤立、片面地考虑某一目标或强调某一目标而忽略其他目标。在保证工程质量和安全、保护环境的基础上，追求建设工程全寿命周期成本最低的设计目标。

建设单位应正确认识对勘察设计阶段造价管理的意义，针对设计造价不同阶段的过程和特点，站在建设工程全寿命周期造价管理的高度，全方位地进行造价管理，建立完善的协同工作机制，努力实现建设工程造价的有效控制。

3.6.2 设计方案的招标、评价和优化

一般而言的设计方案通常包括工艺方案、建筑方案、结构方案和机电方案等。建筑方

案的选择要根据建筑物的类型来确定,在满足基本功能要求的前提下追求的是新颖和独特,但新颖独特的外观背后往往是巨大的经济代价。对于一般工业和民用建筑,应该以经济适用为前提,适当考虑立面效果,不应本末倒置,也不应跟风攀比。比如坡屋顶虽然可以改善顶层房屋的防水隔热效果,但从经济的角度看,坡屋顶的造价要比平屋顶高 20% 左右,再加上住房者对坡屋顶的吊顶装修,其费用更高。结构体系对工程造价影响很大,合适的结构方案从工程造价到施工难度都会有较大优势。所以仅从造价管理角度说,建设单位也应加强对设计方案的关注。

1. 设计方案招标管理

在工程建设勘察设计阶段,勘察设计单位的水平直接影响着工程建设质量,而勘察设计质量的好坏,也直接影响着建设单位的建设成本和建成投产效益。众所周知,每一个设计单位都有自己的设计理念和设计经验,设计单位不同的设计师对工程建设项目设计同样也有不同的风格和习惯,设计出来的作品不可能完全一样,所以选择一个好的设计单位是控制工程造价的第一步。

在市场经济的今天,建设单位在委托设计时应大力引进竞争机制,加强设计方案招标管理工作。一般情况下,勘察设计费不超过工程投资总额的 3%,而工程方案设计或初步设计影响项目投资的可能性为 70%~90%,十分重要。在方案设计招标评标过程中,应将关注重点置于设计方案的先进性、合理性、准确性和前瞻性等,通过规范的招标过程来选择出最适合项目特点,同样也是最优秀的勘察设计单位,避免因设计原因,出现的工程洽商。

同时,通过设计招标以及设计方案竞赛过程,还可以选择到优秀的设计方案,将不同设计方案的可取之处重新组合,吸收众多设计方案的优点,使设计方案更加完美,从而避免因建筑产品设计方案落后,影响后期使用效益,资金长期得不到回收,经济效益无法保证的事情发生。

在进行招标设计方案评标时,应综合考虑工程质量、造价、工期、安全、环保和社会效益等目标,基于全要素造价管理进行选择。有的设计方案,从建筑外观造型、结构方案、造价水平和建设工期等方面均符合建设单位预期,但对使用阶段的更新发展分析不够,后期改造、扩容难度大,使用和维护成本高,亦不是最优方案。建设单位应建立全生命周期考评和长远规划的眼光,从建设前期、建设期、使用期乃至拆除期等各个阶段的成本综合考虑,选择既能满足目前建设需求,又能实现长期使用目标的设计方案,选择与工程建设项目特点最匹配的勘察设计单位。

2. 设计方案评价

设计方案评价是指通过技术比较、经济分析和效益评价,正确处理技术先进与经济合理之间的关系,力求达到质量安全、技术先进与经济合理的和谐统一。由于设计方案不同,其功能、造价、工期和设备、材料、人工消耗等标准均存在差异,设计方案评价通常采用技术经济分析法,按照建设工程经济效果,针对不同的设计方案,即将技术与经济相结合分析其技术经济指标，从中选出经济效果最优的方案。因此，技术经济分析法不仅要考察工程技术方案，更要关注工程费用。

（1）设计方案评价的基本程序

设计方案评价的基本程序如下：

1）从设计方案投标文件中按照使用功能、技术标准、投资限额的要求，结合工程建设场地的实际情况，初步筛选出较为满意的方案作为比选方案；

2）明确评价的任务和范围，确定能反映方案特征并能满足评价目的的指标体系；

3）计算和确定待评价设计方案的各项指标及对比参数；

4）根据方案评价的目的，将方案的分析评价指标分为基本指标和主要指标，通过评价指标的分析计算确定权重，排出方案的优劣次序，并提出推荐方案。

在设计方案评价过程中，建立合理的指标体系，并采取有效的评价方法进行设计方案评价是最基本也是最重要的工作内容。

（2）设计方案评价的指标体系

内容严谨、标准明确的指标体系，是对设计方案进行评价与优化的基础。设计方案评价指标是方案评价的衡量标准，对于技术经济分析的准确性和科学性具有重要作用，因此其应能充分反映工程项目满足社会需求的程度，以及为取得使用价值所需投入的社会必要劳动和社会必要消耗量。常用的指标体系应包括以下内容：

1）使用价值指标，即工程项目满足需要程度（功能）的指标；

2）反映创造使用价值所消耗的社会劳动消耗量的指标；

3）其他指标。

对建立的指标体系，可按指标的重要程度设置主要指标和辅助指标，选择主要指标，或给主要指标赋予较大权重进行分析评价。

（3）设计方案评价的方法

设计方案的评价方法主要有单指标法、多指标法以及多因素评分法。

1）单指标法。单指标法是以单一指标为基础对建设工程技术方案进行综合分析与评价的方法。单指标法有很多种类，各种方法的使用条件也不尽相同，较常用的有以下几种：综合费用法、全寿命期费用法和价值工程法等。设计方案评价应根据工程项目特点，选择合理的评价指标。

2）多指标法。多指标法就是采用多个指标，将各个对比方案的相应指标值逐一进行分析比较，按照各种指标数值的高低对其作出评价。其评价指标包括：工程造价指标、主要材料消耗指标、劳动消耗指标、工期指标等。设计方案的评价指标，应根据工程的具体特点来选择。

3）多因素评分优选法。从建设工程全面造价管理的角度考虑，仅利用某几个评价指标还不能完全满足设计方案的评价，需要考虑建设工程全寿命期成本，并考虑工期成本、质量成本、安全成本及环保成本等诸多因素，此时就需要采用多因素评分优选法进行评价。多因素评分法是单指标法与多指标法相结合的一种方法，对需要进行分析评价的设计方案设定若干个评价指标，按其重要程度分配权重，然后按照评价标准给各指标打分，将各项指标所得分数与其权重采用综合方法整合，得出各设计方案的评价总分，以获总分最高者为最佳方案。

多因素评分优选法综合了定量分析评价与定性分析评价的优点，可靠性高，应用较广泛。

3. 设计方案优化

设计方案的评价与优化是设计过程的重要环节，设计方案评价是优化的前提，设计方案优化是评价的目的。在设计招标以及设计方案竞赛过程中，通过设计方案评价，吸收众多设计方案的优点，将各方案的可取之处重新组合，进行合理方案选择和提出技术优化建议，对技术优化建议进行组合搭配，注重考虑方案可行性、使用功能合理性、新工艺的合理利用、施工的便利程度等综合的效益，最终确定优化方案并实施。设计优化是使设计质量不断提高的有效途径，可以使设计更加完美。

对于具体方案的优化过程，不能孤立、片面地考虑某一目标或强调某一目标而忽略其他目标，而应综合考虑工程质量、造价、工期、安全和环保五大目标，基于全要素造价管理进行优化。工程项目五大目标之间的整体相关性，决定了设计方案的优化必须考虑工程质量、造价、工期、安全和环保五大目标之间的最佳匹配，力求达到整体目标最优，在保证工程质量和安全、保护环境的基础上，追求全寿命期成本最低的设计方案。

3.6.3 限额设计及其动态管理

确定最终实施的优化方案后，紧接着就要开展勘察设计，此阶段建设单位应加强限额设计管理。限额设计是指按照批准的可行性研究报告中的投资限额控制总体工程设计，各专业在保证达到设计任务书各项要求的前提下，按分配的投资额控制各自的设计，直至完成各个专业设计文件的过程。需要明确的是，所谓限额设计的控制指标，不是某一确定的数值，而应该通过调研分析确定的合理区间。

1. 限额设计的管控目标

要想对勘察设计进行限额设计管理，首先应确定限额设计的管控目标。限额设计需要在工程投资额度不能突破，工程使用功能不能减少，技术标准不能降低，工程规模也不能削减的前提下，实现使用功能和建设规模的最大化。限额设计是工程造价控制系统中的一个重要环节，是设计阶段进行技术经济分析，实施工程造价控制的重要措施。要实现限额设计目标，需要设计单位按照经济规律的要求，根据市场经济发展，利用科学的管理方法、先进的管理手段合理地确定工程造价，有效地控制投资，保证有限的建设资金和物质资源得到充分利用。

限额设计不仅仅是限制单方造价，更重要的是对其进行科学的分析规划，将有限的资金投入到更合适的地方。限额设计要求从设计阶段开始就逐步实行限额，然后层层展开，步步为营，使得限额设计贯穿整个工程建设的全过程，有效控制工程造价。通过实行限额设计，可以有效地促进设计单位改善设计工作监督与管理，优化设计组织结构，大力提高设计水平，真正做到用最小的投入获取最大的产出。

2. 限额设计的管控节点

投资决策阶段是限额设计的关键。对工程建设而言，投资决策阶段的可行性研究报告是建设单位核准投资总额的主要依据，而批准的投资总额则是进行限额设计的重要标准。为此，应在多方案技术经济分析和评价后确定最终方案，提高投资估算的准确度，合理确定设计限额目标。

初步设计阶段是限额设计的重点。初步设计阶段需要依据最终确定的可行性研究方案和投资估算，对影响投资的因素按照专业分解，并将规定的投资限额下达到各专业设计人员。设计人员应用价值工程的基本原理，通过多方案技术经济比选，创造出价值较高、技术经济性较为合理的初步设计方案，并将设计概算控制在批准的投资估算内。

施工图设计阶段是限额设计实现环节。施工图是设计单位的最终成果文件，应按照批准的初步设计方案进行限额设计，通过精细化设计，最终实现施工图预算控制在批准的设计概算范围内。

3. 限额设计的实施步骤

限额设计强调技术与经济的统一，需要工程设计人员和工程造价专业人员密切合作。工程设计人员进行设计时，应基于建设工程全寿命期，充分考虑工程造价的影响因素对方案进行比较，优化设计；工程造价专业人员要及时进行投资估算，在设计过程中协助工程设计人员进行技术经济分析和论证，从而达到有效控制工程造价的目的。

限额设计的实施是建设工程造价目标的动态反馈和管理过程，可分为目标制定、目标分解、目标推进和成果评价四个阶段。

（1）目标制定。限额设计的目标包括：造价目标、质量目标、进度目标、安全目标及环境目标。限额设计各目标之间既相互关联又相互制约，因此，在分析论证限额设计目标时，应统筹兼顾，全面考虑，追求技术经济合理的最佳整体目标。

（2）目标分解。分解工程造价目标是实行限额设计的有效途径和主要方法。首先，将上一阶段确定的投资额分解到建筑、结构、电气、给水排水和暖通等设计部门的各个专业。其次，将投资限额再分解到各个单项工程、单位工程、分部工程及分项工程。在目标分解过程中，要对设计方案进行综合分析与评价。最后，将各细化的目标明确到具体的设计人员，制定明确的限额设计方案。通过层层目标分解和限额设计，实现对投资限额的有效控制。

（3）目标推进。目标推进通常包括限额初步设计和限额施工图设计两个阶段。

限额初步设计阶段应严格按照分配的工程造价控制目标进行方案的规划和设计。在初步设计方案完成后，由工程造价管理专业人员及时编制初步设计概算，并进行初步设计方案的技术经济分析，直至满足限额要求。初步设计只有在满足各项功能要求并符合限额设计目标的情况下，才能作为下一阶段的限额目标给予批准。

限额施工图设计阶段应遵循各目标协调并进的原则，做到各目标之间的有机结合和统一，防止偏废其中任何一个。在施工图设计完成后，进行施工图设计的技术经济论证，分析施工图预算是否满足设计限额要求，以供设计决策者参考。

（4）成果评价。成果评价是目标管理的总结阶段。通过对设计成果的评价，总结经验和教训，作为指导和开展后续工作的重要依据。

值得指出的是，限额设计绝不是简单地一味为了节约投资，而是包含了尊重科学、注重实际、精心设计的内容，只有做到了更科学更实际才能有效地控制工程造价。当考虑建设工程全寿命期成本时，按照限额要求设计出的方案可能不一定具有最佳的经济性，此时亦可考虑突破原有限额，重新选择设计方案。限额设计对各方面的人员提出了更高的要求，要求技术人员要不断拓展自己的技术知识，不断提高自己各方面的工作能力，限额设计也为经济技术人员发挥自己的聪明才智提供了更为实际的用武之地。

3.6.4　概预算文件的审查

设计概预算文件是确定建设工程造价的文件，是工程建设全过程造价控制、考核工程项目经济合理性的重要依据。因此，对概预算文件的审查在工程造价管理中具有非常重要的作用和现实意义。

1. 初步设计概算的审查

初步设计概算的审查是确定建设工程造价的一个重要环节。通过审查，能够促进设计单位严格执行国家、地方、行业有关概算的编制规定和费用标准，提高概算的编制质量；能够促进设计的技术先进性与经济合理性；能够促进建设工程造价的确定准确、完整，避免出现任意扩大建设规模和漏项的情况，缩小概算与预算之间的差距。

设计概算的审查一般包括以下三个方面内容：

1）审查设计概算编制依据的合法性、时效性和适用范围是否符合相关规定。

2）审查设计概算编制说明、编制完整性和编制范围等是否满足设计概算编制深度要求。

3）审查设计概算主要内容是否全面、完整、正确等。

常用的审查方法有以下五种：

1）对比分析法。通过对比分析建设规模、建设标准、概算编制内容和编制方法、人材机单价等，发现设计概算存在的主要问题和偏差。

2）主要问题复核法。对审查中发现的主要问题以及有较大偏差的设计进行复核，对重要、关键设备和生产装置或投资较大的项目进行复查。

3）查询核实法。对一些关键设备和设施、重要装置以及图纸不全、难以核算的较大投资进行多方查询核对，逐项落实。

4）分类整理法。对审查中发现的问题和偏差，对照单项工程、单位工程的顺序目录分类整理，汇总核增或核减的项目及金额，最后汇总审核后的总投资及增减投资额。

5）联合会审法。在设计单位自审、承包单位初审、咨询单位评审、邀请专家预审、审批部门复审等层层把关后，由有关单位和专家共同审核。

2. 施工图预算的审查

与施工图审查机构对设计施工图的审查不同，行政主管部门并未对施工图预算纳入审查范围，一般施工图预算的审查主要由建设单位组织审查。对施工图预算进行审查，有利于核实工程实际成本，更有针对性地控制工程造价。

施工图预算应重点审查的内容有：工程量的计算，定额的使用，设备材料及人工、机械价格的确定，相关费用的选取和确定等。其中，设备材料及人工、机械价格受时间、资金和市场行情等因素的影响较大，且在工程总造价中所占比例较高，因此应作为施工图预算审查的重点。

施工图预算审查的方法通常有以下几种：

1）全面审查法。又称逐项审查法，是指按预算定额顺序或施工的先后顺序，逐一进行全部审查。其优点是全面、细致，审查的质量高；缺点是工作量大，审查时间较长。

2）标准预算审查法。是指对于利用标准图纸或通用图纸施工的工程，先集中力量编制标准预算，然后以此为标准对施工图预算进行审查。其优点是审查时间较短，审查效果好；缺点是应用范围较小。

3）分组计算审查法。是指将相邻且有一定内在联系的项目编为一组，审查某个分量，并利用不同量之间的相互关系判断其他几个分项工程量的准确性。其优点是可加快工程量审查的速度；缺点是审查的精度较差。

4）对比审查法。是指用已完工程的预结算或虽未建成但已审查修正的工程预结算对比审查拟建类似工程施工图预算。其优点是审查速度快，但同时需要具有较为丰富的相关工程数据库作为开展工作的基础。

5）重点抽查法。是指抓住工程预算中的重点环节和部分进行审查。其优点是重点突出，审查时间较短，审查效果较好；不足之处是对审查人员的专业素质要求较高，在审查人员经验不足或了解情况不够的情况下，极易造成判断失误，严重影响审查结论的准确性。

总之，设计概预算的审查作为设计阶段造价管理的重要组成部分，需要有关各方积极配合，强化管理，从而实现基于建设工程全寿命期的全要素集成管理。

3.6.5　对勘察设计造价管理的其他措施

除前文所述的造价管理方法外，在勘察设计阶段，还可结合工程建设实际情况，从以下几个方面进行造价管控。

1. 针对限额设计和设计变更采取合同措施

为了引导勘察设计单位或设计人员关注造价管理，可在设计合同的经济条款上，明确双方的权利和义务，增加对限额设计的奖惩措施，实现限额设计目标可适当奖励设计费，但突破限额设计目标则会加倍扣减设计费。同时，在设计合同中可增加对设计变更和修改的费用限额，允许设计中无法避免的设计变更存在，但应通过合同中经济条款杜绝不合理设计变更或洽商的出现，这样也可从某种程度上避免施工单位利用设计变更追加工程造价。

设计单位可在项目开展过程中采取经济责任制，实行"节奖超罚"，对因设计原因造成工程投资浪费、工期延误等损失，要追究设计人员责任，进行经济惩罚；对科学合理、经济节能的设计方案，将限额造价与设计造价的节省差额按比例给予设计人员奖励。明确责、权、利的奖罚制度，只有工程技术人员和经济技术人员的责、权、利与工程造价管理挂上钩，才能调动相应人员的创造积极性，进而把设计阶段的造价管理工作做细做优。

2. 合理安排设计周期

勘察设计的质量对工程的顺利施工和成本控制关系很大，尤其是方案设计和初步设计的质量对工程造价的影响巨大。现在部分建设单位尚未认识到方案设计评比和优化的重要性，往往在工程项目勘察设计前期阶段给的时间周期较短，时间的紧迫性将会限制设计师对问题的深度思考和解决，给后续设计留下隐患，等施工图阶段再发现，大则可能发生设计方案翻车，小则反复调整方案影响设计整体进度，给各专业带来较大的图纸修改工作量，也给工程建设造价管理带来较大影响。

因此，建议建设单位重视方案设计优化阶段，适当延长该阶段的时间周期，充分评比各专业设计方案，制定设计阶段工程技术和造价管理的协调制度，改变以往设计人员与经济技术人员在方案设计阶段各不干涉的不协调局面。把多专业人员的协调工作从制度上规定好，促使设计人员自觉地听取经济技术人员意见把好造价关，促使经济技术人员主动介入设计，为设计人员提供造价控制方面的合理建议，共同把好设计造价关。这一点对中大型建筑工程项目和工业项目显得尤其重要。

3. 积极采用新技术和新材料

就目前而言，工程建设新技术、新材料已经越来越多的应用到工程建设当中，这些新技术、新材料对建设单位可以起到提高效能和缩短工期的巨大作用，所以有很多的新技术和新材料应当要从设计开始，就贯穿于整个工程建设当中。

虽然在短期之内，新技术、新材料会与传统技术、材料产生磨合，新设备、新工艺也需要施工人员熟悉，但是从长远的角度来看，新技术与新材料的使用，必将给企业带来更大的效益。在工程建设的设计阶段，设计人员应当与时俱进，改革创新，多多关注在工程建设中开发出来的新技术、新材料，在设计过程中可打破传统的设计思维，科学合理的采用新技术、新材料。建设单位应允许工程设计人员对同一工程的设计在满足限额设计条件下，采用不同的工艺、技术、材料、设备和结构形式等进行多方案比较，从中筛选技术先进、安全可靠、造价低廉的最佳方案。但要特别指出，在进行多方案比较时，经济技术人员也必须参与其中，以保证工程造价的准确。当设计单位提出新技术、新材料的应用方案时，建设单位应充分理解并及时调研论证，如从工程项目全生命周期分析确有造价优势，应积极采纳。

随着社会的不断进步和发展，将会出现更多的新技术、新材料和新设备，这将对建筑施工技术创新带来深刻的影响。在建筑工程领域加快科技成果转化，不断提高工程的科技含量，全面推进施工企业技术进步，促进建筑技术整体水平提高的唯一的途径就是紧紧依靠科技进步，将科学的管理和大量技术上先进、质量可靠的科技成果广泛地应用到工程中去，应用到建筑业的各个领域。

4. 注重工程造价经验积累建立科学的工程造价分析系统

现在，设计单位对竣工图的概念较为薄弱，普遍认为竣工图是施工单位的工作，应该由施工单位编制。设计单位一般不参与竣工图整理，也不可能对该项目进行竣工后的经济技术数据统计、量化和积累，以至于一套经济指标使用几年的情况时有发生，明显与当前的市场经济状况不协调。因此，设计单位应针对每个项目的竣工情况及时编制相关的经济指标，改变经济指标与市场脱节的现状。有关经济技术人员，要密切关注科学技术、材料设备的发展动向，结合新技术、新材料、新设备、新工艺的使用情况，及时编制或更改相关经济指标，为以后工程造价管理提供及时可靠的控制依据。

此外，科学先进的工程造价分析系统在工程造价管理方面可以发挥更好的作用，特别是建筑信息建模（Building Information Modeling，BIM）技术的推广应用，必将推动工程造价管理的信息化发展。应组织专门力量对造价分析系统开展研发和推广，此举措必将对工程造价管理起到更为重要的推动作用，使工程造价管理更科学、更先进，也更有成效。

3.6.6 建设单位（甲方代表）在实践中的风险点及防控建议

1. 对勘察设计阶段造价管理的重要性认识不准确、不深刻

我国目前采用的工程造价管理体系是以工程量清单的计价和计量为基础的全过程造价管理模式，部分建设单位会把控制造价的重点放在实施阶段，而忽视对设计阶段的工程造价管理，或对其复杂性和重要性认识不深刻，认为只要设计单位按设计任务书的要求完成设计出图即可，至于工程造价管理问题那是施工阶段才需关注的重点，或认为设计阶段的造价管理就是限额设计，仅仅从造价角度进行管理，无法做到技术和经济的协调统一。

由于存在上述认识误区，对设计阶段的工程造价管理没有制订有效的规章制度，经济技术人员与设计人员工作不能紧密相结合，各做各的事，缺乏必要的工作沟通和协调，由于没有健全的规章制度，设计造价突破限额也没有具体处罚措施。有关人员的责、权、利不明晰，设计阶段的工程造价管理积极性也就不高，也是造成设计阶段造价管理不力的重要原因。

【防控建议】

加强设计阶段工程造价管理，是一件投入小、收益大、见效快的工作。只要相应部门提高认识，高度重视设计阶段的造价管理，尽快制定出台相应的管理办法，采取科学有效的管控措施，积极引导，自上而下的贯彻落实，就一定能够取得巨大的经济效益。

2. 建设单位项目管理人员的综合素质不足

工程造价管理是一项综合性工作，要求项目管理人员要同时具有多专业的综合素质。而现在工程技术人员不懂概预算，也不想过问概预算，设计人员对概预算知识的缺乏必然影响到对设计造价的有效控制，经济技术人员大部分只会按图纸套用计价规范进行概预算的编制和审核，对工程设计专业技术知之甚少，或根本不懂，这样的经济技术人员，在进行设计造价控制的过程中，无法为设计人员提供合理化建议，也无法做到对工程造价的有效控制。所以项目管理人员综合素质不足也就成了设计阶段工程造价管理不力的原因之一。

【防控建议】

项目建设初期，建设单位应选择技术水平和造价经验都比较丰富，综合素质强的人担任项目管理人员，并针对目前设计人员不懂概预算，经济技术人员不懂工程技术的情况，鼓励设计单位经常开展技术培训交流，由经济技术人员为工程技术人员进行概预算知识培训，工程技术人员对经济技术人员进行工程技术方面培训，各专业人员素质普遍提高，设计阶段的工程造价管理才能有序有效地进行。同时，也可聘请专业咨询公司作为项目管理第三方，代表建设单位开展项目管理工作，或在重要节点和关键环节邀请外部专家对不擅长专业提供技术支撑。专业咨询公司和行业专家长期从事工程咨询服务工作，经验较为丰富，有利于保证质量、进度和节约投资。

3. 对设计方案的评价和优化不重视或过多干涉

一线房地产开发企业早在几年前就做起了设计优化工作，聘请设计顾问公司为其项目进行成本优化。但部分中小地产品牌或非专业房地产开发企业仍对设计优化带来的经济效益没有概念，或对设计优化的介入节点和优化程序不熟悉，认为设计优化就是"抽钢筋"，会降低结构安全度，或将施工图审查机构、外部专家评审等过程与设计优化的概念混淆，或认为已经招标选择了一家业内水平较高的设计单位，设计方案评比和优化是设计人员的工作，对其过程就不太关注等等，均有可能导致建设单位对设计方案的评价和优化不重视。而因设计企业间的竞争压力以及设计工期紧张导致疲劳作业等，很难保障设计人员有足够时间投入设计分析，工期的紧张、方案的变更让管理难免出现混乱，有些不规范的小型设计单位把项目设计得既不安全，又浪费巨额投资的项目也不在少数。

对于建设单位来说，如果设计优化开展得当，做设计优化既不影响项目工期，又不增加建设单位项目管理人员工作量，既不影响建筑使用功能，又不降低项目安全性能，还能节约几百万至上千万造价，经济效益不容小觑。

同时，也存在另外一个极端，即建设单位在造价成本和项目利润压力下对设计单位的设计方案、设计师的创作过程过度干涉，孤立、片面地考虑某一目标或强调某一目标而忽略其他目标。每个设计方案的完成，无不包含设计师很多的创意和心血，如果过多干涉设计过程，会给设计工作带了极大掣肘，设计师纠结于方案细节，也不利于方案进一步深化和按期完成设计任务。

【防控建议】

首先，应认识到不以牺牲质量安全和使用功能前提下设计优化带来的巨大经济效益；其次，以科学的方式开展设计优化，通过交流沟通，找到更为经济合理的设计方案，满足规范要求，杜绝不必要的浪费，做好成本控制，这是复核建设节约型社会、促进节能减排要求的；再者，设计优化要在充分尊重原设计基础上进行，应给设计单位自有发挥空间，对其设计方案不过多干涉，通过优化互相学习，也有利于设计人员的技术水平提升。

具体优化过程，可参照前文 3.6.2 节步骤，再辅以国内外先进的项目案例交流学习，或聘请高水平专业设计顾问公司等方式有序开展，在功能性、实用性、经济性的对比中，合理论证获取最佳设计方案，也能有效地控制设计规模、设计标准和设计内容，既推行了限额设计，也控制了工程造价。

4. 对新技术、新材料有明显抵触心理

随着我国建设事业的不断进步和发展，大量的新型建筑技术和材料被研究和创新应用，特别是生态技术，信息管理模型技术和节能、环保材料等在设计过程中发挥了越来越大的作用，加之人们对能源、环保意识的不断增强，对建筑新技术提出了更高的质量和功能方面的要求。然而，部分建设单位人员在新技术、新材料的推广应用过程中，存在明显抵触心理，认为新技术、新材料使用经验不足，安全性和稳定性不可靠，工程中使用会出现质量问题；认为新技术、新材料没有完整的标准体系参照，政府相关部门审批或审查会出现阻碍；认为新技术、新材料的应用必然会带来投资的增加、工期的延长；甚至是抱着多一事不如少一事的心态，只想利用传统技术完成任务，不愿承担任何风险。上述观念大多是对新技术、新材料不了解不熟悉，也不愿学习探索，缺乏长远规划视野，思维和观念跟不上时代的进步。

【防控建议】

不可否认，新技术和新材料的应用，确实会对项目管理工作和个人带来挑战，新鲜事物的出现也确实会有技术和标准的问题需要解决和处理，但上述困难并非不能克服。应该对新技术、新材料应抱着欢迎的态度，虽然大面积采用可能略显冒进，但可采取试点先行，开展试验研究，科学规划，积极探索，从全生命周期高度进行评估分析。具体应用过程应及时制定项目管理规章制度，加强材料检验和施工检查，积极总结经验教训。

工程建设人员尤其建设单位项目管理人员应积极适应新时期对建筑行业的要求，响应国家可持续发展的战略，加强对新技术和新材料的质量把关和技术探索，这也是未来建筑行业的发展方向。长久来看，也必将给建设单位带来不菲的经济和社会效益。

5. 没有进行限额设计或限额设计取值不合理

目前有些建设项目在项目管理过程中方式较为粗放，对设计单位重技术轻经济，设计过程片面追求安全，一味保守浪费的现象采取事后算账的做法，普遍存在着"概算超估算，预算超概算，结算超预算"的"三超"现象，后期建设和运营成本大幅增加，造成投资的巨大浪费，不利于绿色建筑在我国的推广。而"三超"的问题关键在于投资控制，投资控制在于设计限额控制，限额控制是控制设计方案的合理性，控制设计技术的正确性，控制设计变更的必要性。所以，为了保证项目投资的有效利用，必须提倡限额设计，便以控制工程造价。

有的建设单位虽然具备限额设计的意识，但项目管理人员水平有限，或制定限额目标时未经多方调研综合分析，要么限额目标偏高，基本起不到有效控制造价的效果，要么限额目标过低，虽然设计企业迫于竞争压力仍会承接，但设计过程明显无法通过正常设计实现限额目标，必然会打消设计人员创造积极性，保守地采用落后技术和不节能的建筑材料，或降低工程质量标准，在施工过程中的设计变更和工程洽商频频出现，给项目管理和工程造价带来巨大挑战，同时也给后期使用和维护带来极大隐患，不利于建设项目的长期使用。

此外，限额目标应该动态管理，不能为了限额而限额。如某企业的生产设备下需设置钢结构抗震底座，众所周知，钢结构材料最大的缺点之一是易于腐蚀，而钢结构的防腐涂装设计主要根据结构的重要性、腐蚀环境和期望防护年限等因素综合确定，但该企业片面追求建设期的投资限额而采用造价低廉但有效防护年限较短的防腐涂层，过了几年设备底座出现明显锈蚀，影响设备正常生产使用，不得已只能停产维护，带来了更为严重的后果。因此，当考虑建设工程全寿命期成本时，按照限额要求设计出的方案可能不一定具有最佳的经济性，此时亦可考虑突破原有限额，重新选择设计方案。

【防控建议】

科学认识限额设计在设计阶段造价管理的作用，明确限额设计是提高工程质量、降低工程投资的手段，而非造价管理的目的。限额设计中，工程使用功能不能减少，技术标准不能降低，工程规模也不能消减，要做到在投资额度不变的情况下，实现使用功能和建设规模的最大化。因此，制定工程造价限额时应尊重科学、注重实际、多方调研、综合分析、长远规划，调研已竣工类似项目的实际决算价格，并结合目前市场价格波动规律，站在全寿命周期的高度长远规划，综合分析制定投资指标限额和用料指标限额的合理区间。调研的范围越广，则区间的制定越合理。合理的限额目标，能够做到激发设计者创造灵感，达到经济合理的设计，有效控制建设成本，避免不必要的浪费，带来更优的经济效益。约定的限额标准，和对突破后的惩罚措施应明确写入合同。

3.6.7　典型案例评析：应将限额设计及突破后的惩罚措施写入设计合同

中国××控制中心职业卫生所上诉中国××科学研究院建设
工程设计合同纠纷二审民事判决书

上诉人（原审被告、反诉原告）：中国××控制中心职业卫生所（以下简称××职业卫生所）。

被上诉人（原审原告、反诉被告）：中国××科学研究院（以下简称××研究院）。

案情梗概：

2010 年××职业卫生所就"中国××职业卫生所××路 29 号实验楼维修工程设计"公开招标，在设计条件及技术要求中明确"本项目属于限额设计，工程总造价限制在 2000 万元以下，设计方须提供设计概算明细。"2010 年 11 月 9 日，××研究院针对上述项目投标。次日，××职业卫生所确定××研究院为中标单位，批准总投资额为 2000 万元，批准总建筑面积为 10615 平方米，中标价为 94 万元。同年 12 月 13 日，××职业卫生所（发包人）与××研究院（设计人）就××路 29 号实验楼维修工程设计签订了《建设工程设计合同》，该合同约定设计项目估算总投资额为 2000 万元，设计费为 94 万元；并对发包人应在签订合同后向设计人提交资料，以及设计人需提交设计文件的时间和数量等，设计费支付条件及时间等均做了相应约定。

2011 年 4 月 18 日，××职业卫生所向××研究院出具《中国××职业卫生所××路 29 号实验楼大修工程设计方案确认函》，函称："××路 29 号实验楼大修工程建筑、结构、水、电、暖、消防等设计方案已确认，请按此方案进行施工图设计。"当月，××研究院向××职业卫生所提交了《设计概算》，其工程项目总价为 26569498.88 元。2011 年 4 月，××招标集团有限公司代理××职业卫生所发布《中国××职业卫生所××路 29 号实验楼维修（加固及装修）施工总承包招标文件》，该文件显示："本招标工程设置（设置/不设置）招标控制价。若设置，招标控制价的金额或说明为：23000000 元。"

现××研究院起诉要求××职业卫生所支付设计费 47 万元及违约金 4.7 万元。××职业卫生所不同意××研究院的诉讼请求，并提起反诉，要求：解除双方之间的《建设工程设计合同》、××研究院返还设计费 47 万元及建筑结构平面图、五层加层平面图及水暖图纸。××研究院不同意××职业卫生所的反诉请求。本案经法院主持调解，双方各持己见。

一审法院认为：《中国××职业卫生所××路 29 号实验楼维修（加固及装修）施工总

承包招标文件》中载明招标控制价为2300万元，××职业卫生所仍依据××研究院的设计图纸进行招标，表明其认可××研究院的设计图纸。现××研究院要求××职业卫生所支付剩余的设计费47万元于法有据，法院予以支持。关于××研究院要求××职业卫生所支付违约金的诉讼请求，其要求符合合同约定，且计算方式不违反法律规定，法院亦予以支持。

判决后，××职业卫生所不服原审法院判决，向法院提起上诉。经法院审理，驳回上诉，维持原判。

案例评析：

从案情本身分析，此纠纷并不复杂，争议的焦点在于，××职业卫生所与××研究院签订的《建设工程设计合同》中是否约定了限额设计的条款，以及在合同履行中××研究院是否因违反设计限额而承担违约责任。

双方当事人签订的《建设工程设计合同》中已明确约定了设计项目估算总投资额为2000万元，结合招投标文件及《合同条件相应情况表》可以明确设计合同中的估算总投资额属于设计限额，《设计任务书》作为具体设计任务的细化是《建设工程设计合同》的组成部分，故仍属于合同限额的意思表示。其次，限额设计能否作为××研究院承担违约责任的依据。根据《建设工程设计合同》中约定的设计人责任，其中没有约定超额设计属于违约行为，且××职业卫生所在合同履行过程中确认了××研究院的设计成果，特别是在知晓设计概算超出设计项目估算总投资额的情况后，仍在施工阶段招标中使用。可以明确××职业卫生所在合同履行中已放弃了限额设计的约定，并确认了××研究院的超额设计成果，××研究院已经按照××职业卫生所的要求履行了设计任务，不存在违约行为。

也即，虽然××职业卫生所的招标文件中确有提到限额设计，但最终签订的设计合同中，却无对应的惩罚措施条款，又将其设计成果用作施工招标，即可理解为认可了其突破限额设计的事实，因此法院的判决并无不妥。通过本案提醒建设单位，如在工程设计中约定限额设计，应将限额设计及突破后的惩罚措施明确写入合同，以便作为后期主张权利的依据。

3.6.8　本节疑难释义

国内外工程造价管理的发展。

1. 发达国家和地区工程造价管理

当今，国际工程造价管理有着几种主要模式，主要包括：英国、美国、日本，以及继承了英国模式，又结合自身特点而形成独特工程造价管理模式的国家和地区如我国香港地区等。

（1）英国工程造价管理

英国是世界上最早出现工程造价咨询行业并成立相关行业协会的国家。英国的工程造价管理至今已有近400年的历史。英国工程造价咨询公司在英国被称为工料测量师行，成立的条件必须符合政府或相关行业协会的有关规定。

目前，英国的行业协会负责管理工程造价专业人士，编制工程造价计量标准，发布相关造价信息及造价指标等。政府投资工程和私人投资工程分别采用不同的工程造价管理方法，但这些工程项目通常都需要聘请专业造价咨询公司进行业务合作。其中，政府投资工程是由政府有关部门负责管理，包括计划、采购、建设咨询、实施和维护，对从工程项目立项到竣工各个环节的工程造价控制都较为严格，遵循政府统一发布的价格指数，通过市场竞争，形成工程造价。英国建设主管部门的工作重点则是制定有关政策和法律，全面规范工程造价咨询行为。

对于私人投资工程，政府通过相关的法律法规对此类工程项目的经营活动进行规范和引导，只要在国家法律允许的范围内，政府一般不予干预。此外，社会上还有许多政府所属代理机构及社会团体组织，如英国皇家特许测量师学会CRICS）等协助政府部门进行行业管理，主要对咨询单位进行业务指导和管理从业人员。英国工程造价咨询行业的制度、规定和规程体系都较为完善。

（2）美国工程造价管理

美国拥有世界最为发达的市场经济体系。美国的建筑业也十分发达，具有投资多元化和高度现代化、智能化的建筑技术与管理的广泛应用相结合的行业特点。美国的工程造价管理是建立在高度发达的自由竞争市场经济基础之上的。美国联邦政府没有主管建筑业的政府部门，因而也没有主管工程造价咨询业的政府部门，工程造价咨询业完全由行业协会管理。工程造价咨询业涉及多个行业协会，如美国土木工程师协会、总承包商协会、建筑标准协会、工程咨询业协会、国际工程造价促进会等。

美国工程造价管理采取完全市场化的工程造价管理模式。在没有全国统一的工程量计算规则和计价依据的情况下，一方面由各级政府部门制定各自管辖的政府投资工程相应的计价标准，另一方面，承包商需根据自身积累的经验进行报价。美国工程造价管理具有较完备的法律及信誉保障体系，具有较成熟的社会化管理体系，拥有现代化管理手段。

（3）日本工程造价管理

在日本，工程积算制度是日本工程造价管理所采用的主要模式。工程造价咨询行业由日本政府建设主管部门和日本建筑积算协会统一进行业务管理和行业指导。其中，政府建设主管部门负责制定发布工程造价政策、相关法律法规、管理办法，对工程造价咨询业的发展进行宏观调控。

日本建筑积算协会作为全国工程咨询的主要行业协会，其主要的服务范围是：推进工程造价管理的研究，工程量计算标准的编制，建筑成本等相关信息的收集、整理与发布，专业人员的业务培训及个人执业资格准入制度的制定与具体执行等。

2. 我国工程造价管理的发展

新中国成立后，我国参照苏联的工程建设管理经验，逐步建立了一套与计划经济体制相适应的定额管理体系，并陆续颁布了多项规章制度和定额，在国民经济的复苏与发展中起到了十分重要的作用。改革开放以来，我国工程造价管理进入黄金发展期，工程计价依据和方法不断改革，工程造价管理体系不断完善，工程造价咨询行业得到快速发展。近年来，我国工程造价管理呈现出国际化、信息化和专业化发展趋势。

《建设工程工程量清单计价规范》（GB 50500-2013）于 2012 年 12 月 25 日发布，2013年 4 月 1 日正式实施。相比 2008 版《计价规范》，新规范发生了较大改变，专业划分更加精细，适用范围更大，责任划分更加明确，可执行性更强，有利于工程价款全过程精细化管理，有利于结算纠纷的处理。

2013 版《计价规范》主要由计价规范和计量规范两部分组成。其中计价规范对工程价款全过程主要计价活动做了进一步的完善、细化和量化，更具实用性和操作性。内容包括总则、有关术语、一般规定、招标清单、招标控制价、投标报价、合同价款约定、计量、合同价款调整、竣工结算、合同解除的价款计算、支付、争议解决、计价资料与档案、计价表格等共 15 章内容。计量规范将建筑、装饰专业进行合并为一个专业建筑与装饰，其他专业也有所拆解和新增，由原来的 6 个专业（建筑、装饰、安装、市政、园林、矿山）变成现在的 9 个专业，分别是：《房屋建筑与装饰工程工程量计算规范》（GB 50854-2013）、《仿古建筑工程工程量计算规范》（GB 50855-2013）、《通用安装工程工程量计算规范》（GB 50856-2013）、《市政工程工程量计算规范》（GB 50857-2013）、《园林绿化工程工程量计算规范》（GB 50858-2013）、《矿山工程工程量计算规范》（GB 50859-2013）、《构筑物工程工程量计算规范》（GB 50860-2013）、《城市轨道交通工程工程量计算规范》（GB 50861-2013）、《爆破工程工程量计算规范》（GB 50862-2013）等。

3.7 勘察设计阶段的其他风险防控

3.7.1 勘察设计成果的知识产权保护

勘察设计单位由于具备知识密集、技术密集和以项目为依托的特点，在开展勘察、设计、施工配合直至竣工验收及交工的过程中，均涉及许多知识产权。在我国建设工程施工合同示范文本中，也有涉及专利技术或特殊工艺使用的法律责任方面的约定。综合来说，在建设工程实施过程中主要有以下知识产权：

（1）建筑物的著作权。2001 年修订的《著作权法》中明确规定了对于建筑作品的保护，工程勘察、设计和工程施工阶段的原始资料、计算书、工程设计图纸及说明书、技术资料和工程总结报告等文件，以及工程技术方面的计算机软件，均涉及著作权；

（2）建筑物的商标权。我国《商标法》并没有排除建筑物立体商标，只要一个建筑物的外形能够标示相关的服务，具有显著性就可以注册为商标；

（3）建筑物的专利技术。勘察、设计、施工等阶段具有新颖性、创造性和实用性的新工艺、新设备、新材料、新结构等新技术和新设计，以及对原有技术的新改进、新组合等专利技术；

（4）建筑物的技术秘密。具有实用性、收益性并采取了保密措施的不为公众所知悉的技术信息，包括新工艺、新设备、新材料、新结构、新技术、产品配方、各种技术诀窍及方法等技术秘密；

（5）建筑企业的商业秘密。具有实用性、收益性并采取了保密措施的不为公众所知悉的经营信息，包括生产经营、企业管理、科技档案、客户名单、财务账册、统计报表等商业秘密。

长期以来建设工程知识产权保护工作明显滞后，建设工程知识产权的保护与建筑行业的快速发展不相适应，从业人员尤其建设单位相关人员应从行业发展的角度重视建设工程的知识产权保护和发展问题，重视建设工程知识产权法律制度的发展与完善。

1. 工程建设中知识产权的归属问题

工程建设项目建设过程中形成的知识产权的权利归属，主要涉及三个方面：①智力成果的精神权利归属；②建设、设计、施工等单位之间的知识产权归属；③建设、设计、施工等单位与企业职工之间的知识产权归属。

因建设工程的特殊性，在勘察、设计和施工等阶段中，会产生一些智力成果，就会涉及知识产权问题，而建设工程合同与技术合同的关系界定往往并不清晰，建设工程的物权归属与知识产权归属也很容易混淆。为了避免工程建设中所产生和需要的智力成果的开发创作、经费承担、报酬支付、权利归属等问题出现纠纷，建议在合同中对该类问题予以明确。

建设单位按合同约定支付勘察、设计、施工等单位相关服务费用后获得的各类工程勘察、设计、施工文件，仅享有在合同约定的建设工程上的使用权，而其著作权各自属于勘察、设计、施工单位所有。

建设单位与勘察、设计、施工等单位就工程建设相关发明订立合作开发合同的，相关发明创造的专利申请权及授权后的专利权属于合作开发的当事人共有，如未签订技术开发合同，相关发明创造的专利申请权及授权后的专利权属于相关发明创造的完成单位，但建设单位享有在合同约定的建设工程上的无偿实施权。

2. 工程建设中知识产权的保护

很多建筑工程企业的知识产权，在工程建设过程中或多或少受到侵害，主要涉及侵犯知识产权有三种表现形式：分别是侵犯专利权、侵犯非专利技术及商业秘密、侵犯著作权等。

在工程建设过程中，勘察、设计、施工甚至建设单位如果抄袭他人作品，如设计图纸、广告文案、软件源代码等，使用人必然侵犯著作权人的合法权益。在有些工程建设项目中，建设单位为了使设计方案最优化，未经非中标人许可擅自使用其投标文件中的技术方案在实际工程中实施，也属于侵犯他人著作权的情景。

勘察、设计、施工等单位未经他人许可，无论是处于主观故意还是对法律规定的错误理解，将他人享有专利的技术方案或非专利技术但属于技术或商业秘密作为自己的技术方案使用，包括投标阶段使用，直接导致侵犯他人的知识产权，使用人需要承担相应的法律责任。如果建设方拟定的技术需求方案正好落入他人专利权涉及的技术特征范围，无论使用人是否知情，也构成侵权。

根据《著作权法》第46条规定，未经他人许可而使用他人作品的，承担停止侵害、消除影响、赔礼道歉、赔偿损失等民事责任。根据《专利法》第11条规定，发明和实用新型专利权被授予后，除本法另有规定的以外，任何单位或者个人未经专利权人许可，都不得实施其专利，即不得以生产经营目的制造、使用、许诺销售、销售、进口其专利产品。外观设计专利权被授予后，任何单位或者个人未经专利权人许可，都不得实施其专利，即不得以生产经营目的制造、销售、进口其外观设计专利产品。

由此可见，在工程建设活动中，一旦被认定为侵犯他人著作权或专利权，侵权人首先被要求承担的法律责任即停止侵害、消除影响，这意味着工程建设活动将被直接叫停，这对工程建设无论工期还是投资的控制都非常不利。除了停止侵害、消除影响外，对侵犯著作权和专利权的行为，尚会被要求向权利人赔礼道歉、赔偿损失，对企业形象和工程建设活动会带来较大的社会负面效应。因此，建设单位在工程建设活动中，应树立知识产权保护的意识，始终关注知识产权风险，并监督相关参建单位在相关活动中贯彻执行。

3. 建设单位规避侵犯知识产权的途径

为了保证工程建设活动符合相关法律法规对知识产权保护的要求，建设单位可采取以下方法进行控制：

（1）设立风险评估专家库，规范招标和建设流程

鉴于建设单位在整个工程建设中处于主导地位，一旦工程建设活动中出现侵权问题，相应法律责任必然与建设单位相关，因此建设单位需自项目启动开始的招标环节，就关注和规避知识产权侵权的风险，设立技术和法律咨询专家库，对相关技术和法律要点作出独立的评估和审查，辨析工程建设活动中涉及的技术方案是否侵犯他人的著作权和专利权，出具专家审查意见，规范招标和建设流程，保证招标和建设流程依法进行，防止出现侵权或行政投诉的现象。

（2）制定技术方案评估和检索机制

相对勘察、设计、施工等参建单位,部分建设方人员可能对工程建设活动中的具体技术方案不熟悉或不专业,因此,在项目启动之前,应组织相关人员对技术方案进行评估,并对与该技术相关的授权专利进行检索。如工程建设活动无法避免使用现有授权专利的技术范围,建设单位应按照法定程序变更招标或采购方式,直接与相关权利人订购技术服务或专利产品。

(3)设定具体条款,明确权利义务

由于部分建设方人员可能对具体技术方案不熟悉,难以判断参建方提供的技术方案或技术措施是否侵犯他人著作权或专利权,或是否得到相关权利人的授权,为了防止侵权行为出现,在招标文件或相关委托合同中,应明确设定有关知识产权保护的条款,明确权利义务,规范工程建设行为,参建方一旦出现侵权行为能起到追溯和区分责任,挽回相关损失的作用。

即便采取上述措施,由于个人疏忽等原因侵权风险依然存在,因此建议各参建单位在启动或参与工程建设活动时,始终关注可能会导致知识产权侵权的风险点,做好风险评估和预案,规范完善相关建设流程,出现问题及时应对。

3.7.2　工程勘察设计责任保险制度

尽管工程勘察设计责任事故发生的概率较小,但一旦发生,后果严重。为了保障建设工程的安全和质量、维护社会公众利益、提高建设工程设计质量、促进行业持续健康发展,设立工程勘察设计责任保险制度。工程勘察设计单位通过采购勘察设计保险,缴纳一定的保险费便可以转移其部分风险,为勘察设计单位提供一个分解风险的机制,增强其抗风险能力,也是切实有效和十分必要的方法。建立勘察设计责任保险制度,对保障建设单位的投资安全,保证工程勘察设计单位的稳定经营,转移工程勘察设计单位及技术人员执业责任风险非常有效。

1. 我国开展工程勘察设计保险的现状

我国于 1999 年由原建设部颁布了《关于同意北京市、上海市、深圳市开展工程设计保险试点工作的通知》,决定在以上 3 个城市实行设计保险。为了配合原建设部的试点工作,由中国人民保险公司牵头,上海、深圳、山东、四川、北京、天津、湖南等相关处室组成险种开发小组,在借鉴国际先进经验的基础上,设计开发了与试点工作相配套的《建设工程设计责任保险条款》,于 1999 年 10 月报经中国保险监督管理委员会核准备案。2003 年原建设部又颁布了 218 号文件《关于积极推进过程设计责任保险工作的指导意见》,要求各地在 2004 年年底前建立工程设计责任保险制度,并对试点工作中存在的问题提供了指导性意见。

目前,全国各地对如何推行设计保险、对工程设计保险是否强制性投保却存在较大不同。上海和北京都是强调保险以自愿、合理为基础，政府不强制设计企业参加设计保险，但是明确要求参加投标的设计单位必须提供经济赔偿能力证明。设计单位一般可有以下三个选择：自由资产担保、第三方担保和参加设计保险；而深圳市则实行了强制保险制度，要求政府、国有集体企事业单位投资以及国有企事业单位控股企业投资的工程都必须投保，私人投资的工程是否需要设计保险，由业主自主决定。

2. 常见的设计保险类型

国际上常见设计保险类型有十年责任保险和建筑师职业责任险两种。

（1）十年责任保险

工程完工后，建设工程依然存在潜在的风险，特别是投资特别大的重要工程以及采用新工艺或新技术的工程项目。工程质量责任保险正是基于建筑物使用周期长，承包商流动性大的特点而专门设立的。依据 FIDIC 条款，在 10 年的责任期限到期时，将终止对设计人员提出诉讼的任何权利。据此，大部分国家将工程质量责任保险的年限定为 10 年，而保险的标的是 10 年内建筑物本身及其他有关的人身财产。十年责任保险需要一次性购买，承包商是投保人，业主是被保险人，保险率按议定的保险期限/建设投资额度等因素确定。

（2）建筑师职业责任险

建筑师职业责任险是一种典型的职业责任险种。根据投保人不同，职业责任险可分为法人职业责任保险和自然人职业责任保险两大类。前者的投保人是具有法人资格的设计企业，以在投保企业工作的个人作为保险对象。后者的投保人是作为个体的自然人（执业建筑师），其保险对象是自己的职业责任风险。建筑师职业责任保险的具体做法是设计企业或职业建筑师按一定周期（一般为 1 年或者 2 年）购买一定额度的保险，投保企业或者投保建筑师在保险期内由于设计错误、工作疏忽、监督失误等原因给业主或承包商造成的损失，保险公司负责进行评估并赔偿损失，赔偿额度不超过设计单位购买的保险额度。

我国现行的设计保险为由中国人民保险公司会同有关各方，按照国际惯例中的十年责任险和建筑师职业责任险，开发了建设工程设计责任保险和单项建设工程设计责任保险两个险种并制定了相应的保险条款。

（1）建设工程设计责任保险

建设工程设计责任保险（年保），是指工程设计单位以全年设计项目为投标标的，根据其年承担的设计项目所遇风险和出险概率选择年累计赔偿限额，保险期限为 1 年，由设计单位滚动投保。建设工程设计责任保险的范围是投保单位在保险期内完成的所有勘察设计工程。年保项目保险期限为 1 年。保险期限自保险人签发保险单次日零时起至期满日 24 时止。期满可续保。

（2）单项建设工程设计责任保险

单项建设工程设计责任保险（单保）则是以工程设计的单个项目为投保标的，并以工程项目预算为赔偿限额的依据。由建设单位提出相关要求，设计企业根据项目特点和预估风险，设定赔偿额度和时限进行投保。单项工程保险范围主要为：全部或部分是财政投资、融资的建设工程；国有、集体单位投资或控股的建设工程；涉及社会公共利益、公众安全的住宅小区、公建、城市基础设施等工程；业主事先约定勘察设计单位应当参加责任保险的建设工程等。单项投保项目的保险期限为自保险单约定的起保日期开始至投保工程竣工验收合格期满3年之日终止。除非另有约定，本保险期限不得超过8年，大型工程不得超过10年。

各级建设行政主管部门要积极推动建设工程勘察设计责任保险工作，在业主进入有形市场招标时，应当告知业主有要求投标人参加工程勘察设计责任保险的权利。保险条款原则上按照中国保监会核准备案的条款执行，具体事宜由投保人与保险人协商确定。

3. 我国现行勘察设计保险中存在的问题

（1）现行的责任保险法规不健全

我国现在对勘察设计保险并非强制要求，也无对应工程建设活动的责任保险法规，如建设工程设计风险防范的具体措施，工程质量事故的鉴定主体和责任认定等，由于缺乏具体的责任保险法规，往往处于无法可依的状况。

（2）勘察设计责任事故的鉴定和处理缺乏明确的规范

勘察设计责任事故的鉴定和处理具有专业性、技术性强的特点，勘察设计责任事故的鉴定和处理不能简单套用司法鉴定的流程和保险公司评估机构的做法，需要由一套具有本行业特色的事故鉴定机构和处理程序，在这方面我国尚处于空白。

（3）勘察设计保险险种比较单一，保险条款不完善。

目前险种只有综合年度保险、单项工程保险两种，选择余地不大。保险条款不完善之处主要有：保险公司承担的保险责任不明确；保险公司责任免除范围过宽而且条款含义不明确；保险人（保险公司）和被保险人（如工程设计单位）权利义务不对等；被保险人的违约责任过重，并且难以进行客观判断；赔偿程度不明确、不具体等等。

3.7.3　典型案例评析：设计图纸属于著作权法保护范畴，若受侵权可主张赔偿权利

济南××建筑设计有限责任公司与山东××建筑设计研究院著作权
权属、侵权纠纷二审民事判决书

上诉人（原审原告）：济南××建筑设计有限责任公司（以下简称济南××公司）。

上诉人（原审被告）：山东××建筑设计研究院（以下简称山东××设计院）。

案情梗概：

2009年10月，案外人山东××建设开发有限公司（以下简称××开发公司）负责开发的"济南××商贸城（济南××批发市场）"项目A9、B3、B4、C16、F1、F5、F9、F13、

G1、G2楼与济南××公司（设计人）签订《建设工程设计合同》，委托济南××公司对济南××商贸城××路两侧商业街进行工程设计。合同6.1.5款约定："发包人应保护设计人的投标书、设计方案、文件、资料图纸、数据、计算软件、专利技术。未经设计人同意、发包人对设计人交付的设计资料及文件不得擅自修改、复制或向第三人转让或用于本合同外的项目，如发生以上情况，发包人应负法律责任，设计人有权向发包人提出索赔"。

2012年9月除A9楼基础完工，其他9幢楼主体全部竣工，按规定应进行主体基础工程质量验收，济南××公司无正当理由拒绝履行义务，2013年10月28日，××开发公司向济南××公司发出《解除合同律师函》，以济南××公司未履行合同义务，造成××开发公司重大损失为由解除合同。同日，××开发公司与山东××设计院签订《建设工程设计合同》，委托山东××设计院对济南××商贸城（济南××批发市场）进行工程设计，从事下列工作：1. 工程基础，主体及竣工阶段的验收；2. 后续工作的设计服务；3. 工程资料的签字盖章；4. 沿用原设计图纸，并依据工程现场实际情况完善施工图。

济南××公司诉称其系该项目的设计者，对上述工程的设计图纸享有完全的著作权。山东××设计院未经济南××公司的授权同意，非法复制涉案工程施工图设计文件、伪造工程验收资料，降低工程强制标准，恶意隐瞒工程质量隐患等违法行为，侵犯了济南××公司对××开发公司负责开发的"济南××商贸城（济南××批发市场）"项目的合法权益。济南××公司为此提起诉讼。

原审法院认为，山东××设计院未经著作权人许可，接受××开发公司委托，对济南××公司涉案图形作品进行复制和修改并署名的行为侵犯了济南××公司涉案《济南××商贸城》图形作品的著作权，应承担相应的法律责任。

宣判后济南××公司认为原判决未能弥补其损失，要求追加赔偿。山东××设计院诉称济南××公司不但没有经济损失，反而因其不履行设计人义务给建设单位××开发公司造成严重损失，从中获得了不当利益，济南××公司向山东××设计院主张赔偿经济损失没有事实依据，其在本案中不存在侵权行为，不应承担赔偿责任。均提起上诉。

二审法院经评审认为，根据《中华人民共和国著作权法》第四十七条第（五）项的规定，山东××设计院上述行为构成剽窃他人作品的侵权行为，侵害了济南××公司对其设计图纸享有的复制权、署名权、修改权等著作权权利。关于济南××公司是否具有设计资质以及济南××公司是否履行其与××开发公司的设计合同义务，均与山东××设计院无关，不能成为山东××设计院使用他人作品的正当事由。山东××设计院应对自己的行为负责。根据《中华人民共和国著作权法》第四十七条的规定，山东××设计院就其被诉侵权行为应当根据情况，承担停止侵害、消除影响、赔礼道歉、赔偿损失等民事责任。

关于停止侵权责任。二审法院认为，根据《中华人民共和国著作权法》第四条关于"著作权人行使著作权，不得违反宪法和法律，不得损害公共利益"之规定，著作权人不得滥用其权利，著作权人行使权利必须尊重社会公共利益和他人合法权益。本案中，山东×

×设计院被诉侵权行为发生在涉案工程验收环节，如果判令山东××设计院停止使用被诉侵权图纸，会导致此建筑工程长期不能验收、无法投入使用，造成社会资源的浪费。因此未判令山东××设计院停止使用被诉侵权图纸，但山东××设计院今后不得在其他建筑工程中使用被诉侵权图纸。

案例评析：

本案涉及的《济南××商贸城》工程设计图是济南××公司按照××开发公司的设计要求完成的具有独创性及可复制性的图案，属于我国著作权法规定的能为建设施工提供依据的图形作品的范畴。根据著作权法的规定，如无相反证据，在作品上署名的人为著作权人。济南××公司对该图形作品依法享有著作权，应受法律保护。委托方××开发公司虽取得涉案作品的使用权，但不得擅自修改、复制或许可他人修改、复制该作品。××开发公司与济南××公司的合同纠纷以及济南××公司设计资质被注销的事实，并不能导致××开发公司取得了许可他人修改、复制涉案图形作品的权利。

对于停止侵权行为，未获支持的具体理由如下：1. 建筑工程设计图纸不同于其他作品，具有其特定的使用目的，即是用于特定工程建设施工的，故应允许符合其设计用途的使用行为。根据《最高人民法院关于审理著作权民事纠纷案件适用法律若干问题的解释》第十二条关于"委托作品著作权属于受托人的情形，委托人在约定的使用范围内享有使用作品的权利；双方没有约定使用作品范围的，委托人可以在委托创作的特定目的范围内免费使用该作品"的规定，本案中，××开发公司作为委托人有权就涉案工程使用济南××公司的设计图纸。但是，鉴于国家法律法规关于建筑行业的强制性规定，××开发公司无法直接使用设计图纸用于验收，必须借助有设计资质的单位才能完成工程验收，而山东××设计院接受××开发公司的委托参与工程验收，未经济南××公司同意即对已完工工程重新制作设计图纸的行为虽欠妥当，但山东××设计院并未超出济南××公司原设计图纸的使用范围。2. 建筑工程竣工验收合格后才能投入使用是国家法律法规的强制性规定，也即设计单位提供设计图纸供图审中心备案审查、在工程验收文件上签字是涉案工程投入使用的必备手续。3. 如本案判令山东××设计院停止侵权，撤回并销毁图审中心存放的山东××设计院被诉侵权图纸和其签章的施工资料，将导致涉案工程陷入无法验收使用的现实困境，这一困境与济南××公司请求保护的设计图纸著作权相比，将导致相关利益的严重失衡，致使建设单位和业主等相关利益方遭受难以弥补的损害。综上，二审法院不再判令山东××设计院在涉案建筑工程中停止使用被诉侵权图纸是合理合法的。

本章参考文献

[1] 高玉兰. 建设工程法规[M]. 北京：北京大学出版社，2010.

[2] 何佰洲. 工程建设法规[M]. 北京：中国建筑工业出版社，2011.

[3] 余源鹏.建设项目甲方工作管理宝典[M].北京：化学工业出版社，2015.

[4] 盖卫东.建筑工程甲方代表工作手册[M].北京：化学工业出版社，2015.

[5] 李恒等.建设工程法法律制度与实务技能[M].北京：法律出版社，2014.

[6] 马楠.建设法规与典型案例分析[M].北京：机械工业出版社，2011.

本章案例来源：

1. 中国裁判文书网：http：//wenshu. court. gov. cn/

2. 北大法宝网：http：//www. pkulaw. cn/

第4章
建设准备阶段风险防控实务

建设准备阶段的工作主要是建设单位为后续建设工程项目实施所做的准备工作。主要包括用地申请、拆迁、安置，工程招标、办理建筑工程规划许可证和建筑工程施工许可证等一系列项目报建工作以及有关工程项目的施工、监理等单位的招标工作。

4.1 建设工程用地的申请

4.1.1 用地申请的程序

建设用地供应是国家或者集体以土地所有者的身份，依据年度土地供应计划，以出让和划拨等方式提供建设用地使用权的行为。由于我国集体建设用地入市交易还受到限制，对于申请用地的建设单位，需要依法申请国有土地。

1. 建设单位获取土地的途径

目前，我国国有土地的供应主要包括划拨方式和有偿方式。根据国务院 2008 年颁布的《关于促进节约集约用地的通知》，今后除军事、社会保障性住房和特殊用地等可以继续以划拨方式取得土地外，对国家机关办公和交通、能源、水利等基础设施（产业）、城市基础设施以及各类社会事业用地要积极探索实行有偿使用，对其中的经营性用地先行实行有偿使用。有偿使用的形式主要包括国有土地使用权出让、出租和作价出资或者入股。其中，出让方式包括协议、招标、拍卖、挂牌等。

为规范国有建设用地使用权出让行为，优化土地资源配置，建立公开、公平、公正的土地使用制度，国土资源部于 2002 年 4 月颁布了《招标拍卖挂牌出让国有土地使用权规定》（国土资源部令第 11 号），并于 2007 年 9 月对该规定进行了修订，形成了《招标拍卖挂牌出让国有建设用地使用权规定》（国土资源部令第 39 号）。从加强国有土地资产管理、优化土地资源配置、规范协议出让国有建设用地使用权行为的角度出发，国土资源部于 2003 年 8 月颁布了《协议出让国有土地使用权规定》（国土资源部令第 21 号）。按照这些规定，工业（包括仓储用地、但不包括采矿用地）、商业、旅游、娱乐和商品住宅等经营性用地以及同一宗地有两个以上意向用地者，应当以招标、拍卖或者挂牌方式出让。因此，就目前而言，建设单位获取土地的主要方式为招标、拍卖、挂牌等出让方式，具体界定为：

（1）招标出让是指土地所有者（出让人）向多方土地使用者（投标者）发出投标邀请，通过各投标者设计标书的竞争，来确定土地使用权受让人的方式。

（2）拍卖出让是按指定时间、地点，在公开场合出让方用叫价的办法将土地使用权拍卖给出价最高者（竞买人）。

（3）挂牌出让是指出让人发布挂牌公告，按公告规定的期限将拟出让宗地的交易条件在指定的土地交易场所挂牌公布，接受竞买人的报价申请并更新挂牌价格，根据挂牌期限截至时的出让结果确定土地使用者的行为。

（4）协议出让是指政府作为土地所有者（出让人）与选定的受让方磋商用地条件及价款，达成协议签订土地使用权出让合同，有偿出让土地使用权的行为。该方式仅当依照法律、法规和规章的规定不适合采用招标、拍卖或者挂牌方式出让时，方可采用。即"在公布的地段上，同一地块只有一个意向用地者的，方可采取协议方式出让"，但商业、旅游、娱乐和商品住宅等经营性用地除外。

2. 建设单位获取土地的具体流程

《土地管理法》第五十三条规定，"经批准的建设项目需要使用国有建设用地的，建设单位应当持法律、行政法规规定的有关文件，向有批准权的县级以上人民政府土地行政主管部门提出用地申请，经土地行政主管部门审查，报本级人民政府批准。"据此，建设用地申请只能向法定的土地行政主管部门申请，经土地行政主管部门根据有关规定审查报批后，由具有批准权限的一级人民政府批准。《土地管理法实施条例》第二十一条～第二十四条规定了具体建设项目办理建设用地申请的流程。

此外，依法应当报国务院和省、自治区、直辖市人民政府批准的建设用地的申请、审查、报批和实施，可参考《建设用地审查报批管理办法》（1999 年 3 月 2 日中华人民共和国国土资源部令第 3 号发布，2010 年 11 月 30 日第一次修正，根据 2016 年 11 月 25 日《国土资源部关于修改〈建设用地审查报批管理办法〉的决定》第二次修正）。

目前，建设单位获取土地的途径多为招标、拍卖、挂牌等出让方式，采取招标、拍卖和挂牌方式出让土地使用权的具体程序和步骤，由国土资源部或省、自治区、直辖市人民政府规定。下文以北京市为例总结招标、拍卖、挂牌方式取得土地的具体流程。

1）取得国有建设用地使用权阶段：土地一级开发项目上市交易后，建设单位可参与招标、拍卖、挂牌项目竞标，竞标成功后，于竞拍当日取得成交确认书，并按照成交确认书确定的时间与用地者签订国有土地使用权出让合同。

2）立项可研阶段：建设项目进行可行性研究论证时，建设单位应当向市土地行政主管部门提出用地预审申请。市土地行政主管部门应当依法对建设项目用地进行审查并提出意见。

建设单位向市发展改革等部门申报核准或者审批建设项目时，必须附具市土地行政主管部门的用地预审意见，没有预审意见或者预审未通过的，不得审批或者核准建设项目。

3）规划审批阶段：在立项核准批复后，建设单位可向城乡规划主管部门申请办理建设用地规划许可证、建设工程规划许可证以及办理规划验收。

4）土地审批阶段：依据规划方案签订出让合同补充协议，交纳土地出让价款、契税后，并开展地籍调查、测绘取得相应成果后，到不动产登记机构申请登记，获得不动产权证书。

对于建设单位而言，比较关注的节点流程包括建设用地规划许可证、不动产权证书、建设工程规划许可证、建筑工程施工许可证等的办理，在用地申请阶段着重阐述建设用地规划许可证和不动产权证书的相关内容。

（1）建设用地规划许可证的办理

建设用地规划许可证是由城乡规划主管部门核发的确认建设项目位置和范围符合城市规划的法定凭证，载明了建设用地的位置、性质、规模、容积率以及建筑面积等内容，其附件包括建设用地红线图和规划条件。

《中华人民共和国城乡规划法》对建设用地规划许可证进行了相应规定。

第三十八条规定，"在城市、镇规划区内以出让方式提供国有土地使用权的，在国有土地使用权出让前，城市、县人民政府城乡规划主管部门应当依据控制性详细规划，提出出让地块的位置、使用性质、开发强度等规划条件，作为国有土地使用权出让合同的组成部分。未确定规划条件的地块，不得出让国有土地使用权。

以出让方式取得国有土地使用权的建设项目，在签订国有土地使用权出让合同后，建设单位应当持建设项目的批准、核准、备案文件和国有土地使用权出让合同，向城市、县人民政府城乡规划主管部门领取建设用地规划许可证。

城市、县人民政府城乡规划主管部门不得在建设用地规划许可证中，擅自改变作为国有土地使用权出让合同组成部分的规划条件。"

第三十九条规定，"规划条件未纳入国有土地使用权出让合同的，该国有土地使用权出让合同无效；对未取得建设用地规划许可证的建设单位批准用地的，由县级以上人民政府撤销有关批准文件；占用土地的，应当及时退回；给当事人造成损失的，应当依法给予赔偿。"

由此可知，以出让方式取得国有土地使用权的，建设单位应当持建设项目的批准、核准、备案文件和国有土地使用权出让合同，向城市、县人民政府城乡规划主管部门领取建设用地规划许可证。取得建设用地规划许可证是办理征地补偿手续和土地行政主管部门同意批准用地的前提条件。

（2）契税及土地出让价款的缴纳

以出让方式取得国有建设用地使用权的，在申请办理不动产权证书之前，需要按照出让合同的规定缴纳土地出让价款及契税等相关税费。

其中，办理契税完税证明的准备材料包括：①国有土地使用权出让合同；②招拍挂文件；③纳税人相关证明；④国有土地成交确认书；⑤其他需要缴纳契税的情况及其需提供的材料。

土地出让价款包括受让人支付的征地和拆迁补偿费用、土地前期开发费用和土地出让收益等。办理付清土地出让价款证明的准备材料包括：①国有土地使用权出让合同（含补充合同）；②国有土地成交确认书；③出让价款登记单（含教育配套费）；④缴交土地出让价款银行结算凭证回单联（财务提供）；⑤土地契税完税证明；⑥住宅类用地需缴纳教育设施配套资金。

（3）不动产权证书的办理

根据《不动产登记暂行条例》（中华人民共和国国务院令第 656 号）第五条的规定，不动产权利登记的范围包括"（一）集体土地所有权；（二）房屋等建筑物、构筑物所有权；（三）森林、林木所有权；（四）耕地、林地、草地等土地承包经营权；（五）建设用地使权；（六）宅基地使用权；（七）海域使用权；（八）地役权；（九）抵押权；（十）法律规定需要登记的其他不动产权利。"因此，对于新取得的建设用地使用权，应申请不动产登记，其颁发的不动产权证书是证明土地使用者使用国有土地的法律凭证。

根据《不动产登记暂行条例》的相关规定，不动产权证书的办理流程如下：

1）申请

申请人申请不动产登记，应当提交下列材料，并对申请材料的真实性负责：①登记申请书；②申请人、代理人身份证明材料、授权委托书；③相关的不动产权属来源证明材料、登记原因证明文件、不动产权属证书；④不动产界址、空间界限、面积等材料；⑤与他人利害关系的说明材料；⑥法律、行政法规以及本条例实施细则规定的其他材料。

2）不动产登记机构受理申请

不动产登记机构收到不动产登记申请材料，应当分别按照下列情况办理：

① 属于登记职责范围，申请材料齐全、符合法定形式，或者申请人按照要求提交全部补正申请材料的，应当受理并书面告知申请人；

② 申请材料存在可以当场更正的错误的，应当告知申请人当场更正，申请人当场更正后，应当受理并书面告知申请人；

③ 申请材料不齐全或者不符合法定形式的，应当当场书面告知申请人不予受理并一次性告知需要补正的全部内容；

④ 申请登记的不动产不属于本机构登记范围的，应当当场书面告知申请人不予受理并告知申请人向有登记权的机构申请。

不动产登记机构未当场书面告知申请人不予受理的，视为受理。

3）不动产登记机构查验

不动产登记机构受理不动产登记申请的，应当按照下列要求进行查验：

① 不动产界址、空间界限、面积等材料与申请登记的不动产状况是否一致；

② 有关证明材料、文件与申请登记的内容是否一致；

③ 登记申请是否违反法律、行政法规规定。

属于下列情形之一的，不动产登记机构可以对申请登记的不动产进行实地查看：

① 房屋等建（构）筑物所有权首次登记；

② 在建建筑物抵押权登记；

③ 因不动产灭失导致的注销登记；

④ 不动产登记机构认为需要实地查看的其他情形。

对可能存在权属争议，或者可能涉及他人利害关系的登记申请，不动产登记机构可以向申请人、利害关系人或者有关单位进行调查。

不动产登记机构进行实地查看或者调查时，申请人、被调查人应当予以配合。

4）不动产登记机构办理登记手续

不动产登记机构应当自受理登记申请之日起 30 个工作日内办结不动产登记手续，法律另有规定的除外。

登记事项自记载于不动产登记簿时完成登记。

不动产登记机构完成登记，应当依法向申请人核发不动产权属证书或者登记证明。

4.1.2　建设单位（甲方代表）在实践中的风险点及防控建议

1. 从不符合规定的出让主体取得土地，将面临土地使用权出让合同无效的风险

土地使用权出让的主体只能是市、县人民政府。对于其他主体，比如集体经济组织、开发区管委会等，其作为出让方签订的土地使用权出让合同无效。因此，建设单位从不符合规定的出让主体手中取得的土地使用权，存在法律风险。对于集体土地而言，其需经过征地转为国有土地才可以进行交易。如果建设单位与集体签订合同使用集体土地进行建设，是不符合法律规定的，面临合同无效的风险。特别是如果已建成建（构）筑物等，将面临合同无效以致建（构）筑物被拆除，带来较大的经济损失。

【防控建议】

为了防范跟不符合规定的主体申请土地所带来的风险，建设单位在申请土地进行建设的时候，应从市、县人民政府申请国有土地，而不能跟集体签订合同违规使用集体土地。

2. 未经批准或者采取欺骗手段骗取批准，非法占用土地

如果未经批准或者采取欺骗手段骗取批准，非法占用土地的，将被责令退还非法占用的土地，对于已建的建筑物和其他设施将被没收。

《土地管理法》第七十六条规定，"未经批准或者采取欺骗手段骗取批准，非法占用土地的，由县级以上人民政府土地行政主管部门责令退还非法占用的土地，对违反土地利用总体规划擅自将农用地改为建设用地的，限期拆除在非法占用的土地上新建的建筑物和其他设施，恢复土地原状，对符合土地利用总体规划的，没收在非法占用的土地上新建的建筑物和其他设施，可以并处罚款；对非法占用土地单位的直接负责的主管人员和其他直接责任人员，依法给予行政处分；构成犯罪的，依法追究刑事责任。

超过批准的数量占用土地，多占的土地以非法占用土地论处。"

【防控建议】

建设单位申请用地，应严格按照规定程序进行申请，不得采取非法占用、骗取批准等手段取得土地使用权。

3. 不按土地使用权出让合同约定的期限和条件开发、利用土地

根据《土地管理法》第三十七条的规定，取得土地一年以上未动工建设的，应当按照省、自治区、直辖市的规定缴纳闲置费；连续二年未使用的，经原批准机关批准，由县级以上人民政府无偿收回用地单位的土地使用权。即建设单位应在一定时间范围内开工建设。

根据《土地管理法》的相关规定，未经批准，不得改变土地利用总体规划确定的土地用途。即建设单位应根据批准的用途使用土地，不得擅自改变土地用途。

【防控建议】

建设单位应按照土地使用权出让合同约定的期限和条件开发、利用土地，不得擅自改变用途。

4. 不按规定转让土地

建设单位如果将从一级土地市场取得的土地不经任何开发就直接转让出去，是违反法律规定的，将面临"土地转让合同无效"的法律风险。

通过划拨方式取得的土地未经政府批准，以及未补交地价款，就直接入市交易，则会面临一定的风险。

擅自将集体土地使用权出让、转让或者出租用于非农业建设，不符合《土地管理法》相关规定。

【防控建议】

建设单位应严格按照《土地管理法》的相关规定以及合同约定，在符合规定的条件下转让土地，如果从一级土地市场取得的土地必须经过相应的开发才能转让；如果通过划拨方式取得的土地必须经过政府批准以及补充地价款才能入市交易；如果是农民集体所有土地，则不得擅自将其转让用于非农业建设。

4.1.3 典型案例评析之一：未批先建

作出处罚决定单位：乌兰浩特市国土资源局

被处罚单位：乌兰浩特市自来水公司

案情梗概❶：

2013 年 9 月，乌兰浩特市自来水公司在城郊办事处永联嘎查大坝南侧擅自占用土地 7.06 亩，其中，耕地 1.69 亩，其他林地 5.37 亩，建设新一水厂搭建工人休息区及其他设施。2015 年 5 月 11 日，乌兰浩特市国土资源局依法立案处理。经调查，该项目用地在未办理农用地征收转用手续开工建设的行为，根据《土地管理法》的相关规定，下达了行政处罚决定：1. 限期拆除非法占用土地上新建的建筑物和其他附属设施。2. 恢复土地原状。乌兰浩特市自来水公司接到行政处罚决定后，自行拆除违法建筑物，现已拆除完毕。

案例评析：

《土地管理法》第四十四条规定，"建设占用土地，涉及农用地转为建设用地的，应当办理农用地转用审批手续"。如果未办理农用地征收转用手续就开工建设，县级以上人民政府土地行政主管部门有权责令其限期拆除在非法占用的土地上新建的建筑物和其他设施，恢复土地原状。

4.1.4 典型案例评析之二：非法占用集体土地进行建设

作出处罚决定单位：高要市国土资源局

被处罚单位：肇庆高要市新时代陶瓷有限公司

案情梗概❷：

2014 年初，肇庆高要市新时代陶瓷有限公司擅自租用白土镇沿塑村第三经济社集体土地 64.68 亩（其中耕地 40.06 亩），土地全部不符合土地利用总体规划。同年 7 月，新时代陶瓷公司未经批准擅自在租用土地上推土建设，并全部建成钢结构厂棚和仓库。

---

❶ http://www.mlr.gov.cn/tdgl/zfjc/201507/t20150703_1357618.htm，最后访问日期：2016 年 5 月 5 日。

❷ http://www.mlr.gov.cn/tdgl/zfjc/201507/t20150728_1361119.htm，最后访问日期：2016 年 5 月 5 日。

高要市国土资源局经动态巡查发现该违法行为，即责令新时代陶瓷公司停止违法行为。8 月，对该公司非法占地行为进行立案查处。9 月，在被占土地破坏性鉴定的基础上，将新时代陶瓷公司（法人郭某耀）以涉嫌非法占用农用地罪移送高要市公安机关立案侦查。

案例评析：

《土地管理法》第四十三条规定，"任何单位和个人进行建设，需要使用土地的，必须依法申请使用国有土地；但是，兴办乡镇企业和村民建设住宅经依法批准使用本集体经济组织农民集体所有的土地的，或者乡（镇）村公共设施和公益事业建设经依法批准使用农民集体所有的土地的除外。

前款所称依法申请使用的国有土地包括国家所有的土地和国家征用的原属于农民集体所有的土地。"根据这一规定，集体土地仅限于兴办乡镇企业、村民住宅、公共设施公益事业等，因此，该案例中肇庆高要市新时代陶瓷有限公司非法占用集体土地并进行推土建设不符合相关规定。

4.1.5　相关法律和技术标准（重要条款提示）

针对本节所面临的风险点，建设单位应注意以下相关法律、法规、部门规章及其他规范性文件的重要条款

1.《中华人民共和国土地管理法》

第十二条依法改变土地权属和用途的，应当办理土地变更登记手续。

第三十六条非农业建设必须节约使用土地，可以利用荒地的，不得占用耕地；可以利用劣地的，不得占用好地。

禁止占用耕地建窑、建坟或者擅自在耕地上建房、挖砂、采石、采矿、取土等。

禁止占用基本农田发展林果业和挖塘养鱼。

第三十七条……一年以上未动工建设的，应当按照省、自治区、直辖市的规定缴纳闲置费；连续二年未使用的，经原批准机关批准，由县级以上人民政府无偿收回用地单位的土地使用权……

第四十二条因挖损、塌陷、压占等造成土地破坏，用地单位和个人应当按照国家有关规定负责复垦；没有条件复垦或者复垦不符合要求的，应当缴纳土地复垦费，专项用于土地复垦。复垦的土地应当优先用于农业。

第四十三条任何单位和个人进行建设，需要使用土地的，必须依法申请使用国有土地；但是，兴办乡镇企业和村民建设住宅经依法批准使用本集体经济组织农民集体所有的土地的，或者乡（镇）村公共设施和公益事业建设经依法批准使用农民集体所有的土地的除外。

前款所称依法申请使用的国有土地包括国家所有的土地和国家征用的原属于农民集体所有的土地。

第四十四条建设占用土地，涉及农用地转为建设用地的，应当办理农用地转用审批手续。

省、自治区、直辖市人民政府批准的道路、管线工程和大型基础设施建设项目、国务院批准的建设项目占用土地，涉及农用地转为建设用地的，由国务院批准。

在土地利用总体规划确定的城市和村庄、集镇建设用地规模范围内，为实施该规划而将农用地转为建设用地的，按土地利用年度计划分批次由原批准土地利用总体规划的机关批准。在已批准的农用地转用范围内，具体建设项目用地可以由市、县人民政府批准。

本条第二款、第三款规定以外的建设项目占用土地，涉及农用地转为建设用地的，由省、自治区、直辖市人民政府批准。

第五十五条 以出让等有偿使用方式取得国有土地使用权的建设单位，按照国务院规定的标准和办法，缴纳土地使用权出让金等土地有偿使用费和其他费用后，方可使用土地……

第五十六条 建设单位使用国有土地的，应当按照土地使用权出让等有偿使用合同的约定或者土地使用权划拨批准文件的规定使用土地；确需改变该幅土地建设用途的，应当经有关人民政府土地行政主管部门同意，报原批准用地的人民政府批准。其中，在城市规划区内改变土地用途的，在报批前，应当先经有关城市规划行政主管部门同意。

第五十七条 …临时使用土地的使用者应当按照临时使用土地合同约定的用途使用土地，并不得修建永久性建筑物。

临时使用土地期限一般不超过二年。

第六十四条 在土地利用总体规划制定前已建的不符合土地利用总体规划确定的用途的建筑物、构筑物，不得重建、扩建。

第七十三条 买卖或者以其他形式非法转让土地的，由县级以上人民政府土地行政主管部门没收违法所得；对违反土地利用总体规划擅自将农用地改为建设用地的，限期拆除在非法转让的土地上新建的建筑物和其他设施，恢复土地原状，对符合土地利用总体规划的，没收在非法转让的土地上新建的建筑物和其他设施；可以并处罚款；对直接负责的主管人员和其他直接责任人员，依法给予行政处分，构成犯罪的，依法追究刑事责任。

第七十四条 违反本法规定，占用耕地建窑、建坟或者擅自在耕地上建房、挖砂、采石、采矿、取土等，破坏种植条件的，或者因开发土地造成土地荒漠化、盐渍化的，由县级以上人民政府土地行政主管部门责令限期改正或者治理，可以并处罚款；构成犯罪的，依法追究刑事责任。

第七十五条 违反本法规定，拒不履行土地复垦义务的，由县级以上人民政府土地行政主管部门责令限期改正；逾期不改正的，责令缴纳复垦费，专项用于土地复垦，可以处以罚款。

第七十六条 未经批准或者采取欺骗手段骗取批准，非法占用土地的，由县级以上人民政府土地行政主管部门责令退还非法占用的土地，对违反土地利用总体规划擅自将农用地改为建设用地的，限期拆除在非法占用的土地上新建的建筑物和其他设施，恢复土地原状，对符合土地利用总体规划的，没收在非法占用的土地上新建的建筑物和其他设施，可以并处罚款；对非法占用土地单位的直接负责的主管人员和其他直接责任人员，依法给予行政处分；构成犯罪的，依法追究刑事责任。

超过批准的数量占用土地，多占的土地以非法占用土地论处。

第八十条 依法收回国有土地使用权当事人拒不交出土地的，临时使用土地期满拒不归还的，或者不按照批准的用途使用国有土地的，由县级以上人民政府土地行政主管部门责令交还土地，处以罚款。

第八十二条不依照本法规定办理土地变更登记的，由县级以上人民政府土地行政主管部门责令其限期办理。

2.《闲置土地处置办法》（国土资源部第 53 号令）

第十四条除本办法第八条规定情形外，闲置土地按照下列方式处理：

（一）未动工开发满一年的，由市、县国土资源主管部门报经本级人民政府批准后，向国有建设用地使用权人下达《征缴土地闲置费决定书》，按照土地出让或者划拨价款的百分之二十征缴土地闲置费。土地闲置费不得列入生产成本；

（二）未动工开发满两年的，由市、县国土资源主管部门按照《中华人民共和国土地管理法》第三十七条和《中华人民共和国城市房地产管理法》第二十六条的规定，报经有批准权的人民政府批准后，向国有建设用地使用权人下达《收回国有建设用地使用权决定书》，无偿收回国有建设用地使用权。闲置土地设有抵押权的，同时抄送相关土地抵押权人。

4.1.6　本节疑难释义

新修订的《闲置土地处置办法》（国土资源部第 53 号令）于 2012 年 7 月 11 日正式施行。与 1999 年颁布实施的《闲置土地处置办法》（国土资源部第 5 号令）相比，新办法更加明确了闲置土地的认定标准，也细化了因政府原因造成开工延迟的情形。而且在附则中专门作出了名词解释，其中，"动工开发"是指依法取得施工许可证后，需挖基坑的项目，基坑开挖完毕；使用桩基的项目，打入所有基础桩；其他项目，地基施工完成三分之一。"已投资额、总投资额"均不含国有建设用地使用权出让价款、划拨价款和向国家缴纳的相关税费。此次修订，预防监管并重，促进了土地的节约集约利用。

新《办法》将过去空泛的"政府原因"具体化，在第八条明确了属于政府、政府有关部门的行为造成动工开发延迟的具体行为。但即使如此，如果地方政府默许建设单位延迟开发，也会很容易提供合理的"政府原因"。因此，新《办法》在这方面仍然不具威慑力。如何建立有效的监督机制，促进土地的合理有效开发利用，遏制政商的利益联盟，是值得深思的一个问题。

4.2　征地、房屋征收

4.2.1　征地的概念和内容

1. 征地的概念

我国《宪法》第十条规定，"国家为了公共利益的需要，可以依照法律规定对土地实行征收或者征用并给予补偿"。《土地管理法》第二条也规定，"国家为了公共利益的需要，可以依法对土地实行征收或者征用并给予补偿"。由此可知，征地是指国家为了公共利益的需要，依照法律规定的程序和批准权限，在给予补偿的前提下，强制取得其他民事主体土地财产的行为。在我国，征地包括"土地征收"和"土地征用"。其中，土地征收是指土地所有权的改变，土地征用则是土地使用权的改变。

《物权法》第四十二条规定，"为了公共利益的需要，依照法律规定的权限和程序可以征收集体所有的土地和单位、个人的房屋及其他不动产"。由此可知，土地征收是指国家为了公共利益的需要，依照法律规定的权限和程序，在依法给予农村集体经济组织及农民补偿后，将农民集体所有的土地变为国有土地的行为。

《物权法》第四十四条规定，"因抢险、救灾等紧急需要，依照法律规定的权限和程序可以征用单位、个人的不动产或者动产。被征用的不动产或者动产使用后，应当返还被征用人。单位、个人的不动产或者动产被征用或者征用后毁损、灭失的，应当给予补偿"。由此可知，土地征用是国家为了公共利益的需要，在支付相应补偿的前提下，强制取得其他民事主体土地使用权并在使用完毕后将土地归还原民事主体的行为。

考虑到本书的研究实际，如无特别说明，下文所述征地是指土地征收。

2. 征地审批的权限

《土地管理法》第五十三条，"经批准的建设项目需要使用国有建设用地的，建设单位应当持法律、行政法规规定的有关文件，向有批准权的县级以上人民政府土地行政主管部门提出建设用地申请，经土地行政主管部门审查，报本级人民政府批准。"据此，建设用地申请必须依法经有批准权限的一级政府批准，才成为合法行为。

《土地管理法》第四十四条规定了农用地转用的审批，建设占用土地，涉及农用地转为建设用地的，应当办理农用地转用审批手续。根据该条规定，可归纳出：①国务院审批：省、自治区、直辖市人民政府批准的道路、管线工程和大型基础设施建设项目、国务院批准的建设项目占用土地，涉及农用地转为建设用地的；②市、县人民政府审批：在土地利用总体规划确定的城市和村庄、集镇建设用地规模范围内，为实施该规划而将农用地转为建设用地的，按土地利用年度计划分批次由原批准土地利用总体规划的机关批准。在已批准的农用地转用范围内，具体建设项目用地可以由市、县人民政府批准；③省、自治区、直辖市人民政府审批：除上述两种情况外的建设项目占用土地，涉及农用地转为建设用地的，由省、自治区、直辖市人民政府批准。

《土地管理法》第四十五条规定了征地的审批权限。该条规定由国务院批准的征收土地的情况，包括：①基本农田；②基本农田以外的耕地超过35公顷的；③其他土地超过70公顷的。征收上述三种情况以外的土地的，由省、自治区、直辖市人民政府批准，并报国务院备案。

3. 征地的程序

（1）申请用地

建设单位持批准的建设项目可行性研究报告或县级以上人民政府批准的有关文件，向县级以上人民政府土地行政主管部门提出项目建设用地申请，土地行政主管部门会同相关部门进行审查。建址在城市规划区内，应征得城市规划管理部门同意；用地涉及其他部门，还应征求有关部门意见。

建设单位根据确定的项目建址，委托有资格的设计单位进行初步设计等事宜。项目初步设计按规定经批准后，建设单位持有关文件和图纸、资料向县级以上政府土地行政主管部门正式提出用地申请。同时，按土地审批权限抄报上级土地行政主管部门。

（2）拟订征地方案

县、市土地行政主管部门组织建设单位和被征地单位（或国有土地原使用单位）及有关部门拟订土地补偿安置方案并主持签订征地初步协议，报同级政府审批。对国家和省的重点项目等，有条件的可按国家有关规定，实行征地费用包干，由地方人民政府（或土地管理部门）与建设单位签订征地包干协议。

征用地补偿、安置协议必须充分协商，并符合国家和地方规定，内容要具体，文字要准确，责任要明确。协议双方有争议时，由土地管理部门负责协调和裁决。

（3）公告征地补偿安置方案

《土地管理法》第四十八条规定，"征地补偿安置方案确定后，有关地方人民政府应当公告，并听取被征地的农村集体经济组织和农民的意见。"在征地补偿安置方案确定后，法律明确规定增加公告和听取被征地者的意见这一程序，这有利于维护征地者和被征地者的合法权益，有利于社会安定和规范建设用地行为。公告可以通过新闻媒体发布，听取意见可采取召开会议，设立意见箱等方式。有关地方人民政府对于被征地的农村集体经济组织和农民的意见，应认真研究，充分考虑，维护征地者、被征地者的合法权益。

（4）审批用地

县、市人民政府或上级土地行政主管部门对申请用地项目进行审查，复核用地计划指标，核定用地数量，审定征地协议等。

按土地管理法和省、自治区、直辖市的土地审批权限规定，需报上级人民政府批准的，由土地行政主管部门提出审查报告，报人民政府审批。

（5）颁发不动产权证书

建设项目竣工验收后，由用地单位向不动产登记机构进行不动产登记申请。经审核、注册登记后，颁发不动产权证书，作为使用土地的法律凭证。

4. 申报征地报送文件材料

建设单位申请征地应报送的文字资料包括：

（1）国家建设征用地申报表。由用地单位填写，并经市（县）土地行政主管部门审查后，由市（县）人民政府审核并转报上级人民政府审批。此表的内容、格式由各省、自治区、直辖市统一制定、统一印制。

（2）征用土地审查报告。报告由市（县）土地管理部门经办人填写，负责人审查、审核，并签名盖章。

（3）建设用地征询意见表。此表前半部分由市（县）土地行政主管部门填写后，用地单位负责持表到城市规划部门及其他相关单位签署意见。

（4）建设项目用地地理位置图（红线图）。是指在较小比例尺的地形图上给出建设项目在一定区域内的相对位置，由土地行政主管部门用红线给出。城市规划区内的红线图，由规划部门绘制。

(5) 征地范围图。是指在比例尺为 1：500～1：2000 的地形图上用红线给出建设用地范围。标出其范围四至坐标。并由土地行政主管部门在图纸上计算用地面积，签字盖章。

(6) 建设项目的计划任务书或其他项目批准文件。一个建设项目的设计任务书和其他项目批准文件，是审查该建设用地的最重要的"立项"材料和起码条件。用可行性研究报告代替设计任务书的建设项目，上报时可用可行性研究报告及其批准文件代替，一些零星建设用地或零星建设工程，可用项目批准文件代替。

(7) 建设项目的初步设计标准文件和初步设计的文字说明。对一般工程项目征地，必须报送已批准的初步设计及其说明书。有些小型或零星建设工程，可用设计方案批准文件代替。

(8) 建设项目总平面布置图。由设计部门根据初步设计的深度要求进行编绘。

(9) 用地协议书。在土地行政主管部门的主持下，由用地项目和被占地单位签订。

(10) 建设项目的资金来源及落实证明材料。自筹资金的项目申请建设用地时应有银行的证明，贷款基建项目应有银行和建设单位的贷款合同。

国家建设项目按规定的审批权限，由省人民政府批准的，需一式 5 份；转报国务院审批的申报表一式 8 份有附件 3 套。

5. 征地的补偿标准

《土地管理法》第四十七条对征地的补偿标准做了明确的规定，征收耕地的补偿费用包括土地补偿费、安置补助费以及地上附着物和青苗补偿费。

(1) 土地补偿费

征收耕地的土地补偿费，为该耕地被征收前三年平均年产值的六至十倍。

征收其他土地，如林场、牧场、草场等的土地补偿费标准，由省、自治区、直辖市参照征收耕地的补偿标准规定。目前各省、自治区、直辖市规定的征收其他土地的补偿费标准不尽相同。

征收城市郊区的菜地，除土地补偿费外，用地单位还应当按照国家有关规定缴纳新菜地开发建设基金。

(2) 安置补助费

征收耕地的安置补助费，按照需要安置的农业人口数计算。需要安置的农业人口数，按照被征收的耕地数量除以征地前被征收单位平均每人占有耕地的数量计算。每一个需要安置的农业人口的安置补助费标准，为该耕地被征收前三年平均年产值的四至六倍。但是，每公顷被征收耕地的安置补助费，最高不得超过被征收前三年平均年产值的十五倍。

征收其他土地的土地补偿费和安置补助费标准，由省、自治区、直辖市参照征收耕地的土地补偿费和安置补助费的标准规定。

(3) 地上附着物和青苗的补偿费

被征收土地上的附着物和青苗的补偿标准，由省、自治区、直辖市规定。

在按照上述规定支付土地补偿费和安置补助费后，尚不能使需要安置的农民保持原有生活水平的，经省、自治区、直辖市人民政府批准，可以增加安置补助费。但是，土地补偿费和安置补助费的综合不得超过土地被征收前三年平均年产值的三十倍。

国务院根据社会、经济发展水平，在特殊情况下，可以提高征收耕地的土地补偿费和安置补助费的标准。

《国务院关于深化改革严格土地管理的决定》（国发［2004］28 号）提出完善征收补偿办法的相关要求，规定"省、自治区、直辖市人民政府要制定并公布各市县征地的统一年产值标准或区片综合地价，征地补偿做到同地同价"。目前，对征收土地的补偿依据主要是征地区片综合地价和统一年产值标准，但其本质与上述论述的产值倍数法类似。

4.2.2　房屋征收的概念和内容

1. 房屋征收的概念

"拆迁"在字典中的基本解释是"因建设需要，拆除单位或居民房屋，使迁往别处，或暂迁别处待新屋建成后回迁。"我国相关法律法规并未对拆迁的专门定义，结合现实意义和 2011 年颁布的《国有土地上房屋征收与补偿条例》（以下简称《征补条例》），拆迁，可表示为房屋征收，是指在符合国民经济和社会发展规划、土地利用总体规划、城乡规划和专项规划的基础上，为了公共利益的需要，房屋征收部门可以委托房屋征收实施单位依法征收国有土地上单位、个人的房屋，拆除建设用地范围内的房屋和附属物，将该范围内的单位和居民重新安置，并对其所受损失予以补偿的法律行为。

2. 房屋征收审批和程序

结合《征补条例》，归纳总结我国现阶段的房屋征收的程序（见图 4.2.2）：

（1）房屋征收申请

根据《征补条例》第九条，建设单位向房屋征收部门提出房屋征收申请时，应当符合国民经济和社会发展规划、土地利用总体规划、城乡规划和专项规划；而保障性安居工程建设、旧城区改造应当纳入市、县级国民经济和社会发展计划。即表明建设单位应提供符合上述规划和计划的证明材料，以及征收补偿费用证明和其他需要提交的材料。

房屋征收部门在接到房屋征收申请后，应及时组织审查，并告知申请人审查意见。

（2）房屋征收决定

1）委托房屋征收实施单位

房屋征收部门可以委托房屋征收实施单位，承担房屋征收与补偿的具体工作。房屋征收实施单位不得以营利为目的。

房屋征收部门对房屋征收实施单位在委托范围内实施的房屋征收与补偿行为负责监督，并对其行为后果承担法律责任。

2）征收范围内房屋调查、登记、处理

房屋征收部门应当对房屋征收范围内房屋的权属、区位、用途、建筑面积等情况组织调查登记，被征收人应当予以配合。调查结果应当在房屋征收范围内向被征收人公布。

房屋征收范围确定后，不得在房屋征收范围内实施新建、扩建、改建房屋和改变房屋用途等不当增加补偿费用的行为；违反规定实施的，不予补偿。

房屋征收部门应当将前款所列事项书面通知有关部门暂停办理相关手续。暂停办理相关手续的书面通知应当载明暂停期限。暂停期限最长不得超过 1 年。

3）拟定并上报征收补偿方案

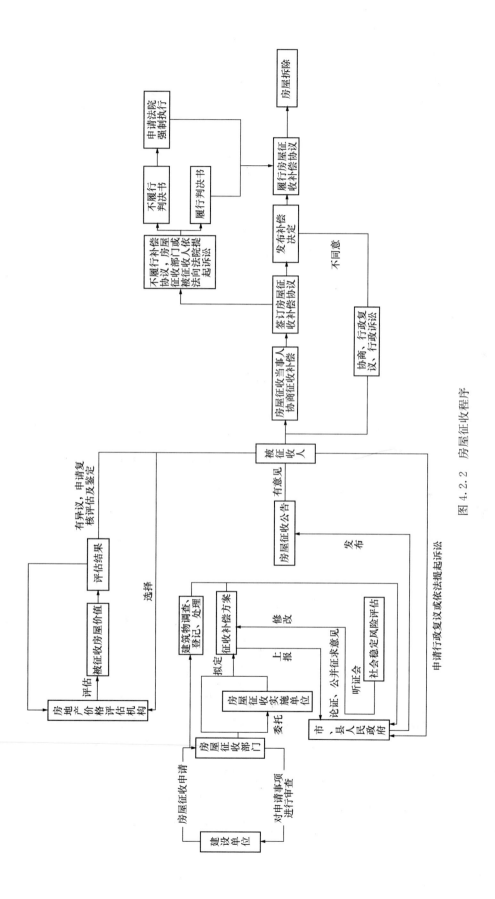

图 4.2.2 房屋征收程序

根据《征补条例》第五条、第十条的规定，房屋征收部门或房屋征收实施单位在进行充分前期调查的基础上，拟定征收补偿方案并报送市、县人民政府。对于房屋征收实施单位代拟的征收补偿方案，房屋征收部门应对其进行审核及修改。

4）论证并修改征收补偿方案

市、县级人民政府收到征收补偿方案后，应当组织有关部门对征收补偿方案是否符合《征补条例》以及其他相关法律法规的规定进行论证。

市、县级人民政府在房屋征收范围内公布论证通过的征收补偿方案，并征求公众意见，征求意见的期限不得少于 30 日。

市、县级人民政府应当将征求意见情况和根据公众意见修改的情况及时公布。

因旧城区改建需要征收房屋，多数被征收人认为征收补偿方案不符合本条例规定的，市、县级人民政府应当组织由被征收人和公众代表参加的听证会，并根据听证会情况修改方案。

5）实施社会稳定风险评估

市、县级人民政府作出房屋征收决定前，应当按照有关规定进行社会稳定风险评估；房屋征收决定涉及被征收人数量较多的，应当经政府常务会议讨论决定。

6）作出征收决定、发布房屋征收公告

市、县级人民政府根据征收前期工作、社会稳定风险评估等情况，作出房屋征收决定后应当及时公告。公告应当载明征收补偿方案和行政复议、行政诉讼权利等事项。市、县级人民政府及房屋征收部门应当做好房屋征收与补偿的宣传、解释工作。

被征收人对市、县级人民政府作出的房屋征收决定不服的，可以依法申请行政复议，也可以依法提起行政诉讼。

（3）房屋征收补偿

1）评估被征收房屋价值

房地产价格评估机构由被征收人协商选定；协商不成的，通过多数决定、随机选定等方式确定，具体办法由省、自治区、直辖市制定。房地产价格评估机构应当独立、客观、公正地开展房屋征收评估工作，任何单位和个人不得干预。

对被征收房屋价值的补偿，不得低于房屋征收决定公告之日被征收房屋类似房地产的市场价格。被征收房屋的价值，由具有相应资质的房地产价格评估机构按照房屋征收评估办法评估确定。

对评估确定的被征收房屋价值有异议的，可以向房地产价格评估机构申请复核评估。对复核结果有异议的，可以向房地产价格评估专家委员会申请鉴定。

房屋征收评估办法由国务院住房城乡建设主管部门制定，制定过程中，应当向社会公开征求意见。

2）签订房屋征收补偿协议

房屋征收部门与被征收人依照《征补条例》的规定，就补偿方式、补偿金额和支付期限、用于产权调换房屋的地点和面积、搬迁费、临时安置费或者周转用房、停产停业损失、搬迁期限、过渡方式和过渡期限等事项，订立补偿协议。

补偿协议订立后，一方当事人不履行补偿协议约定的义务的，另一方当事人可以依法提起诉讼。

3）作出补偿决定，发布公告

房屋征收部门与被征收人在征收补偿方案确定的签约期限内达不成补偿协议，或者被征收房屋所有权人不明确的，由房屋征收部门报请作出房屋征收决定的市、县级人民政府依照本条例的规定，按照征收补偿方案作出补偿决定，并在房屋征收范围内予以公告。

被征收人对补偿决定不服的，可以依法申请行政复议，也可以依法提起行政诉讼。

4）申请强制执行

被征收人在法定期限内不申请行政复议或者不提起行政诉讼，在补偿决定规定的期限内又不搬迁的，由作出房屋征收决定的市、县级人民政府依法申请人民法院强制执行。强制执行申请书应当附具补偿金额和专户存储账号、产权调换房屋和周转用房的地点和面积等材料。

（4）房屋拆除

房屋征收部门应当委托具有相应资质的建筑施工单位，依照国务院《建筑工程安全生产管理条例》等规定，对需要拆除的建筑物实施拆除。

实施房屋征收应当先补偿、后搬迁。

作出房屋征收决定的市、县级人民政府对被征收人给予补偿后，被征收人应当在补偿协议约定或者补偿决定确定的搬迁期限内完成搬迁。

任何单位和个人不得采取暴力、威胁或者违反规定中断供水、供热、供气、供电和道路通行等非法方式迫使被征收人搬迁。禁止建设单位参与搬迁活动。

3. 房屋征收的补偿标准

根据《征补条例》第二十一条，房屋征收的补偿包括货币补偿和房屋产权调换两种方式。第十七条规定了补偿的具体内容，包括：①被征收房屋价值的补偿；②因征收房屋造成的搬迁、临时安置的补偿；③因征收房屋造成的停产停业损失的补偿。

对于选择货币补偿的，其被征收房屋价值的补偿，不得低于房屋征收决定公告之日被征收房屋类似房地产的市场价格。被征收房屋的价值，由具有相应资质的房地产价格评估机构按照房屋征收评估办法评估确定。对于选择房屋产权调换的，市、县级人民政府应当提供用于产权调换的房屋，并与被征收人计算、结清被征收房屋价值与用于产权调换房屋价值的差价。在产权调换房屋交付前，房屋征收部门应当向被征收人支付临时安置费或者提供周转用房。

4.2.3　建设单位（甲方代表）在实践中的风险点及防控建议

1. 建设单位参与搬迁活动以及进行非法拆迁

《征补条例》第二十七条规定，禁止建设单位参与搬迁活动，任何单位和个人不得采取暴力、威胁或者违反规定中断供水、供热、供气、供电和道路通行等非法方式迫使被征收人搬迁。由于房屋拆除进度与建设单位的经济利益直接相关，建设单位容易参与搬迁，有可能造成与被征收人的矛盾，影响建设进程，也有可能构成犯罪。

《征补条例》第二十八条规定，"被征收人在法定期限内不申请行政复议或者不提起行政诉讼，在补偿决定规定的期限内又不搬迁的，由作出房屋征收决定的市、县级人民政府依法申请人民法院强制执行"。这一条例已将行政强拆废止，在目前情况下，只有法院才能实施强制搬迁行为。但有时建设单位由于工期紧张等原因，会采取非法拆迁、偷拆等手段，也即违反了第二十八条的规定，会被追究相应的责任。

【防控建议】

在房屋征收过程中，建设单位应遵照规定，禁止参与搬迁，也不得以暴力、威胁等非法手段强制被征收人搬迁。如果采取暴力、威胁或者违反规定中断供水、供热、供气、供电和道路通行等非法方式迫使被征收人搬迁，造成损失的，将会承担相应赔偿责任，更严重的，将会被依法追究刑事责任；构成违反治安管理行为的，将会给予治安管理处罚。

2. 采取不合法手段干预房屋价值评估

《征补条例》规定，对被征收房屋价值的补偿，不得低于房屋征收决定公告之日被征收房屋类似房地产的市场价格。被征收房屋的价值，由具有相应资质的房地产价格评估机构按照房屋征收评估办法评估确定。房地产价格评估机构应当独立、客观、公正地开展房屋征收评估工作，任何单位和个人不得干预。而房屋价值的评估结果影响建设单位取得土地的成本，建设单位如果采取不合法手段干预房屋价值评估，则会导致法律风险。

【防控建议】

为保证建设的顺利开展，建设单位不得采取非法手段干预房屋价值评估。

4.2.4　典型案例评析之一：擅自挪用安置房屋建设资金

在《征补条例》未颁布前，根据《城市房屋拆迁管理条例》的规定，多数情况下由拆迁人即开发商向当地建设主管部门申请拆迁许可，获批后由开发商实施拆迁。而开发商为追求利润，往往尽可能压缩拆迁补偿标准，并且把拆迁负担转嫁到房价里，这样容易造成拆迁人与被拆迁人矛盾激化，甚至会引发自焚等极端事件。而 2011 年《国有土地上房屋征收与补偿条例》颁布后，废止了原来的《城市房屋拆迁管理条例》。相较而言，最明显的变化是拆迁主体的变化。《征补条例》规定，市、县级以上地方人民政府为征收与补偿主体。政府可以确定房屋征收部门负责组织进行房屋征收与补偿工作，并规定禁止建设单位参与搬迁活动，任何单位和个人都不得采取暴力、威胁或者中断供水、供热、供气、供电和道路通行等非法方式迫使被征收人搬迁。从而从原来的拆迁行政许可方式改为政府行为，被征收人对政府的征收决定不服的，既可以进行行政复议，也可以进行行政诉讼。因此，加大了政府的责任，一旦出现问题，责任主体就非常明确，政府会谨慎地对待房屋征收与补偿工作。这样，从制度上保证了征收、补偿工作的规范化。

《征补条例》在一定程度上减少了强拆、暴拆等事件发生的概率，而且由于《征补条例》实施时间较短，有关案件较少，因此，选择《城市房屋拆迁管理条例》时期的案例进行分析。

案情梗概❶：

辽宁省葫芦岛市连山区兴盛小区拆迁项目：其建设单位为辽宁省建设集团第一公司的下属企业辽西房地产开发公司。1996年实施拆迁，被拆迁者全部为本单位职工。开发企业挪用安置房建设资金，从1996年项目拆迁后一直未建回迁安置用房，临时安置补助费又不及时发放，致使630户居民长期无法回迁，多次到省政府和建设部上访。

主要违规事实：原辽西房地产开发公司经理徐武军擅自将安置房屋建设资金挪作他用；省政府、省建设厅、葫芦岛市政府多次督办，仍不认真履行拆迁协议。辽宁省建设集团和辽宁省建一公司作为辽西房地产开发公司的上级管理部门，监管不力。

案例评析：

根据《城市房屋拆迁管理条例》第二十条的规定，拆迁人实施房屋拆迁的补偿安置资金应当全部用于房屋拆迁的补偿安置，不得挪作他用。以及《征补条例》第三十三条也进行了规定，"贪污、挪用、私分、截留、拖欠征收补偿费用的，责令改正，追回有关款项，限期退还违法所得，对有关责任单位通报批评、给予警告；造成损失的，依法承担赔偿责任；对直接负责的主管人员和其他直接责任人员，构成犯罪的，依法追究刑事责任；尚不构成犯罪的，依法给予处分。"

4.2.5 典型案例评析之二：暴力拆迁

案情梗概❷：

北京市海淀区万柳绿化隔离带综合改造项目：2000年北京市万柳房地产开发有限责任

---

❶ http：//www.china.com.cn/zhuanti2005/txt/2004-01/01/content_5472207.htm，最后访问日期：2016年5月5日。

❷ http：//www.china.com.cn/zhuanti2005/txt/2004-01/01/content_5472207.htm，最后访问日期：2016年5月5日。

公司取得拆迁许可证，拆迁期限为 2000 年 9 月 19 日至 2001 年 9 月 19 日，后又延至 2003 年 9 月 17 日，拆迁面积为 1. 38 万平方米，涉及拆迁居民 463 人。

2003 年 9 月，北京市万柳房地产开发有限责任公司拆迁部经理孟乙伙同杨正明、张卫民、秦明详，在未经行政裁决的情况下，擅自对尚未达成拆迁补偿协议的被拆迁居民王志勇实施强制拆迁。9 月 18 日，秦明详组织人员在被拆迁房屋的东侧挖了一条 5 米长的沟，以便将被拆除的房屋推到沟里；9 月 19 日 23 时，杨正明组织人员破门闯入王志勇家，将正在睡觉的王志勇夫妇蒙眼、堵嘴捆绑后，连同其儿子一起抬到门外。随后，用推土机将王志勇家房屋全部推倒，王志勇家所有家居用品均被埋在其中。

案例评析：

在未经行政裁决的情况下，擅自对未达成拆迁协议的实施强制拆迁，违反了《城市房屋拆迁管理条例》第十六条的规定。以及《征补条例》第二十七条、三十一条、三十二条等均进行了规定，明确规定不得采取暴力、威胁或者违反规定中断供水、供热、供气、供电和道路通行等非法方式迫使被征收人搬迁。

4.2.6 相关法律和技术标准（重要条款提示）

针对本节所面临的风险点，建设单位应注意以下相关法律、法规、部门规章及其他规范性文件的重要条款。

1.《中华人民共和国土地管理法》

第七十九条侵占、挪用被征收土地单位的征地补偿费用和其他有关费用，构成犯罪的，依法追究刑事责任；尚不构成犯罪的，依法给予行政处分。

2.《国有土地上房屋征收与补偿条例》（国务院令第 590 号）

第二十七条 …禁止建设单位参与搬迁活动。

4.2.7 本节疑难释义

1. 如何界定基于公共利益的征地、房屋征收

我国法律法规规定，国家为了公共利益的需要，可以依照法律规定对土地实行征收或者征用并给予补偿。房屋征收也是基于公共利益的需要进行的。但由于"公共利益"概念界定模糊，以公共利益之名征地进行商业开发的现象屡见不鲜，甚至会引发"被上楼"等尖锐矛盾。

由于语言自身的局限性（有限性、模糊性和语境性），以及"公共利益"与"集体利益"、"社会利益"和"国家利益"等相关概念存在交叉，极易发生混淆，使得公共利益界定存在很大的难度。"公共利益"由谁界定、如何界定，以及合理、科学、有效地对"公共利益"进行界定值得进一步探讨研究。

2. 房屋价值评估工作如何保证公平公正

《征补条例》第二十条第二款规定，"房地产价格评估机构应当独立、客观、公正地开展房屋征收评估工作，任何单位和个人不得干预"。但实践中，缺乏相应的监督机制来确保房屋征收评估工作的公平公正。而且监督机制应排除相关利益主体的参与。如何建立有效的监督机制还值得进一步探讨研究。

4.3 工 程 招 标

建设工程招标是指建设单位对拟建的工程发布公告，通过法定的程序和方式吸引建设项目的承包单位竞争并从中选择条件优越者来完成工程建设任务的法律行为。在建设工程施工招标中，招标人要根据投标人的投标报价、施工方案、技术措施、人员素质、工程经验、财务状况及企业信誉等方面进行综合评价，择优选择承包商，并与之签订合同。

4.3.1 工程招标的类型

1. 按照工程建设程序分类

按照工程建设程序，可以将建设工程招标投标分为建设项目前期咨询招标、工程勘察设计招标、材料设备采购招标、施工招标。

（1）建设项目前期咨询招标

建设项目前期咨询招标指对建设项目的可行性研究任务进行的招标。投标方一般为工程咨询企业。中标的承包方要根据招标文件的要求，向发包方提供拟建工程的可行性研究报告，并对其结论的准确性负责。承包方提供的可行性研究报告，应获得发包方的认可，认可的方式通常为专家组评估鉴定。

项目投资者有的缺乏建设管理经验，通过招标选择项目咨询者及建设管理者，即工程投资方在缺乏工程实施管理经验时，通过招标方式选择具有专业的管理经验工程咨询单位，为其制定科学、合理的投资开发建设方案，并组织控制方案的实施。这种集项目咨询与管理于一体的招标类型的投标人一般也为工程咨询单位。

（2）勘察设计招标

勘察设计招标指根据批准的可行性研究报告，择优选择勘察设计单位的招标。勘察和设计是两种不同性质的工作，可由勘察单位和设计单位分别完成。勘察单位最终提出施工现场的地理位置、地形、地貌、地质、水文等在内的勘察报告。设计单位最终提供设计图纸和成本预算结果。设计招标还可以进一步分为建筑方案设计招标、施工图设计招标。当施工图设计不是由专业的设计单位承担，而是由施工单位承担，一般不进行单独招标。

（3）材料设备采购招标

工程项目初步设计完成后，对建设项目所需的建筑材料和设备（如电梯、供配电系统、空调系统等）采购任务进行的招标。投标方通常为材料供应商、成套设备供应商。

（4）工程施工招标

工程项目的初步设计或施工图设计完成后，用招标的方式选择施工单位的招标。施工单位最终向业主交付按招标和设计文件规定的建筑产品。

2. 按工程项目承包的范围分类

按工程承包的范围可将工程招标划分为项目总承包招标、项目阶段性招标、设计施工招标、工程分承包招标及专项工程承包招标。

（1）项目全过程总承包招标

全过程总承包人招标可分为两种类型，一种是指工程项目实施阶段的全过程招标；另一种是指工程项目建设全过程的招标。前者是在设计任务书完成后，从项目勘察、设计到施工交付使用进行一次性招标；后者则是从项目的可行性研究到交付使用进行一次性招标，建设方只需提供项目投资和使用要求及竣工、交付使用期限，其可行性研究、勘察设计、材料和设备采购、土建施工设备安装及调试、生产准备和试运行、交付使用，均由一个总承包商负责承包，即所谓"交钥匙工程"。承揽"交钥匙工程"的承包商被称为总承包商，绝大多数情况下，总承包商要将工程部分阶段的实施任务分包出去。

（2）工程分承包招标

中标的工程总承包人作为其中标范围内的工程任务的招标人，将其中标范围内的工程任务，通过招标的方式，分包给具有相应资质的分承包人，中标的分承包人只对招标的总承包人负责。

（3）专项工程承包招标

工程承包招标中，对其中某项比较复杂或专业性强、施工和制作要求特殊的单项工程进行单独招标。如某大跨度空间结构屋盖专项工程就可以通过此方式选取合适的专业承包商。

3. 按照工程建设项目的构成

无论是项目实施的全过程还是某一阶段或程序，按照工程建设项目的构成，可以将建设工程招标分为全部工程招标、单项工程招标、单位工程招标、分部工程招标、分项工程招标。

（1）全部工程招标投标

对一个建设项目（如一所学校）的全部工程进行的招标。

（2）单项工程招标

单项工程是指具有独立的设计文件，竣工后可以独立发挥生产能力或效益的工程，也有称作为工程项目。一个工程项目由一个或多个单项工程组成。因此单项工程招标即指对一个工程建设项目中所包含的单项工程（如一所学校的教学楼、图书馆、食堂等）进行的招标。

（3）单位工程招标

单位工程是指具备独立施工条件并能形成独立使用功能的建筑物及构筑物。因此单位工程招标即指对一个单项工程所包含的若干单位工程（如一个办公楼单项工程，其包含的土建工程、采暖工程、通风工程、照明工程以及热力设备及安装工程、电气设备及安装工程等）进行招标。

（4）分部工程招标

分部工程，是单位工程的组成部分，分部工程一般是按单位工程的结构形式、工程部位、构件性质、使用材料、设备种类等的不同而划分的工程项目。一般工业与民用建筑工程的分部工程包括：地基与基础、主体结构、建筑装饰装修、建筑屋面、建筑给排水及采暖、建筑电气、智能建筑、通风与空调、电梯、建筑节能等十个分部工程。因此分部工程招标即指对一项单位工程包含的分部工程进行招标。

应特别说明的是，我国一般不允许对分部工程招标，杜绝出现"肢解分包"（即指承包单位承包建设工程后，不履行合同约定的责任和义务，将其承包的全部建设工程肢解以后以分包的名义单独或分别转给其他单位承包的行为）的情况出现。但允许特殊专业工程招标：如深基坑施工招标、大型土石方工程施工招标等。

4. 按照工程是否具有涉外因素分类

按照工程是否具有涉外因素，可以将建设工程招标分为国内工程招标和国际工程招标。

（1）国内工程招标；

指对本国没有涉外因素的建设工程进行的招标。

（2）国际工程招标

指对有不同国家或国际组织参与的建设工程进行的招标。国际工程招标投标，包括本国的国际工程（习惯上称涉外工程）招标投标和国外的国际工程招标投标两个部分。国内工程招标和国际工程招标的基本原则是一致的，但在具体做法有差异。随着社会经济的发展和与国际接轨的深化，国内工程招标和国际工程招标在做法上的区别已越来越小。

4.3.2 工程招标的方式

根据不同的工程性质、建设规模、工程复杂程度可采取以下的招标方式：

1. 公开招标

公开招标，是指招标人以招标公告的方式邀请不特定的法人或者其他组织投标。招标人采用公开招标方式的，应当发布招标公告。依法必须进行招标的项目的招标公告，应当通过国家指定的报刊、信息网络或者其他媒介发布。相关的承包单位均可申请投标，提出资格预审申请。只要资格合格就有投标权。公开招标体现了全面、公开、平等竞争的原则，同时公开招标程序严密，规范，有利于招标人防范风险，保证招标的效果。但由于投标的承包商多，招标工作量大，组织工作复杂，需投入较多的人力、物力，招标过程所需时间较长。

2. 邀请招标

邀请招标，是指招标人以投标邀请书的方式邀请特定的法人或者其他组织投标。这种方式不发布公告，招标人根据自己的经验和所掌握的各种信息资料，向具备承接该项工程施工能力、资信良好的承包商发出投标邀请书，原则上邀请对象数量不少于 3 家。参加招标的单位数量视工程规模的大小和复杂程度而定，一般为 5 至 10 家。由于被邀请的投标单位数量有限，采用此方式可节省招标费用，而且能提高每个招标单位的中标率，对招标投标双方均有利。但由于限制了竞争范围，有可能排除在技术上及价格上富有竞争力的承包单位。

3. 协议招标

国外称为邀请协商，即不通过公开或邀请招标，而招标人直接邀请不少于两家（含两家）承包商进行协商谈判，选择承包商的招标方式。值得一提的是，议标方式不是法定的招标形式，招投标法也未对其进行规范。

此种方式通常适用于下列情况：

（1）因特定原因（如需要专门经验或特殊设备，或为了保护专利等），只能考虑某一家符合要求的施工单位；

（2）工程的性质特殊，内容复杂，招标时尚不能清楚详尽地确定其中若干技术细节及工程量；

（3）工程规模不大，且同已发包的大工程相连，不易分割；

（4）边设计边施工的"快速建设"的工程；

（5）公开招标或邀请招标未能产生中标单位，预期重新组织招标仍不会有结果；

（6）建设单位拟开发某种新技术，需要施工单位从设计阶段开始就参与合作。

通过议标的方式能较快完成交易，节约招标费用，快速开展工作，且保密性较好。但这种招标方式招标竞争力差，很难获得有竞争力的报价。同时能适用议标方式的项目情况局限在较小的限定范围。议标的对象一般是能实现工程质量好、造价合理、工期短的承诺而在长期竞争中赢得信誉的承包单位；有的则是同建设单位长期合作共事，建立了互相信赖的良好关系。

4. 综合性招标

综合性招标是指招标人将公开招标和邀请招标相结合的方式。首先进行公开招标，开标后（有时先评技术标），按照一定的标准，淘汰其中不合格的投标人，选出若干合格的投标人（原则上不少于三家），再进行邀请招标。通过对被邀请投标人投标书的评价，最后决定中标人。综合性招标有时相当于传统招标方法的两阶段招标法。综合性招标法使得招标人选择范围大，可获得合理报价，同时招标程序相对严密规范，有利于风险防范。但该方式同样存在时间较长，工作较复杂，费用较高等弊端。

值得一提的是，根据我国《中华人民共和国招标投标法》相关规定，我国的法定招标方式只有公开招标和邀请招标两种。

4.3.3 工程施工招标

工程施工招标是针对工程施工阶段的全部工作开展的招标，根据工程施工范围大小及专业不同，可分为全部工程招标、单项工程招标和专业工程招标。施工招标活动一般是"违规行为"的高发地，因此，本书主要针对施工招标活动进行介绍。

1. 建设工程项目施工招标应具备的条件

按照《工程建设项目施工招标投标办法》（七部委 30 号令）规定：

依法必须招标的工程建设项目，应当具备下列条件才能进行施工招标

（1）招标人已经依法成立；

（2）初步设计及概算应当履行审批手续的，已经批准；

（3）招标范围、招标方式和招标组织形式等应当履行核准手续的，已经核准；

（4）有相应资金或资金来源已经落实；

（5）有招标所需的设计图纸及技术资料。

2. 建设工程项目施工招标的程序

（1）组织招标工作机构

招标机构的职能，一是决策，二是处理日常事务，对它的要求是效率高，既要保证招标质量又要节省招标开支。为此，该机构应有决策权。

招标机构通常由下列人员组成：

1）决策人，即建设单位负责人或其授权代表。

2）专业人员，包括建筑、结构、设备等专业工程师以及经济师等。其任务是向决策人提供咨询意见及进行招标的具体工作。

3）助理人员，包括秘书、资料、档案、统计工作人员，负责处理日常行政事务工作。

（2）向招投标管理机构提出招标申请书

申请书的主要内容包括：招标单位的资质、招标工程已具备的条件，拟采用的招标方式和对招标单位的要求等。

（3）编制招标文件

招标文件可以由招标单位自行编制，也可以委托给招标代理机构编制。招标文件应当

根据招标项目特点和需要编制。招标人应当在招标文件中规定实质性要求和条件，并用醒目的方式标明。特别是对于否决投标（废标）的条款，应在招标文件中注重提出，提醒投标人注意。结合《中华人民共和国标准施工招标文件》的规定，招标文件的主要内容包括：投标邀请书；投标人须知；招标货物、服务的主要数量、质量、参数等（如果是工程招标，采用工程量清单招标的，应当提供工程量清单）；合同主要条款；商务要求；投标文件格式；设计图纸；评标标准和方法；投标辅助材料等等。招标文件中的技术条款，既要符合国家强制性标准和规范的规定，也要满足招标人实际需求，不能有歧视性、倾向性或为某投标人量身定做的条款。

（4）编制招标控制价

招标人根据国家或省级、行业建设主管部门颁发的有关计价依据和办法，以及拟定的招标文件和招标工程量清单，结合工程具体情况编制的招标工程的最高投标限价。国有资金投资的工程建设项目应实行工程量清单招标，并应编制招标控制价。招标人编制并公布的招标控制价相当于招标人的采购预算，同时要求其不能超过批准的概算，因此，招标控制价是招标人在工程招标时能接受投标人报价的最高限价。

（5）发布招标公告或发出招标邀请书

公开招标的投标机会必须通过公开广告的途径予以通告，使所有的合格的投标者都有同等机会了解投标要求，以形成尽可能广泛的竞争局面。

我国《招投标法》规定，招标人采用公开招标方式的，应当发布招标公告。依法必须进行招标的项目的招标公告，应当通过国家指定的报刊、信息网络或者其他媒介发布。招标公告应当载明招标人的名称和地址、招标项目的性质、数量、实施地点和时间以及获取招标文件的办法等事项。

招标人采用邀请招标方式的，应当向三个以上具备承担招标项目的能力、资信良好的特定的法人或者其他组织发出投标邀请书。

（6）投标单位资格预审

资格预审，是指招标人在招标开始前或开始初期，由招标人对申请参加的投标人进行资格审查。认定合格后的潜在投标人，才能参加投标。资格预审主要包括以下三个程序：一是资格预审公告；二是编制、发出资格预审文件；三是对投标人资格的审查和确定合格者名单。

（7）组织投标单位踏勘现场，并对招标文件（包括设计文件）答疑

招标人应组织投标单位了解工程场地和周围环境情况，确保投标单位能获取认为有必要的信息。勘察现场应包含如下内容：①施工现场是否达到招标文件规定的条件；②施工现场的地理位置、地形和地貌；③施工现场的性质、土质、地下水位、水文等情况；④施工现场的气候条件等；⑤现场环境等；⑥工程在施工现场的位置与布置；⑦临时用地、临时设施搭建等。

投标人在勘察现场中如有疑问，应在投标预备会前以书面形式向招标人提出，但应给招标人留有答疑时间。

（8）标前会议

标前会议是指在投标截止日期以前，按招标文件中规定的时间和地点，召开的解答投标人质疑的会议。在标前会议上，招标单位负责人除了向投标人介绍工程概况外，还可对招标文件中的某些内容加以修改（但须报招标投标管理机构核准）或予以补充说明，并解答投标人书面提出的各种问题和即席提出的有关问题。会议结束后，招标单位应将其口头解答的会议记录加以整理，用书面补充通知的形式发给每一位投标人。补充文件作为招标文件的组成部分，具有同等的法律效力。补充文件应在投标截止日期前一段时间发出，以便让投标者有时间作出反应。

（9）开标

我国《招投标法》规定：开标应当在招标文件确定的提交投标文件截止时间的同一时间公开进行；开标地点应当为招标文件中预先确定的地点。开标由招标人主持，邀请所有投标人参加。开标时，由投标人或者其推选的代表检查投标文件的密封情况，也可以由招标人委托的公证机构检查并公证；经确认无误后，由工作人员当众拆封，宣读投标人名称、投标价格和投标文件的其他主要内容。招标人在招标文件要求提交投标文件的截止时间前收到的所有投标文件，开标时都应当当众予以拆封、宣读。开标过程应当记录，并存档备查。

（10）评标

开标后进入评标阶段。评标委员会通过采用统一的标准和方法，对符合要求的投标文件进行评比，来确定每项投标对招标人的价值，最后达到选定最佳中标人的目的。评标一般分为初步评审和详细评审两个阶段。

1）初步评审

包括对投标文件的符合性评审、技术性评审和商务性评审。

①符合性评审

主要是包括商务符合性评审和技术符合性鉴定。

②技术性评审

主要包括对投标人所报的方案或组织设计、关键工序、进度计划、人员和机械设备的配备、技术能力、质量控制措施，临时设施的布置和临时用地情况，施工现场周围环境污染和保护措施等进行评估。

③商务性评审

对确定为实质上响应招标文件要求的投标文件进行投标报价评估，包括对投标报价进行校核，审查全部报价数据是否有计算上或累计上的算数错误，分析报价构成的合理性。

2）详细评审

经过初步评审合格的投标文件，评标委员会应当根据招标文件确定的评标标准和方法，对其技术部分和商务部分进行进一步评审、比较。

评标常用方法，《评标委员会和评标方法暂行规定》（2013 年 4 月修订）第二十九条：评标方法包括经评审的最低投标价法、综合评估法或者法律、行政法规允许的其他评标方法。

①经评审的最低投标价法。

经评审的最低投标价是指评标委员会对满足招标文件实质要求的投标文件，根据详细评审标准规定的量化因素及量化标准进行价格折算，按照经评审的投标价由低到高的顺序推荐中标候选人，或根据招标人授权直接确定中标人，但投标报价低于其成本的除外。按照《评标委员会和评标方法暂行规定》的规定，经评审的最低投标价法一般适用于具有通用技术、性能标准或者招标人对其技术、性能没有特殊要求的招标项目。

②综合评估法。

综合评估法是指评标委员会对满足招标文件实质性要求的投标文件，按照规定的评标标准进行打分，并按得分由高到低顺序推荐中标候选人，或根据招标人授权直接中标人，但投标报价低于其成本的除外。综合评分相等时，以投标报价低的优先；投标报价相等的，由招标人自行确定。

（11）定标

标委员会完成评标后，应当向招标人提出书面评标报告，并抄送有关行政监督部门。评标报告应当如实记载以下内容：评标报告一般由下列内容组成：

1）基本情况和数据表；

2）评标委员会成员名单；

3）开标记录；

4）符合要求的投标一览表；

5）否决投标的情况说明；

6）评标标准、评标方法或者评标因素一览表；

7）经评审的价格或者评分比较一览表；

8）经评审的投标人排序；

9）推荐的中标候选人名单与签订合同前要处理的事宜；

10）澄清、说明、补正事项纪要。

招标人根据评标委员会提出的评标报告及其推荐意见，确定中标人，并在法定期限内与中标人签订合同。

4.3.4　建设单位（甲方代表）在实践中的风险点及防控建议

建设单位在工程建设招标活动中的风险行为不胜枚举，本书就实践中比较典型且较易出现的风险行为展开探讨。

1. 必须招标的项目未招标导致已经签订的建设工程合同归为无效

"必须招标的项目"未招标的现象在工程实践中常常发生，作为建筑市场治理中的一种典型的违规行为，一直阻碍着建筑市场的健康有序地发展。建设单位作为该行为的实施主体，不管出于何种原因或者目的，都有着不可推卸的责任。依据《最高人民法院关于审理建设工程施工合同纠纷案件适用法律问题的解释》第一条建设工程施工合同具有下列情形之一的，应当根据合同法第五十二条第（五）项的规定，认定无效：（三）建设工程必须进行招标而未招标或者中标无效的。

《中华人民共和国招标投标法》第四十九条规定：违反本法规定，必须进行招标的项目而不招标的，将必须进行招标的项目化整为零或者以其他任何方式规避招标的，责令限期改正，可以处项目合同金额千分之五以上千分之十以下的罚款；对全部或者部分使用国有资金的项目，可以暂停项目执行或者暂停资金拨付；对单位直接负责的主管人员和其他直接责任人员依法给予处分。

【防控建议】

建设单位应在招标前确定所涉建设工程是否为必须招标。是否必须招标的判断，应依照《中华人民共和国招投标法》第三条规定、《中华人民共和国招投标法实施条例》和《工程建设项目招标范围和规模标准规定》的相关规定予以执行。必要时还可以省、市人民政府相关规定为补充，主要审查工程用途和资金来源等因素❶。

2. 通过设置一些条件使必须公开招标的项目转为邀请方式招标

邀请招标与公开招标相比，投标人数量相对较少，竞争开放度相对较弱。同时，招标工作量和招标费用相对较小。然而，法律法规对邀请招标的规定较严，

只适用于如下三种情形：①涉及国家安全、国家秘密或者抢险救灾，适宜招标但不宜公开招标的；②项目技术复杂或有特殊要求，或者受自然地域环境限制，只有少量潜在投标人可供选择的；③采用公开招标方式的费用占项目合同金额的比例过大的。因此，一些建设单位为了不违背法律法规的规定，但又能达到"邀请招标"的目的，故对一些必须"公开招标"的项目设置一些附加条件使其满足"邀请招标"的条件。

《中华人民共和国招标投标法实施条例》第六十四条招标人有下列情形之一的，由有关行政监督部门责令改正，可以处10万元以下的罚款：（一）依法应当公开招标而采用邀请招标。

【防控建议】

建设单位应在招标前确定所涉建设工程的具体招标方式：①公开招标；②邀请招标；③不招标。除根据《中华人民共和国招投标法》第11条的规定可以采用邀请招标的之外，

---

❶ 《盐城市中级人民法院关于审理建设工程施工合同纠纷案件若干问题的指导意见》

必须采用公开招标的方式。邀请招标的项目只针对"不适宜公开招标"的情况。《工程建设项目施工招投标办法》规定，依法必须进行公开招标的项目，有下列情形之一的，可以邀请招标：（一）项目技术复杂或有特殊要求，或者受自然地域环境限制，只有少量潜在投标人可供选择；（二）涉及国家安全、国家秘密或者抢险救灾，适宜招标但不宜公开招标；（三）采用公开招标方式的费用占项目合同金额的比例过大。值得注意的是，上述第二项情形，且属于"按照国家有关规定需要履行项目审批、核准手续的依法必须进行施工招标的"工程建设项目，由项目审批、核准部门在审批、核准项目时作出认定；其他情况的邀请招标方式应经有关行政监督部门作出认定后才能采用。而不进行施工招标的情况仅限于以下情形，按《工程建设项目施工招投标办法》第十二条依法必须进行施工招标的工程建设项目有下列情形之一的，可以不进行施工招标：（一）涉及国家安全、国家秘密、抢险救灾或者属于利用扶贫资金实行以工代赈需要使用农民工等特殊情况，不适宜进行招标；（二）施工主要技术采用不可替代的专利或者专有技术；（三）已通过招标方式选定的特许经营项目投资人依法能够自行建设；（四）采购人依法能够自行建设；（五）在建工程追加的附属小型工程或者主体加层工程，原中标人仍具备承包能力，并且其他人承担将影响施工或者功能配套要求；（六）国家规定的其他情形。特别注意的是：对于建设工程项目的招标，法定的方式只有公开招标和邀请招标两种，不包括议标这种方式。

3. 忽视了工程量清单中工程量的准确性及清单描述的贴切性

根据《建设工程工程量清单计价规范》（GB 50500-2013）有关规定：①使用国有资金投资的建设工程发承包，必须采用工程量清单计价；②非国有资金投资的建设工程，宜采用工程量清单计价。因此，在工程实践中，大部分的建设工程的计价方式都采用工程量清单计价模式。但由于招标人对工程量清单的项目特征描述不具体，特征不清、界限不明，这些错误一旦被投标人发现，将促使投标人在投标阶段采用不平衡报价法，在项目实施阶段利用工程量计算错误提出索赔，导致工程造价失控，从而使建设单位承担很大的风险。

针对单价合同情况，招标文件中提供工程量清单，供承包方投标报价，工程实施后以实际工程量作为最终结算依据。这往往给一些无经验的建设单位一个错觉，即工程量清单仅仅作为一个参考工程量，可以不十分准确，最终结算还可以实际发生的工程量作为结算依据。但按照最新清单规范《建设工程工程量清单计价规范》（GB 50500-2013）强制性条文 4.1.2 条的规定："招标工程量清单必须作为招标文件的组成部分，其准确性和完整性应由招标人负责"，这就意味着招标人将承担工程量清单"准确性和完整性"所带来的一切责任。

【防控建议】

工程量清单应由具有编制能力的招标人或受其委托、具有相应资质的工程造价咨询企业编制并确保工程量清单的准确性和完整性。

4. 与投标人就投标价格、投标方案等实质性内容进行谈判或者通过"内部程序"在招标前确定了招标人，致使招标程序流于形式，"虚假招标"严重

建设单位在实践中违背法律、法规有关规定，在招标过程中，提前与投标人就投标价格、投标方案等实质性内容进行谈判，有的透露标底，有的提前告知偏好的设计方案。非国有资金投资项目多采取邀请招标方式，大多涉嫌虚假招标。建设单位通过"内部程序"在招标前已确定了投标人，再从形式上履行相关程序，完成评标、定标等活动。这些不规范行为严重违背了招标公平、公开、公正的原则，是法律法规所禁止的。

《中华人民共和国招标投标法》第五十五条规定：依法必须进行招标的项目，招标人违反本法规定，与投标人就投标价格、投标方案等实质性内容进行谈判的，给予警告，对单位直接负责的主管人员和其他直接责任人员依法给予处分。前款所列行为影响中标结果的，中标无效。

【防控建议】

在招标过程中，除了必要的有关招标文件的答疑外，建设单位有关代表应尽量不与投标人有任何私下交流，特别应该注意不能与投标人谈论有关投标价格、投标方案等实质性内容，也不能通过其他方式明示或者暗示投标人有关投标价格、投标方案等实质性内容。同时在技术手段上推行采用电子化新型招标方式（电子招标是以网络技术为基础，把传统招标、投标、评标、合同等业务过程全部实现数字化、网络化、高度集成化的新型招投标方式）。该种新型招标方式具备数据库管理、信息查询分析等功能，是一种真正意义上的全流程、全方位、无纸化的创新型采购交易方式，同时能起到很好地杜绝招标人与投标人私下接触的作用。

5. 依法应当公开招标的项目不按照规定在指定媒介发布资格预审公告或者招标公告；或者在不同媒介发布的同一招标项目的资格预审公告或者招标公告的内容不一致，影响潜在投标人申请资格预审或者投标

实践中，一些建设单位招标前不发布招标文件，有些则是仅在内部媒介上发布招标文件，而不按规定在指定媒介发布招标公告。这里所谓的"指定的媒介"应根据《关于指定发布依法必须招标项目招标公告的媒介的通知》中有关指定媒介的规定，具体为：《中国日报》、《中国经济导报》、《中国建设报》、《中国采购与招标网》。其中，国际招标项目的招标公告应在《中国日报》发布。

《中华人民共和国招标投标法实施条例》第六十三条：招标人有下列限制或者排斥潜在投标人行为之一的，由有关行政监督部门依照招标投标法第五十一条的规定处罚：

（一）依法应当公开招标的项目不按照规定在指定媒介发布资格预审公告或者招标公告；

（二）在不同媒介发布的同一招标项目的资格预审公告或者招标公告的内容不一致，影响潜在投标人申请资格预审或者投标。

依法必须进行招标的项目的招标人不按照规定发布资格预审公告或者招标公告，构成规避招标的，依照招标投标法第四十九条的规定处罚。

【防控建议】

建设单位在发布招标信息时，除了在广播电视、报纸、行业杂志等媒体公开发布外，还应在大众媒体如招投标的相关网站和当地的建设工程交易中心上发布招标信息。特别是应根据《关于指定发布依法必须招标项目招标公告的媒介的通知》中有关指定媒介的规定。

6. 对招标代理机构及其资质不了解，选取的招标代理机构存在涉嫌无资质或越级代理问题，默许招标代理机构市场不规范行为

实践中，一些建设单位对招标代理机构的资质不了解，在委托招标代理机构的环节中未严格审查所选择的招标代理机构是否有资格代理相应工程的招标业务；甚至一些建设单位明知该招标代理机构在招标过程中存在不规范行为（如向中标人索取其他费用，恶意扣押中标通知书等），采取默许态度；有的甚至指使或者与招标代理机构串通进行一些违法违规操作。

《中华人民共和国招标投标法》第五十条规定：招标代理机构违反本法规定，泄露应当保密的与招标投标活动有关的情况和资料的，或者与招标人、投标人串通损害国家利益、社会公共利益或者他人合法权益的，处五万元以上二十五万元以下的罚款，对单位直接负责的主管人员和其他直接责任人员处单位罚款数额百分之五以上百分之十以下的罚款；有违法所得的，并处没收违法所得；情节严重的，暂停直至取消招标代理资格；构成犯罪的，依法追究刑事责任。给他人造成损失的，依法承担赔偿责任。前款所列行为影响中标结果的，中标无效。

《中华人民共和国招标投标法实施条例》第六十五条规定：招标代理机构在所代理的招标项目中投标、代理投标或者向该项目投标人提供咨询的，接受委托编制标底的中介机构参加受托编制标底项目的投标或者为该项目的投标人编制投标文件、提供咨询的，依照招标投标法第五十条的规定追究法律责任。

【防控建议】

建设单位应根据工程总投资额的情况对招标代理机构是否有资格代理进行审查，如甲级工程招标代理机构可以承担各类工程的招标代理业务。乙级工程招标代理机构只能承担工程总投资 1 亿元人民币以下的工程招标代理业务。暂定级工程招标代理机构，只能承担工程总投资 6000 万元人民币以下的工程招标代理业务。除了对招标代理机构的资质需要严格把控外，还应对其综合实力、信用评价等可能影响招标活动的其他方面进行严格审查，择优选用。如关于信用评价方面，国内某省住房城乡建设主管部门每年上半年对招标代理机构上一年度的信用情况进行评价。信用评价采取积分制方式，对省内工程建设招投标机构进行企业综合素质、市场行为及社会信誉 3 方面的评价，评价结果分为 A、B、C、D 四个等级。对严重违反国家招标投标法律法规和达不到法定资质标准条件的招标机构实行

"一票否决"制，该类企业信用等级直接评定为D级不合格。这种省内信用评级机制就给建设单位在对招标代理机构进行信用考核方面提供了一项非常好的依据。

7. 招标人以不合理的条件限制或者排斥潜在投标人的，对潜在投标人实行歧视待遇的，强制要求投标人组成联合体共同投标的，或者限制投标人之间竞争的

"以不合理条件限制、排斥潜在投标人或者投标人的"的情况在实践中屡见不鲜，甚至一些建设单位根本没有意识到自己其实存在上述行为，究其原因还是不了解上述行为的具体表现形式。"限定以不合理条件限制、排斥潜在投标人或者投标人的"，具体表现为：①就同一招标项目向潜在投标人或者投标人提供有差别的项目信息；②设定的资格、技术、商务条件与招标项目的具体特点和实际需要不相适应或者与合同履行无关；③依法必须进行招标的项目以特定行政区域或者特定行业的业绩、奖项作为加分条件或者中标条件；④对潜在投标人或者投标人采取不同的资格审查或者评标标准；⑤限定或者指定特定的专利、商标、品牌、原产地或者供应商；⑥依法必须进行招标的项目非法限定潜在投标人或者投标人的所有制形式或者组织形式；⑦以其他不合理条件限制、排斥潜在投标人或者投标人。

《中华人民共和国招标投标法》第五十一条规定：招标人以不合理的条件限制或者排斥潜在投标人的，对潜在投标人实行歧视待遇的，强制要求投标人组成联合体共同投标的，或者限制投标人之间竞争的，责令改正，可以处一万元以上五万元以下的罚款。

《工程建设项目施工招标投标办法》第七十条规定：招标人以不合理的条件限制或者排斥潜在投标人的，对潜在投标人实行歧视待遇的，强制要求投标人组成联合体共同投标的，或者限制投标人之间竞争的，有关行政监督部门责令改正，可处一万元以上五万元以下罚款。

【防控建议】

建设单位在编制招标文件时应仔细检查招标文件中的条款是否涉"限定以不合理条件限制、排斥潜在投标人或者投标人"在相关法律法规中的具体表现规定。如在招标文件的投标资格中限定投标人必须为国有企业，或者进入某开发区合格承包商信息库企业等，这些排斥潜在投标人的规定都是不允许的。

8. 忽视前期的资格审查及考察工作

实行这种合理范围内的最低价中标，投标方的投标报价对投标结果往往起决定性的作用。所谓合理低价中标，就是将接近但不低于成本价且不高于业主控制价格的投标报价，作为合理范围报价，在这一合理报价范围内，谁的报价最低谁中标。对此处谈到的成本价，可以理解为是投标方的个别成本报价，而非社会平均成本价。投标人的自主报价可以低于社会平均成本，也就是说可以低于概预算定额编制出来的标底价，但是投标人的报价不应低于其按自己的企业定额确定的成本价格。因为概预算定额反映的是社会平均水平，而企业定额才是反映企业自身水平，投标人可以通过技术水平和管理水平的提高使自己企业的个别成本价低于社会平均水平。由此可见，这个不低于成本价的低价是合理存在的。实践中，一些不具备完成较大或特殊工程的施工方，由于人员少、技术设备简单、成本低等因素，反而在低价中标中具有优势，这样会对一些有实力的潜在投标人造成不公。

【防控建议】

为保证工程质量和工期，在对投标单位进行资格审查时，一定要做到凡是参加投标的单位，无论是谁中标，都应将"按期保质保量地完成好工程项目"作为首要前提。对于部分明显低价投标的企业应对其报价清单进行严格审查，防止恶意竞价行为出现。

9. 涉嫌串标的行为频发

实践中，招标人存在以下情形之一的，属于招标人与投标人串通投标：①招标人在开标前开启投标文件并将有关信息泄露给其他投标人；②招标人直接或者间接向投标人泄露标底、评标委员会成员等信息；③招标人明示或者暗示投标人压低或者抬高投标报价；④招标人授意投标人撤换、修改投标文件；⑤招标人明示或者暗示投标人为特定投标人中标提供方便；⑥招标人与投标人为谋求特定投标人中标而采取的其他串通行为。串标行为损害招标人或者其他投标人利益，情节严重的或者损害到国家、集体、公民的合法利益的，还可能触犯到刑法。

《中华人民共和国招标投标法实施条例》第六十七条规定：投标人相互串通投标或者与招标人串通投标的，投标人向招标人或者评标委员会成员行贿谋取中标的，中标无效；构成犯罪的，依法追究刑事责任；尚不构成犯罪的，依照招标投标法第五十三条的规定处罚。投标人未中标的，对单位的罚款金额按照招标项目合同金额依照招标投标法规定的比例计算。

投标人有下列行为之一的，属于《招标投标法》第五十三条规定的情节严重行为，由有关行政监督部门取消其 1 年至 2 年内参加依法必须进行招标的项目的投标资格：①以行贿谋取中标；②3 年内 2 次以上串通投标；③串通投标行为损害招标人、其他投标人或者国家、集体、公民的合法利益，造成直接经济损失 30 万元以上；④其他串通投标情节严重的行为。

投标人自本条第二款规定的处罚执行期限届满之日起 3 年内又有该款所列违法行为之一的，或者串通投标、以行贿谋取中标情节特别严重的，由工商行政管理机关吊销营业执照。法律、行政法规对串通投标报价行为的处罚另有规定的，从其规定。

《刑法》第二百二十三条投标人相互串通投标报价，损害招标人或者其他投标人利益，情节严重的，处三年以下有期徒刑或者拘役，并处或者单处罚金。

投标人与招标人串通投标，损害国家、集体、公民的合法利益的，依照前款的规定处罚。

【防控建议】

串标行为有时表现得比较隐晦，因此建设单位如发现下列行为，应引起重视，考虑是否存在串标：

①不同标书中犯错误惊人一致；

②报价下浮比例惊人相似；

③总报价相近，但其中各项报价不合理，且没有合理的解释；

④总报价相近，且其中数项报价雷同，又提不出计算依据；

⑤总报价相近，数项子目单价完全相同且提不出合理的单价组成；

⑥总报价相近，主要材料设备价格极其相近；

⑦总价相同，没有成本分析，乱调乱压；

⑧技术标雷同。

除此以外，还应通过检查供应商的财务资料和在资质审定过程中发现蛛丝马迹。如中标人同时以"协作费"或"协调费"的名义，分别转出相同数额的款项给予相关的几个投标人。或检查相关投标人缴纳投标保证金的转账凭证，若发现几个投标人转账凭证上的付款单位，与其中某一投标人的单位名称相同，且是同一银行账号。

从技术手段上，可推进网上报名或者全电子化招标流程，将投标人报名及相关信息材料由专人负责并做好保密工作。同时，可采取"取消投标人集中踏勘现场和招标人标前考察"等措施，从而阻断招标人与投标人、投标人之间相互见面、相互接触的机会。

10. 必须招标的项目，招标人不按规定组建评标委员会或者确定、更换评标委员会成员

实践中，部分建设单位在聘请专家时忽视了专家的专业背景，有些建设单位则喜欢聘请一些行政机构的公职人员作为专家参与评标。上述这些专家组成的评标委员会往往不符合法定构成的规定。依法必须进行招标的项目，其评标委员会由招标人的代表和有关技术、经济等方面的专家组成，成员人数为五人以上单数，其中技术、经济等方面的专家不得少于成员总数的三分之二。评标委员会成员的名单在中标结果确定前应当保密。按规定确定好的评标委员会不得任意更换。

《中华人民共和国招标投标法实施条例》第七十条规定：依法必须进行招标的项目的招标人不按照规定组建评标委员会，或者确定、更换评标委员会成员违反招标投标法和本条例规定的，由有关行政监督部门责令改正，可以处10万元以下的罚款，对单位直接负责的主管人员和其他直接责任人员依法给予处分；违法确定或者更换的评标委员会成员作出的评审结论无效，依法重新进行评审。

国家工作人员以任何方式非法干涉选取评标委员会成员的，依照本条例第八十一条的规定追究法律责任。

《工程建设项目施工招标投标办法》第七十九条规定：依法必须进行招标的项目的招标人不按照规定组建评标委员会，或者确定、更换评标委员会成员违反招标投标法和招标投标法实施条例规定的，由有关行政监督部门责令改正，可以处10万元以下的罚款，对单位直接负责的主管人员和其他直接责任人员依法给予处分；违法确定或者更换的评标委员会成员作出的评审决定无效，依法重新进行评审。

【防控建议】

建设单位在组建评标委员会的时候应严格审查专家的专业背景及专业水平，按规定能作为评标委员会的专家应当从事相关领域工作满八年并具有高级职称或者具有同等专业水平，由招标人从国务院有关部门或者省、自治区、直辖市人民政府有关部门提供的专家名册或者招标代理机构的专家库内的相关专业的专家名单中确定；不得以明示、暗示等任何方式指定或者变相指定参加评标委员会的专家成员。非因《招投标法》和《招投标条例》规定的事由，不得更换依法确定的评标委员会成员。

11. 未按规定确定中标人或者中标通知书发出后，擅自改变中标结果或招标人在评标委员会依法推荐的中标候选人以外确定中标人

《中华人民共和国招标投标法》第五十七条规定：招标人在评标委员会依法推荐的中标候选人以外确定中标人的，依法必须进行招标的项目在所有投标被评标委员会否决后自行确定中标人的，中标无效。责令改正，可以处中标项目金额千分之五以上千分之十以下的罚款；对单位直接负责的主管人员和其他直接责任人员依法给予处分。

《中华人民共和国招标投标法实施条例》第七十三条规定：依法必须进行招标项目的招标人有下列情形之一的，由有关行政监督部门责令改正，可以处中标项目金额 10‰以下的罚款；给他人造成损失的，依法承担赔偿责任；对单位直接负责的主管人员和其他直接责任人员依法给予处分：（三）中标通知书发出后无正当理由改变中标结果。

《评标委员会和评标方法暂行规定》（国家计委、国家经贸委、建设部、铁道部、交通部、信息产业部、水利部令第 12 号公布，国家发展改革委、工业和信息化部、财政部、住房和城乡建设部、交通运输部、铁道部、水利部、国家广播电影电视总局、中国民用航空局令第 23 号修正）第五十五条："招标人有下列情形之一的，责令改正，可以处中标项目金额千分之十以下的罚款；给他人造成损失的，依法承担赔偿责任；对单位直接负责的主管人员和其他直接责任人员依法给予处分；（一）无正当理由不发出中标通知书；（二）不按照规定确定中标人；（三）中标通知书发出后无正当理由改变中标结果；（四）无正当理由不与中标人订立合同；（五）在订立合同时向中标人提出附加条件。"

12. 招标人不按照招标文件和投标文件与中标人订立合同，或者招标人与中标人订立背离合同实质性内容的协议

在招标投标过程中，常常出现中标通知书发出后，招标人与中标人不按照招标文件和中标人的投标文件订立合同，或者招标人、中标人订立背离合同实质性内容的协议。如中标确认合同标的质量为进口，在实际签订的合同中却变更成了国产；中标确认的价格为 A，而实际签订的价格却为 B 等等。招标人和中标人不按照招标文件和中标人的投标文件订立合同，合同的主要条款与招标文件、中标人的投标文件的内容不一致，或者招标人、中标人订立背离合同实质性内容的协议，这不仅使招标人与中标人在履行合同过程中容易产生纠纷，而且违反相关法律法规的规定，导致该协议无效。

《中华人民共和国招标投标法》第五十九条规定：招标人与中标人不按照招标文件和中标人的投标文件订立合同的，或者招标人、中标人订立背离合同实质性内容的协议的，责令改正；可以处中标项目金额千分之五以上千分之十以下的罚款。

【防控建议】

招标人和中标人应当严格按照招标文件、投标文件及中标通知书等内容签订协议，明确双方的权利和义务。当然，招标投标签订的协议并不是不能变更的，应该视具体情况而定。但如若变更涉及工程项目的价款、工期、质量及对投标人资格的要求等均属于招标项目的实质性条件的内容变更，应认定为"背离合同实质性内容"，是法律法规不允许的。如若客观条件的原因而导致出现实质性变更的情形，则应向主管部门申请重新核准，重新招标。但《工程建设项目施工招标投标办法》第十二条规定的情形除外。

4.3.5 典型案例评析之一：在招投标中，如何认定真正意义上的"建设方"

郑州市××建设有限公司与北京××国际投资有限公司

建设工程施工合同纠纷二审民事判决书

原告：郑州市××建设有限公司。

被告：北京××国际投资有限公司。

第三人：××县人民政府。

案情梗概：

××县政府与北京××国际投资有限公司（以下简称××投资公司）于2011年6月17日签订了《××县第一高级中学新校区建设项目开发合作合同》（以下简称《项目开发合作合同》），约定××县政府委托××投资公司代建××县第一高级中学新校区建设项目。该合同签订后，××投资公司于2011年8月3日与郑州市××建设有限公司（以下简称××建设公司）签订了《××县第一高级中学新校区建设工程项目承包协议书》（以下简称《承包协议书》），约定：由××建设公司承包××县第一高级中学新校区内的建设工程，包括教学实验楼、行政办公楼、图书信息中心、学生宿舍、教工宿舍、食堂、综合服务中心、体育馆、看台等新建工程。承包协议签订后，××建设公司进场施工。因工程款支付问题，××建设公司和××投资公司发生纠纷，后在××县政府主持协调下，××建设公司、××投资公司双方达成了一致和解，并于2012年9月20日签订了《关于2011年8月3日〈承包协议书〉的补充协议》（以下简称《补充协议》），××县政府予以见证确认。《补充协议》约定：××建设公司收到××投资公司400万元工程款和退还的100万元履约保证金后，在2012年10月12日复工，××建设公司复工后20日内，××投资公司再支付400

万元工程款；工程复工后45日内，在××县政府的主持下，共同核算应付××建设公司工程款，并以核算结果作为本次支付依据，若存在支付工程款不足部分，××投资公司在5日内支付××建设公司；付款节点在原协议的基础上增加秋收后、春节前等四个节点；后双方又因支付工程款问题发生纠纷。2013年1月8日，××投资公司授权河南××律师事务所向××建设公司发出了《解除承包协议和补充协议》的律师函，该函为××投资公司向××建设公司发出的解除《承包协议书》和《补充协议》的正式通知，要求××建设公司在收到该律师函后3日内撤出"××县第一高级中学新校区建设工程项目"的所有施工、管理人员和全部设备、设施，并与××投资公司就已完成的施工项目进行结算、移交相关施工资料。××建设公司同意解除《承包协议书》和《补充协议》，但不同意××投资公司解除合同的理由。

2013年8月，××建设公司向河南高院起诉称，××投资公司未按照原协议及补充协议的约定履行自己的义务，以种种理由拖延核算××建设公司停工期间的损失及主体封顶完成工程量的工程款，拒不按照补充协议约定的付款节点支付××建设公司工程款，已构成严重违约。2013年春节前，××投资公司应在2013年1月20日前支付××建设公司完成工程量80%的工程款却无力支付，就伺机于2013年2月1日擅自撤离了施工现场，至今没有进场。本项目属××县政府所有，由××县政府委托××投资公司投资代为开发建设的，××县政府作为项目的所有人，又是××投资公司的关联方、委托人，××县政府应对××投资公司承担连带责任。

一审法院认为：

××投资公司基于其与××县政府签订的《项目开发合作合同》，于2011年8月3日与××建设公司签订的《承包协议书》及2012年9月20日签订的《补充协议》，虽系双方当事人真实意思表示，但因××县第一高级中学新校区是最终由政府投资建设的关系社会公共利益的项目，该建设项目未进行招投标，违反了《中华人民共和国招标投标法》（以下简称《招标投标法》）第三条第二项、第三项之规定。根据《最高人民法院关于审理建设工程施工合同纠纷案件适用法律问题的解释》第一条第三项的规定，上述《承包协议书》及《补充协议》为无效合同。

××建设公司不服一审判决，向本院提起上诉称：××建设公司与××投资公司签订的《承包协议书》及《补充协议》是在××县政府与××投资公司签订的《项目开发合作合同》的前提下依法分包的，因此合同有效。1. ××县政府与××投资公司之间名义上是建设工程合作法律关系，实际上是建设工程施工合同总承包法律关系。2. ××投资公司将××县第一高级中学新校区项目中的土建、安装等工程分包给××建设公司施工，是在××县政府授权、同意的前提下进行的。××建设公司进场施工前，××县政府就成立了××县第一高级中学新校区项目领导小组，管理、监督项目的施工。因此，案涉《承包协议书》及《补充协议》合法有效。3. ××建设公司与××投资公司之间的分包合同符合《中华人民共和国建筑法》（以下简称《建筑法》）第二十九条的规定。4. 如果案涉项目属必须进行招投标的项目，也应当由××县政府进行招投标，通许县政府与××投资公司之间的合同才需要进行招投标，而××建设公司与××投资公司之间的分包合同则不属于《招标投标法》规定的必须招投标的项目。

二审法院认为：

《承包协议书》及《补充协议》的性质为建设工程施工合同，一审判决认定上述合同因违反《招标投标法》而无效并无不当。第一，从××投资公司与××建设公司之间签订的《承包协议书》及《补充协议》的内容看，是典型的建设工程施工合同，××投资公司是发包方，××建设公司是承包方。依据上述合同，××建设公司承建的是××县第一高级中学新校区项目中的土建、安装等工程。××投资公司不是分包该工程中的部分项目，而是以发包人的身份将整个工程发包给××建设公司施工。因此，××投资公司与××建设公司之间不是建设工程分包合同关系，而是建设工程的发包与承包合同关系。第二，案涉项目的性质决定其关系着公共安全，属于《招标投标法》规定的必须进行招投标的项目，××投资公司与××建设公司未进行招投标即直接签订合同，一审法院以该合同违反《招标投标法》为由认定该合同无效，认定事实清楚，适用法律正确。第三，××建设公司有关××县政府与××投资公司之间的合同才是建设工程施工合同，该合同因违反《招标投标法》而无效，且该合同无效，不影响其与××投资公司之间的分包合同效力的主张不能成立。××县政府与××投资公司所签订的合同不是建设工程施工合同，不属于《招标投标法》的调整范畴。首先，××投资公司的性质是投资公司而非从事建设工程施工的建筑企业。其代××县政府投资××县第一高级中学新校区项目是作为建设方而不是施工方来参与项目的开发建设。《招标投标法》除了保障建筑市场中的公平竞争外，更主要的目的是通过招投标，选择确定具有与工程项目要求相符资质的施工单位，以科学、合理的工程造价来进行施工，以保证工程质量。而××投资公司根本不是建筑企业，该公司从事投资管理的专业性质决定其不可能直接承包案涉工程项目的施工，而只是代××县政府作为案涉项目的建设方向项目投资。换句话说××投资公司就是××县政府为案涉项目确定的投资人，案涉项目由××投资公司投资并作为建设方负责选择施工单位进行建设，建成后由××县政府购买。之所以说××县政府与××投资公司之间的合同不受《招标投标法》的调整，是因为该合同并非是确定一个必须进行招投标的项目最终由哪个施工单位进行施工的合同。该合同既不涉及建筑施工企业是否通过公平竞争进入案涉项目，也与如何确定施工企业及其与工程质量相关的工程款等问题无关。但如果××县政府与××投资公司之间的合同无效，则直接影响到××投资公司与××建设公司之间的合同效力，因为，如果××投资公司的发包人地位被否定，则其与××建设公司签订的《承包协议书》及《补充协议》就失去了基础。而且，《建筑法》第二十八条明确规定："禁止承包单位将其承包的全部建筑工程转包给他人，禁止承包单位将其承包的全部建筑工程肢解以后以分包的名义分别转包给他人。"也就是说，如果××投资公司是将××县政府发包的案涉工程项目的土建和装修工程分包给××建设公司，则该合同无疑属于转包而非分包，而上述合同因属于违法转包工程而无效。故对于××建设公司有关××县政府与××投资公司之间的合同才是建设工程施工合同，该合同因违反《招标投标法》而无效，且该合同无效，不影响其与××投资公司之间分包合同的效力的主张，本院不予支持。

案例评析：

建设单位应该严格按照《中华人民共和国招标投标法》规定的必须进行招投标的项目进行公开招标，而不能以任何理由规避招标直接进行委托或者以"邀请招标"的形式进行委托。本案中，××投资公司投资并作为建设方负责选择施工单位进行建设，建成后由××县政府购买。因此，应认定××投资公司为真正意义上的建设方，故而认定××投资公司与××建设公司之间签订的《承包协议书》及《补充协议》是典型的建设工程施工合同，并应受《中华人民共和国招标投标法》调整。

4.3.6　典型案例评析之二：在招投标中，如何认定真正意义上的"投标保证金"

××燃气有限公司诉河南省××市政府等行政行为违法案

原告：××市××燃气有限公司。

被告：××市人民政府、××市发展计划委员会。

案情梗概：

2003年4月26日，市计委向河南××实业集团有限公司（以下简称××集团公司）、××市××燃气有限公司（以下简称××燃气公司）等13家企业发出邀标函，着手组织××市天然气城市管网项目法人招标，同年5月2日发出《××市天然气城市管网项目法人招标方案》（以下简称《招标方案》）其中称，"受××市人民政府委托，××市发展计划委员会组织人员编制了××市天然气城市管网项目法人招标方案"。该方案规定，投标人中标后，市政府委托××市建设投资公司介入项目经营（市政府于2003年8月15日作出X政〔2003〕76号文撤销了该公司，该公司未实际介入项目经营）。该方案及其补充通知中还规定，投标人应"按时将5000万元保证金打入指定账户，中标企业的保证金用于××天然气项目建设"。××燃气公司在报名后因未能交纳5000万元保证金而没有参加最后的竞标活动。

同年5月12日，正式举行招标。在招标时，市计委从河南省××招标代理有限责任公司专家库中选取了5名专家，另有××市委副秘书长和市政府副秘书长共7人组成评标委员会。同年6月19日，市计委依据评标结果和考察情况向××集团公司下发了《中标通知书》，其中称："××集团公司：××市天然气城市管网项目法人，通过邀请招标，经评标委员会推荐，报请市政府批准，确定由你公司中标"。同年 6 月 20 日，市政府作出 X 政（2003）54 号《关于河南××实业集团有限公司独家经营××市规划区域内城市管网燃气工程的通知》（以下简称 54 号文），其中称："为促进我市的经济发展，完善城市基础设施建设，提高居民生活质量，市政府同意××市燃气城市管网项目评标委员会意见，由河南××实业集团公司独家经营××市规划区域内城市天然气管网工程"。54 号文送达后，××集团公司办理了天然气管网的有关项目用地手续，购置了输气管道等管网设施，于 2003 年 11 月与中国石油天然气股份有限公司西气东输管道分公司（以下简称中石油公司）签订了"照付不议"用气协议，并开始动工开展管网项目建设。××燃气公司认为，市计委、市政府作出的上述《招标方案》中设定 5000 万元保证金超出了法定最高限额，其目的是为了排斥××燃气公司参加投标，违反了法律规定，向河南省高级人民法院提起行政诉讼。

一审法院认为：

根据国务院关于"西气东输"工程的领导体制和主管部门的规定，××省人民政府办公厅豫政办（2002）第 35 号文《关于加快西气东输利用工作的通知》第二条规定，以及市政府关于各职能部门的权限划分情况，可以认定××市计委有组织招标的职权。

《中华人民共和国招标投标法》（以下简称《招标投标法》）没有禁止设置保证金的规定，而且市计委设定 5000 万保证金是为了确保中标人的经营实力，并不违法。

案例评析：

建设单位在招标过程中，应严格按照《招投标法》、《××省实施招标投标法办法》以及六部委联合颁布的《工程建设项目施工招标投标办法》的相关规定进行操作。本案中，《招标方案》中关于"为确保公开招标的顺利进行，保证确有实力的招标企业建设××天然气城网项目，各企业报名后按时将 5000 万元保证金打入××指定账户"及"中标企业的保证金用于××天然气项目建设"等内容可知，设定该保证金之主要目的并非仅为招标活动本身提供担保，而是为"西气东输"利用项目的顺利进行提供资金上的保障。因此，该保证金并非国家计委等六部委《工程建设项目施工招标投标办法》中规定的投标保证金，不应受该办法第三十七条关于"投标保证金一般不得超过投标总价的 2%，但最高不得超过八十万元人民币"之规定的约束。根据《招标投标法》第二十六条关于"投标人应当具备承担招标项目的能力"之规定，市计委在制定招标方案时，可以根据项目的实际情况设定体现投标人能力的合理条件，鉴于××市天然气城市管网项目建设预计投资超过 1 亿元人民币，需要投标人具有相应的资金能力，市计委要求投标人交纳 5000 万元保证金是合理的，且并不违背法律规定的原意。上诉人××公司提出的《招标方案》设定 5000 万元保证金超出了法定最高限额，其目的是为了排斥××公司参加投标之诉讼理由不能成立。

4.3.7　典型案例评析之三：部门规章和地方性规章不能作为判定中标有效与否及合同效力的依据

××商务港（南通）有限公司诉中国××建设公司建设工程施工合同案

原告：××商务港（南通）有限公司（以下简称××商务港公司）

被告：中国××建设公司（以下简称××建设公司）

案情梗概：

2004 年 1 月 14 日，原告向××建筑工程总承包有限公司、××工程开发总公司、江苏南通××建设集团有限公司（以下简称南通××公司）和中国××建设公司发出了"××（南通）国际服饰港（一期）工程施工招标文件"。同年 1 月 26 日至 28 日，上述四公司向原告发出了投标书。南通市招投标办公室接受原告的委托，委派了专家评委三人参与议标。三位专家会同原告于 2004 年 1 月 29 日议标得出结论：南通××公司为评标第一名。但原告未当场定标，嗣后也未在其中确定中标者。2004 年 2 月 9 日，原告向被告发出了"中标通知书"。

2004 年 2 月 15 日，原、被告签订了××（南通）跨国服饰采购中心（一期）施工承包合同，约定：由被告承包建设；合同价款暂定为 3 000 万人民币，决算审定价为最后价；合同签订后 5 日内，发包方支付给承包方合同价款 10％计 300 万元等。同年 2 月 27 日，原告向被告预付了 300 万元工程款。双方订立合同时，原告并未办理该项工程立项审批等手续。

2004 年 3 月 18 日，原告取得"建设用地规划许可证"，并经南通经济技术开发区经济贸易局批复该项工程的初步设计方案，11 月取得南通市发展计划委员会的项目核准通知，12 月 13 日取得南通市国土资源局颁发的工程土地使用权证，但至今尚未取得建筑规划许可证。

2004 年 11 月 19 日，原告向被告发出解除合同的通知，称："现因原钢结构工程已全部改为钢筋混凝土结构，且江苏省 2001 年定额已停止执行，这样按原合同已无法执行。鉴此，通知贵公司从 2004 年 7 月 30 日起正式终止施工总承包合同，请贵公司退回工程预付款，撤出工地，对履约期间在工地上的实际损失我公司将给予合理的赔付。变更后的××（南通）工程欢迎贵公司参加投标，在同等条件下贵公司将优先中标。"对此，被告未予理涉。

2005 年 6 月 21 日，原告遂诉至法院。原告诉称：原、被告于 2004 年 2 月 15 日签订工程施工总承包合同一份，约定由被告为原告承建××（南通）跨国采购中心（一期）工程，采用钢结构。同年 2 月 27 日原告依约向被告预付工程款 300 万元。该合同签订时，原告尚未办理该工程的相关手续，也未通过招标的方式确定被告为中标人。现该工程的规划已经修改，施工设计也改为钢筋混凝土结构，故原、被告所签订的合同已无法履行。本案工程项目因总价款达 3000 万元人民币，应属强制招投标范围；同时亦称该项目为涉及"公共安全的公用事业"，应属于国家强制规定的招投标调整范围，被告未参与工程的招投标，其取得"中标通知书"直接违反了《招标投标法》的规定，中标无效，承包合同也无效。请求法院确认承包合同无效，判令被告冶金公司退还预付款 300 万元。

被告辩称：根据我国招投标法和国务院的相关规定，本项工程本不需要招投标，因招投标法对招投标的项目有强制性的规定，为此国务院专门颁布了建筑工程项目招标范围和规模标准的规定，该项工程不属于强制性招投标的范围。故即使该工程被告不是通过招投标取得，合同仍然有效。此外，结构的变化、施工方案的变化、相关批准的证照未下发，均不能导致合同的无效。请求法院驳回原告的诉讼请求。

法院审理和判决：

根据《招标投标法》第三条及 2000 年 4 月 4 日国务院批准、2000 年 5 月 1 日国家发展计划委员会发布的《工程建设项目招标范围和规模标准规定》（以下简称《规定》）第二条、第三条、第四条、第五条、第六条、第七条的规定，原告所建设的工程建设项目不属于国家法律和法规规定的必须进行招标的范围。上述《规定》虽然授权各省、自治区、直辖市人民政府及国家有关部委可以对必须进行招标的具体范围和规模标准进行调整，且建设部及江苏省人民政府也出台了有关招投标的规范性文件；但是，这些规章并没有改变上述《规定》所列的"必须进行招标"的具体范围，仍是按照该具体范围执行，仅就"规模标准"进行了调整。因此，在国家法律法规未对招标的具体范围予以调整前，目前工程建设项目招标范围仍属有效规范。

江苏省人民政府于 2003 年 4 月 22 日发布的《关于修改〈江苏省建设工程招标投标管理办法〉的决定》规定的工程项目在 50 万元以上的必须招标，建设部于 2001 年 5 月 31 日发布的《房屋建筑和市政基础设施的工程施工招投标管理办法》规定施工新单项合同结算价在 200 万元人民币以上或项目总投资在 3 000 万元人民币以上，必须进行招标等，应属地方政府和有关部门在国家有关规定的基础上对招标市场进行行业管理的规范，此类规定并不能否定或抵触上位法的规定，故本案工程项目要否招标，招投标是否有效，应以法律法规来衡量和判断。部门规章和地方性规章不能作为判定中标有效与否及合同效力的依据。故本案双方签订的合同不违反法律规定，应为有效合同，原告所称合同无效的理由不能成立，不予支持。另外，原告还主张，其与被告确立合同关系时，本项工程的所有证照未取得，直至现在，尚有建筑工程规划许可证没有取得，此亦为合同无效及合同无法履行的原因之一。对此，法院认为，涉案工程项目是否取得有关有权部门颁发证照，不必然影响合同的效力。据《合同法》相关规定及民法原则，此情形应是合同效力待定状态，属合同是否成立生效、何时成立生效之范畴。据此，原告以此作为合同无效的理由也不成立，不予支持。原告据此要求被告返还 300 万元的工程预付款的请求，亦不予支持。

案例评析：

由本案可见，讼争工程是否属于国家强制规定的招投标调整范围只能以招投标法律、行政法规为依据。按照《中华人民共和国招标投标法》和国务院《工程建设项目招标范围和规模标准规定》的规定，××商务港公司所建的国际服饰港一期工程并非属于"公用事业项目"，故其称该项目为涉及"公共安全的公用事业"而属于国家强制规定的招投标调整范围的理由缺乏法律依据，其订立的合同没有违反招投标法律、行政法规所规定的合同无效的禁止性规定，故应认定有效。至于合同订立时是否领取建设工程规划许可证亦非认定双方合同效力的依据。

4.3.8 典型案例评析之四：以"高度商业机密，为防止技术泄密"为由规避公开招标

青海××化工有限责任公司与××建设集团有限公司
建设工程施工合同纠纷上诉案

原告：××建设集团有限公司

被告：青海××化工有限责任公司

案情梗概：

2003 年 5 月 6 日，青海××化工有限责任公司（以下简称××化工公司）与××建设集团有限公司（以下简称××建设公司）签订建设工程施工合同，约定：工程名称为西部××团结湖示范工程，工程内容为基础建设工程、土建工程、安装工程及本工程图纸范围所含全部工程；合同价款暂估 550 万元；因××化工公司没有设计图，所以双方对工期等其他内容没有约定。组成合同的文件包括：该合同协议书、专用条款、通用条款、标准、规范等。××建设公司于 2003 年 5 月 20 日开工，工程于 2004 年 5 月 25 日竣工。同日，经施工单位、设计单位、监理单位、建设单位四方验收（3 份验收记录）为合格工程。2004 年 5 月 18 日，双方当事人在中介方中国建设银行青海省分行工程造价咨询中心（以下简称咨询中心）造价工程师姜××的参加下，形成了"青海××化工有限责任公司示范工程决算工作会议纪要"，共同确认了工程取费标准。因被告拖欠工程款，原告将被告诉至法院。一审法院认为，双方当事人对合同的真实性没有异议，该合同没有违反法律强制性规定，应当受到法律保护。本案工程款应以咨询中心决算的价款来认定，××化工公司没有及时付清工程款，应当承担违约责任。

××化工公司不服一审判决，向本院提起上诉称，（1）双方当事人签订的建设工程施工合同违反法律强制性规定，应属无效。根据《招标投标法》第 3 条、《青海省工程建设项

目招标范围和规模标准规定》第 4 条规定，在青海省的单项施工合同估算价在 100 万元人民币以上的，必须招标。本案建设工程施工合同暂估价为 550 万元，超过了以上数额，属于必须招标的情形。而本案中双方未经招标而自行签订合同，显然违反了法律的强制性规定。根据最高人民法院《关于审理建设工程施工合同纠纷案件适用法律问题的解释》第 1 条第 3 项规定，建设工程必须进行招标而未招标或者中标无效的，应当根据《合同法》第 52 条第 5 项的规定，认定无效。因此，双方当事人应按照最高人民法院《关于审理建设工程施工合同纠纷案件适用法律问题的解释》相关规定进行结算。××建设集团有限公司抗辩称：××化工公司在向青海省格尔木昆仑经济开发区管委会递交了《申请报告》，提出"由于本项目的一些工艺布局、工艺流程、施工图纸、技术参数尚属世界顶尖技术，属于我公司的高度商业机密，为防止技术泄密，因此特请示对此项工程不采取公开招标的方式，而采用议标的方式进行施工招标。因此，本案建设工程并非属于必须招标的情形。

法院审理与判决：

本案建设工程施工合同属于施工单项合同。根据《招标投标法》第 3 条和《工程建设项目招标范围和规模标准规定》第 7 条规定，该合同价款暂估 550 万元，应当属于必须招标的范围。虽然××化工公司在向青海省格尔木昆仑经济开发区管委会递交了《申请报告》，提出"由于本项目的一些工艺布局、工艺流程、施工图纸、技术参数尚属世界顶尖技术，属于我公司的高度商业机密，为防止技术泄密，因此特请示对此项工程不采取公开招标的方式，而采用议标的方式进行施工招标"，但其所称该公司的"高度商业机密"并不符合《招标投标法》第 66 条规定所称的可以不进行招标的"涉及国家安全、国家秘密"的特殊情况。据此，本院认为，案涉建设工程属于法律、行政法规规定的必须招标的项目。最高人民法院《关于审理建设工程施工合同纠纷案件适用法律问题的解释》第 1 条规定："建设工程施工合同具有下列情形之一的，应当根据合同法第五十二条第五项的规定，认定无效：……（三）建设工程必须进行招标而未招标或者中标无效的。"根据该规定，应当认定本案当事人所签的建设工程施工合同无效。对案涉工程施工合同的无效，××化工公司作为建设方，应当承担主要责任。

案例评析：

由本案可见，其所称该公司的"高度商业机密"并不符合《招标投标法》第 66 条规定所称的可以不进行招标的"涉及国家安全、国家秘密"的特殊情况。即使满足《工程建设项目施工招标投标办法》第十一条的条件：（一）项目技术复杂或有特殊要求，或者受自然地域环境限制，只有少量潜在投标人可供选择；（二）涉及国家安全、国家秘密或者抢险救灾，适宜招标但不宜公开招标；（三）采用公开招标方式的费用占项目合同金额的比例过大的情形之一，那也应该采用邀请招标的方式，而不能采用议标。所谓的议标实际上就是一对一的谈判采购，不具有公开性和竞争性，较易产生不正当竞争和不正当交易行为，难以保障采购的质量，与招标所要遵守的公开性、公正性、公平性原则背道而驰，大量犯罪行为也因此而产生。根据这些特点，招标投标法未承认所谓的议标是一种法定招标方式。

4.3.9 典型案例评析之五：招标人预先内定中标人，中标结果无效

临澧县××建筑安装有限责任公司诉常德市××置业有限公司建设工程施工合同纠纷案

原告：临澧县××建筑安装有限责任公司。

被告：常德市××置业有限公司。

案情梗概：

2007年6月25日，原、被告签订了一份施工合同补充协议，协议约定："发包方（甲方）常德市××置业有限公司（以下简称××置业公司）将××"星情湾"三期工程承包给乙方临澧县××建筑安装有限责任公司（以下简称××建筑安装公司）修建，承包范围为26♯楼A、B栋的土建、水、电、卫等安装工程，建筑面积约8000平方米，承包方式为包工包料，工程造价约260万元，具体造价以施工图纸编制预算，以竣工结算为准，工程结算按浙江省94定额计取直接费等"。2007年7月18日，原告××建筑安装公司即进场组织施工。2007年7月25日，原、被告又签订了一份"建设工程施工合同"，合同约定："发包人临澧县××置业有限公司将"星情湾"26♯楼A、B栋的建设工程（含土建、水电）发包给承包人临澧县××建筑安装有限责任公司修建，合同价款200万元"。2007年7月11日，××工程招标代理有限公司对××"星情湾"三、四期工程（二标段）组织招投标，原告××建筑安装公司于2007年7月31日以1155.18万元的投标报价参与投标，2007年8月10日，××工程招投标代理有限公司确定原告××公司以1155.18万元的金额中标。此后，原、被告未签订建设施工合同。××"星情湾"三、四期工程（二标段）内容包括了3某楼、5某楼、6某楼A、B、C栋、26♯楼A、26某B栋，共七栋楼，建筑面积共25500平方米。2008年9月12日，原告××建筑安装公司完成了26某楼A、B栋的施工并经验收合格。2008年9月底，原告××建筑安装公司向被告提交了建筑工程决算书，决算工程总造价7925095.41元。被告××置业公司以原告××建筑安装公司提交的决算书所采用的决算依据与约定不符而拒收。

原告××建筑安装公诉称，原告依据双方协议及中标结果，于2007年7月承建了被告的"星情湾"26♯楼A、B栋商住楼建设项目，工程已于2008年9月17日经竣工验收合格并已交付使用，被告仅陆续支付工程款5079049.50元。因原告在招投标之前既已进场施工，且双方已就工程价款及施工合同进行了实质性协商，故原、被告的招投标结果无效。

法院审理：

本院认为，"星情湾"26某楼A、B栋工程系被告投资开发的商品房建设工程，根据

《中华人民共和国招投标法》第三条、《工程建设项目施工招标投标办法》第三条及《工程建设项目招标范围和规模标准规定》，属于必须进行招标的工程建设项目。《中华人民共和国招投标法》第六十四条规定："招标人和中标人应当自中标通知书发出之日起三十日内按照招标文件和中标人的投标书文件订立书面合同，招标人和中标人不得再行订立背离合同实质性内容的其他协议"《中华人民共和国合同法》第五十二条规定，"有下列情形之一的，合同无效：（一）一方以欺诈、胁迫的手段订立合约，损害国家利益；（二）恶意串通，损害国家、集体或者第三人利益；（三）以合法形式掩盖非法目的；（四）损害社会公共利益；（五）违反法律、行政法规的强制性规定"。原、被告就未进行招投标的商品房开发建设工程于 2007 年 6 月 25 日及 2007 年 7 月 25 日签订施工合同违反了上述法律规定，为无效合同。被告××置业公司委托招标代理机构××工程招标代理有限公司于 2007 年 7 月 11 日对"星情湾"三、四期工程二标段 7 栋楼进行了招标，但开标及中标日期分别为 2007 年 7 月 31 日及 2007 年 8 月 10 日，在此之前原告已与被告签订了二份施工合同并已进场施工，属于招标人预先内定中标人，依照《工程建设项目施工招标投标办法》第四十七条第（四）项、第七十四条、《中华人民共和国招投标法》第五十三条之规定，××"星情湾"三、四期工程（二标段）中标结果涉及 26 某楼 A、B 栋部分无效。

案例评析：

"星情湾" 26 某楼 A、B 栋工程属于必须进行招标的工程建设项目，但在公开招标并确定招标人之前，××置业公司已与××建筑安装公司签订了二份施工合同并已进场施工，应认定为招标人预先内定中标人。

按照《工程建设项目施工招标投标办法》规定下列行为均属招标人与投标人串通投标：（一）招标人在开标前开启投标文件，并将投标情况告知其他投标人，或者协助投标人撤换投标文件，更改报价；（二）招标人向投标人泄露标底；（三）招标人与投标人商定，投标时压低或抬高标价，中标后再给投标人或招标人额外补偿；（四）招标人预先内定中标人；（五）其他串通投标行为。

根据上述规定，可认定招标人与投标人存在串通投标行为。根据《中华人民共和国招投标法》第五十三条之规定：投标人相互串通投标或者与招标人串通投标的，中标无效；因此，在招标投标活动中涉嫌串标的行为，不仅将导致中标无效，还将面临行政处罚，严重者甚至要承担刑事责任。

4.3.10 相关法律和技术标准（重要条款提示）

针对本节所面临的风险点，建设单位应注意以下相关法律、法规、部门规章及其他规范性文件的重要条款。

1.《中华人民共和国招标投标法》

第三条在中华人民共和国境内进行下列工程建设项目包括项目的勘察、设计、施工、监理以及与工程建设有关的重要设备、材料等的采购，必须进行招标：

（一）大型基础设施、公用事业等关系社会公共利益、公众安全的项目；

（二）全部或者部分使用国有资金投资或者国家融资的项目；

（三）使用国际组织或者外国政府贷款、援助资金的项目。

前款所列项目的具体范围和规模标准，由国务院发展计划部门会同国务院有关部门制订，报国务院批准。

法律或者国务院对必须进行招标的其他项目的范围有规定的，依照其规定。

2.《北京市建设工程质量条例》

第二十三条依法必须进行招标的建设工程，建设单位、施工单位应当按照规定编制资格预审文件、招标文件。资格预审文件或者招标文件发出的同时，建设单位、施工单位应当向有关行政主管部门备案。

3.《工程建设项目招标范围和规模标准规定》

第二条：关系社会公共利益、公众安全的基础设施项目的范围包括：

（一）煤炭、石油、天然气、电力、新能源等能源项目；

（二）铁路、公路、管道、水运、航空以及其他交通运输业等交通运输项目；

（三）邮政、电信枢纽、通信、信息网络等邮电通讯项目；

（四）防洪、灌溉、排涝、引（供）水、滩涂治理、水土保持、水利枢纽等水利项目；

（五）道路、桥梁、地铁和轻轨交通、污水排放及处理、垃圾处理、地下管道、公共停车场等城市设施项目；

（六）生态环境保护项目；

（七）其他基础设施项目。

第三条：关系社会公共利益、公众安全的公用事业项目的范围包括：

（一）供水、供电、供气、供热等市政工程项目；

（二）科技、教育、文化等项目；

（三）体育、旅游等项目；

（四）卫生、社会福利等项目；

（五）商品住宅，包括经济适用住房；

（六）其他公用事业项目。

4.《工程建设项目施工招标投标办法》

第八条：依法必须招标的工程建设项目，应当具备下列条件才能进行施工招标：（一）招标人已经依法成立；（二）初步设计及概算应当履行审批手续的，已经批准；（三）招标范围、招标方式和招标组织形式等应当履行核准手续的,已经核准;(四)有相应资金或资金来源已经落实;(五)有招标所需的设计图纸及技术资料。

5. 国家发展改革委办公室关于招标代理服务收费有关问题的通知《发改委办价格〈2003〉857号》对《招标代理服务收费管理暂行办法》计〈2002〉1980号文规定,将办法第十条中招标代理服务实行标准委托标准付费,修改为招标代理服务费应由招标人支付,招标人招标代理机构与投标人另行约定的,从其约定。

6.《房屋建筑和市政基础设施工程施工招标投标管理办法》

第七条 工程施工招标由招标人依法组织实施。招标人不得以不合理条件限制或者排斥潜在投标人,不得对潜在投标人实行歧视待遇,不得对潜在投标人提出与招标工程实际要求不符的过高的资质等级要求和其他要求。

第八条 工程施工招标应当具备下列条件:

(一)按照国家有关规定需要履行项目审批手续的,已经履行审批手续;

(二)工程资金或者资金来源已经落实;

(三)有满足施工招标需要的设计文件及其他技术资料;

(四)法律、法规、规章规定的其他条件。

第九条 工程施工招标分为公开招标和邀请招标。

依法必须进行施工招标的工程,全部使用国有资金投资或者国有资金投资占控股或者主导地位的,应当公开招标,但经国家计委或者省、自治区、直辖市人民政府依法批准可以进行邀请招标的重点建设项目除外;其他工程可以实行邀请招标。

第十条 工程有下列情形之一的,经县级以上地方人民政府建设行政主管部门批准,可以不进行施工招标:

(一)停建或者缓建后恢复建设的单位工程,且承包人未发生变更的;

(二)施工企业自建自用的工程,且该施工企业资质等级符合工程要求的;

(三)在建工程追加的附属小型工程或者主体加层工程,且承包人未发生变更的;

(四)法律、法规、规章规定的其他情形。

第十一条 依法必须进行施工招标的工程,招标人自行办理施工招标事宜的,应当具有编制招标文件和组织评标的能力:

(一)有专门的施工招标组织机构;

(二)有与工程规模、复杂程度相适应并具有同类工程施工招标经验、熟悉有关工程施工招标法律法规的工程技术、概预算及工程管理的专业人员。

不具备上述条件的,招标人应当委托具有相应资格的工程招标代理机构代理施工招标。

第十二条 招标人自行办理施工招标事宜的,应当在发布招标公告或者发出投标邀请书的5日前,向工程所在地县级以上地方人民政府建设行政主管部门备案,并报送下列材料:

（一）按照国家有关规定办理审批手续的各项批准文件；

（二）本办法第十一条所列条件的证明材料，包括专业技术人员的名单、职称证书或者执业资格证书及其工作经历的证明材料；

（三）法律、法规、规章规定的其他材料。

招标人不具备自行办理施工招标事宜条件的，建设行政主管部门应当自收到备案材料之日起 5 日内责令招标人停止自行办理施工招标事宜。

第十三条全部使用国有资金投资或者国有资金投资占控股或者主导地位，依法必须进行施工招标的工程项目，应当进入有形建筑市场进行招标投标活动。

政府有关管理机关可以在有形建筑市场集中办理有关手续，并依法实施监督。

第十四条依法必须进行施工公开招标的工程项目，应当在国家或者地方指定的报刊、信息网络或者其他媒介上发布招标公告，并同时在中国工程建设和建筑业信息网上发布招标公告。

招标公告应当载明招标人的名称和地址，招标工程的性质、规模、地点以及获取招标文件的办法等事项。

4.3.11　本节疑难释义

《中华人民共和国招标投标法实施条例》第二十七条规定："招标人不得规定最低投标限价。"至于为何禁止最低投标限价，官方给出的解释是：因为投标人的竞争能力和完成招标项目的个别成本具有很大差异，为了保证充分竞争，促进技术管理进步，节省采购成本，本条明确规定招标人不得设置最低投标限价，即不允许作出"低于最低限价的投标报价为无效投标"等规定。为了防止投标人以低于成本的报价竞争，可以通过对投标价格的分析论证来判断其是否低于成本，包括参考标底、其他投标人的报价，以及投标人的证明材料等，而不能统一设定最低限价。

在实践中，如果采用"最低投标价法"但又不能违反法律法规统一设定"最低限价"，这便会给如何界定承包商的投标价是否"低于成本的报价"界定带来很大的困难性。可是，要采用"经评审的最低投标价法"就必须解决这个难题，各地区也尝试采用了一些方法。如在一些地区评标中由造价咨询单位根据预算定额规定和市场价格计算出工程造价，并根据不同性质的工程，确定最大可下浮浮动率；还有一些地区的做法是工程量清单配基价，将基价作为平均行业成本，在组织力量调查各类企业能够承担的最大下降幅度，将此下降幅度乘以基价，即可得出"最小的工程个别成本"，作为确定"低于成本的报价"的依据。实际上借鉴会计学、统计学等有关学科的原理和方法，特别是引入企业财务指标作为判定投标人的投标报价是否低于成本的依据，以增加界定投标人成本的客观性和科学性，不失为解决问题的一个思路。

4.4　建设工程规划许可证的办理

建设工程规划许可证是城市规划行政主管部门依法核发的，确认有关建设工程符合城市规划要求的法律凭证。建设工程规划许可证是有关建设工程符合城市规划要求的法律凭证，是建设单位建设工程的法律凭证，是建设活动中接受监督检查时的法定依据，没有此证的建设单位，其工程建筑是违章建筑，不能领取房地产权属证件。《中华人民共和国城乡规划法》第四十条：在城市、镇规划区内进行建筑物、构筑物、道路、管线和其他工程建设的，建设单位或者个人应当向城市、县人民政府城乡规划主管部门或者省、自治区、直辖市人民政府确定的镇人民政府申请办理建设工程规划许可证。

4.4.1　建设工程规划许可证的内容和范围

1. 建设工程规划许可证主要内容

（1）许可证编号；

（2）发证机关名称和发证日期；

（3）用地单位；

（4）用地项目名称、位置、宗地号以及子项目名称、建筑性质、栋数、层数、结构类型；

（5）计容积率面积及各分类面积；

（6）附件包括总平面图、各层建筑平面图、各向立面图和剖面图。

2. 建设工程规划许可证具体范围

城市规划区内各类建设项目（包括住宅、工业、仓储、办公楼、学校、医院、市政交通基础设施等）的新建、改建、扩建、翻建，均需依法办理建设工程规划许可证。具体范围包括：

（1）新建、改建、扩建建筑工程。

（2）各类市政工程、管线工程、道路工程等。

（3）文物保护单位和优秀近代建筑的大修工程以及改变原有外貌、结构、平面的装修工程。

（4）沿城市道路或者在广场设置的城市雕塑等美化工程。

（5）户外广告设施。

（6）各类临时性建筑物、构筑物。

4.4.2　建设单位（甲方代表）实践中的风险点及防控建议

1. 未取得建设工程规划许可证形成的违法建设

实践中，建设单位因未取得建设工程规划许可证形成的违法建设主要有以下三种情况：①未取得任何手续即开工建设。②已取得规划条件，但未取得土地使用权或已按规划条件取得土地使用权，但未取得建设工程规划许可证即开工建设或实际建设改变规划条件的。③已批准修建性详细规划或建设工程设计方案，但未取得建设工程规划许可证即开工建设，实际建设违反修建性详细规划或建设工程设计方案的。建设单位如未取得建设工程规划许可证或者违反建设工程规划许可证的规定进行开发建设，严重影响城市规划的，由城市规划行政主管部门责令停止建设，限期拆除或者没收违法建筑物、构筑物及其他设施，对有关责任人员，可由所在单位或者上级主管机关给予行政处分。

《建设工程质量管理条例》第五十七条：违反本条例规定，建设单位未取得施工许可证或者开工报告未经批准，擅自施工的，责令停止施工，限期改正，处工程合同价款百分之一以上百分之二以下的罚款。

【防控建议】

建设工程规划许可证确认有关建设活动的合法地位，保证有关建设单位的合法权益。同时，建设单位在取得建设工程规划许可证后，应在有效期内申请开工，逾期未开工又未提出延期申请的，建设工程规划许可证自动失效。有效期的时效应参照各地地方法规规定，如：上海市 6 个月，广东省一年。

2. 违反建设工程规划许可证形成的违法建设

建设单位或者个人在建设时突破批准的建设工程规划许可证，擅自越证导致实际建设容量超出规划批准指标的。例如：①建筑擅自"增高"一般有两种手法：一种是加层，如审批的是 18 层，加到 21 层；另一种是把每层加高，如 2.7 米的层高加到 3 米。②擅自"长胖"是改变批准的建设工程规划许可证内容，多占地，靠建筑变"胖"、变"粗"来增加建筑面积。③擅自"移位"是建筑不在原规划审批的地点上建设。

《中华人民共和国城乡规划法》第六十四条：未取得建设工程规划许可证或者未按照建设工程规划许可证的规定进行建设的，由县级以上地方人民政府城乡规划主管部门责令停止建设；尚可采取改正措施消除对规划实施的影响的，限期改正，处建设工程造价百分之五以上百分之十以下的罚款；无法采取改正措施消除影响的，限期拆除，不能拆除的，没收实物或者违法收入，可以并处建设工程造价百分之十以下的罚款。

【防控建议】

建设单位应严格按照颁发的建设工程规划规划许可证中有关建设项目的建筑性质、栋数、层数、结构类型、计容积率面积及各分类面积建设。一旦超越规定范围，将面临被整改，严重者甚至有拆除风险。

4.4.3 典型案例评析之一：《建设工程规划许可证》有效期的规定存在地域的差异性

广东××建设公司与××住房和城乡建设局二审行政判决书

上诉人（原审原告）：广东××建设公司

被上诉人（原审被告）：××住房和城乡建设局

案情梗概：

2011 年 12 月 29 日，××置业公司与广东××建设公司（以下简称××建设公司）签订《广东省建设工程标准施工合同》（合同编号：××2011-12），约定玉湖度假村酒店改建项目（度假酒店、公寓式酒店、低层独立式酒店及配套工程）由××建设公司作为施工总承包方。2012 年 5 月 14 日，双方又签订《协议书》，约定上述合同仅作为完善报建手续以及作为相关政府单位用于备案资料及竣工验收报备之用，除上述责任及义务外，双方不存在该合同所规定的任何权利与义务，也不得以该合同的规定要求对方承担责任，双方就玉湖度假村酒店改建项目的合同关系，将在 2012 年 5 月 15 日签订的合同中产生。2012 年 5 月 15 日，××置业公司与××建设公司、中冶天工××冶建设有限公司江门分公司签订《施工承包合同》（合同编号：××2012001），约定"本协议本阶段实施承包范围：一期主体土建施工和装饰安装工程的相应预埋施工工程项目承包包工包料包施。下阶段意向承包范围：二期独立公寓式酒店……以上项目在同等条件下承包人优先获得承包权，承包条款另行议定。"2014 年 4 月 15 日，××置业公司与××建设公司签订《协议书》，但该《协议书》未向××住建局报备。同日，××置业公司与××建设公司签署了另一份《协议书》，并由玉湖置业向××住建局报备。

2014 年 11 月 11 日，××置业公司委托广东××工程管理有限公司对玉湖度假村酒店改建项目——二期独立式低层酒店（三层）及公寓式酒店（九层）进行招标。同年 11 月 24 日，经××公共资源交易中心评标，江门市××建筑工程有限公司中标。

2014 年 12 月 17 日，××公共资源交易中心将江门市××建筑工程有限公司的中标信息进行公告，公告时间自 2014 年 12 月 17 日起至 2014 年 12 月 19 日止。

2014 年 12 月 19 日，××置业公司向江门市××建筑工程有限公司发出中标通知书。

××建设公司知悉××置业公司上述招标行为后，向××住建局递交了《投诉书》。××住建局收到××建设公司的投诉后，经调查，认为"江门市新会区玉湖度假村酒店改建项目——二期独立式低层酒店（三层）及公寓式酒店（九层）"项目的招标投标活动未发现存在违反《中华人民共和国招标投标法》的情况，该项目招标投标结果合法有效。

　　××建设公司不服，遂向法院提起行政诉讼。

　　原审法院认为：涉案招标行为需要履行项目审批手续的，已经批准，招标方式符合法律规定，项目资金也符合《国务院关于调整固定资产投资项目资金比例的通知》要求的比例。××建设公司与××置业公司就施工范围的变更已签订了书面协议，并由××置业公司向××住建局报备，事实清楚。涉案二期工程经邀请招标、投标、评标后，××公共资源交易中心确定了中标人为江门市××建筑工程有限公司。2014年12月17日，××公共资源交易中心将中标信息公示三日。××住建局查明以上事实后，认为该招标活动未存在违反法律规定的情况，并认定该项目招标投标结果合法有效，并无不妥。××住建局在受理××建设公司的投诉后，作出X建（2015）53号《关于玉湖度假村酒店项目招投标活动投诉的处理决定》未违反法律规定。××建设公司以××住建局的处理决定不合法为由，请求撤销涉案处理决定，事实和法律依据不足，原审法院不予支持。

　　××建设公司不服原审判决，以"××置业公司在第二期工程招标时提交的《建设工程规划许可证》已过期"为由提出上诉。

　　××住建局辩称：《中华人民共和国城乡规划法》第四十条并没有规定《建设工程规划许可证》的有效期限，《广东省城乡规划条例》作为地方法规在第四十一条虽然有"有效期限"的规定，但其作为下位法的地方法规，增加了行政相对人的报批义务和使用限制，该规定明显与《中华人民共和国城乡规划法》第四十条规定相冲突，故目前各规划部门在颁发《建设工程规划许可证》时均只依据《中华人民共和国城乡规划法》第四十条规定，没有注明具体的有效期限。

　　二审法院认为：《中华人民共和国行政许可法》第五十条第一款规定："被许可人需要延续依法取得的行政许可的有效期的，应当在该行政许可有效期届满三十日前向作出行政许可决定的行政机关提出申请。但是，法律、法规、规章另有规定的，依照其规定。"《广东省城乡规划条例》第四十一条第五款规定："取得建设工程规划许可证一年后尚未开工的，应当向原许可机关办理延期手续，延长期限不得超过六个月。未办理延期手续或者办理延期手续逾期仍未开工的，建设工程规划许可证自行失效。"因此，对于《建设工程规划许可证》的有效期限的认定应当适用《广东省城乡规划条例》的上述规定，××住建局及××置业公司对此提出的相关答辩及陈述意见，本院不予采纳。××置业公司实施涉案招标时并无合法有效的《建设工程规划许可证》，并不符合《广东省实施〈中华人民共和国招标投标法〉办法》第十四条"进行招标的项目，应当符合有相关行政主管部门批准的建设工程规划许可文件"要求的相关规定，××置业公司实施涉案的招标尚未具备法定的条件。鉴于××置业公司实施涉案的招标尚未符合法定条件，对于该招投标过程中实施的其他行为，本院不宜再作出进一步的评判。综上，××住建局在受理××建设公司的投诉后，对上述《建设工程规划许可证》的情况未尽全面调查、核实义务，其作出的X建（2015）53号《关于玉湖度假村酒店项目招投标活动投诉的处理决定》存在主要证据不足，其认定涉案招标项目合法有效不当。

综上所述，原审判决认定事实部分清楚，但适用法律、法规错误，本院予以撤销。依据《中华人民共和国行政诉讼法》第七十条第（一）项、第八十九条第一款第（二）项的规定，判决如下：一、撤销一审判决；二、撤销被上诉人行政处理决定；三、被上诉人××住房和城乡建设局应自本判决发生法律效力之日起依法对广东××建设公司提出涉案的投诉书重新作出行政行为。

案例评析：

建设单位在进行工程项目施工招标前应先确认自身是否满足法律法规中有关的招标的条件，如：招标人是否已经依法成立；初步设计及概算是否已经履行审批手续；相应资金或资金来源是否已经落实；是否有招标所需的设计图纸及技术资料。关于建设用地规划许可证和建设工程规划许可证的有效期问题，目前住房和城乡建设部并无统一规定，《中华人民共和国城乡规划法》也无有效期的规定。针对该问题，应该根据建设项目的地域差异性，依照各地的地方法规进行操作。

4.4.4　典型案例评析之二：没有取得建设工程规划许可证的情况下，即动工兴建

贵州省电子××公司不服贵州省××规划局拆除违法建筑行政处理决定案

原告：贵州省电子××公司

被告：贵州省××规划局

案情梗概：

1992年8月初，原告贵州省电子××公司欲在贵阳市主干道瑞金北路南端西侧修建一幢儿童乐园大楼，向××城市管理委员会和××区城市管理委员会提出申请。市、区城管会分别签署了"原则同意，请规划局给予支持，审定方案，办理手续"的意见。原告将修建计划报送被告××城市规划局审批。原告在被告尚未审批，没有取得建设工程规划许可证的情况下，于8月23日擅自动工修建儿童乐园大楼。同年12月9日，被告和市、区城管会的有关负责人到施工现场，责令原告立即停工，并写出书面检查。原告于当日向被告作出书面检查，表示愿意停止施工，接受处理。但是原告并未停止施工。

1993年2月20日，被告根据《中华人民共和国城市规划法》第三十二条、第四十条，《贵州省关于〈中华人民共和国城市规划法实施办法〉》第二十三条、第二十四条的规定，作出违法建筑拆除决定书，限令原告在1993年3月7日前自行拆除未完工的违法修建的儿童乐园大楼。原告不服，向××城乡建设环境保护厅申请复议。××城乡建设环境保护厅于1993年4月7日作出维持××城市规划局的违法建筑拆除决定。在复议期间，原告仍继

续施工，致使建筑面积为 1730 平方米的六层大楼主体工程基本完工。

贵阳市中级人民法院认为：原告新建儿童乐园大楼虽经城管部门原则同意，并向被告申请办理有关建设规划手续，但在尚未取得建设工程规划许可证的情况下即动工修建，违反了《中华人民共和国城市规划法》第三十二条"建设单位或者个人在取得建设工程规划许可证件和其他有关批准文件后，方可申请办理开工手续"的规定，属违法建筑。××城市规划局据此作出限期拆除违法建筑的处罚决定并无不当。鉴于该违法建筑位于贵阳市区主干道一侧，属城市规划区的重要地区，未经规划部门批准即擅自动工修建永久性建筑物，其行为本身就严重影响了该区域的整体规划，且原告在被告制止及作出处罚决定后仍继续施工，依照《贵州省关于〈中华人民共和国城市规划法〉实施办法》和《贵阳市城市建设规划管理办法》的规定，属从重处罚情节，故原告以该建筑物不属严重影响城市规划的情节为由，请求变更被告的拆除大楼的决定为罚款保留房屋的意见不予支持。依照《中华人民共和国行政诉讼法》第五十四条第（一）项的规定，该院于 1993 年 5 月 21 日判决：维持××城市规划局作出的违法建筑拆除决定。

第一审宣判后，原告贵州省电子××公司不服，以"原判认定的事实不清，适用法律有错误"为由，向贵州省高级人民法院提出上诉，请求撤销原判，改判为罚款保留房屋，并补办修建手续。被告贵阳市城市规划局提出答辩认为，第一审判决认定事实清楚，适用法律、法规正确，符合法定程序，应依法维持。

贵州省高级人民法院在二审期间，1993 年 10 月 20 日，上诉人贵州省电子××公司主动提出："服从和执行贵阳市中级人民法院的一审判决，申请撤回上诉。"贵州省高级人民法院经审查认为：上诉人无证修建儿童乐园大楼属严重违法建筑的事实存在，被上诉人作出拆除该违法房屋建筑的处罚决定合法。上诉人自愿申请撤回上诉，依照行政诉讼法第五十一条的规定，于 1993 年 11 月 1 日作出裁定：准许上诉人贵州省电子××公司撤回上诉。双方当事人按贵阳市中级人民法院的一审判决执行。

至 1994 年 2 月，贵州省电子××公司违法修建的儿童乐园大楼已全部拆除。

案例评析：

本案中，贵州省电子××公司为了本单位的局部利益，无视法律法规相关规定，在没有取得建设工程规划许可证的情况下，即动工兴建儿童乐园大楼，在××城市规划局到施工现场进行制止及作出处罚后，仍拒不执行，反而继续施工，企图迫使有关城市行政主管部门对其迁就让步，以致造成巨额损失。

4.4.5　典型案例评析之三：未按《建设工程规划许可证》的规定内容进行建设

某公司 2008 年领取《建设工程规划许可证》，许可建筑面积 $2800 \mathrm{m}^2$。同年该公司在其用地范围内开工建设一幢楼房，总建筑面积4200m²。该楼房分为东西两部分，西侧一部分为框架结构，建筑面积为2800m²，与所领取的《建设工程规划许可证》所附建筑施工图一致，东侧一部分为砖混结构，建筑面积为1400m²。2009年7月某县规划执法部门以该公司未按照建设工程规划许可证的规定进行建设，无法采取改正措施为由对该公司东侧部分1400m²建筑物作出没收的处罚决定。

案例评析：

《中华人民共和国城乡规划法》第六十四条将违法建设行为分为未领取建设工程规划许可证进行建设和未按照建设工程规划许可证的规定进行建设两种情形。在通常情况下，这两种情形很容易区分，但在上述案例中建设单位领取了建设工程规划许可证，整幢建筑物中的部分建筑符合建设工程规划许可证的规定。对这种情形是认定整幢建筑未按照建设工程规划许可证的规定进行建设，还是单独认定超出建设工程规划许可证规定以外的部分未领取建设工程规划许可证进行建设？在这种时候，执法机关对该公司违法事实的认定上产生不同意见。

4.4.6 典型案例评析之四：超出原批准建筑面积，同时与原批准的建筑红线不符

宁波市××区城市管理行政执法局于2008年11月21日收到宁波市规划局××分局一份《关于违法建设行为告知的函》，得知当事人××公司在××区小港街道渡口南路兴业嘉苑小区擅自改变建设工程规划许可证副本内容，致使D1-D26（多层）号楼超出原批准建筑面积6811.24平方米，G1号楼（高层）超出原批准建筑面积292.7平方米，同时G2（高层）和G3（高层）两幢楼（建筑面积24949.18平方米）与原批准的建筑红线不符向南移了0.8米。同日执法人员对现场进行了勘查，制作了勘查笔录并拍照取证。对该公司的受委托人陈某进行了询问，制作了询问笔录。经查实，宁波××房地产有限公司的行为违反了《中华人民共和国城乡规划法》第四十三条第一款的规定。××区城市管理行政执法局于2008年12月3日依据《中华人民共和国城乡规划法》第六十四条的规定，根据当事人违法事实的情节和危害程度作出了处以罚款人民币1860645元的行政处罚。

案例评析：

《中华人民共和国城乡规划法》第四十三条第一款规定，建设单位应当按照规划条件进行建设；确需变更的，必须向城市、县人民政府城乡规划主管部门提出申请。变更内容不符合控制性详细规划的，城乡规划主管部门不得批准。城市、县人民政府城乡规划主管部门应当及时将依法变更后的规划条件通报同级土地主管部门并公示。第六十四条规定，未取得建设工程规划许可证或者未按照建设工程规划许可证的规定进行建设的，由县级以上地方人民政府城乡规划主管部门责令停止建设；尚可采取改正措施消除对规划实施的影响

的，限期改正，处建设工程造价百分之五以上百分之十以下的罚款；无法采取改正措施消除影响的，限期拆除，不能拆除的，没收实物或者违法收入，可以并处建设工程造价百分之十以下的罚款。

本案中，当事人在施工建设过程中，因原设计的房屋不能满足实际需要，未向有关部门办理建设工程规划许可证变更手续擅自增加了建造面积，属一般影响规划情形。因规划局的告知函中已确定该建筑物符合规划技术要求，对规划未造成较大影响，规划局同意其在消防验收合格、并经规划局行政处罚后的基础上按规定补办相关手续。因此，规划局对其做出了罚款 1860645 元的行政处罚，并要求其及时补办手续。

4.4.7 相关法律和技术标准（重要条款提示）

针对本节所面临的风险点，建设单位应注意以下相关法律、法规、部门规章及其他规范性文件的重要条款。

1.《中华人民共和国城乡规划法》（2007 年中华人民共和国主席令第 74 号）

第四十条在城市、镇规划区内进行建筑物、构筑物、道路、管线和其他工程建设的，建设单位或者个人应当向城市、县人民政府城乡规划主管部门或者省、自治区、直辖市人民政府确定的镇人民政府申请办理建设工程规划许可证。

第六十四条未取得建设工程规划许可证或者未按照建设工程规划许可证的规定进行建设的，由县级以上地方人民政府城乡规划主管部门责令停止建设；尚可采取改正措施消除对规划实施的影响的，限期改正，处建设工程造价百分之五以上百分之十以下的罚款；无法采取改正措施消除影响的，限期拆除，不能拆除的，没收实物或者违法收入，可以并处建设工程造价百分之十以下的罚款。

2.《广东省城乡规划条例》

第四十一条建设单位或者个人申领建设工程规划许可证，应当持使用土地的证明文件、建设工程设计方案和法律、法规规定的其他材料，向城市、县人民政府城乡规划主管部门或者省人民政府指定的镇人民政府提出申请。规划条件要求编制修建性详细规划的，应当同时提交经审定的修建性详细规划。属于原有建筑物改建、扩建的，应当同时提供房屋产权证明。

城市、县人民政府城乡规划主管部门或者省人民政府指定的镇人民政府依据经批准的城乡规划、规划条件、相关技术标准和规范对建设工程设计方案进行审查，提出审查意见。符合条件的，核发建设工程规划许可证。

建设工程规划许可证应当载明建设项目位置、建设规模和使用功能等内容，附经审定的建设工程设计方案总平面图。

建设单位或者个人应当在建设项目施工现场或者其他显著地点设置建设工程规划许可公告牌，载明建设工程规划许可的主要内容和图件。公告内容应当真实、有效，不得隐瞒、虚构。

取得建设工程规划许可证一年后尚未开工的，应当向原许可机关办理延期手续，延长期限不得超过六个月。未办理延期手续或者办理延期手续逾期仍未开工的，建设工程规划许可证自行失效。

3.《上海市城乡规划条例》

第三十五条在国有土地上进行建设的，建设单位或者个人应当向规划行政管理部门申请办理建设工程规划许可证。

申请办理建设工程规划许可证，应当提交使用土地的有关证明文件、建设工程设计方案等材料；规划行政管理部门应当在三十个工作日内提出建设工程设计方案审核意见。经审定的建设工程设计方案的总平面图，规划行政管理部门应当予以公布。

建设单位或者个人应当根据经审定的建设工程设计方案编制建设项目施工图设计文件，并在建设工程设计方案审定后六个月内，将施工图设计文件的规划部分提交规划行政管理部门。符合经审定的建设工程设计方案的，规划行政管理部门应当在收到施工图设计文件规划部分后的二十个工作日内，核发建设工程规划许可证。

建设单位或者个人在建设工程规划许可证核发后满六个月仍未开工的，可以向规划行政管理部门申请延期，由规划行政管理部门决定是否准予延续。未申请延期的，建设工程规划许可证自行失效。国有土地使用权出让合同对开工时间另有约定的，从其约定。

4.4.8 本节疑难释义

《中华人民共和国城乡规划法》第六十四条：将违法建设行为分为未领取建设工程规划许可证进行建设和未按照建设工程规划许可证的规定进行建设两种情形。在通常情况下，这两种情形很容易区分。假如建设单位领取了建设工程规划许可证，整幢建筑物中的部分建筑符合建设工程规划许可证的规定。对这种情形是认定整幢建筑未按照建设工程规划许可证的规定进行建设，还是单独认定超出建设工程规划许可证规定以外的部分未领取建设工程规划许可证进行建设？比如对于案例4.4.5进行分析，可能会存在如下两种见解：

第一种见解认为： 案例4.4.5中该建筑物由同一个建设单位出资建设，建设单位在主观上存在领取建设工程规划许可证后超面积建设的故意。这幢建筑物虽然东西两侧结构不一，一侧为框架结构、另一侧为砖混结构，但总体上它仍是一个整体，两部分之间实际并无明显界线，属一幢建筑物。该公司的建筑物虽是两部分，但整幢楼房由同一施工单位承建，在建设时间上没有先后，是同一建设行为。既然建成的建筑物与建设工程规划许可证的规定不一致，就应当属于未按照建设工程规划许可证的规定进行建设的情形。

第二种见解认为： 案例4.4.5中该楼房西侧部分正好与建设工程规划许可证的规定相

符，可以认为这部分建筑符合建设工程规划许可证的实质内容，那么东侧部分建筑就是原建设工程规划许可证以外的，与建设工程规划许可证无关。该楼房虽然从表面上看是一个整体，但实质上可以明确地分为两个部分，在实施行政处罚时可以分别认定，实施处罚。

针对如上两种不同的见解，可能会做出两种不一样的判断。那么究竟应该如何区分这两种情形呢？

本书认为可以通过如下几点判定：

一是看实际建设人是否与建设工程规划许可证上载明的建设人相符，如果实际建设人与建设工程规划许可证载明的建设人不一致，就应该认定为未领取建设工程规划许可证进行建设。

二是看建筑中有没有符合建设工程规划许可证规定的部分，如果整幢建筑物中没有符合建设工程规划许可证规定的部分的，应该认定为未按照建设工程规划许可证的规定进行建设。

三是看建设时间，如果不是与符合建设工程规划许可证规定的建筑物同时建设，就应该认定为未领取建设工程规划许可证进行建设。

四是看建筑物的位置，如果与符合建设工程规划许可证规定的建筑物不相连接，就应该认定为未领取建设工程规划许可证进行建设。

五是看建设单位建设动机，如果可以通过相关途径认定或者推测出建设单位在主观上存在领取建设工程规划许可证后超面积建设的故意，那么应该认定为未按照建设工程规划许可证的规定进行建设。

综合以上五个参考因素，案例中的建筑物由同一个建设单位出资建设，建设单位在主观上存在超面积建设的故意，同时建筑物东西两部分建设单位均为建设工程规划许可证载明的建设单位、东西两部分建设时间一致、建设位置相连、应该认定该公司整幢建筑未按照建设工程规划许可证的规定进行建设，但在处罚时，可以对其超出建设工程规划许可证规定的东侧部分进行处罚。

4.5 建筑工程施工许可证的办理

建筑工程施工许可制度是 1999 年 12 月 1 日起在全国施行的管理制度，目的是为了加强对建筑活动的监督管理，维护建筑市场秩序，保证建筑工程的质量和安全。《建筑工程施工许可管理办法》规定，在中华人民共和国境内从事各类房屋建筑及其附属设施的建造、装修装饰和与其配套的线路、管道、设备的安装，以及城镇市政基础设施工程的施工，建设单位在开工前应当依照本办法的规定，向工程所在地的县级以上地方人民政府住房城乡建设主管部门（以下简称发证机关）申请领取施工许可证。工程投资额在 30 万元以下或者建筑面积在 300 平方米以下的建筑工程，可以不申请办理施工许可证。省、自治区、直辖市人民政府住房城乡建设主管部门可以根据当地的实际情况，对限额进行调整，并报国务院住房城乡建设主管部门备案。按照国务院规定的权限和程序批准开工报告的建筑工程，不再领取施工许可证。

4.5.1 建筑工程施工许可证的办理的条件

建设单位申请领取施工许可证，应当具备下列条件，并提交相应的证明文件：

1. 依法应当办理用地批准手续的，已经办理该建筑工程用地批准手续。

2. 在城市、镇规划区的建筑工程，已经取得建设工程规划许可证。

3. 施工场地已经基本具备施工条件，需要征收房屋的，其进度符合施工要求。

4. 已经确定施工企业。按照规定应当招标的工程没有招标，应当公开招标的工程没有公开招标，或者肢解发包工程，以及将工程发包给不具备相应资质条件的企业的，所确定的施工企业无效。

5. 有满足施工需要的技术资料，施工图设计文件已按规定审查合格。

6. 有保证工程质量和安全的具体措施。施工企业编制的施工组织设计中有根据建筑工程特点制定的相应质量、安全技术措施。建立工程质量安全责任制并落实到人。专业性较强的工程项目编制了专项质量、安全施工组织设计，并按照规定办理了工程质量、安全监督手续。

7. 按照规定应当委托监理的工程已委托监理。

8. 建设资金已经落实。建设工期不足一年的，到位资金原则上不得少于工程合同价的50%，建设工期超过一年的，到位资金原则上不得少于工程合同价的30%。建设单位应当提供本单位截至申请之日无拖欠工程款情形的承诺书或者能够表明其无拖欠工程款情形的其他材料，以及银行出具的到位资金证明，有条件的可以实行银行付款保函或者其他第三方担保。

9. 法律、行政法规规定的其他条件。

具体可参照各省有关建筑工程施工许可证管理办法执行。

4.5.2 建设单位（甲方代表）实践中的风险点及防控建议

1. 未领取建筑工程施工许可证擅自开工

施工许可证制度是建设行政主管部门对建设工程项目加强监管的一种行政手段，主要目的是审查建设单位或者承包单位是否具备法律规定的建设或者施工条件，具有行政管理的性质。建设工程项目必须在取得施工许可证后才能开工，这是《建筑法》的明确规定。违反了这个规定，必定要承担相应的法律后果。取得施工许可证是建设单位的法定义务，也是施工单位实施工程必须遵守的法定前提条件。同时建筑工程施工许可证中载明的开工时间也是合法的开工时间确定依据之一。

《建筑法》第六十四条：违反本法规定，未取得施工许可证或者开工报告未经批准擅自施工的，责令改正，对不符合开工条件的责令停止施工，可以处以罚款。

《建设工程质量管理条例》第五十七条：违反本条例规定，建设单位未取得施工许可证或者开工报告未经批准，擅自施工的，责令停止施工，限期改正，处工程合同价款百分之一以上百分之二以下的罚款。

《建筑工程施工许可管理办法》第十二条：对于未取得施工许可证或者为规避办理施工许可证将工程项目分解后擅自施工的，由有管辖权的发证机关责令停止施工，限期改正，对建设单位处工程合同价款 1％ 以上 2％ 以下罚款；对施工单位处 3 万元以下罚款。

【防控建议】

除"工程投资额在 30 万元以下或者建筑面积在 300 平方米以下的建筑工程"不需办理施工许可证以外（按照国务院规定的权限和程序批准开工报告的建筑工程，不再领取施工许可证），建设单位应该在开工前办理建筑工程施工许可证。在申请建筑工程施工许可证之前，应特别关注当地地方法规有关申领该证的前置条件。如《上海市建筑工程施工许可管理实施细则》在《建筑工程施工许可管理办法》的基础上又增加并细化了申领条件，如：在依法确定施工企业这项中，增加了"相应的勘察、设计、施工、监理合同应当完成信息报送"规定；在建设资金已经落实这项中，增加了"建设单位应当支付给施工企业的不少于建筑工程合同价 10％ 的预付款"等等。

2. 应当申请领取施工许可证的工程项目分解为若干限额以下的工程项目，规避申请领取施工许可证

《建筑工程施工许可管理办法》第十二条对于未取得施工许可证或者为规避办理施工许可证将工程项目分解后擅自施工的，由有管辖权的发证机关责令改正，对于不符合开工条件的责令停止施工，并对建设单位和施工单位分别处以罚款。

【防控建议】

任何单位和个人不得将应当申请领取施工许可证的工程项目分解为若干限额以下的工程项目，规避申请领取施工许可证。

3. 采用欺骗、贿赂等不正当手段取得施工许可证或者隐瞒有关情况、提供虚假材料申请施工许可证

《建筑工程施工许可管理办法》第十三条：建设单位采用欺骗、贿赂等不正当手段取得施工许可证的，由原发证机关撤销施工许可证，责令停止施工，并处 1 万元以上 3 万元以下罚款；构成犯罪的，依法追究刑事责任。

【防控建议】

建设单位应当在建筑工程开工前向各地建设工程行政主管部门（如市建设委员会或者建筑工程所在地的区、县建设委员会）申请领取施工许可证，并按要求提交相应文件。任何单位和个人不得伪造提交申请施工许可证的文件，更不得采用欺骗、贿赂等不正当手段取得施工许可证的，否则一经查处将面临行政处罚甚至刑事责任。

4.5.3 典型案例评析之一：没有施工许可证的建设项目均属违章建筑，不受法律保护

芜湖市××房地产公司诉芜湖市××建设公司建设工程施工合同纠纷案

原告：芜湖市××房地产公司

被告：芜湖市××建设公司

案情梗概：

2011年1月5日，芜湖市××房地产公司与芜湖市××建设公司签订《土方施工协议》，约定：芜湖市××房地产公司将利华锦绣家园小区内人防部分（含12#、13#楼）土石方工程发包给芜湖市××建设公司施工，工程内容包括土石方开挖、内外运及破碎等，工期为20天，实行对等奖罚，工期每逾期一天罚款500元，协议未约定何时开工。2011年3月9日，芜湖市××房地产公司向芜湖市××建设公司发出通知，要求芜湖市××建设公司在2011年3月16日前完成锦绣家园12#、13#楼基础土方开挖任务，否则由芜湖市××建设公司承担芜湖市××房地产公司损失。2011年4月19日，芜湖市××房地产公司作出终止施工合同书面文件，但未举证芜湖市××建设公司何时收到该文件。2011年4月25日，芜湖市建筑工程管理处向芜湖市××房地产公司、芜湖市××建设公司等发出市建市安监（2011）114号建设工程安全督查意见书，指出芜湖市××房地产公司未办理质量、安全报监备案手续，未领取施工许可证，要求芜湖市××房地产公司立即暂停基坑施工，编制基坑开挖及支护专项施工方案，同时要求芜湖市××房地产公司尽快完善相关手续，以便工程合法施工，确保工程质量安全。2011年4月28日，芜湖市建设工程质量监督站作出编号为2011－1－024号督查意见，指出利华锦绣家园12#、13#楼工程未办理质量监督、施工许可证等报建手续，要求该工程立即停工，并采取相应整改措施。芜湖市××房地产公司诉称：合同签订时，芜湖市××建设公司已提前10天进场施工，期间，由于运输问题导致工期延误，芜湖市××房地产公司多次催促未果。2011年4月19日，工程仍未完工，芜湖市××房地产公司遂终止合同。2011年4月26日，芜湖市××建设公司完成12#、13#楼土石方工程并退场，其余工程甩项。目前，利华锦绣家园12#、13#楼的销售因工期延误而推迟，且房市低迷，无奈只能降价出售，致使芜湖市××房地产公司遭受巨额经济损失。并以此为由将芜湖市××建设公司诉至法院。

法院审理：

芜湖市××房地产公司与芜湖市××建设公司虽然在2011年1月5日签订的《土方施工协

议》中约定工期为20天，但芜湖市××房地产公司没有提供充分证据证明上述工程具体的开工日期，但从2011年3月9日芜湖市××房地产公司发给芜湖市××建设公司的通知可以推测该工程在2011年3月9日前芜湖市××建设公司已经开始施工。2011年5月16日，芜湖市××房地产公司与芜湖市××建设公司签订《协议书》，该协议解除了双方的施工关系，并一致确认双方以前所签订的一切协议作废，即至2011年5月16日止，芜湖市××房地产公司发包的土方工程芜湖市××建设公司仍未处理完毕，双方经协商就解除了施工关系，该协议芜湖市××房地产公司对芜湖市××建设公司是否有存在工期延误及工期延误的原因均未涉及，仅模糊的表述为由于各方面的原因，显然各方面的原因不能确指是芜湖市××建设公司的原因。芜湖市建筑工程管理处、芜湖市建设工程质量监督站对利华锦绣家园12♯、13♯楼项目的督查意见反映2011年4月28日前利华锦绣家园12♯、13♯楼工程未办理施工许可证，且在施工过程中存在安全隐患，并被芜湖市建设工程质量监督站责令立即停工，根据《中华人民共和国建筑法》第七条规定建筑工程开工前，建设单位应当按照国家有关规定向工程所在地县级以上人民政府建设行政主管部门申请领取施工许可证，即芜湖市××房地产公司在2011年1月5日与芜湖市××建设公司签订《土方施工协议》前应取得相应的施工许可证，然芜湖市××房地产公司未取得施工许可证即与芜湖市××建设公司签约，并且在芜湖市××建设公司施工前没有提供充足的条件，在土石方工程工期上存在一定过失，故驳回原告芜湖市利华房地产开发有限公司的诉讼请求。

案例评析：

建筑工程施工许可证是建筑施工单位符合各种施工条件、允许开工的批准文件，是建设单位进行工程施工的法律凭证，也是房屋权属登记的主要依据之一。没有施工许可证的建设项目均属违章建筑，不受法律保护。相关法律法规规定"未取得施工许可证的不得擅自开工。"实践中，不少建设单位为了赶工期，往往采用先开工后补办施工许可证的方式，这种做法不仅违背了法律法规的强制性规定，也为整个工程建设埋下了巨大安全隐患，甚至在发生诉讼时，也会给建设单位带来巨大的纠纷隐患。

4.5.4　典型案例评析之二：建设工程施工许可证并不是确定开工日期的唯一凭证

贵州××经济开发区民生房地产开发有限公司与贵州省××建筑工程有限责任公司建设工程施工合同纠纷案二审民事判决书

上诉人（原审原告、反诉被告）：贵州省××建筑工程有限责任公司

上诉人（原审被告、反诉原告）：贵州××经济开发区民生房地产开发有限公司

案情梗概：

2007年6月1日，贵州省××建筑工程有限责任公司（以下简称××建筑公司）与贵

州××经济开发区民生房地产开发有限公司（以下简称××房地产公司）就民生馨苑二期工程施工事宜签订了一份《建设工程施工合同》。合同约定：××房地产公司将其开发位于××经济开发区（翁义）的民生馨苑二期工程发包给××建筑公司修建；开工日期为 2007 年 6 月 1 日，竣工日期为 2008 年 1 月 30 日，工期为 240 天；合同签订后，××建筑公司组织技术人员进场施工。因 1、2、3、4 栋建筑由不同的项目经理管理施工，××房地产公司按每栋建筑分别核算工程量，并作为支付工程进度款的依据。2007 年 10 月 18 日××房地产公司颁发《施工许可证》，该施工许可证载明：合同开工日期为 2007 年 6 月 1 日，合同竣工日期为 2008 年 2 月 28 日。施工过程中，因××房地产公司未能按每栋建筑工程完成的工程量拨付工程进度款，加之 2008 年初持续低温的雪凝灾害等原因，工程不仅经常停工，而且工期一再拖延，至 2011 年 3 月 18 日验收合格时止，延期交付工程 1094 天。工程完工并验收交付后，双方在结算工程款时就违约、"合法开工时间，交付工程的时间"等事项发生意见分歧。

法院审理：

本院审理期间，经我院调查走访了××经济开发区规划建设局，证明 2007 年 10 月 18 号是合法的开工时间。双方所签的合同虽约定的开工时间是 2007 年 6 月 1 日，但该工程实际取得《建筑工程施工许可证》的时间是 2007 年 10 月 18 日，依据《中华人民共和国建筑法》第七条："建筑工程开工前，建设单位应当按照国家有关规定向工程所在地县级以上人民政府建设行政主管部门申请领取施工许可证……"和《建筑工程施工许可管理办法》第二条："在中华人民共和国境内从事各类房屋建筑及其附属设施的建造、装修装饰和与其配套的线路、管道、设备的安装，以及城镇市政基础设施工程的施工，建设单位在开工前应当依照本办法的规定，向工程所在地的县级以上地方人民政府住房城乡建设主管部门申请领取施工许可证。工程投资额在 30 万元以下或者建筑面积在 300 平方米以下的建筑工程，可以不申请办理施工许可证。省、自治区、直辖市人民政府住房城乡建设主管部门可以根据当地的实际情况，对限额进行调整，并报国务院住房城乡建设主管部门备案。按照国务院规定的权限和程序批准开工报告的建筑工程，不再领取施工许可证。"及第三条："本办法规定应当申请领取施工许可证的建筑工程未取得施工许可证的，一律不得开工。任何单位和个人不得将应当申请领取施工许可证的工程项目分解为若干限额以下的工程项目，规避申请领取施工许可证。"的规定。××建筑公司所承建的民生馨苑第二期工程的开工时间应为 2007 年 10 月 18 日。

案例评析：

建设工程开工时间一般以发包人签发的《开工报告》确认的时间为准。但如果发包人签发的《开工报告》确认的开工时间并不具备开工条件时，如：早于建设行政主管部门颁发的施工许可证确认的开工时间，则以建设行政主管部门颁发的施工许可证确定的开工时间作为建设工程开工时间。施工许可证载明的日期并不具备绝对排他的、无可争辩的效力，建筑工程施工许可证是建设主管部门颁发给建设单位的准许其施工的凭证，只是表明了建设工程符合相应的开工条件，建设工程施工许可证并不是确定开工日期的唯一凭证。实践中，建设工程开工日期早于或者晚于施工许可证记载日期的情形大量存在。当施工单位实际开工日期与施工许可证上记载的日期不一致时，同样应当以实际开工日期而不是施工许可证上记载的日期作为确定开工日期的依据。

4.5.5　典型案例评析之三：有关"申请领取施工许可证，应当具备的条件"规定是否应遵照地方法规执行

朱××与××县住房和城乡建设局、××县人民政府
行政许可二审行政判决书

原告：朱××

被告：××住房和城乡建设局（以下简称××住建局）

被告：××人民政府

案情梗概：

朱××受让了××县河口镇花园头居委会天池路西侧的国有土地后拟建商服楼。2014年 6 月 18 日，朱××至××县政务中心施工许可窗口申请领取建设工程施工许可证。在申报的材料中，因朱××未办理施工图设计审查、招投标、质量监督备案等手续，对朱××的申请未予受理，并向朱××出具了《行政许可（其他）申请材料补正告知书》及《特别告知》，告知朱××需补办的相关手续、所需材料以及相关建设规费缴纳规定，朱××拒绝签收。2015 年 1 月 5 日，朱××补齐相关材料再次递交申请后，政务中心施工许可窗口审核通过并将朱××项目施工许可相关信息上传至江苏省建筑工程施工许可与竣工验收备案信息系统。但由于朱××未按规定预缴散装水泥专项资金和新型墙体材料专项基金等建设规费，政务中心未向朱××发放建设工程施工许可证。朱××不服，于 1 月 19 日向××人民政府提起行政复议，如××人民政府于 4 月 16 日作出维持如××住建局不予颁证行政行为的复议决定。朱××仍不服，提起本案诉讼。

法院审理：

法院认为，根据《建筑工程施工许可管理办法》的规定，从事各类房屋建筑及附属设施的建造、装修装饰和与其配套的线路、管道、设备的安装等，建设单位在开工前应当依照本办法的规定，向工程所在地县级以上地方人民政府住房城乡建设主管部门（以下简称发证机关）申请领取施工许可证。工程投资额在 30 万元以下或者建筑面积在 300 平方米以下的建筑工程，可以不申请办理施工许可证。本案中，朱××拟建的商服楼总投资额为300 万元，建筑面积为 1820.4 平方米，应当申领施工许可证。《江苏省散装水泥促进条例》

第三十一条第二款规定，建设单位在办理建设工程规划许可证或者建设工程施工许可证（开工报告）之前，应当按照国家和省的规定预缴散装水泥专项资金。《江苏省发展新型墙体材料条例》第二十七条规定，新建、改建、扩建建筑工程的建设单位，应当在办理施工许可证前按照国家和省的规定，向所在地墙体材料管理机构预缴新型墙体材料专项基金。因朱××未按上述规定在申请领取施工许可证前预缴散装水泥专项资金和新型墙体材料专项基金，××住建局不予颁发建筑施工许可证，并无不当。××人民政府的复议决定程序合法，结论正确。另需要指出的是，关于申请领取建筑施工许可证的有关法律、法规规定中的"建设单位"系指从事各类房屋建筑及附属设施的建造、装修装饰和与其配套的线路、管道、设备的安装等建筑活动的单位和个人，并不排除个人而局限于单位。

朱××不服，向本院提起上诉称：朱××拟在××河口镇花园头居委会天池路西侧其受让取得的国有土地上新建一幢商服楼。2015年1月5日，朱××备齐所需材料向如东住建局申请领取建设工程施工许可证。××住建局依据《江苏省散装水泥促进条例》及《江苏省发展新型墙体材料条例》的规定，以朱××未预缴散装水泥专项资金和新型墙体材料专项基金拒绝颁发建设工程施工许可证违反法律规定，预缴两项基金并非颁发建设工程施工许可证的前提。请求二审法院撤销一审判决，改判支持朱德玉的各项诉讼请求。

二审法院认为： 关于××住建局以朱××未预缴散装水泥专项资金和新型墙体材料专项基金拒绝颁发建设工程施工许可证是否符合法律规定的问题。《中华人民共和国行政诉讼法》第六十三条第一款规定，人民法院审理行政案件，以法律和行政法规、地方性法规为依据。地方性法规适用于本行政区域内发生的行政案件。《中华人民共和国行政许可法》第十六条第二款规定，地方性法规可以在法律、行政法规设定的行政许可事项范围内，对实施该行政许可作出具体规定。《中华人民共和国建筑法》第八条第一款规定，申请领取施工许可证，应当具备下列条件：（一）已经办理该建筑工程用地批准手续；（二）在城市规划区的建筑工程，已经取得规划许可证；（三）需要拆迁的，其拆迁进度符合施工要求；（四）已经确定建筑施工企业；（五）有满足施工需要的施工图纸及技术资料；（六）有保证工程质量和安全的具体措施；（七）建设资金已经落实；（八）法律、行政法规规定的其他条件。虽然法律与行政法规未规定具体条件，但地方性法规作了详细具体的规定。《江苏省散装水泥促进条例》第三十一条第二款规定，建设单位在办理建设工程规划许可证或者建设工程施工许可证（开工报告）之前，应当按照国家和省的规定预缴散装水泥专项资金。《江苏省发展新型墙体材料条例》第二十七条规定，新建、改建、扩建建筑工程的建设单位，应当在办理施工许可证前按照国家和省的规定，向所在地墙体材料管理机构预缴新型墙体材料专项基金。鉴于《江苏省散装水泥促进条例》和《江苏省发展新型墙体材料条例》都是江苏省人大常委会制定的地方性法规，在江苏省省范围内，应当得到适用。而且上述两项条例依据上位法《中华人民共和国循环经济促进法》、《中华人民共和国节约能源法》制定，两项法律的立法目的在于提高能源利用效率、保护和改善环境，预缴散装水泥专项资金以及新型墙体材料专项基金的目的，也是旨在促进建设单位使用环保的建筑材料，从而达到节约资源能源、保护环境的目的，符合上位法的精神。由于根据上述两项条例的规定，收取的资金和基金属于预缴的性质，工程竣工以后，将根据情况进行清算返退，对建设单位也不是法外的费用负担，并没有因此明显加重建设单位的义务。故两项地方性法规中收取相关资金和基金的规定，属于对颁发建设工程施工许可证的具体规定。综上，××住建局以朱××未预缴散装水泥专项资金和新型墙体材料专项基金为由拒绝颁发建设工程施工许可证具有法律法规依据。综上，一审判决认定事实清楚，审判程序合法，适用法律正确，应予维持。朱××的上诉请求不能成立，本院不予采信。

案例评析：

《中华人民共和国建筑法》第八条第一款规定，申请领取施工许可证，应当具备下列条件：（八）法律、行政法规规定的其他条件。由此可见，只有法律、行政法规才能为办理施工许可证增设其他条件。这里明确要求的是法律、行政法规，即地方法规并不在列。然而本案例中，法院从立法精神和"增设的其他条件是否明显加重建设单位的义务"两方面论证分析，确认了该地地方法规为颁发施工许可证所增设其他条件的有效性。可见，在实践中，《建筑法》申请领取施工许可证中有关法律、行政法规规定的其他条件，在某种意义上讲也应包含地方法规的具体规定，但前提是，该类规定既要符合立法精神，同时也不会给建设单位明显加重义务。但不管怎样，住房城乡建设主管部门是肯定不能增设办理施工许可证的其他条件。详见：《建筑工程施工许可管理办法》的规定：第四条（九）法律、行政法规规定的其他条件。县级以上地方人民政府住房城乡建设主管部门不得违反法律法规规定，增设办理施工许可证的其他条件。

4.5.6　相关法律和技术标准（重要条款提示）

针对本节所面临的风险点，建设单位应注意以下相关法律、法规、部门规章及其他规范性文件的重要条款。

1.《建筑法》

第七条：建筑工程开工前，建设单位应当按照国家有关规定向工程所在地县级以上人民政府建设行政主管部门申请领取施工许可证，但是，国务院建设行政主管部门确定的限额以下工程除外。

2.《建筑工程施工许可管理办法》（中华人民共和国住房和城乡建设部令第 18 号）

第三条本办法规定应当申请领取施工许可证的建筑工程未取得施工许可证的，一律不得开工。

第四条建设单位申请领取施工许可证，应当具备下列条件，并提交相应的证明文件：

（一）依法应当办理用地批准手续的，已经办理该建筑工程用地批准手续。

（二）在城市、镇规划区的建筑工程，已经取得建设工程规划许可证。

（三）施工场地已经基本具备施工条件，需要征收房屋的，其进度符合施工要求。

（四）已经确定施工企业。按照规定应当招标的工程没有招标，应当公开招标的工程没有公开招标，或者肢解发包工程，以及将工程发包给不具备相应资质条件的企业的，所确定的施工企业无效。

（五）有满足施工需要的技术资料，施工图设计文件已按规定审查合格。

（六）有保证工程质量和安全的具体措施。施工企业编制的施工组织设计中有根据建筑工程特点制定的相应质量、安全技术措施。建立工程质量安全责任制并落实到人。专业性较强的工程项目编制了专项质量、安全施工组织设计，并按照规定办理了工程质量、安全监督手续。

（七）按照规定应当委托监理的工程已委托监理。

（八）建设资金已经落实。建设工期不足一年的，到位资金原则上不得少于工程合同价的50%，建设工期超过一年的，到位资金原则上不得少于工程合同价的30%。建设单位应当提供本单位截至申请之日无拖欠工程款情形的承诺书或者能够表明其无拖欠工程款情形的其他材料，以及银行出具的到位资金证明，有条件的可以实行银行付款保函或者其他第三方担保。

（九）法律、行政法规规定的其他条件。

县级以上地方人民政府住房城乡建设主管部门不得违反法律法规规定，增设办理施工许可证的其他条件。

任何单位和个人不得将应当申请领取施工许可证的工程项目分解为若干限额以下的工程项目，规避申请领取施工许可证。

3.《中华人民共和国消防法》

第十二条：依法应当经公安机关消防机构进行消防设计审核的建设工程，未经依法审核或者审核不合格的负责审批该工程施工许可的部门不得给予施工许可，建设单位、施工单位不得施工；其他建设工程取得施工许可后经依法抽查不合格的，应当停止施工。

4.《北京市建设工程质量管理条例》

第三十三条依法应当申请建设工程施工许可的，建设单位应当在开工前依法申请领取施工许可证。建设单位领取施工许可证后，施工单位方可进行施工。施工许可证领取后，建设单位或者施工单位变更的，建设单位应当重新申请领取施工许可证；其他施工许可条件发生变更的，建设单位应当依法办理变更手续。

4.5.7　本节疑难释义

建设单位应当按照国家规定，特别是建设行政主管部门规定的管辖范围，向有管辖权的建设行政主管部门进行申请。对于符合条件、证明文件齐全的建设工程，发证机关在规定的时间内不予颁发施工许可证的，建设单位可以依法申请行政复议或者提起行政诉讼。《建筑工程施工许可管理办法》规定：县级以上地方人民政府住房城乡建设主管部门不得违反法律法规规定，增设办理施工许可证的其他条件。由此可见，除了目前已有的《建筑法》等法律和相关行政法规外，其他任何单位或个人不能再为办理施工许可证增设的其他条件。值得注意的是，目前已增加的施工许可证申领条件主要是消防设计审核，详见 2008 年 10 月经修改后颁布的《中华人民共和国消防法》第十二条有关规定。那么各地的地方法规有关施工许可证办理的附加条件是否有效？从 4.5.5 案例的判决中可以看出，认为有效的前提是：所附加的条件是否明显加重建设单位的义务，是否属于建设单位法外的费用负担？如果是，那么附加条件应认定为无效；如果不是，那么应该遵从。

4.6　建设工程开工报告的审批

开工报告是建设工程开工的依据，在工程开工前，建设单位应要求施工单位向监理单位提出开工申请报告，并具备下列条件方可批准开工：《建筑工程施工许可证》已办理；施工图已经会审；施工组织设计已审批；施工现场的准备已具备开工条件。在此特别说明，建设流程中的开工报告不同于国务院确立的"开工报告制度"❶。

4.6.1　建设工程开工报告的审批流程

开工报告是建设工程开工的依据，在工程开工前，建设单位应要求施工单位向监理单位提出开工申请报告，并具备下列条件方可批准开工：《建筑工程施工许可证》已办妥；施工图已会审；施工组织设计已审批；施工现场的准备已具备开工条件。具体的审批流程如图 4.6.1。

---

　　❶　开工报告制度是我国沿用已久的一种建设项目开工管理制度。1979 年，原国家计划委员会、国家基本建设委员会在《关于做好基本建设前期工作的通知》中规定了这项制度。1984 年原国家计委发布的《关于简化基本建设项目审批手续的通知》中将其简化。1988 年以后，又恢复了开工报告制度。开工报告审查的内容主要包括：①资金到位情况；②投资项百市场预测；③设计图纸是否满足施工要求；④现场条件是否具备"三通·平"等的要求。1995 年国务院《关于严格限制新开工项目，加强固定资产投资源头控制的通知》、《关于严格控制高档房地产开发项目的通知》中，均提到了开工报告审批制度。

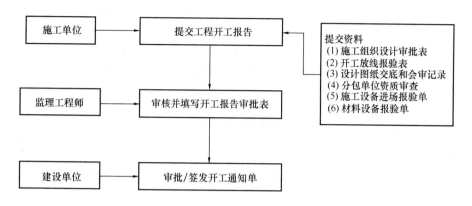

图 4.6.1 开工报告审批流程

4.6.2 建设工程开工报告的审查内容

建设单位的开工报告审查主要包括资料齐备性审查和实质性审查，具体内容如图 4.6.2 所示。

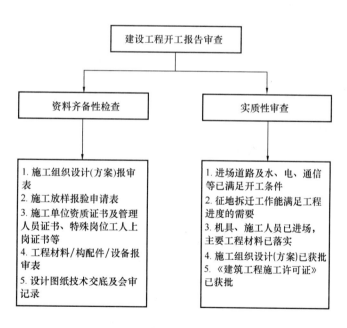

图 4.6.2 开工报告审查内容

4.6.3 建设单位（甲方代表）实践中的风险点及防控建议

《建设工程施工合同（示范文本）》（GF-2013-0201）通用条款第 11.1 条规定，"承包人应当按照协议书约定的开工日期开工"。第 11.2 条还规定，"因发包人原因不能按照协议书约定的开工日期开工，工程师应以书面形式通知承包人，推迟开工日期。"可见，上述规定事实上并未将监理签发的《开工报告》作为开工日期确认的时点，仍然是以《示范文本》协议书中约定的开工日期定确定；而且，发、承包双方均应该遵守，否则，应承担相应的开工迟延或推迟开工的责任。如果建设单位未按要求提供"三通一平"等可满足开工的条件从而导致签发开工报告的时间晚于合同约定时间，应承担相应的开工迟延或推迟开工的责任。

【防控建议】

《开工报告》上明确的开工日期和协议书约定的开工日期均属于发、承包人的意思表示（合意），但出具《开工报告》的日期定在协议书签订的日期之后。因此，若这二者确定的开工日期不同，当可以理解为发、承包人通过《开工报告》对协议书约定的开工日期进行的变更达成了一致的意思表示。所以，在《开工报告》上明确的开工日期和协议书约定的开工日期不一致的情况下，当以《开工报告》上明确的开工日期为准。

4.6.4　典型案例评析：在《施工合同》未约定开工时间的情况下，应当以签发的开工报告所确定的时间为正式开工时间

徐州××网架公司西安分公司诉××建设集团有限责任公司、××建设集团有限责任公司庆阳分公司等建设工程合同纠纷案

原告：徐州××网架公司西安分公司

被告：××建设公司庆阳分公司

案情梗概：

2008 年 9 月 9 日，××建设公司庆阳分公司（甲方）与徐州××网架公司西安分公司（乙方）签订了焊接球节点网架及屋面工程施工承包合同，约定：一、工程范围和内容包括焊接球节点网架、屋面复合保温彩钢屋面玻璃采光棚（安全玻璃、铝龙骨）、屋面钢天沟、防火涂刷、满堂架或满足施工要求的脚手架等网架设计图及二次设计的全部内容。本工程的二次设计，由乙方负责，甲方负责与设计院的协调工作。二、1. 在甲方与建设单位网架及屋面部分签证后决算总造价 2600 万元（人民币）之内时，甲方按 2080 万元与乙方结算；2. 甲方与建设单位网架及屋面部分签证后决算总造价超出 2600 万元部分，按甲方 20％、乙方 80％结算；3. 该乙方工程造价不含税金、当地政府的各项取费及与土建方的配合费用。并向甲方提供材料发票；4. 以上价格包括材料费、人工费及缺、漏、错项等风险因素。三、本工程从进场之日起总工期为 140 天，网架安装工期为 80 天，屋面板安装工期为 60 天。四、网架及屋面安装完毕经验收合格并经体委审计后，甲方留 3％的保修金。五、自工程竣工验收合格之日起，该工程保修期为一年。九、若由乙方原因造成工期拖延，每

拖延一天，扣罚工程总价的千分之一；如由甲方原因造成误工，经甲方签证后，工期可予以顺延，因不可抗力事件造成误工的，工期可直接顺延。

2009年4月18日，徐州××网架公司西安分公司提交了安全技术交底表，同年4月25日、5月6日、5月16日提交了完成2/g—k轴15.000处预埋件隐蔽工程的隐蔽工程报验单，监理允许进入下道程序，××建设公司庆阳分公司的工作人员签字认可。2009年8月2日，徐州××网架公司西安分公司提交了工程开工报告，称准备工作已完成，申请开工，监理单位及业主相关人员签字同意。从2009年9月2日起，徐州××网架公司西安分公司多次给××建设公司庆阳分公司发出工作联系单，称于2009年7月初进驻庆阳体育场工地现场，并开始施工以来，工程款支付不到位以及存在的其他问题，要求予以解决。2009年9月10日，××建设公司庆阳分公司陆续发出回复函，承诺徐州××网架公司西安分公司从2009年6月进场施工以来，所报的工程量及所进场的材料，经项目部核实已完工作量及所进场材料，所欠工程款将在一定期限内付清。后因工程款纠纷，徐州××网架公司西安分公司（乙方）将××建设公司庆阳分公司（甲方）诉至法院。审理中，××建设公司庆阳分公司反诉徐州××网架公司西安分公司称：合同第四条约定，从进场之日起总工期为140天，而徐州××网架公司西安分公司于2009年4月25日开始施工，2010年4月30日完工，历时370天，除去雨天及法定假日80天，逾期150天。按合同第九条约定由乙方原因造成工期拖延，每天扣罚工程总价的千分之一，考虑到工程质量尚可，对半计算违约金，徐州××网架公司西安分公司应支付违约金1476040元。

法院认为：

双方签订的施工承包合同虽约定：从进场之日起总工期为140天，同时约定由于乙方原因造成工期拖延，工期每拖延一天，扣罚工程总价的千分之一。但合同未约定具体的进场及竣工时间，徐州××网架公司西安分公司于2009年8月2日提交开工报告，监理当天同意开工，故开工时间应认定为2009年8月2日。××建设公司庆阳分公司未提供充分证据证实工期延误的具体时间，也无法证明工期延误的原因在徐州××网架公司西安分公司，故其反诉要求徐州××网架公司西安分公司支付工期逾期违约金1476044元的请求证据不足，不能成立。

案例评析：

在《施工合同》未约定开工时间的情况下，应当以签发的开工报告所确定的时间为正式开工时间，工期的计算也应该从该时间起计。如果《施工合同》约定了开工时间，那么发、承包双方均应以此时间作为自己开工准备的约束时间，发包方应该在约定的开工时间之前准备好开工的条件（如办妥建筑工程施工许可证、"三通一平"等），承包方也应该在约定的开工时间之前提交相应开工报告申请所需的资料。

4.6.5　相关法律和技术标准（重要条款提示）

针对本节所面临的风险点，建设单位应注意以下相关法律、法规、部门规章及其他规范性文件的重要条款。

1.《建设工程施工合同（示范文本）》（GF－2013－0201）

7.3.2　开工通知

发包人应按照法律规定获得工程施工所需的许可。经发包人同意后，监理人发出的开工通知应符合法律规定。监理人应在计划开工日期7天前向承包人发出开工通知，工期自开工通知中载明的开工日期起算。

除专用合同条款另有约定外，因发包人原因造成监理人未能在计划开工日期之日起90天内发出开工通知的，承包人有权提出价格调整要求，或者解除合同。发包人应当承担由此增加的费用和（或）延误的工期，并向承包人支付合理利润。

2.《建筑工程施工许可管理办法》

第八条建设单位应当自领取施工许可证之日起三个月内开工。因故不能按期开工的，应当在期满前向发证机关申请延期，并说明理由；延期以两次为限，每次不超过三个月。既不开工又不申请延期或者超过延期次数、时限的，施工许可证自行废止。

3. 北京市高级人民法院《关于审理建设工程施工合同纠纷案件若干疑难问题的解答》

25. 工程开竣工日期如何确定？

建设工程施工合同实际开工日期的确定，一般以开工通知载明的开工时间为依据；因发包人原因导致开工通知发出时开工条件尚不具备的，以开工条件具备的时间确定开工日期；因承包方原因导致实际开工时间推迟的，以开工通知载明的时间为开工日期；承包人在开工通知发出前已经实际进场施工的，以实际开工时间为开工日期；既无开工通知也无其他相关证据能证明实际开工日期的，以施工合同约定的开工时间为开工日期。

4.《建设工程监理规范》（GB 50319－2013）

5.1.8 总监理工程师应组织专业监理工程师审查施工单位报送的开工报审表及相关资料；同时具备下列条件时，应由总监理工程师签署审查意见，并应报建设单位批准后，总监理工程师签发工程开工令：1. 设计交底和图纸会审已完成。2. 施工组织设计已由总监理工程师签认。3. 施工单位现场质量、安全生产管理体系已建立，管理及施工人员已到位，施工机械具备使用条件，主要工程材料已落实。4. 进场道路及水、电、通信等已满足开工要求。

4.6.6　本节疑难释义

开工日期是发包人与承包人在协议书中约定，承包人开始进场施工的绝对或相对的日期。建设工程合同中，开工日期一般都是确定的，但实务中也时常发生"开工日期"的争议。实践中，建设工程的开工日期主要有：①建设工程施工合同约定的开工日期；②施工许可证上载明的开工日期；③开工申请书中注明的开工日期；④建设单位或者监理单位指令的开工日期；⑤建筑施工企业实际进场的开工日期等等。如此多的开工日期一旦出现异同，该如何认定开工日期成了实践中一个比较突出的"疑难问题"。一种观点认为，应当依据建设行政主管部门颁布的建筑工程施工许可证载明的日期作为开工日期。因为此处的开工日期具有行政审批的合法性，换言之，此处的开工日期是得到行政主管部门认可具备开工条件后批准的日期。另一种观点则认为，应当以建设单位签发的《开工报告》上明确的开工日期为认定的开工日期。还有一种观点则认为，应当从全案利益平衡的角度，综合全案的事实分不同情况进行认定。

《建设工程施工合同（示范文本）》（GF-2013-0201）通用条款第7.3.2款规定："发包人应按照法律规定获得工程施工所需的许可。经发包人同意后，监理人发出的开工通知应符合法律规定。监理人应在计划开工日期7天前向承包人发出开工通知，工期自开工通知中载明的开工日期起算。"

建设工程有施工许可证或者开工报告的，应当以施工许可证或者开工报告日期为实际开工日期。如果建设工程不能按照施工许可证或开工报告记载的日期开工的，应当以实际开工日期为准。如果合同约定或者施工许可证记载的日期与施工单位实际进场的日期不一致的，应当按照施工单位实际进场的日期为开工日期。开工日期的确定要坚持实事求是的原则，以合同约定及施工许可证记载的日期为基准，以签发《开工报告》记载的日期作为凭证，综合工程的客观实际情况，以最接近开工实际情况的日期作为开工日期。

本章参考文献

[1]　乔小雨. 中国征地制度变迁研究[D]. 北京：中国矿业大学，2010：13-17.

[2]　任密. 我国城市房屋拆迁程序相关问题研究[D]. 重庆：重庆大学，2010：10.

[3]　朱道林. 土地管理学[M]. 北京：中国农业大学出版社，2007.

[4]　朱宝丽，王淑华，陈明泉. 我国房屋拆迁程序的完善和立法建议[J]. 山东建筑大学学报，2012，25（2）：173-176.

[5]　朱丽莎. 我国城市土地征用与房屋拆迁中的行政程序研究[J]. 中国集体经济，2012(3)：27-28.

[6]　赵成忠，朱丽莎. 我国城市房屋拆迁行政程序研究[J]. 管理世界，2012：58-59.

[7]　刘群. 论房屋征收补偿争议行政和解的路径完善[J]. 法律适用，2013：106-109.

[8]　龙凤钊. 房屋征收补偿协议的性质与救济——对《国有土地上房屋征收与补偿条例》第25条的分析[J]. 行政与法，2013：82-87.

[9]　甲方代表上岗指南——不可不知的500个关键细节[M]. 北京：中国建筑工业出版社，2012.

[10]　王林清，杨心忠，柳适思，赵蕾. 建设工程合同纠纷裁判思路[M]. 北京：法律出版社，2015.

[11]　余源鹏. 建设项目甲方工作管理宝典[M]. 北京：化学工业出版社，2015.

［12］　伍振．《闲置土地处置办法》修订政府"犯错"也要挨板子[J]．国土资源导刊，2012(7)：48-49.

［13］　刘洪玉．房地产开发经营与管理[M]．北京：中国建筑工业出版社，2015.

本章案例来源

1. 北大法宝网：http：//www. pkulaw. cn/

2. 中国裁判文书网：http：//wenshu. court. gov. cn/

第5章
建设工程施工准备及实施阶段风险防控实务

建设工程施工准备阶段是指建设单位与施工单位签订施工合同后，为了保证该项目工程能够按照合同确定的时间开工而进行的准备工作，包括组织图纸会审和技术交底、组织审查施工组织设计以及施工现场准备等。在建设单位完成工程施工的各项准备工作并签发开工报告后，工程开始实施直至工程竣工的整个阶段，我们称之为建设工程实施阶段。在实施阶段，建设单位的主要管理工作包括建设工程施工工期管理、质量管理、安全管理、工程变更与签证管理、工程结算与工程款支付管理等工作。施工准备工作及实施阶段是一个十分重要的工作阶段，它对整个项目的工期、质量、安全、成本都起着举足轻重的作用。由于其前后联系紧密，故本书将其放在一个章节进行介绍和阐述。

5.1 图 纸 会 审

5.1.1 图纸会审概念和内容

1. 图纸会审的概念

图纸会审是指工程各参建单位（建设单位、监理单位、施工单位、各种设备厂家）在收到设计院施工图设计文件后，对图纸进行全面细致的熟悉，审查施工图中存在的问题及不合理情况并提交设计院进行处理的一项重要活动。图纸会审由建设单位负责组织并记录（也可请监理单位代为组织）。通过图纸会审可以使各参建单位特别是施工单位熟悉设计图纸、领会设计意图、掌握工程特点及难点，找出需要解决的技术难题并拟定解决方案，从而将因设计缺陷而存在的问题消灭在施工之前。

2. 图纸会审的内容

图纸会审的工作应包含如下内容：

（1）是否无证设计或越级设计；图纸是否经过施工图审查机构审查；图纸是否经设计单位正式签署。

（2）地质勘探资料是否齐全。

（3）设计图纸与说明是否齐全，有无分期供图的时间表。

（4）设计地震烈度是否符合当地要求。

（5）几个设计单位共同设计的图纸相互间有无矛盾；专业图纸之间、平立剖面图之间有无矛盾；标注有无遗漏。

（6）总平面与施工图的几何尺寸、平面位置、标高等是否一致。

（7）防火、消防是否满足要求。

（8）建筑结构与各专业图纸本身是否有差错及矛盾；结构图与建筑图的平面尺寸及标高是否一致；建筑图与结构图的表示方法是否清楚；是否符合制图标准；预埋件是否表示清楚；有无钢筋明细表；钢筋的构造要求在图中是否表示清楚。

（9）施工图中所列各种标准图册，施工单位是否具备。

（10）材料来源有无保证，能否代换；图中所要求的条件能否满足；新材料、新技术的应用有无问题。

（11）地基处理方法是否合理，建筑与结构构造是否存在不能施工、不便于施工的技术问题，或容易导致质量、安全、工程费用增加等方面的问题。

（12）工艺管道、电气线路、设备装置、运输道路与建筑物之间或相互间有无矛盾，布置是否合理。

（13）施工安全、环境卫生有无保证。

（14）图纸是否符合监理大纲所提出的要求。

5.1.2　图纸会审的程序

图纸会审应在开工前进行。如施工图纸在开工前未全部到齐，可先进行分部工程图纸会审。

1. 图纸会审的一般程序：建设单位或监理方主持人发言→设计方图纸交底→施工方、监理方代表提问题→逐条研究→形成会审记录文件→签字、盖章后生效。

2. 图纸会审前必须组织预审。阅图中发现的问题应归纳汇总，会上派一代表为主发言，其他人可视情况适当解释、补充。

3. 施工方及设计方专人对提出和解答的问题作好记录，以便查核。

4. 整理成为图纸会审记录，由各方代表签字盖章认可。

5.1.3　建设单位（甲方代表）在实践中的风险点及防控建议

1. 图纸会审中未形成有效的会议纪要

建设单位应按合同规定在开工之前组织四方责任主体进行图纸会审。部分建设单位在图纸会审中所确定的修改意见和修改内容未形成会审纪要或者形成会审纪要未得到四方责任主体（设计、监理、建设、施工单位）共同会签盖章确认，后续导致各方"扯皮"问题。

【防控建议】

建设单位应跟进监理单位形成图纸会审纪要，四方责任主体（设计、监理、勘察、施工单位）共同会签并加盖公章，作为后续指导施工和工程结算的依据。

2. 对于图纸中发现的问题或者施工方提出的问题或者合理化建议等，未置可否，既不明确否决，也不明确同意

【防控建议】

对于施工单位由于施工难度大而提出的设计不合理之处，建设单位应会同监理单位对其认真客观地分析，并咨询设计单位，明确发表同意、不同意或另行安排专题会议研究答复意见。发现施工图纸有错误的经设计院核实予以纠正；图纸有不妥或遗漏的予以修改完善；对施工方法使用新材料或替代材料节约造价有合理化建议的，应予以论证确认。但对于施工方提出的材料更换等内容务必严格审查，征求多方意见，避免施工方偷梁换柱，增加开发成本。对图纸、施工方法有不明确的予以澄清；需增加或减少子目的予以调整；为此，相关单位应根据施工图变化情况，提出必要的造价增减报告，建设单位应根据合同约定的程序或方案予以调整。

3. 会审时遗漏考虑企业内部设计标准的规定

部分建设单位（特别是房地产开发商）会根据各自情况和特点制定企业的内部设计标准（如一些节点的特殊做法等），而这类标准往往高于国家规范乃至行业标准。对于有企业内部设计审核标准的建设单位，在告知设计单位按建设单位企业内部标准进行设计的情况下，部分建设单位代表在组织会审的时候未发现最终施工图纸没有按照企业标准执行。

【防控建议】

在招标的时候将企业标准纳入招标文件，作为最终图纸的补充审核依据。建设单位代表审图时不仅仅只依照国家及行业规范，也应考虑企业内部标准，以免施工时发生设计变更引起施工单位索赔。

4. 过分依赖施工单位的意见

建设单位过分依赖施工单位的意见，而施工单位一般对图纸会审工作只会提出设计缺陷、漏项及标注解释不明确等小问题，对建筑、结构、水、暖、电之间矛盾及可能造成的后期施工不便或者影响使用功能部位的设计问题关注度不够。

【防控建议】

图纸会审可先根据现场施工阶段情况分专业、分阶段进行会审。各专业的图纸会审结束后，再组织全专业综合会审，解决各专业打架或者矛盾问题。

5. 图纸会审工作过于形式化，草草了事

实践中，项目部的建设单位代表仅仅将图纸会审作为完成项目节点管控中的一项任务，对图纸会审工作极度不重视，会审过程过于形式化，草草了事，深度不够。有些建设单位代表直接把组织图纸会审的工作交由监理代为行使；有些建设单位代表虽然自己亲自组织图纸会审工作但并不参与会议全过程，而仅仅只是会前做简要说明。有些建设单位代表更是不重视会审前的审图工作，施工方还没细看图纸，就着急组织会审。这些不规范的操作往往给后期的设计-施工配合、各专业协调等问题埋下了隐患。

【防控建议】

应加强对图纸会审前的审图工作，延长周期，在施工方、监理方（或建设单位代表）充分熟悉图纸后，再开始组织图纸会审工作，并积极组织和参与图纸会审工作，充分了解图纸并听取各方对图纸的意见，避免后续因发现问题较晚影响工期，造成损失。

5.1.4　案例分析

详见 5.2.3 节的案例评析。

5.1.5　相关法律和技术标准（重要条款提示）

针对本节所面临的风险点，建设单位应注意以下相关法律、法规、部门规章及其他规范性文件的重要条款。

1.《建设工程施工合同（示范文本）》（GF-2013-0201）

1.6　图纸和承包人文件

1.6.1　图纸的提供和交底　发包人应按照专用合同条款约定的期限、数量和内容向承包人免费提供图纸，并组织承包人、监理人和设计人进行图纸会审和设计交底。

2. 中华全国律师协会律师办理建设工程法律业务操作指引（中华全国律师协会）

98.2　施工图会审

施工图纸是明确施工范围、施工内容、施工方法，明确所使用的建材、设备的品牌、规格的工程技术文件，施工前建设单位应组织相关单位进行图纸会审。

（1）会审时间及组织参与会审的主体：开工前一个月，由建设单位召集主持，由设计、监理、造价咨询单位、施工单位参加；

（2）施工图会审的内容：发现施工图纸有错误的经设计院核实予以纠正；图纸有不妥或遗漏的予以修改完善；对施工方法使用新材料或替代材料节约造价有合理化建议的，予以论证确认；对图纸、施工方法有不明确的予以澄清；需增加或减少子目的予以调整；前述种种均涉及工程造价。为此，相关单位应根据施工图变化情况，提出必要的造价增减报告，根据合同约定的程序或方案予以调整。

5.1.6　本节疑难释义

图纸会审是施工准备阶段的主要过程之一，是由建设单位组织设计、施工、监理等多家单位参加的，并共同履行的一项基本工程建设制度。涉及改变建设项目外部构造（外观设计）的，还需政府规划部门参加图纸会审。投资项目的设计图纸会审程序通常先由设计单位项目负责人进行综合交底，然后由施工单位，以及项目建设单位提出设计图纸自审过程中发现的技术差错和图面上的问题。委托工程监理的建设项目，由监理单位负责提请审核并得到建设项目参与各方认可后实施，为下步工作起到先导性投资管理的作用。图纸会审是发现和解决问题的一个适用性过程。建设单位项目管理人员通过对图纸的学习，领会设计理念，同时发现问题。

5.2 技 术 交 底

5.2.1 技术交底的概念和内容

1. 技术交底的概念

技术交底是在某一单位工程开工前，或一个分项工程施工前，由相关专业技术人员向参与施工的人员进行的技术性交代，其目的是使施工人员对工程特点、技术质量要求、施工方法与措施和安全等方面有一个较详细的了解，以便于科学的组织施工，避免技术质量等事故的发生。各项技术交底记录也是工程技术档案资料中不可缺少的部分。技术交底主要包括：①设计交底；②施工设计交底；③专项方案交底、分部分项工程交底、质量（安全）技术交底等。

2. 技术交底的内容及注意要点

（1）技术交底的内容

1）设计交底，即设计图纸交底。这是在建设单位主持下，由设计单位向各施工单位（土建施工单位与各专业施工单位）进行的交底，主要交代建筑物的功能与特点、设计意图与要求和建筑物在施工过程中应注意的各个事项等。

2）施工技术交底。一般由施工单位组织，在管理单位专业工程师的指导下，主要介绍施工中遇到的问题和经常性犯错误的部位，要使施工人员明白该怎么做，规范上是如何规定的等。

3）专项方案交底、分部分项工程交底、质量（安全）技术交底、作业等。

（2）技术交底的注意要点

作为建设单位，对于工程的建设始终应当处于组织和领导的地位，起到监督的作用。工程建设的具体依据是设计图纸，建设单位有责任组织设计单位和施工单位对图纸的设计意图、工程质量要求进行设计交底。建设单位及施工、监理单位对于设计交底应当做到彻底了解，融会贯通，并能发现问题提出建议，把图纸上的差错和缺陷补充在施工之前，做好技术交底记录。特别是技术交底会议上形成的共识，应通过书面文件形式形成会签记录，作为后续施工的依据。

5.2.2　建设单位（甲方代表）在实践中的风险点及防控建议

1. 技术交底工作组织不规范

不同的技术交底应由不同的参建方技术负责人组织。设计交底应由建设方主持，由设计单位向施工方和监理方交代建筑物的功能与特点、设计意图与要求和建筑物在施工过程中应注意的各个事项等。施工技术交底则是由其相关技术负责人向参与施工的人员进行的技术性交代，其目的是使施工人员对工程特点、技术质量要求、施工方法与措施和安全等方面有一个较详细的了解，以便于科学地组织施工，避免技术质量等事故的发生。实践中，技术交底往往由一些毫无专业背景的负责人主持，对技术交底中设计单位、施工单位、监理单位形成的会议纪要或技术确认函不了解，甚至未形成各方认可的确认函。

【防控建议】

技术交底应委派相关参加方的技术负责人主持，特别值得注意的是，除了设计交底由建设单位组织外，其他施工交底均由施工方自行组织。虽然，施工交底应由施工方自行组织，但作为五方责任主体之首，建设单位（或监理单位）应督促施工方在施工前进行必要的技术交底。对于技术交底过程中，达成各方共识的技术方案或措施，应形成各参建方会签的技术会议纪要。

2. 对技术交底的效力未作约定

建设单位对技术交底所达成的会议纪要往往不予重视，很大一部分原因是因为"技术交底作为施工的补充依据"这一条款没写入施工合同中，从而导致技术交底后，对技术交底中形成的各方确认函的内容一改再改。

【防控建议】

在相关合同中，可对设计交底和会审做特别约定：如设计交底和会审后所出具的会审纪要，作为施工合同的补充依据，承、发包方双方均不得擅自修改。技术交底时形成的技术确认函，特别是将"技术交底作为施工的补充依据"这一条款写入合同后，在后续施工管理中，应严格监督施工单位是否按照技术交底纪要（如技术交底中确定的施工工艺、材料使用等）的要求实施。

3. 忽视施工方提出的不合理施工方案建议

施工方往往会为了施工方便及增加成本在技术交底过程中故意加大或增强部分施工工艺的难度及强度，浪费建设单位成本。

【防控建议】

涉及费用额度较大及不确定交底费用增加项目时，应咨询相关专业人员及借鉴以往施工经验，不能单纯考虑可靠而无端地增加没有必要的成本。

5.2.3 典型案例评析：承、发包方双方均不得擅自修改"设计交底和会审"中做出的会审纪要

汕头市××建筑工程总公司与广东××集团有限公司

建设工程承包合同纠纷上诉案

原告：汕头市××建筑工程总公司

被告：广东××集团有限公司

案情梗概：

广东××集团有限公司（以下简称"××集团公司"）为建设阳东××实业有限公司工业园工程（下称工业园工程）编制了一份《阳东××工业园区施工招标文件》，招标范围包括：原材料仓库工程、生产车间工程、制杯车间工程、综合车间工程、办公楼工程、工人宿舍工程、管理人员宿舍工程等七项工程；1998年6月15日、8月11日，××集团公司、汕头市××建筑工程总公司（以下简称××建筑公司）、中国××广州设计院第一设计所（工程图纸设计单位）、××石油工程公司（工程施工监理单位）共同参加，对工程设计图纸进行会审，作出三份《阳东××工业园设计图纸交底及图纸会审会议纪要》。6月15日会议纪要在审议"泵送混凝土是否全部采用HE-P膨胀剂"问题时，会审确定"所有车间屋面混凝土采用泵送，用HE-P膨胀剂"。8月11日在审议"工人宿舍结构"问题时，会审确定"全部采用泵送混凝土，用HE-P膨胀剂"。

1998年8月17日，以××集团公司为发包方、××建筑公司为承包方，双方对原材料仓库工程、生产车间工程、制杯车间工程、综合车间工程、办公楼工程、工人宿舍工程、管理人员宿舍工程分别签订了七份《建筑安装工程承包合同》。合同分别约定有关"施工与设计变更"约定如下：发包方交付的设计图纸、说明和有关技术资料，作为施工的有效依据，开工前由发包方组织设计交底和会审，作出会审纪要，作为施工的补充依据，承、发包方双方均不得擅自修改。合同签订后，发、承包方依合同约定，进行了工程施工前期工作，××建筑公司组织机械和施工队进场，对各个工程进行施工建设，在施工过程中，除原材料仓库工程外，其他工程的±00以上结构部分，××建筑公司均使用了泵送混凝土添加HE-P膨胀剂的施工方法。××集团公司已在七项工程竣工图上盖章确认。该七项工程已先后竣工并经验收，全部被阳东县建设工程质量安全监督管理站评为优良工程。七项工程完工后，××建筑公司按合同约定编制了《工程结算书》，并将《工程结算书》及有关结

算资料送交中国建设银行阳江市分行进行结算审核。在审核过程中，××集团公司对工程使用泵送的施工范围、HE-P膨胀剂的数量、单价及施工人员劳动保险的取费标准提出异议。因双方无法达成一致意见。一、二审期间，××建筑公司提供2000年1月10日中国××广州设计院第一工程设计所出具给××集团公司的证明一份，该证明称：1998年8月11日，我方在××集团公司组织的图纸会审、技术交底会议上指出：工人宿舍、办公楼及各车间，因建筑物体量较大、超长，应采用混凝土膨胀剂来解决混凝土收缩开裂问题，因此要求采用泵送混凝土。××建筑公司还提供了2000年1月16日××石油工程公司阳江项目监理部出具给××集团公司的证明一份，该证明称：1998年8月11日，阳东××工业园区第二次设计交底及图纸会审会议上，中国××广州设计院第一工程设计所答复："同意全部采用泵送混凝土，用HE-P外加剂"，是为解决整个工业园区建筑物体量较大、超长的工人宿舍、办公楼及各车间混凝土收缩开裂问题确定的。××集团公司认为该两份证明属事后出具，证明内容不真实。再查明：HE型混凝土防水剂说明书载明：HE型混凝土防水剂集抗裂、防渗、防冻、减水、泵送、高强等功能于一体。该防水剂可以提高混凝土的抗裂性，提高混凝土的流动性和可泵性，推迟水化热值产生时间，达到降低混凝土内外温差之目的，可以补充混凝土的收缩应力，提高混凝土的抗裂性，提高混凝土的密实性。HE-P泵送防水剂是HE型混凝土防水剂的三种系列产品之一，具有HE型混凝土防水剂的功能。

法院判决：

一审法院认为：在工程施工图纸会审时，双方确定"所有车间屋面混凝土采用泵送，用HE-P膨胀剂"、"工人宿舍结构，全部采用泵送混凝土，用HE-P膨胀剂"，这种约定应视为双方当事人事后约定，应认定为对合同条款的补充，该补充对双方当事人具有约束力。××建筑公司对其他施工部位采用泵送混凝土添加HE-P膨胀剂的施工方法属擅自使用，且××集团公司并没有受益于这种擅自使用。所以，××建筑公司对工程其他施工部位采用泵送混凝土添加HE-P膨胀剂的施工方法而增加的费用应由××建筑公司自行负担。××建筑公司不服一审判决，向本院提起上诉。**经二审法院审理，**认为：根据双方当事人提供的1998年6月15日和8月11日图纸会审、技术交底会议记录，会议只要求生产车间和工人宿舍结构采用泵送混凝土及HE-P添加剂，并没有要求上述四项工程也采用这一施工方法及添加材料。××建筑公司扩大此施工方式的范围是不对的，对增加费用负有一定责任。但是，在××建筑公司施工过程中，××集团公司及其监理单位对这四项工程所使用的施工方法及材料并未提出过异议，××集团公司也已在该四项工程的竣工图上盖章确认。××集团公司对造成这一既成事实，也负有不可推卸的责任。而且使用这一施工方法及材料的建筑物，可以解决××工业园区建筑物体量较大、超长及各车间混凝土收缩开裂问题，××集团公司是这一施工方法及材料的实际受益者。根据诚实信用及公平合理的原则，该部分费用可由××集团公司和××建筑公司各承担50%的费用。

案例评析：

技术交底是在开工前由相关专业技术人员向参与施工的人员进行的技术性交代，其目的是使施工人员对工程特点、技术质量要求、施工方法与措施和安全等方面有一个较详细的了解，以便于科学的组织施工，避免技术质量等事故的发生。同时，参建方有关一些技术性问题的确认也将成为后续施工的依据。特别是在合同中有约定的情况下（如本案例中，合同约定：……开工前由发包方组织设计交底和会审，作出会审纪要，作为施工的补充依据，承、发包方双方均不得擅自修改），发、承包双方更应该严格遵守，一旦不遵守，可能会出现违约的风险。由本案例中也看出，即使施工单位未严格遵照技术交底时有关某特殊工艺的使用范围的要求，而是扩大了该特殊工艺的使用范围，但建设单位及其监理单位对其使用的施工方法及材料并未提出过异议，则具有不可推卸的责任。可见，作为建设单位，不仅要非常熟悉技术交底会议上各参建方所形成的技术确认内容，同时对后续施工单位是否严格按照技术交底形成的确认函进行施工有着不可推卸的监督责任。

5.2.4 相关法律和技术标准（重要条款提示）

针对本节所面临的风险点，建设单位应注意以下相关法律、法规、部门规章及其他规范性文件的重要条款。

1.《建设工程勘察设计管理条例》

第三十条 建设工程勘察、设计单位应当在建设工程施工前，向施工单位和监理单位说明建设工程勘察、设计意图，解释建设工程勘察、设计文件。建设工程勘察、设计单位应当及时解决施工中出现的勘察、设计问题。

2.《建设工程质量管理条例》

第二十三条 设计单位应当就审查合格的施工图设计文件向施工单位作出详细说明。

3.《铁路建设项目技术交底管理暂行办法》（铁建设［2009］155号）

第五条 设计技术交底是指在建设单位组织下，勘察设计单位根据审核合格的施工图，就设计内容、设计意图和施工注意事项向施工、监理等单位进行说明，解答施工、监理等单位提出的问题。

第六条 设计技术交底可分为首次交底、专项交底、新技术交底和变更设计交底。交底工作一般在现场进行。

4.《建设工程监理规范》（GB 50319－2013）

5.1.2 监理人员应熟悉工程设计文件，并应参加建设单位主持的图纸会审和设计交底会议，会议纪要应由总监理工程师签认。

5.《建筑结构实践教学及见习工程师图册》（05SG110）

8.1 施工技术交底的主要内容：1）本次技术交底的范围；2）结构概况：基础形式、

结构体系、材料要求等；3）采用新技术、新工艺的特殊要求；4）需交代的结构构造统一做法；5）解答施工图中的有关问题；6）洽商施工图中不完善或需修改的内容；7）施工中需注意的问题：如施工缝的设置位置、施工荷载的限值、支撑要求、地下水对结构的腐蚀性防范措施，主体结构的施工先后次序问题；8）穿过人防围护结构的管、洞密闭做法，人防结构的特殊要求；9）抗浮问题。

5.2.5　本节疑难释义

技术交底分图纸设计交底、施工设计交底和专项方案交底。只有设计交底是由建设单位来组织。设计交底是在建设单位主持下，由设计单位向各施工单位（土建施工单位与各设备专业施工单位）、监理单位以及建设单位进行的交底，主要交代建筑物的功能与特点、设计意图与施工过程控制要求等。而施工技术交底和专项方案交底是由施工单位自行组织，并由施工单位技术负责人向具体的施工人员讲解施工过程中可能遇到的问题，并指出具体的解决策略，同时明确相应的施工技术要求及施工规范，确保整个施工安全、有序、高效地进行。特别是针对专项方案（即指危险性较大的分部分项工程安全专项施工方案）是指施工单位在编制施工组织（总）设计的基础上，针对危险性较大的分部分项工程单独编制的安全技术措施文件。虽然不用建设单位组织或者参与，但作为建设单位仍应了解专项方案的情况并跟监理单位一起督促施工单位做好施工技术交底。对于超过一定规模的危险性较大的分部分项工程，应特别注意并需组织专家论证，详见建质［2009］87 号。

5.3　施 工 组 织 设 计

5.3.1　施工组织设计的基本概念和内容

1. 施工组织设计的概念

施工组织设计是基本建设工程在实施阶段为具体指导施工而编制的带有法规性的文件；它对全部施工活动做出详细的部署和安排，所以又是指导施工全过程的技术文件，是施工图实施的具体措施。它通过对施工准备、施工组织、施工技术、施工经济等进行全面而严密的组织计划，指导施工活动，从而达到加速施工进度、缩短施工周期、降低损耗、节约投资、提高经济效益，最终体现基本建设投资的效果和目的。《建筑施工组织设计规范》对施工组织设计做了如下定义：施工组织设计以施工项目为对象而编制，是指导项目施工的技术经济和管理的综合性文件。

2. 施工组织设计的作用

在建设工程施工单位招投标时，投标单位标书往往由商务标和技术标组成。其中，技术标主要以施工组织设计的形式出现。评标时，评标委员会根据施工组织设计的内容判断其是否实质性地响应了招标文件的要求，进而进行评分。这时候的施工组织设计，我们称之为："投标阶段的施工组织设计"。中标后的施工单位，在施工准备阶段，向监理单位项目部报审施工组织设计，监理对施工组织设计进行审查，经批准的施工组织设计在施工过程中有可能又会进行了多次修改。这时候的施工组织设计，我们称之为："实施阶段的施工组织设计"。不同阶段的施工组织设计，对建设单位来说有着不同的作用。

（1）投标阶段的施工组织设计

施工组织设计是投标文件的重要组成部分，也是编制投标报价的依据，目的是使招标人了解投标单位的整体实力和在招标工程中的优势之处，为在投标竞争中获胜奠定基础。一份好的投标阶段施工组织设计是决定项目是否中标的关键条件，是建设单位考察施工企业技术水平、组织管理水平、履约能力、成本控制能力、质量安全保证措施是否可行的重要依据。根据《建筑法》第15条规定，"发包单位与承包单位应当依法订立书面合同，并应当全面履行合同约定的义务"。同时，《招标投标法》第46条规定，"招标人和中标人应当按照招标文件和中标人的投标文件订立书面合同"。也就是说，发包单位和承包单位应该全面履行招标文件和投标文件所确定的义务，包括投标文件中施工组织设计包含的义务。

（2）实施阶段的施工组织设计

实施阶段的施工组织设计是在施工单位中标后、开工前按照建设单位、监理和相关法律法规要求重新编制的施工组织设计，它是施工单位项目部按照建设单位要求、勘察设计图纸和其他编制依据，对具体施工条件的特殊性进行详细分析，对拟建施工项目进行的总体和具体部署，扬长避短地制定施工顺序、施工方法和劳动组织等措施，按照施工进度计划合理安排人、材、机、临时设施等投入情况和布置方案，以期用最少的投入取得最大的产出，实现项目进度、质量、安全、环境保护和成本效益等方面的管理目的。通过施工组织设计的编制，施工单位考虑各种必然或可能情况的处理预案，把各种施工资源紧密地结合起来、协调起来。对于施工组织设计，如果编制合理，能全面反映客观情况并在施工过程中贯彻执行到位，可以使拟建施工项目更加顺利，实现各项管理目标，最终实现建设单位的各项投资目标。

当投标阶段施工组织设计与实施阶段施工组织设计产生矛盾的时候，以何者为准。一般认为，如果在招投标的时候资料详细清楚（比如：图纸、勘察和设计资料符合法律法规，现场场地符合施工条件）的情况下，以投标阶段施工组织设计为准，因为它是招投标文件的一部分，效力大于项目实施阶段的施工组织设计。如果在招投标的时候资料不详细清楚（比如：图纸、勘察和设计资料、现场场地等不太符合施工条件），以项目实施阶段的施工组织设计为准，此时认为招投标时的情况发生了重大变更，投标阶段施工组织设计不可能在施工时实际履行，所以要变更。

5.3.2　施工组织设计的编制和审批

项目负责人主持编制施工组织设计，针对不同类型的施工组织设计，其审批人有所不同。具体而言，总包单位技术负责人审批施工组织总设计，施工单位技术负责人或其授权的技术人员审批单位工程施工组织设计，项目技术负责人审批施工方案；对于重难点分部分项工程、专项施工方案由施工单位技术部门组织专家评审，然后由施工单位技术负责人批准；专业分包单位技术负责人或其授权的技术人员审批由其单位施工的分部分项工程、专项工程的施工方案，并由总包单位项目技术负责人核准备案。按照惯例，施工组织设计一般由施工单位编制，然而一些大型项目，建设单位也会和设计单位一起参加编制。实践中，为了对工程进行全面监督，无论一般工程或大型项目，作为建设单位，都要积极主动地督促施工单位编制完善可靠的施工组织设计，并会同监理单位参与施工组织设计或施工方案的审定。

在工程实施阶段，施工单位向监理部上报施工组织设计，经监理和建设单位批准签字后返回施工单位，施工单位以该批准的施工组织设计为依据指导施工，这是建设行业当前的工程惯例。而建设单位在施工组织设计上签字盖章即表明其同意施工单位按照该施工组织设计上的安排进行施工，双方就施工组织设计的内容达成了一致的意思表示。如果经过发包人修改，根据《合同法》第30条的规定，则成为一份新的要约，如果施工单位在经过建设方修改的施工组织设计上签字盖章则构成一份新的合同。因此，建设单位随意修改经批准的施工组织设计则将面临违约的风险。

5.3.3　建设单位（甲方代表）在实践中的风险点及防控建议

1. 对施工组织设计主要内容不熟悉、不了解

建设单位对施工组织总设计中的总体施工部署、施工总进度计划、总体施工准备与主要资源配置计划、主要施工方法等毫无所知，对施工组织设计中涉及措施费用、措施工艺等疏于审核。

【防控建议】

作为建设单位，为了对工程进行全面监督，应积极主动参与施工组织设计或施工方案的审定。在对施工组织设计或施工方案审定时，要把重点放在施工进度安排、施工方法、技术经济措施、施工平面布置等方面。对作业难度较大的施工项目，应要求施工单位编制专项的施工组织设计，此时应重点审查施工方案、进度计划与技术组织措施的可行性。对施工组织设计中涉及措施费用、措施工艺的部位务必严格审核，建议在合同中就明确措施

费用的给付方式，避免措施使用工艺与合同不符，造成后期施工方用此进行索赔，同时建议对施工组织中措施项的实际施工情况保留过程影像资料，避免后期扯皮。

2. 施工过程中，未对施工组织设计实行动态管理

工程设计图纸发生重大修改，或有关法律、法规、规范和标准实施、修订和废止，或主要施工方法有重大调整，或主要施工资源配置有重大调整，或施工环境有重大改变施工过程等都将对整个施工过程产生巨大影响。这些因素的变化和调整，往往将使得原本的施工组织设计不再继续适用，如果不对原有施工组织设计进行相应地调整将影响到整个施工的有序进行。

【防控建议】

施工过程中，应对施工组织实行动态管理，应特别注意以下几种情形：

（1）当工程设计图纸发生重大修改时，如地基基础或主体结构的形式发生变化、装修材料或做法发生重大变化、机电设备系统发生大的调整等，需要对施工组织设计进行修改；对工程设计图纸的一般性修改，视变化情况对施工组织设计进行补充；对工程设计图纸的细微修改或更正，施工组织设计则不需调整。

（2）当有关法律、法规、规范和标准开始实施或发生变更，并涉及工程的实施、检查或验收时，施工组织设计需要进行修改或补充。

（3）由于主客观条件的变化，施工方法有重大变更，原来的施工组织设计已不能正确地指导施工，需要对施工组织设计进行修改或补充。

（4）当施工资源的配置有重大变更，并且影响到施工方法的变化或对施工进度、质量、安全、环境、造价等造成潜在的重大影响，需对施工组织设计进行修改或补充。

（5）当施工环境发生重大改变，如施工延期造成季节性施工方法变化，施工场地变化造成现场布置和施工方式改变等，致使原来的施工组织设计已不能正确地指导施工，需对施工组织设计进行修改或补充。特别值得注意的是：经修改或补充的施工组织设计应重新审批后实施。

5.3.4　典型案例评析：经建设单位审批的施工组织设计，可作为结算的依据

原告：浙江××建筑集团股份有限公司

被告：上海××置业发展有限公司

案情梗概：

1998年5月18日，原告浙江××建筑集团股份有限公司与被告上海××置业发展有限公司签订《建筑施工安装承包合同》。签约后，原告按约对工程进行施工，工程于2000年3月至8月相继通过竣工验收。履约中，被告共向原告支付工程款计91280112.60元。此

后，被告故意拖延审价，拖延支付工程款，原告提起诉讼。

在案件审理中，双方对工程钢筋接头是采用电渣压力焊还是绑扎发生争议。实际上，在施工过程中，原告是直接碰焊施工的，并没有得到被告的签证。当时碰焊的市场价是9元多，而绑扎的价格只有3元多，两者相差6元多，对于工程总价款相差60多万元。

根据《最高人民法院关于审理建设工程施工合同纠纷案件适用法律问题的解释》第19条："当事人对工程量有争议的，按照施工过程中形成的签证等书面文件确认。承包人能够证明发包人同意其施工，但未能提供签证文件证明工程量发生的，可以按照当事人提供的其他证据确认实际发生的工程量"，在没有签证的情况下需要证明施工得到发包人同意，而最令发包人头疼的就是在大量文字中，如何能够找到取得了发包人同意的证据。如果没有证据则原告需要承担举证不能的责任。最后，原告提出了一份证据——施工组织设计，该份施工组织设计得到被告的审核确认，施工组织设计明确了钢筋接头采用电渣压力焊。在判决书中，法院采用了该份证据，支持了原告该部分的索赔请求。

案例评析：

施工组织设计是用来指导施工项目全过程各项活动的技术、经济和组织的综合性文件，是施工技术与施工项目管理有机结合的产物，它是工程开工后施工活动能有序、高效、科学、合理地进行的保证。施工组织设计一般包括四项基本内容：①施工方法与相应的技术组织措施，即施工方案；②施工进度计划；③施工现场平面布置；④有关劳力，施工机具，建筑安装材料，施工用水、电、动力及运输、仓储设施等建设工程的需要量及其供应与解决方法。前两项指导施工，后两项则是施工准备的依据。施工组织设计按照设计阶段的不同可以分为标前施工组织设计和标后施工组织设计，标前施工组织设计主要是为了夺标，标后施工组织设计主要是为了合理安排施工，更具有操作性。标前施工组织设计包含在投标文件中，一旦投标人中标，招标人向投标人发出中标通知书，则投标文件中的施工组织设计对双方均产生约束力。标后施工组织设计需要得到监理单位的审核，对发承包双方都具有约束力。因此，在建设工程中，施工组织设计是发承包双方意思的一致协议，规定了双方的权利与义务，对双方都具有约束力。

《最高人民法院关于审理建设工程施工合同纠纷案件适用法律问题的解释》第19条的意思是：①有签证直接确认工程量；②没有签证承包人可以举证证明工程量。而施工组织设计就是一项有利的举证证据。作为建设单位，经审核确认过的施工组织设计所包含的施工方法等内容也应严格遵守，如果擅自改变，将面临违约风险。

5.3.5　相关法律和技术标准（重要条款提示）

针对本节所面临的风险点，建设单位应注意以下相关法律、法规、部门规章及其他规范性文件的重要条款。

《建筑施工组织设计规范》（GB/T 50502－2009）

3.0.5 施工组织设计的编制和审批应符合下列规定：

1. 施工组织设计应由项目负责人主持编制，可根据需要分阶段编制和审批；

（说明：有些分期分批建设的项目跨越时间很长，还有些项目地基基础、主体结构、装修装饰和机电设备安装并不是由一个总承包单位完成，此外还有一些特殊情况的项目，在征得建设单位同意的情况下，施工单位可分阶段编制施工组织设计。）

2. 施工组织总设计应由总承包单位技术负责人审批；单位工程施工组织设计应由施工单位技术负责人或技术负责人授权的技术人员审批，施工方案应由项目技术负责人审批；重点、难点分部（分项）工程和专项工程施工方案应由施工单位技术部门组织相关专家评审，施工单位技术负责人批准。

5.3.6 本节疑难释义

施工组织设计是否具有法律效力的问题一直存在着争议，我国目前已颁布的法律法规以及部门规章均未对此有明确规定。在学术研究中，一些学者指出，施工组织设计相当于建筑工程施工的法规，当然具有法律效力。一些学者则认为，不论投标书中的施工组织设计是否具备针对性和可操作性，其具有法律效力，可作为决算依据；也不论中标后经业主批准的施工组织设计内容是否具有针对性和可操作性，其不具有法律效力，不可作为决算依据。另外，还有学者则认为，在合同履行过程中，经发包人签字盖章的施工组织设计构成合同；施工单位在经过建设方修改的施工组织设计上签字盖章则构成一份新的合同：中标通知书发出后，招投标文件中的施工组织设计成为合同的一部分；如果投标时的施工组织设计与后面施工过程中的施工组织设计有矛盾的时候，分两种情况：若在招标投标的时期，图纸、勘察设计资料、场地都符合法律法规、符合现场施工条件的情况下，以投标时的施工组织设计为准，其效力大于后面形成的施工组织设计；若在招投标的时期，图纸、勘察设计资料、场地等都不符合施工条件的，以施工过程中的施工组织设计为准。

施工组织设计是否具有法律效力对实践工作有着巨大的影响：首先，在司法领域，为法官能否将施工组织设计的内容作为判案依据提供支持；其次，对于施工单位，可根据施工组织设计是否具有法律效力决定对其编制是否应引起足够重视，同时充分利用施工组织设计是否具有法律效力以规避风险或进行索赔；最后，对建设单位而言，可根据施工组织设计是否具有法律效力决定对施工单位报审的施工组织设计是否应进行认真严肃地审查，对不满足要求的或可能引起索赔的相关内容是否要求施工单位修改或完善，同时是否有必要维护经批准的施工组织设计的权威性，是否有充足的依据不允许施工单位违背施工组织设计的内容进行现场施工安排等等。

本书认为，施工组织设计虽然是一种技术性规范，然而一旦发生诉讼，在双方没有签证的情况下，法院会以施工组织设计及合同为依据，并以此来定案。实践案例中就有法院最终认可了施工单位提供的《施工组织设计》中约定的施工方案，并进行计价的情形存在。《最高人民法院关于审理建设工程施工合同纠纷案件适用法律问题的解释》中规定，"当事人对工程量有争议的，按照施工过程中形成的签证等书面文件确认。承包人能够证明发包人同意其施工，但未能提供签证文件证明工程量发生的，可以按照当事人提供的其他证据确认实际发生的工程量"，而经批准的施工组织设计就是一种其他证据。

5.4　建设工程施工现场的准备

为了保障建设工程能如期顺利开工，建设单位在开工前应做好施工现场的准备工作，具体包括围蔽工程、申请临水临电、现场查勘及场地清理、组织详勘、"三通一平"的实施等内容。

5.4.1　建设工程施工现场准备的工作内容

1. 围蔽工程

围蔽工程是根据工程文明施工管理的有关规定所设置的围护挡墙，其目的是积极推进建筑工地绿色施工工作，改善人民生活环境，同时提升城市的形象。《建筑施工安全检查标准》（JGJ 59 - 2011）对现场围挡做出如下要求：市区主要路段的工地应设置高度不小于 2.5m 的封闭围挡；一般路段的工地应设置高度不小于 1.8m 的封闭围挡；围挡应坚固、稳定、整洁、美观。建设单位在围蔽工程管理中，还应特别注意：不同地区的建设行政主管部门可能因城市建设管理要求，对围蔽工程的具体规定有所区别，建设单位应积极与当地政府部门沟通，及时了解其相关规定并满足其要求。如：《广州市城乡建设委员会关于印发广州市建设工程施工围蔽管理提升实施技术要求和标准图集的通知》针对房屋建筑工程的围蔽管理规定：①采用连续、封闭围墙搭设，鼓励采用可再生循环利用的预制板新型材料进行围蔽。②围墙高度不得低于 2.5 米，应砌筑墙脚和墙柱，墙脚高度不得低于 50 厘米，墙脚和墙柱外侧粘贴瓷砖，墙柱之间距离不超过 3 米，墙体采用砖砌 18 厘米厚砖墙砌筑，鼓励采用可再生循环利用的预制板新型材料作为墙体，每隔 6 米在柱帽顶安装圆形节能灯具，电压应低于 36V，并采取措施保证用电安全，外墙面批荡抹光和美化处理。

2. 申报临水临电

《建设工程施工合同（示范文本）》GF-2013-0201）2.4.2 除专用合同条款另有约定外，发包人应负责提供施工所需要的条件，包括：将施工用水、电力、通信线路等施工所必需的条件接至施工现场内；申报临水临电时，应确定临水临电容量，同时了解申报流程及办理周期。

3. 详勘

取得总规批复后，建设单位工程部可组织勘察单位进场，对阻碍详勘钻孔的障碍物，应提前组织清理。勘察单位根据建设单位提供的详勘方案、总规图上的坐标点定出孔位。所有钻孔工程量必须有两名监理人员进行验收，并在验收记录上签字，及时存档。现场钻孔取样完成后，应督促勘察单位在详勘开钻后 15 天内出柱状图并按合同要求提供勘察报告。

4. 三通一平的实施

三通一平是指基本建设项目开工的前提条件，具体指：水通、电通、路通和场地平整。水通（给水）；电通（施工用电接到施工现场具备施工条件）；路通（场外道路已铺到施工现场周围入口处，满足车辆出入条件）；场地平整（拟建建筑物及条件现场基本平整，无需机械平整，人工简单平整即可进入施工的状态）。工程开工之前，建设单位工程部负责督促施工单位进行现场前的"三通一平"（水通、电通、路通、场地平整）。

5.4.2 建设工程放线与验线

建设工程放线是指在施工图纸出来之后，通过测量、定坐标等技术手段将图纸上的建筑物在实地上落实一个具体的位置。在工程正式开工之前，建设单位必须进行放线，放线后向规划局申请验线，验线合格的才可以动工。

5.4.3 建设单位（甲方代表）实践中的风险点及防控建议

1. 建设单位怠于完成合同约定的准备工作，致使施工单位无法进场开工

《建设工程施工合同（示范文本）》（GF-2013-0201）2.4.4 逾期提供的责任：因发包人原因未能按合同约定及时向承包人提供施工现场、施工条件、基础资料的，由发包人承担由此增加的费用和（或）延误的工期。

【防控建议】

建设单位应按合同约定组织完成"围蔽工程、临水临电、现场查勘及场地清理、组织详勘、三通一平"等准备工作，为施工单位进场提供必要的条件。

2. 建设单位在准备工作实施前，特别是建设项目围蔽之前，缺少与当地政府部门积极沟通

【防控建议】

围挡封闭阶段，务必与当地建设监督部门沟通，了解当地围挡封闭方式及高度要求，避免因围闭不合规造成后期施工证办理过程中安监踏勘现场的无法通过。三通一平的基础必须取得水电接驳口位置及标高，建设单位应在总包进场之前与当地政府部门沟通并提前解决水电接驳问题，避免造成总包进场后无法展开施工而造成的人员机械等窝工。

3. 其他建议

建设单位应与规划沟通增加场外基准点，以便后期引线所用，避免场内测量的误差累计。临水临电布置建议充分考虑场区功能分区，走线尽量避开开挖边线及保证道路畅通，同时雨污分流，避免混排造成的罚款及停工。

5.4.4　典型案例评析：建设单位应负责提供施工所需要的条件

黑龙江××建设有限责任公司与××采煤沉陷治理领导小组办公室

建设工程施工合同纠纷上诉案

原告：黑龙江××建设有限责任公司（以下简称××建设公司）

被告：××采煤沉陷治理领导小组办公室（以下简称沉治办）

案情梗概：

2005 年 8 月，沉治办就××阳光家园安置新区进行工程招标，××建设公司中标该项工程第二标段，计划开工时间为 2005 年 10 月 1 日，由于未取得施工许可证、场地未平整等因素一直未具备开工条件。2006 年 6 月 6 日，双方签订工程施工合同，约定：××建设公司负责包工包料，沉治办办理施工所需证件及相关手续并按进度拨款，执行平方米造价包干。合同签订后，××建设公司进行了开工准备，沉治办于 2006 年 8 月 11 日取得施工许可证，2006 年 8 月 14 日××建设公司提交开工报告，重新计划开工日期为 2006 年 8 月 16 日，而计划竣工日期为 2006 年 11 月 15 日。该开工报告经批准后，××建设公司开始施工。后××建设公司以"由于延期开工，导致工程不能于 2006 年交工，直接增加了冬季看护、原材料、人工等费用，使工程造价成本增加。"向沉治办提出索赔，但沉治办不予理睬。后××建设公司以此为由将沉治办诉至法院。

沉治办称：办理施工许可证的前提之一就是现场平整，沉治办早在 2006 年 4 月 10 日就将现场平整委托给××建设公司完成，而后者 2006 年 7 月 3 日才制定出《现场平整土方施工方案》，8 月 5 日才完成现场平整。因此，没有在合同约定的开工日期前取得施工许可证的责任在××建设公司一方，沉治办没有责任，故合同约定的工期发生变更是由于××建设公司的违约造成的。退一步讲，即使沉治办对延期开工有责任，根据通用条款 13.1 条的约定，工期顺延，××建设公司应按通用条款第 13.2 条规定，在 14 日内向工程师报告，而××建设公司没有在 14 日内提出报告，应视为其对工程延期没有异议。由于××建设公司提交的开工报告载明竣工日期，延期开工又是××建设公司违约造成的，因此，延期竣工的损失应由××建设公司自行承担。

××建设公司认为：第一，沉治办负有土地征用、拆迁补偿、场地平整、道路、通信、水电的安装、各项证照办理等合同义务，但沉治办没有依约履行。而××建设公司早在2006年6月前就做好了入场施工的准备，但因沉治办违约而无法入场施工。第二，正是由于沉治办的违约，导致开工时间延后2个月，使得无法形成流水作业影响工期，冬季季节性停工影响工期，实际竣工日期不可预测，在开工报告中只能注明计划开工和竣工日期。第三，根据××建设公司在一审中提供的停工报告、复工报告、竣工验收报告，均可证明沉治办对工期顺延是认同的。第四，工程竣工验收后，沉治办迟迟不接收工程，并不依约结算工程款，也构成违约。

法院审判认为：

××建设公司虽然在其提交的开工报告中载明竣工日期，但该期限内完成案涉工程明显违背工程施工建设规律，通常情况下不可能完成。而根据双方《建设工程施工合同》的约定，在开工前，××建设公司负有挖土、外运、放线等义务，沉治办并未将其所需完成的"四通一平"等所有准备工作全部委托××建设公司实施。因此，双方当事人对于未按约定时间开工均有一定责任。而晚开工两个月的事实又进而导致工程必然要跨越不适宜施工的冬季，故双方对于延期竣工亦均有责任。因此，二审判决基于上述事实以及《建设工程施工合同》的约定，认定沉治办和××建设公司按照7：3的比例承担延期竣工的部分损失。

案例评析：

建设单位负有完成或者委托施工单位完成"围蔽工程、临水临电、现场查勘及场地清理、组织详勘、三通一平"等准备工作的义务，为施工单位进场提供进场条件。若建设单位未如期完成以上工作而导致工程进度延后，应为延期情况承担一定的责任。

5.4.5 相关法律与技术标准（重要条款提示）

针对本节所面临的风险点，建设单位应注意以下相关法律、法规、部门规章及其他规范性文件的重要条款。

《建设工程施工合同（示范文本）》（GF-2013-0201）

2. 发包人

2.1 许可或批准

发包人应遵守法律，并办理法律规定由其办理的许可、批准或备案，包括但不限于建设用地规划许可证、建设工程规划许可证、建设工程施工许可证、施工所需临时用水、临时用电、中断道路交通、临时占用土地等许可和批准。发包人应协助承包人办理法律规定的有关施工证件和批件。

因发包人原因未能及时办理完毕前述许可、批准或备案，由发包人承担由此增加的费用和（或）延误的工期，并支付承包人合理的利润。

2.4　施工现场、施工条件和基础资料的提供

2.4.1　提供施工现场

除专用合同条款另有约定外，发包人应最迟于开工日期 7 天前向承包人移交施工现场。

2.4.2　提供施工条件

除专用合同条款另有约定外，发包人应负责提供施工所需要的条件，包括：

（1）将施工用水、电力、通信线路等施工所必需的条件接至施工现场内；

（2）保证向承包人提供正常施工所需要的进入施工现场的交通条件；

（3）协调处理施工现场周围地下管线和邻近建筑物、构筑物、古树名木的保护工作，并承担相关费用；

（4）按照专用合同条款约定应提供的其他设施和条件。

2.4.3　提供基础资料

发包人应当在移交施工现场前向承包人提供施工现场及工程施工所必需的毗邻区域内供水、排水、供电、供气、供热、通信、广播电视等地下管线资料，气象和水文观测资料，地质勘察资料，相邻建筑物、构筑物和地下工程等有关基础资料，并对所提供资料的真实性、准确性和完整性负责。

按照法律规定确需在开工后方能提供的基础资料，发包人应尽其努力及时地在相应工程施工前的合理期限内提供，合理期限应以不影响承包人的正常施工为限。

5.4.6　本节疑难释义

建设方认真做好施工准备工作，是确保工程按期开工的关键，施工准备工作做得不好，往往会产生多方面的索赔诱因。主要是避免由于不具备或不完全具备开工条件而导致不能按合同协议约定的开工日期按时开工，从而产生工期索赔；按照《建设工程施工合同（示范文本）》（GF-2013-0201）相关规定，发包人应负责提供施工所需要的条件。这是施工合同约定的作为建设单位的义务。实践中，即使建设单位提供了施工条件，并按期开工，但开工后为处理以上遗留问题给施工方增加了额外的工作，也会引起相关费用和工期的索赔。司法实践中，若建设单位因未尽到施工准备的义务导致工期延误，并以此为由诉施工单位工期延误，一般得不到法院支持。

5.5　建设工程工期管理

5.5.1　建设工程工期管理的内容

工期管理是建筑工程项目管理三大重点控制内容之一，与工程质量、工程成本共同反映了工程项目实施状况的综合性指标。施工进度的控制，是保证工程项目按期完成，节约工程成本的重要措施之一。对施工进度进行控制，需要综合考虑施工计划、劳动消耗、施工方案、资源供应、进度管理等多个方面的问题。作为建设单位，应该以合同约定的工期为目标，根据施工合同中确定施工组织计划和施工进度计划为依据，建设单位工程部应编制工程施工总进度控制计划和阶段性施工进度控制计划。

1．工程施工总进度控制计划的编制

建设单位工程部应根据项目总体的开发计划和施工单位编写的工程施工总进度计划，编制项目工程施工总进度控制计划，作为确定各单位工程施工进度计划的依据。计划内容应包括：前期准备工作时间、施工图出图时间、主分包单位进场施工、基础验收、主体工程施工及验收、装修工程施工、室外及园建出图、室外及园建施工单位进场、室外工程施工、工程验收等时间。该计划将作为建设单位开展工作的时间参考依据。

2．阶段性施工进度控制计划的编制

在施工图通过审查、主包单位进场后，根据项目建设计划分阶段编制。该计划应明确主要分项工程的起止时间，确定分项工程之间衔接，应能够对施工单位的合同工期进行有效控制。

5.5.2　建设单位保证工期的义务工作

保证工程如期完成不仅是承包人的责任，而且也是包括发包人（建设单位）在内的建设工程参与者共同的责任。根据法律法规的规定以及建设工程惯例，建设单位在工期管理中应承担以下义务：

1．合理制定工程工期

建设工程招标文件中应包含工期要求内容。建设单位有权自主编制工程招标文件，有权自主确定工期要求，但是这种自主权也是受到法律规制的。建设单位在制定招标文件的工期要求时应依据法律、行政法规、工期定额以及具体工程情况，不得随意压缩合理工期。建设单位要求施工工期小于定额工期时，必须在招标文件中明示增加费用，压缩的工期天数不得超过定额工期的 30%。

2. 办理工程施工必备的法律手续

工程建设从立项开始就受到行政法规的规制。法律法规规定了建设工程合法开展的一系列程序和法律文件。只有履行了相应的程序并取得相应法律手续，工程建设才能正常合法进行。在开工前，建设单位应取得建设用地规划许可证、建设工程规划许可证、建设工程施工许可证等政府许可建设或开工的证明文件。

3. 提供施工场地及施工条件

详见"建设工程施工现场准备的工作内容"有关内容。

4. 施工图纸及技术资料的提交

（1）建设单位需向施工单位提供满足施工需要的施工图纸及技术资料，并且施工图设计文件应按规定通过审查。

（2）建设单位需向施工单位提供施工现场的工程地质和地下管线资料，对资料的真实准确性进行负责。

（3）确定水准点与坐标控制点。

5. 按约定支付工程预付款和工程进度款

工程款是工程建设能够进行的经济保证，按约定支付工程款是建设单位的义务。根据《合同法》相关规定："建设单位未按照约定的时间和要求提供原材料、设备、场地、资金、技术资料的，承包人可以顺延工程日期，并有权要求赔偿停工、窝工等损失"。

6. 组织设计交底和图纸会审

详见 5.1 和 5.2 图纸会审和技术交底相关内容。

7. 及时提供所需的指令、批准

在建设工程施工合同履行的过程中，许多时候，承包商的工作赖于建设单位的指令或批准。建设单位应当按照合同约定的期限和程序完成相应的指令或批准。否则，因建设单位怠于指令或批准的，应承担相应责任。

8. 设计变更或工程量增加时引起的工期变化，应通过协商确定对原工期的影响

在设计变更或工程量增加时一般会造成工期的延长。在这种情况下，建设单位应与承包商平等协商，不应利用自己的主导地位拒绝承包商的合理要求。

5.5.3　建设单位（甲方代表）实践中的风险点及防控建议

1. 提出不合理的工期要求或任意压缩工期

随着建筑施工技术的不断进步，建设工程的施工工期在逐步缩短，但合理的施工工期是保证工程质量与安全施工、降低建设成本的必要条件。然而目前的工程建设中，有些建设单位管理层为了追求速度，不顾客观规律，提出一些不合理的工期要求或者在施工过程中盲目压缩施工工期，既增加工程成本，又给施工安全和质量造成巨大隐患。

《建设工程质量管理条例》第五十六条 违反本条例规定，建设单位有下列行为之一的，责令改正，处 20 万元以上 50 万元以下的罚款：（二）任意压缩合理工期的。

【防控建议】

建设工期定额在建设前期主要作为项目评估、决策、设计时按合理工期组织建设的依据，还可作为编审设计任务书和初步设计文件时确定建设工期的依据。对于编制施工组织设计、进行项目投资包干和工程招标投标及鉴定合同工期具有指导作用。建设单位应依据相关工程的工期定额合理计算工期，压缩的工期天数不得超过定额工期的 20%。超过者，应在招标文件中明示增加赶工费用。原则上，压缩工期不允许超过 30%（具体比例应参照各地造价行政主管部门的指导意见）。

2. 未尽到建设准备工作的义务

保证工程如期完成不仅是承包人的责任，而且也是包括发包人（建设单位）在内的建设工程参与者共同的责任。建设单位应积极做好建设准备工作，承担保证工期的主要义务。

【防控建议】

为了确保工程如期完成，建设单位应按合同约定履行保证工期的义务，确保承包方具备合理、合法以及经济性的施工前提。如办理施工许可证，及时提供经审查合格的施工图纸，按约定支付工程进度款等等。

3. 工期管理中其他的风险防控建议

工期管理过程中，凡是对施工方上报的进度计划必须要求施工方负责人签字盖章，并由监理单位审核（重点把控工序合理性）签字确认后上报建设单位，作为后期工期反索赔的依据。对于未按照合同工期排布的工期不予认可，避免后期无法用合同约束施工方。如果合同工期与现场实际情况严重不符，造成无法按合同对施工方进行约束之时，可适时与施工方签订工期补充协议进行约束，也可作为后期反索赔证据。

5.5.4 典型案例评析之一：建设单位有责任为建设工程提供完备的客观条件和法定条件以保证工程如期完成

××联华公司与××建设公司建设工程施工合同纠纷案

上诉人（一审原告）：××联华公司

上诉人（一审被告）：××建设公司

案情梗概：

2005 年 8 月 20 日，发包人××联华公司与承包人××建设公司签订《建设工程施工合同》（以下简称《施工合同》）约定，××建设公司承建××联华公司开发的位于内蒙古自治区××市东区胜利大街诺敏路交叉口的华联商厦 5 号楼（三层、砖混、3378 平方米）、6号楼（四层、框架、7786 平方米）、7 号楼（四层、框架、33600 平方米）的土建、水、电、暖及外墙装修工程。开工日期为 2005 年 9 月 1 日（本年度有效工期 45 天），竣工日期为 2006 年 10 月 30 日，合同工期总日历天数为有效工期 240 天。合同价款暂估价 6500 万元（以审定的决算为准）。专用条款约定，5 号楼实行中间验收，应于 2006 年 7 月 30 日前竣工。2005 年 9 月 1 日前，联华公司向广厦公司提供 5 号楼施工图及 6 号、7 号楼基础图，2006 年 4 月上旬提供 6 号、7 号楼施工图。××联华公司在开工前办理施工所需证件、批件。××建设公司在 2005 年内完成 5 号楼部分主体工程及 6 号、7 号楼部分独立基础，2006 年 10 月 30 日前全部完成（含外装修）。冬季－5 度以下时停止施工（土建部分），工期顺延（其他按通用条款第 13 条执行）。通用条款第 13 条约定，因以下原因造成工期延误，经工程师确认，工期相应顺延：（1）发包人不能按约定日期支付工程预付款、进度款致使工程不能正常进行；（2）发包人不能按专用条款的约定提供图纸及开工条件；（3）设计变更和工程量变化；（4）一周内非承包人原因停水、停电、停气造成停工累计超过 8 小时；（5）不可抗力；（6）专用条款约定或工程师同意顺延的其他情况。承包人在上述情况发生后 14 天内，就延误的工期以书面形式向工程师提出报告。工程师在收到报告后 14 天内予以确认，逾期不予确认也不提出修改意见，视为同意顺延工期。承包人必须按照协议书约定的竣工日期或工程师同意顺延的工期竣工。因承包人原因不能按照协议书约定的竣工日期或工程师同意顺延的工期竣工的，承包人承担违约责任。

2005 年 9 月 1 日双方举行开工典礼，××建设公司进场施工。2006 年 5 月 10 日，××联华公司给××建设公司提供 6 号楼、7 号楼基础施工图。××联华公司在 2006 年 5 月 23 日变更基础施工图。2006 年 6 月 13 日，图纸基本到位。2006 年 7 月 27 日建设单位、施工单位、监理公司、设计单位对 6 号楼进行图纸会审。

2006 年 4 月 18 日，因××联华公司与政府有关部门没有协调好，致使土方工程不能正常作业而停工。2006 年 5 月 3 日××联华公司就土方外运问题向区政府作了汇报。2006 年 5 月 21 日晚，外运土方车被扣留，6 号楼回填土和 7 号楼挖土停止。

2007 年 4 月 23 日，××联华公司要求××建设公司将 5 号楼尾工项目交××建筑工程有限公司承建。

2006 年 8 月 20 日停电一天，9 月 2 日停电半天，9 月 9 日早 6 点至下午 4 点 20 分停电，9 月 16 日早 5 点至 11 点 20 分停电，2007 年 4 月 24 日停电一天。

2006 年 9 月 3 日，××联华公司将 7 号楼的建设施工许可证办理给案外人××建筑工程有限公司承建，2006 年 9 月 13 日给××建设公司办理了 5 号、6 号楼的建设施工许可证。

××建设公司出示××联华公司工程变更联系单 54 份，证明工程变更约 300 项。据2006 年 4 月 22 日的监理会议纪要记载，××建设公司催促 6、7 号楼的图纸尽快到位，并分别于 2006 年 5 月 12 日、2006 年 5 月 23 日、2006 年 5 月 24 日致函××联华公司证明因图纸变更对施工造成的困难。2006 年 5 月 27 日监理会议纪要记载，××建设公司继续提出，图纸不到位无法施工。与此同时，××建设公司也没有按照上述合同约定的时间完成施工进度。

2006 年 5 月 3 日建设、监理、施工三方《会议纪要》记载，"会议分析指出：到目前为止××建设公司施工单位陆续到达施工人员 320 左右，包括塔吊在内的大型施工设备及大宗建筑材料已基本到位，作业面也正在逐步铺开。截至 4 月 30 日，施工方有凭据的资金投入为 402 万元……资金投入与实际完成工程量比例严重失调，现场作业面劳动力投入少，施工作业窝工现象严重，工程进度非常缓慢，现场效果不明显"。2006 年 6 月 9 日监理单位《关于施工单位进场使用不合格钢筋处理会议纪要》记载，××建设公司进场了没有合格证的地产钢条，被呼伦贝尔市质监站责令暂时停工。2006 年 6 月 10 日《××联华公司给××建设公司董事长、总经理的信》要求××建设公司尽快派高管人员到施工现场解决管理混乱等问题。2006 年 6 月 12 日××建设公司工程项目部做出《处理决定书》，对两次拉闸限电，造成施工现场混乱的施工人员进行了处理。2006 年 6 月 13 日《呼伦贝尔市建设委员会会议纪要》记载，建委要求施工单位必须有资质，地产钢条未处理前不得施工。2006 年 6 月 16 日《关于施工中被怀疑使用无合格证钢材的调查结果会议纪要》记载，没有合格证的钢筋，仅有 0.092 吨使用在地梁腰筋，对主体结构强度无影响，根据国标检测，该批没有合格证的钢筋可视为合格产品。

2006 年 7 月 25 日，××联华公司将 7 号楼 A 轴至 Q 轴正负零以上施工和地下回填土及地沟工程另行承包给××建筑工程有限公司（7 号楼自 A 轴至 z 轴共 25 轴，A 轴至 Q 轴为 15 轴），××建筑工程有限公司于 2007 年 8 月 17 日竣工验收。

2006 年 7 月 26 日，××建设公司给××联华公司出具《承诺书》，承诺："一、我项目部全力以赴突击 6 号楼及 7 号楼北端部分（图 r-y 轴），并确保在今年 9 月 15 日前主体封顶并在 10 月底完工。二、现已开始施工的北端二层（含 6 号楼）在甲方拨付我项目部捌拾万元后，保证于 8 月 10 日前完成二层封顶"。2006 年 7 月 27 日，××联华公司给付××建设公司 80 万元。

2007 年 7 月 11 日，××联华公司、××建设公司与案外人中行××公司签订了三方工程《交接记录》，约定"已完工程由××建设公司负责，未完工程由交管单位负责。××建设公司继续负责一层地沟砌筑，回填土、垫层，按合同据实结算"。

2007 年 7 月 17 日，××建设公司向××联华公司送达《终止合同通知书》，终止双方签订的《施工合同》以及相关的协议。

2010 年 12 月 7 日，××联华公司经重新收集、整理证据后，第三次向一审法院起诉称，案涉建设工程施工合同约定竣工日期是 2006 年 10 月 30 日，在施工过程中，××联华公司于 2006 年书面承诺按期完工，然而对合同造价为 6500 万元的项目工程，直到 2007 年

7 月 17 日××建设公司发出终止合同通知书时，仅完成工程造价 2468.63 万元。在××建设公司单方停止施工后，××联华公司为避免损失扩大，又委托其他施工队伍进行施工，直到 2008 年底才竣工。××建设公司提出停止施工的理由是××联华公司未按合同约定支付施工费，对此内蒙古自治区高级人民法院（2007）内民一初字第 16 号民事判决明确认定，"××联华公司已按照约定超额支付××建设公司工程款 70%，××建设公司无证据证明××联华公司的付款额未达到合同的约定，其请求××联华公司承担违约责任没有事实依据"，最高人民法院（2009）民一终字第 39-1 号民事判决对上述一审判决予以维持。另外，在施工过程中××建设公司从未向××联华公司递交工程延期报告。综上，造成工期延误长达 2 年之久的过错责任完全在××建设公司。

××建设公司工期延误造成损失，应对其过错行为承担相应的赔偿责任，实际损失由以下三部分构成：一是因××建设公司延误工期导致××联华公司逾期向购房户交付涉案商业铺面房，按购房合同约定向购房户偿付的违约金 250.67 万元；二是已经向购买一、二层商业铺位的客户支付的返租租金 214.57 万元；三是一、二、三、四楼层因延误工期，××联华公司在 2007、2008 两个年度无法进行任何形式的经营所造成的损失，以已经售出并支付返租租金的每平方米当时的年出租均价 662.40 元计算，租金损失为 4832.11 万元。以上三项赔偿请求总额为 5297.35 万元。

××建设公司辩称，其没有延误工期。联华公司不能提供施工图纸，未取得建设工程规划许可、施工许可，边设计边施工，大量、频繁设计变更等原因造成××建设公司无法正常有序施工。××联华公司在不具备建设工程施工的法定条件且不具备合同约定的履约条件，违反建设施工规程，造成无序施工；违背客观规律确定竣工日期（即使按合同开工日期和有效工期，除冬令停工日，竣工日期也要在 2007 年 7 月底；如根据施工许可证取得以后作为开工日期，除冬令约定停工天数，竣工日期要在 2008 年 8 月）；隐瞒实际交房日期欺骗消费者违法销售非法集资。××联华公司应对由其自身引起的违法、违约行为承担过错责任。

一审法院对于双方争议问题，作出如下认定：

××联华公司迟延交付施工图纸的事实存在。具体情况为：合同约定××联华公司于 2005 年 9 月 1 日前提供 5 号楼施工图，事实上于 2006 年 4 月 9 日会审 5 号楼施工图（双方均没有提供交付图纸时间），剔除冬季停工期，实际迟延交付约 38 天。合同约定××联华公司于 2005 年 9 月 1 日前提供 6、7 号楼基础图，在上一案中已查明，事实上"××联华公司于 2006 年 5 月 10 日给××建设公司提供 6、7 号楼基础图，于 2006 年 5 月 23 日变更基础图"，以 2006 年 5 月 23 日计算，剔除冬季停工期，迟延交付约 69 天。合同约定 2006 年 4 月上旬提供 6、7 号楼施工图，事实上于 2006 年 6 月 13 日图纸基本到位，实际迟延交付约 63 天。××联华公司迟延办理施工手续的事实存在。具体情况为：合同约定××联华公司于开工前办理施工所需证件、批件，事实上××联华公司于 2006 年 9 月 3 日将 7 号楼的《施工许可证》办理给××建筑工程有限公司，但××建设公司此前已实际承建7号楼基础工程和Q-Y轴主体工程；××联华公司于2006年9月13日将5、6号楼的《施工许可证》办理给××建设公司，迟延办理约197天。××建设公司提交的54份工程变更联系单，可以证明××联华公司工程变更频繁。××建设公司主张的在−5度气温下对基础工程施工的证据不足。因××建设公司提供的内蒙古气象中心的《天气凭证公证报告》，可以证明2005年10月17日海拉尔市的气温为−8.5度，2006年4月15日的气温为−10.3度，2006年10月15日的气温为−6.2度，但不能证明在此期间××建设公司正在进行基础施工。

关于××联华公司上述迟延交付施工图纸、办理施工手续、频繁变更施工内容，应否扣除工期问题。一审法院经审理查明，双方在合同通用条款、专用条款已有明确约定，但××建设公司在履行合同中对上述影响工期的因素没有按照合同约定提出延期报告。

××联华公司不服一审判决，向本院提起上诉。主要事实与理由为：（一）迟延办理施工许可证和交付全套定型的施工图纸不是××建设公司迟延交付工程的原因；（二）迟延交付工程完全由××建设公司原因造成：1.××建设公司工程管理混乱；2.××联华公司不存在拖延工程进度款情形；3.××建设公司不诚信履行《承诺书》；4.××联华公司将部分工程另行发包不得已而为之。（三）××建设公司对于影响工期情形未提出延期报告，故意误导，使××联华公司有理由相信能按期完工，造成下游合同违约。

二审法院认为：当事人在履约过程中诚实信用原则的违反程度。《中华人民共和国建筑法》第七条规定"建筑工程开工前，建设单位应当按照国家有关规定向工程所在地县级以上人民政府建设行政主管部门申请领取施工许可证"。案涉《施工合同》约定建设单位××联华公应于开工前办理施工所需的证件、批件，而联华公司实际取得案涉项目《建设工程规划许可证》的时间为2006年4月24日；取得5号楼、6号楼施工许可证的时间为2006年9月13日。其取得施工许可证的时间远晚于开工时间。

《建设工程质量管理条例》第五条规定"从事建设工程活动，必须严格执行基本建设程序，坚持先勘察、后设计、再施工的原则。"涉案建设工程为法律否定性评价的"边设计、边施工"工程。《施工合同》约定××联华公应于2005年9月1日前提供5号楼施工图，事实上于2006年4月9日会审5号楼施工图（双方均没有提供交付图纸时间）；约定××联华公于2005年9月1日前提供6、7号楼基础图，事实上××联华公司于2006年5月10日才提供6、7号楼基础图，于2006年5月23日变更基础图；合同约定2006年4月上旬提供6、7号楼施工图，事实上于2006年6月13日图纸基本到位。

××联华公司主张，迟延办理施工许可证和交付全套定型的施工图纸不是××建设公司迟延交付工程的原因。本院认为，开工之前建设单位依法办理施工许可证是其法定义务，也是保证建设工程质量和安全的必要，××联华公司在开工一年之后才取得施工许可证，存在明显过错。先设计、后施工，是《建设工程质量管理条例》规定的基本建设程序，涉案建设工程建设单位××联华公司逾期提供施工图并不断变更，既违反行政法规规定，又不符合保证建设工程质量和安全需要，存在明显过错。

××建设公司主张，××联华公司迟延办理建设工程规划许可证、施工许可证，迟延提供工程施工图纸，边设计、边施工，大量、频繁进行工程设计变更存在明显过错，造成工期延误，具有事实和法律依据，应予以采信。

综上，本院认为，××建设公司的上诉请求依据充分，应予支持；××联华公司的上诉主张事实依据和法律依据不足，不予支持。

案例评析：

由案例可见，建设单位在未申领施工许可证、资金未充分到位及设计图未完成的情况下，就明令开工。这也导致了后续施工单位无法按期竣工的关键所在。不仅如此，为了赶工期，建设单位违背基本建设流程，"边设计，边施工"。这样一来，由于没有技术交底环节，设计和施工就无法很好配合，导致设计不断变更，反过来又影响了工期。实践中，上述情况屡有发生，究其原因，还是因为在立项阶段，建设单位管理层未对工期做出合理评估，而是一味地拍脑袋定工期。施工阶段，在未申领施工许可或者设计图不完善的情况下，为了赶工期又强迫承包方提前开工。

5.5.5　典型案例评析之二：以明显不合理的工期签订施工合同，该合同中对工期的约定无效

原告：××建设公司

被告：××中学

案情梗概：

2010年1月2日，被告××中学将教学楼对外招标，为了赶在当年9月新生入学时使用，招标时将工期压缩，要求工程于2010年7月31日前竣工。后原告××建设公司因近期工程业务缺乏急于揽活而参与投标并中标，与被告××中学签订了施工合同。双方合同中约定，如工程延期竣工承担违约金1万元/天。施工期间，虽然原告一再督促赶工，但最终未能如期完工，直至同年11月1日才竣工验收合格交付使用。双方就工程款进行结算时，被告要求原告承担逾期竣工违约金，遭到原告拒绝，故被告也拖延结算工程尾款。后原告向法院起诉，要求被告支付工程尾款369万元。被告应诉后，则坚持要求原告按合同约定承担延期竣工违约金92万元。案件审理期间，原告主张双方约定的合同工期明显不合理，法院根据原告申请委托进行鉴定，测算该工程合理工期为360天，原告通过赶工，其竣工时间在合理的工期许可范围内。

法院经审理认为：根据《建筑法》规定，建设单位不得以任何理由要求施工企业违反工程质量、安全标准进行施工。本案被告为了早日使用合同工程，不顾施工质量、安全标

准，任意压缩工期，以明显不合理的工期签订施工合同，违反了法律规定，因此双方合同中对工期的约定无效。原告为完成合同工程施工，已尽力赶工，其竣工时间在合理工期许可范围内，不存在竣工延误问题，故对被告要求原告承担延期竣工责任的主张法院不予支持。法院遂判决被告支付原告工程尾款369万元。

案例评析：

《建筑法》第52条规定："建筑工程勘察、设计、施工的质量必须符合国家有关建筑工程安全标准的要求"。第54条规定："建设单位不得以任何理由，要求建筑设计单位或者建筑施工企业在工程设计或者施工作业中，违反法律、行政法规和建筑工程质量、安全标准，降低工程质量"。《建设工程安全生产管理条例》第7条规定："建设单位不得对勘察、设计、施工、工程监理等单位提出不符合建设工程安全生产法律、法规和强制性标准规定的要求，不得压缩合同约定的工期。"因此，双方当事人对工期的约定，应当符合建设工程法律法规的要求，同时，建设工程因其特殊的施工工序和施工工艺，其客观的施工工期并不能任意和随意地进行压缩。本案中，被告为早日使用工程，不遵循工程建设的客观规律，将工期压缩将近50%，严重违背了法律法规的相关规定。因此，该约定应当认定为无效。

5.5.6　相关法律和技术标准（重要条款提示）

针对本节所面临的风险点，建设单位应注意以下相关法律、法规、部门规章及其他规范性文件的重要条款。

1.《建设工程质量管理条例》中华人民共和国国务院令（第279号）

第二章　建设单位的质量责任和义务

第十条　建设工程发包单位不得迫使承包方以低于成本的价格竞标，不得任意压缩合理工期。

2.《建设工程工程量清单计价规范》（GB 50500-2013）

9.11.1　招标人应依据相关工程的工期定额合理计算工期，压缩的工期天数不得超过定额工期的20%，超过者，应在招标文件中明示增加赶工费用。

3. 北京市住房和城乡建设委员会关于进一步规范本市建筑市场秩序的通知（京建发【2015】36号）

二、建设单位不得任意压缩合理工期。确需压缩施工工期的，建设单位应当按照规定先组织专家进行论证，在通过专家论证，并采取保证建设工程质量和施工安全的措施后，方可组织施工。因压缩工期所增加的费用由建设单位承担，并随工程进度款一并支付。压缩的工期天数不得超过定额工期的30%。超过30%，视为任意压缩合理工期，依照《建设工程质量管理条例》处理。

5.5.7 本节疑难释义

《建设工程质量管理条例》第十条第一款："建设工程发包单位不得迫使承包方以低于成本的价格竞标，不得任意压缩合理工期"。那么"任意压缩"应如何判断？《建设工程工程量清单计价规范》GB 50500-2013 第 9.11.1 条规定，压缩工期超过定额工期 20％ 的，应事前明示。《北京市住房和城乡建设委员会关于进一步规范本市建筑市场秩序的通知》[京建发（2015）36 号] 第二条规定，压缩的工期天数不得超过定额工期的 30％，否则按《建设工程质量管理条例》等法规查处。据此，我们认为，以压缩工期超过标准工期的 30％，认定明显低于合理工期，即达到"任意压缩"的底线。建设工程因其特殊的施工工序和施工工艺，可以认为其客观的施工工期与工程质量有着直接联系。换言之，如果"任意压缩工期"后所剩下的工期少于建设工程以保证工程质量为前提的最少工期，必将影响工程质量，从而危急社会公众人身、财产安全，即涉嫌违背了社会公共利益，这当然是《合同法》所不允许的，且会因此导致该建设工程施工合同为无效合同（《合同法》第五十二条："有下列情形之一的，合同无效：（四）损害社会公共利益"）。因此，我们可以认为，建设工程施工合同约定工期少于标准工期的 70％，即压缩工期超过 30％，应认定合同的该条款无效，哪怕施工单位未按合同约定工期完工，也不构成违约。如果合同约定工期高于标准工期的 70％，即压缩工期不超过 30％；应认定该合同条款有效，建设单位应当在合同中单列一定数量的赶工措施费。

5.6 建设工程材料质量管理

5.6.1 材料管理的概念和内容

材料的管理主要包括对原材料、成品、半成品、构配件等的管控，就是严格检查验收、正确合理地使用材料和构配件等，建立健全材料管理台账，认真做好收、储、发、运等各环节的技术管理，避免混料、错用和将不合格的原材料、构配件用到工程上去。作为建设单位，主要的职责就是做好建筑材料的正规采购途径和材料进场审核，同时利用自己的管理制度和管理措施，确保监理单位能在材料各个环节中发挥最好的监督作用。材料管控流程见图 5.6.1。

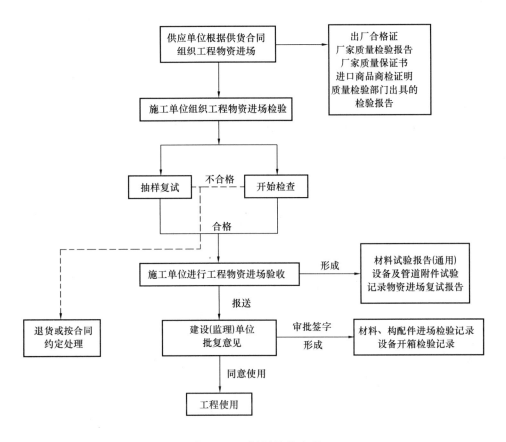

图 5.6.1　材料管控流程

5.6.2　建设单位（甲方代表）在实践中的风险点及防控建议

1. 疏于进场验收

科学合理进行材料进场验收，是工程事前质量控制的重要一环。很多建设单位项目经理往往对建筑材料进场核查内容不够重视，甚至有些根本不清楚对建筑材料需要做哪些进场核查内容，使得大量劣质和不满足要求的建筑材料进场，也为施工单位私下"偷换材料"的不规范行为提供了可能性。

【防控建议】

做好进场核查工作，核查内容包括：进场材料外观质量检验（如材料产品包装标志、标牌、外形尺寸（重量）观感质量等）、进场材料产品质量保证书（如质量编号、生产企业名称、产品出厂检验等）、进场材料产品名称、品种规格、技术质量指标等与设计要求、技术标准的符合性。增加材料进场前样品报验及封样程序，对重点材料进行封样，进场前以封样样品进行核对，保证材料的合格建筑工程采用的主要材料、半成品、成品、建筑构件、器具和设备应进行现场验收。凡涉及安全、功能的有关产品，应按各专业工程质量验收规范规定进行复验，并应经监理工程师（建设单位技术负责人）检查认可。严格把控材料质量控制流程，针对不同专业工程，应重点把握不同的原材料及其性能。如钢筋混凝土工程：应重点把控钢筋、水泥、外加剂等材料性能；砌体工程：应重点把控块体、水泥、钢筋、外加剂等材料性能；钢结构工程：应重点把控钢材、钢铸件、焊接材料、螺栓等材料性能。

2. 提供或者指定购买的建筑材料不符合强制性标准

对建设单位而言，直接提供主要材料的优点是可以更好地控制主要材料的进货渠道，有效避免施工单位在材料采购过程中赚取差价的行为，既能保证材料和工程质量，又能够降低工程造价，还可以控制工程进度。然而，实践中，某些建设单位项目经理因为自身利益，利用自身建设单位的强势地位，提供或迫使施工单位购买不符合强制性标准的建筑材料，严重破坏建筑市场秩序，给建设工程带来巨大安全隐患。

根据《最高人民法院关于审理建设工程施工合同纠纷案件适用法律问题的解释》第十二条 发包人具有下列情形之一，造成建设工程质量缺陷，应当承担过错责任：（二）提供或者指定购买的建筑材料、建筑构配件、设备不符合强制性标准；

【防控建议】

对于甲方供材料的承包模式的，建设单位内部应建立有效监管机制，特别是对于采购部门或者具体采购人应设立第三方监管部门或监察员，确保采购的建筑材料符合国家标准；对于施工方包工包料承包模式的，建设单位应加强内部普法教育，设立惩罚机制，对于项目管理人员违背法律法规强制性规定指定施工方购买不符合强制性标准的建筑材料、建筑构配件和设备的情况应严惩不贷，并及时将不符合标准的建筑材料、构配件及设备立即处理，不得用于工程建设中。

3. 明示或者暗示施工单位使用不合格的建筑材料

《建设工程质量管理条例》第十四条 按照合同约定，由建设单位采购建筑材料、建筑构配件和设备的，建设单位应当保证建筑材料、建筑构配件和设备符合设计文件和合同要求。

建设单位不得明示或者暗示施工单位使用不合格的建筑材料、建筑构配件和设备。

《建设工程质量管理条例》第五十六条 违反本条例规定，建设单位有下列行为之一的，责令改正，处 20 万元以上 50 万元以下的罚款：（七）明示或者暗示施工单位使用不合格的建筑材料、建筑构配件和设备的；

【防控建议】

建设单位应委派相应岗位监督人员定期对项目现场的建筑材料进行抽查，并有意识地与施工单位项目管理人员进行寻谈了解驻地建设单位代表的情形。如有发现类似"明示或暗示施工单位使用不合格的建筑材料、建筑构配件和设备的"或其他潜在违规行为的情形应严查不怠，将安全隐患消灭在萌芽状态。督促建设单位项目负责人严格把控建筑材料质量，务必保证所使用的建筑材料符合强制性标准。

4. 忽视见证取样和送检工作的重要性

为规范房屋建筑工程和市政基础设施工程中涉及结构安全的试块、试件和材料的见证取样和送检工作，保证工程质量，《房屋建筑工程和市政基础设施工程实行见证取样和送检的规定》（建建〔2000〕211号）规定了见证取样和送检制度。严格遵循建筑材料"先检后用"的原则。房屋建筑和市政基础设施工程土建材料、水电材料、节能材料以及建设主管部门或建设、监理单位确定必须送检的其他建筑材料在使用前必须进行检验，未经检验或者检验不合格的不得使用。按照材料检验的方式不同，分为普通送检、见证取样送检、不合格复验和监督抽检。

见证取样和送检是指在建设单位或监理单位人员的见证下，由施工单位的试验人员按照国家有关技术标准、规范的规定，在施工现场对工程中涉及结构安全的试块、试件和材料进行取样，并送至具备相应检测资质的检测机构进行检测的活动。见证取样和送检制度是确保建筑材料安全、可靠的一项重要制度，参建各方责任主体都应该坚持并严格按照该制度的规定进行操作。

【防控建议】

做好见证取样检测：涉及结构安全的试块、试件以及有关材料，应按规定进行见证取样并送检。按《北京市建设工程见证取样和送检管理规定（试行）》第四条规定：下列涉及结构安全的试块、试件和材料应100%实行见证取样和送检，如：①用于承重结构的混凝土试块；②用于承重墙体的砌筑砂浆试块；③用于承重结构的钢筋及连接接头试件；④用于承重墙的砖和混凝土小型砌块等；⑤用于拌制混凝土和砌筑砂浆的水泥；⑥用于承重结构的混凝土中使用的掺合料和外加剂；⑦防水材料；⑧预应力钢绞线、锚夹具；⑨沥青、沥青混合料；⑩道路工程用无机结合料稳定材料；⑪建筑外窗；⑫建筑节能工程用保温材料、绝热材料、粘结材料、增强网、幕墙玻璃、隔热型材、散热器、风机盘管机组、低压配电系统选择的电缆、电线等；⑬钢结构工程用钢材及焊接材料、高强度螺栓预拉力、扭矩系数、摩擦面抗滑移系数和网架节点承载力试验；⑭国家及地方标准、规范规定的其他见证检验项目。当事人对检测结果有异议的，可另行申请委托一家双方均认可的第三方专业检测机构进行复检。

5.6.3 典型案例评析：建设单位提供或者指定购买的建筑材料不符合强制性标准，造成工程质量缺陷的，应承担过错责任。

高密市××置业有限公司诉高密市××建筑安装有限公司
建设工程施工合同纠纷案

原告：高密市××置业有限公司（以下简称××置业公司）

被告：高密市××建筑安装有限公司（以下简称××建筑安装公司）

案情梗概：

2007年6月9日，原告与被告签订建设工程施工合同，约定由被告承建原告开发的青岛××小区8＃，9＃，10＃楼项目，合同对开工日期、竣工日期、质量标准、合同价款以及采购材料设备要求等内容作了约定。同日，原、被告双方又在主合同基础上达成了《补充条款》，约定中标价格为合同价格，补充条款同时对材料供应方式、违约责任、材料价格等内容作了约定。其中，材料供应方式指明：承包人承包范围内所需材料均由发包人书面认可后由承包人组织采购、运输供应、承包人采购、供应的材料应保证质量，符合设计要求，所有材料、设备应具备相应质量合格证和规定的检验报告等产品证明，需检测样品的材料，承包人先提供样品，样品验收合格后封样，承包人严格按样品采购，监理监控，招标文件中暂定价材料，由发包人、监理会同承包人考察确定参加供货的供货商，通过招标确定供货厂家，由承包人签订采购合同，加工订货成品、半成品，由承包人按进度、设计要求的标准负责加工订货，发包人参与厂家确认，在施工过程中，若发包人发现承包人使用假冒伪劣材料，承包人按合同总价的5％承担违约金，工期不予顺延，造成发包方损失的，承包人还应赔偿相应的损失和费用。2007年7月9日，××置业公司取得高密市建设局颁发的《建设工程施工许可证》，该证中注明涉案青岛××小区8＃，9＃，10＃楼由××建筑安装公司施工，由潍坊市××工程咨询监理有限责任公司监理，合同开工日期为2007年7月9日，合同竣工日期为2008年5月28日。在涉案的8＃，9＃，10＃楼项目施工过程中，因××建筑安装公司使用的淄博××水泥（××供货商）强度不合格，被高密市建设工程质量监督站责令整改，暂定施工。经查明：在××建筑安装公司提供的2007年7月3日的"高密市××住宅小区工程开工准备专题会议纪要"中，建设单位（即××置业公司）要求："水泥用××的，由建设单位要求生产厂家到高密备案"；2008年10月23日的"青岛××住宅小区工程工地会议纪要"中，建设单位的工程师段××表示："基础、主体停工造成费用损失由建设方承担"。××建筑安装公司提供山东××工程项目管理有限公司及山东省××工程咨询监理有限公司共同出具的"证明"一份，在该证明中，载明"建设单位在会议中明确要求水泥用××供货商的淄博××牌水泥，并由建设单位负责联系供货商到高密备案，后施工过程中发现使用的淄博××牌水泥不合格"，"确定基础工程、主体工程造成的损失由建设方承担"等等。

法院审理：

原告诉称：2007年6月9日，原告与被告签订建设工程施工合同，约定由被告承建原告开发的青岛××小区8＃、9＃、10＃楼项目，合同对开工日期、质量标准、合同价款以及采购材料设备要求等内容作了约定。同日原告、被告双方又在主合同基础上达成了《补充条款》，约定中标价格为合同价格，补充条款同时对材料供应方式、违约责任、材料价格等内容作了约定。合同履行过程中，原告按照合同约定向被告分多次履行了付款义务，但由于被告在施工过程中使用了不合格水泥，导致其被高密市工程质量监督站责令暂停施工，并给原告造成鉴定费、商品混凝土费、植筋费、电费、延期交房补偿、加固施工费、加固费用损失及被告须承担的违约金等。经原告多次催要，被告拒不偿还垫付款项及承担违约责任。

被告辩称：原告起诉无事实依据，事实是2007年6月份，双方签订建设施工合同，由××建筑安装公司为××置业公司承建8#、9#、10#楼并签订补充条款，项目进行中，原告明确指定水泥用××供货商的。因水泥在使用过程中发现质量问题，导致××建筑安装公司停工，等待原告方的指示同时，造成了工程停工延期。该事实有会议纪要、监理证明为证。××置业公司又将建筑工程非法分包，分包单位拖延工期，影响了××建筑安装公司施工，该事实有××建筑安装公司工作联系单、会议纪要等证据证实。另外××建筑安装公司将项目完成后，多次通知原告组织验收，但原告的其他配套没有完成，所以造成验收延误。上述均是由原告原因造成的，因此产生的损失应由原告承担。根据××置业公司审计的工程结算表，在基础加固栏已经注明，双方就基础加固费用，向××建筑安装公司作了费用结算，足以说明应当由××置业公司自己承担责任。

法院判决：

法院认为：原、被告签订建设工程施工合同，由被告为原告承建青岛××小区8#、9#、10#楼施工工程，被告在施工过程中约定承包人承包范围内所需材料均由发包人书面认可后承包人组织采购、运输供应，承包人采购、供应的材料应保证质量，但从原告提供的会议纪要及监理单位出具的证明来看，涉案工程所使用的不合格水泥是由××置业公司指定供应的，××置业公司在会议纪要中也认可该损失由其承担。故原告主张要求因水泥不合格造成的鉴定费、商品混凝土费、植筋费、电费、延期交房补偿、加固施工费、加固费用损失、违约金等损失由被告承担的请求，本院不予支持。

案例评析：

根据《最高人民法院关于审理建设工程施工合同纠纷案件适用法律问题的解释》第十二条 发包人具有下列情形之一，造成建设工程质量缺陷，应当承担过错责任：（二）提供或者指定购买的建筑材料、建筑构配件、设备不符合强制性标准；由此可见，业主指定施工方购买××供应商提供水泥的行为属于该条情形之一，应当承担过错责任。然而，虽然业主指定供应商，但并未要求或者暗示施工方采购低于设计要求的水泥强度，承包人采购指定供应商提供的材料时仍应保证质量。同时，根据建筑材料质量控制原则，建筑材料在使用前必须经过以下程序：进场验收—见证取样、复试—建设单位代表（或监理工程师）检查认可。由此可见，在建筑材料的质量环节中，建设方应当对建筑材料质量承担不可推卸的管理及监督责任。然而，在该案件的所有"证据"中，未见有材料复试报告、材料进场验收报告等有关材料质量的检验证据，可见建设单位管理人员在建筑材料管理上也存在严重失职之处。

5.6.4　相关法律和技术标准（重要条款提示）

针对本节所面临的风险点，建设单位应注意以下相关法律、法规、部门规章及其他规范性文件的重要条款。

1.《中华人民共和国建筑法》

第四条　国家扶持建筑业的发展，支持建筑科学技术研究，提高房屋建筑设计水平，鼓励节约能源和保护环境，提倡采用先进技术、先进设备、先进工艺、新型建筑材料和现代管理方式。

第二十五条　按照合同约定，建筑材料、建筑构配件和设备由工程承包单位采购的，发包单位不得指定承包单位购入用于工程的建筑材料、建筑构配件和设备或者指定生产厂、供应商。

2.《最高人民法院关于审理建设工程施工合同纠纷案件适用法律问题的解释》

第十二条　发包人具有下列情形之一，造成建设工程质量缺陷，应当承担过错责任：

（一）提供的设计有缺陷；

（二）提供或者指定购买的建筑材料、建筑构配件、设备不符合强制性标准；

（三）直接指定分包人分包专业工程。

承包人有过错的，也应当承担相应的过错责任。

3.《建设工程质量管理条例》（中华人民共和国国务院令第 279 号）

第十四条　按照合同约定，由建设单位采购建筑材料、建筑构配件和设备的，建设单位应当保证建筑材料、建筑构配件和设备符合设计文件和合同要求。建设单位不得明示或者暗示施工单位使用不合格的建筑材料、建筑构配件和设备。

4.《北京市建设工程质量条例》

第三十九条　建设单位、施工单位可以采取合同方式约定各自采购的建筑材料、建筑构配件和设备，并对各自采购的建筑材料、建筑构配件和设备质量负责，按照规定报送采购信息。建设单位采购混凝土预制构件、钢筋和钢结构构件的，应当组织到货检验，并向施工单位出具检验合格证明。

第四十一条　建设单位应当委托具有相应资质的检测单位，按照规定对见证取样的建筑材料、建筑构配件和设备、预拌混凝土、混凝土预制构件和工程实体质量、使用功能进行检测。施工单位进行取样、封样、送样，监理单位进行见证

5.《房屋建筑工程和市政基础设施工程实行见证取样和送检的规定》

第三条　本规定所称见证取样和送检是指在建设单位或工程监理单位人员的见证下，由施工单位的现场试验人员对工程中涉及结构安全的试块、试件和材料在现场取样，并送至经过省级以上建设行政主管部门对其计量认证的质量检测单位（以下简称"检测单位"）

进行检测。

第五条 涉及结构安全的试块、试件和材料见证取样和送检的比例不得低于有关技术标准中规定应取样数量的 30%。

第六条 下列试块、试件和材料必须实施见证取样和送检：

（一）用于承重结构的混凝土试块；

（二）用于承重墙体的砌筑砂浆试块；

（三）用于承重结构的钢筋及连接接头试件；

（四）用于承重墙的砖和混凝土小型砌块；

（五）用于拌制混凝土和砌筑砂浆的水泥；

（六）用于承重结构的混凝土中使用的掺加剂；

（七）地下、屋面、厕浴间使用的防水材料；

（八）国家规定必须实行见证取样和送检的其他试块、试件和材料。

6.《建设工程项目管理试行办法》

第十四条 ［禁止行为］

项目管理企业不得有下列行为：

（一）与受委托工程项目的施工以及建筑材料、构配件和设备供应企业有隶属关系或者其他利害关系；

7.《建设单位项目负责人质量安全责任八项规定》

六、建设单位项目负责人应当加强对工程质量安全的控制和管理，不得以任何方式要求设计单位或者施工单位违反工程建设强制性标准，降低工程质量；不得以任何方式要求检测机构出具虚假报告；不得以任何方式要求施工单位使用不合格或者不符合设计要求的建筑材料、建筑构配件和设备；不得违反合同约定，指定承包单位购入用于工程建设的建筑材料、建筑构配件和设备或者指定生产厂、供应商。

5.6.5 本节疑难释义

为了加强民用建筑节能管理，降低民用建筑使用过程中的能源消耗，提高能源利用的效率，国务院于 2008 年 10 月 1 日颁布实施的《民用建筑节能条例》，其中第十一条规定：国家推广使用民用建筑节能的新技术、新工艺、新材料和新设备，限制或者禁止使用能源消耗高的技术、工艺、材料和设备。国务院节能工作主管部门、建设主管部门应当制定、公布并及时更新推广使用、限制使用、禁止使用目录。国家限制进口或者禁止进口能源消耗高的技术、材料和设备。建设单位、设计单位、施工单位不得在建筑活动中使用列入禁止使用目录的技术、工艺、材料和设备。因此，实践中建设单位应特别注意各地建设主管部门出台的有关推广、限制及禁止使用的建筑材料：如《北京市推广、限制和禁止使用建筑材料目录 2014 版本》所列的限制、禁止使用建筑材料在该区域实施工程建设时应特别注意。

同时，建设单位也应响应国家政策号召，积极推行涉及结构安全的高性能建筑材料，如：住房和城乡建设部、工业和信息化部联合出台《关于加快应用高强钢筋的指导意见》要求在建筑工程中加速淘汰 335 兆帕级钢筋，优先使用 400 兆帕级钢筋，积极推广 500 兆帕级钢筋。住房和城乡建设部、工业和信息化部于 2014 年 8 月联合下发通知，要求充分认识推广应用高性能混凝土的重要性，加快推广应用高性能混凝土。通知中特别指出："十三五"末，C35 及以上强度等级的混凝土占预拌混凝土总量 50％以上。在超高层建筑和大跨度结构以及预制混凝土构件、预应力混凝土、钢管混凝土中推广应用 C60 及以上强度等级的混凝土。在基础底板等采用大体积混凝土的部位中，推广大掺量掺合料混凝土，提高资源综合利用水平。

5.7　施工过程的质量管理

工程质量是施工管理的核心，是工程建设的主脉，贯穿整个工程建设期。无论工程的任何分部、分项甚至其中的各个细节都必须严格落实质量管理，才能保证整个工程的质量。简而言之，整个施工过程中，应当严格执行国家有关工程质量的方针政策和各项技术标准、施工规范和技术规程并满足建设单位对使用功能的要求。为此应当制定保证工程质量的各项管理制度和管理方法、保证工程质量的技术措施，与此同时，在施工过程中应当贯彻预防为主的基本方针，加强质量检查和评定。

工程项目质量管理是一个极其复杂的过程，涉及面广，影响因素多，如设计、材料、机械、地形、地质、水文、气象、施工工艺、操作方法、技术措施、管理制度等，均直接影响着工程项目的施工质量；施工过程是形成工程项目实体的过程，也是决定最终产品质量的关键阶段，要提高工程项目的质量水平，就必须狠抓施工过程中的质量控制。由于建设工程分为分项、分部（子分部）和单位（子单位）工程，为了方便质量管理和控制工程质量，应根据某项工程的特点，将其划分为若干个检验批、分项、分部（子分部）工程、单位（子单位）工程以对其进行质量控制和阶段验收。

5.7.1　施工过程工程质量管理的主要工作方式

1. 旁站监督

在一些关键工程施工时，建设单位应安排现场工程师对该类关键工程的施工进行旁站监督，具体包括：勘探施工、工程桩施工、护壁工程施工、钢结构吊装施工、关键部位装修、重要设备安装、混凝土浇捣施工及认为有必要实行旁站监督的工程。

2. 巡视检查

各专业现场工程师，必须每天对管辖现场的施工的部位或工序进行定期或不定期的巡视检查，一般规定在两次以上，在施工方自检的基础上，按照一定比例独立进行检查和检测，及时了解现场质量、进度、安全等情况，发现问题及时解决，并把巡视状况填写在施工日志中。

3. 隐蔽验收

隐蔽验收包括：岩土工程勘察、工程桩、预制桩、冲孔桩、搅拌桩、人工挖孔桩、基坑验槽、锚杆、防水工程、模板工程、钢筋工程、砌体工程、门窗塞缝、墙体保温、防雷接地工程等等

5.7.2 建设工程施工过程质量管理控制关键点

1. 施工过程中的关键工序或环节，如钢结构的梁柱板节点、关键设备的设备基础、压力试验等；
2. 关键工序的关键质量特性，如焊缝的无损检测，设备安装的水平度和垂直度偏差等；
3. 施工中的薄弱环节或质量不稳定的工序，如焊条烘干，坡口处理等；
4. 关键质量特性的关键因素，如管道安装的坡度、平行度的关键因素是人，冬期焊接施工的焊接质量关键因素是环境温度等；
5. 对后续工程施工、后续工序质量或安全有重大影响的工序、部位或对象；
6. 隐蔽工程；
7. 采用新工艺、新技术、新材料的部位或环节。

5.7.3 建设单位（甲方代表）在实践中的风险点及风险防控建议

1. 重视"宏观管理"，轻视"微观管理"

工程建设中，建设单位通过建立健全质量责任制度、技术复核制度、现场会议制度、施工过程控制制度、现场质量检验制度、质量统计报表制度、质量事故报告和处理制度等一系列规章制度，用制度规制、管理人和事，尽量减少领导"拍脑袋"型的管理模式。这种宏观式的管理模式确实在工程质量控制方面起到了很大作用。然而，也正因为如此，部分建设单位管理人员主观以为通过建立的一系列制度便可以"一劳永逸"，忽视施工过程中的关键工序或环节的审查或监督、忽视隐蔽工程的验收等重要环节，甚至由于缺少"微观管理"的管理理念而对施工现场的质量控制情况知之甚少。

【防控建议】

建设单位从宏观层面上建立健全一系列保证质量安全的管理制度和责任制度，并督促

检查监理、施工单位对上述制度是否落实到位。同时，从微观管理层面上，应切实深入到工程施工的各个环节中去，对部分关键工序和重点部位进行旁站监督管理，会同监理单位采用检查、测量和试验等手段抽验工程质量，真正做到"宏观管理"与"微观管理"相结合。

2. 不够重视对"人"的质量控制

人是工程项目施工与管理的直接参与者，不同角色的人员对工程项目质量有不同程度的影响，工程项目的管理者和决策者的管理水平和素质，直接决定项目质量的好坏；工人的技术水平和工作态度关乎工程项目施工能否顺利进行。目前，在我国建筑施工现场的一线工人大多是农民，他们没有专业的建筑知识，文化素质较低，技术水平也较低。因此，相关技术培训责任意识教育就显得尤为重要。

【防控建议】

建设单位必须严格监督并督促施工单位建立健全一线作业人员的教育、培训制度，定期开展职业技能培训。对施工人员进行相关技术的培训时应特别重视加强其质量安全意识和工作责任心。

3. 施工图设计文件未经审查批准的，就发放给施工单位指导施工。有部分工程边施工边审查，或工程完工才送审

施工图审查，是指施工图审查机构按照有关法律、法规，对施工图涉及公共利益、公众安全和工程建设强制性标准的内容进行的审查。从事房屋建筑工程、市政基础设施工程施工、监理等活动，以及实施对房屋建筑和市政基础设施工程质量安全监督管理，应当以审查合格的施工图为依据。然而实践中，因施工图审查周期不确定，这种不确定的原因有如下几方面：①各地对审查周期的规定不一，如北京规定：一般项目的审查周期为 5 个工作日，重大及技术复杂项目的审查时间将视情况适当延长。②部分区域审图机构仍隶属于建设行政主管部门或者带有官方性，增加送审的难度。③对于重大及技术复杂项目的审查时间没有硬性规定，因此存在审查时间被延长的情形。④很少有项目送审图纸一次性审查通过，存在反复修改审图意见，反复送审的情形。基于上述原因，整个送审周期到拿到审查合格通知书的时间跨度少则几周，多则达到数月，建设单位往往不愿意因此耽误工期，故常常采取"边送审边施工"的方式，有的甚至等工程完工后才送审。

《建设工程质量管理条例》第十一条 建设单位应当将施工图设计文件报县级以上人民政府建设行政主管部门或者其他有关部门审查。施工图设计文件审查的具体办法，由国务院建设行政主管部门会同国务院其他有关部门制定。施工图设计文件未经审查批准的，不得使用。

第五十六条 违反本条例规定，建设单位有下列行为之一的，责令改正，处 20 万元以上 50 万元以下的罚款：

（四）施工图设计文件未经审查或者审查不合格，擅自施工的。

【防控建议】

施工图设计文件审查是保证工程质量的一个重要环节。建设单位应该严格执行《建设工程质量管理条例》第十一条的规定。

4. 忽视施工单位从质量安全角度提出的优化施工方案等合理化建议和意见

因施工过程中客观条件发生变化，常常出现发、承包合同签订时未预料到的情形出现，或者施工过程中所出现的情况是作为一个有经验的承包商按合同签订时的客观条件所难以预测的。这种情况可能导致原定的施工方案不再适用，需对原施工方案进行优化或者调整。而工程实践中，部分建设单位担心施工单位通过优化或者调整施工方案的途径增加工程造价，故对于一些真正从质量安全角度提出合理化建议和意见不予理睬或者不置可否。

【防控建议】

施工过程中，建设单位应对施工单位提出的调整施工方案的合理化建议予以重视。特别是因客观条件发生变化而导致原有施工方案不再适用的情况出现时，应组织设计、施工、监理、勘察等多方责任主体共同商讨对策，不能以"采用何种施工方案与建设单位无关"为由不闻不顾，给后期工程质量问题埋下隐患。

5. 施工过程中，明示或者暗示施工单位违反工程建设强制性标准，降低建设工程质量

工程实践中，建设单位为了追求工期最短，常常要求施工单位不断提高建设速度，缩短建设工期。一些建设单位在工程建设阶段通过不断压缩工期的方式迫使施工单位赶工，有的甚至不惜要求施工单位违背建设规律或工程强制性规定，如要求施工单位缩短混凝土标准养护时间或者混凝土强度值还未达到要求就要求拆模。这种明示或者暗示施工单位违反工程建设强制性标准进行施工的行为严重违背了《建设工程质量管理条例》有关规定，给工程质量造成了严重的侵害。

《建设工程质量管理条例》第五十六条 违反本条例规定，建设单位有下列行为之一的，责令改正，处 20 万元以上 50 万元以下的罚款：

（三）明示或者暗示设计单位或者施工单位违反工程建设强制性标准，降低工程质量的。

【防控建议】

建设单位应遵循建设规律，严守建设工程法律法规，坚守质量第一原则，不得为了追求工期最短或者因为其他原因而明示或者暗示施工单位违反工程建设强制性标准，降低工程质量。

6. 未设立专门的质量管理部门或者质量管理检查小组

工程质量检查小组，是工程部工程质量管理的检查机构，全面负责建设工程项目质量的监督检查工作。通过设立工程质量检查小组的形式，可以强化工程部的质量管理职能体系，建立工程部的质量管理责任体系。从而将质量管理的职责落实到人，强化个人责任主体的管理和责任意识。同时，这种质量检查小组通过定期巡检、抽检的方式全面监督检查工程质量状况，同时也是对施工单位重视并加强质量施工起到非常好的督促作用。

【防控建议】

建设单位应当设立工程质量管理部门负责工程质量管理工作或者设立工程部工程质量管理检查小组全面负责建设工程项目质量的监督检查工作。如果建设单位不具备设立类似机构的条件，也可以聘请工程项目管理单位提供专业化质量管理服务。工程质量管理检查小组的组织架构可由组长、组员组成（根据专业需求，组员可一人或多人），其主要职责是：①组长负责统筹各组员间、各专业间、各合作单位间的协调工作。②组员可分为工程质量组员和设计质量组员两部分。工程质量组员主要负责检查工程质量状况、检查材料、设备的使用情况是否符合招标文件要求；设计质量组员主要负责检查设计单位的出图质量和设计深度、各专业间是否存在冲突脱节。③组长负责组织和修订工程部工程质量管理的管理规定和办法；监督检查公司各项目的工程质量、材料使用情况、设计图纸质量，督促落实规章制度的执行，维护公司利益。④组长组织定期召开质量管理工作会议，分析、研究、制定改进措施；⑤组织负责组织对违反工程质量管理的管理规定的行为做出处罚。

5.7.4　典型案例评析：施工过程中因客观条件发生变化而需相应调整施工方案的合理化建议，建设单位应予以重视

××重工机械有限公司与××建设有限公司建设工程施工合同纠纷案

申请再审人（一审原告、反诉被告，二审上诉人）：××重工机械有限公司

被申请人（一审被告、反诉原告，二审被上诉人）：××建设有限公司

案情梗概：

2007 年 12 月 1 日，××重工机械有限公司（以下简称××重工公司）就重型钢结构厂房基础工程发出招标邀请，其招标文件载明，本次报价只对钢结构厂房桩基及基础的施工进行报价（图纸内所有项目）；投标方根据招标方提供的厂房基础设计图纸要求及招标文件要求，根据材料市场自主报价，一次包死风险自负。

2007 年 12 月 15 日，××建设有限公司中标。当日，双方签订了《钢结构厂房桩基及基础工程合同》（以下简称《合同书》），约定：××重工公司重型钢结构厂房桩基及基础工程工期 60 天（2007 年 12 月 20 日至 2008 年 2 月 22 日具备验收条件并书面通知××重工公司进行验收合格之日止）；××重工公司所提供桩位布置图说明载明：本工程基础设计以连云港市××设计院有限责任公司对××重工公司一期所做的《岩土工程详细勘察报告》（2007 年 11 月）为依据。地基基础设计为乙级，建筑桩基安全等级二级。基坑开挖时应注意对桩身的保护，在桩侧严禁临时堆土。桩基施工时应严格按照《建筑桩基技术规范》执行等。同年 12 月 16 日，××重工公司向××建设有限公司递交岩土勘察报告和现场总平

面图各一份。同年12月20日，××建设有限公司进场施工。12月26日××建设有限公司致××重工公司工作联系单二份，主要内容为因现场地质条件复杂，原自然土为水中所泡淤泥等，现土方量大大超出合同工程量范围，并需解决降水，建议提高室内＋0.00标高及场区标高至合理位置，请示设计院增加桩长提高承台（并修改承台），解决排水问题。

2007年2月26日，××建设有限公司致××重工公司报告，主要内容为现土方量大大超出合同工程量范围，且全是淤泥，请求××重工公司拿出措施，否则申请工期顺延。2月27日，××重工公司针对上述26日报告回复××建设有限公司，主要内容为：双方所订施工合同是竣工验收合格价格，是不变价格（有设计变更除外），不管地质情况是淤泥还是亚黏土，我方均认为施工方在签订合同以前，对建设地点进行了现场勘察，并已了解现场地质情况。因此关于施工的一切事宜，均由施工方处理，与××重工公司无关。2月28日，××建设有限公司函告××重工公司，主要内容为：①我单位签订合同前是对现场进行了考察，但考察前贵单位已对现场进行了回填，也未曾告诉我单位。在开挖过程中，发现大面积淤泥。②贵单位进行开挖试验致开挖的承台又有淤泥坍塌。如再不拿出可行的开挖措施回复我单位，我单位将于2008年3月2日停止一切施工，由贵单位赔偿损失并追加违约责任。3月11日，××建设有限公司通知监理单位出现三、四类桩，并提出对于三、四类桩的处理意见。监理单位经与××重工公司共同商定，同意三类桩处理办法，并称相关费用由××建设有限公司自负。四类桩要提供由设计单位认可的处理意见。

3月31日，××建设有限公司、××重工公司、监理单位和连云港市建设局、连云港市建设工程质量监督站、连云港市建设工程施工图审查中心、连云港市××建设工程鉴定有限责任公司等单位专家共同就基坑支护研究方案，会上××重工公司要求××建设有限公司拿出支护方案计算书以便确认。专家确认××建设有限公司的二方案均可行，主要取决于费用和工期。当日，连云港市××建设工程鉴定有限责任公司出具《关于××重工公司煤化工设备制造厂房基础基坑围护设计方案的论证意见》，该论证意见于4月5日递交××重工公司。《论证意见》认为，××建设有限公司的两个《设计方案》均可行，并由××重工公司择优选择。连云港市××建设工程鉴定有限责任公司对设计方案同时作出了深化，并提出了完善意见。4月1日，××建设有限公司向××重工公司递交基坑防护费报表。4月2日，××建设有限公司函请××重工公司选择确认基坑支护方案。4月6日，××建设有限公司致函××重工公司，主要内容为，由于××重工公司在投标时未提供地质勘探报告，××建设有限公司的报价及编制的投标方案均是按正常施工程序进行的，基坑支护不在原施工范围，工期延误是因现场条件不具备等。4月30日，××建设有限公司报告××重工公司，请尽快拿出解决办法，恢复施工。5月21日，由××重工公司委托，由××重工公司和监理公司指定抽检，进行基桩质量检测，基桩施工期间在2008年2月16日—同年3月10日的总桩数1476根，其中检测474根。江苏省××工程检测有限公司就××重工公司煤化工厂房（部分）基桩质量出具2008－x－x17－3号检测报告，报告结论：本工程共进行低应变检测 474 根，其中一类桩 90 根；二类桩 83 根；三类桩 210 根（指桩身有明显缺陷，对桩身结构承载力有影响）；四类桩 91 根（指桩身存在严重缺陷）。对于该检测报告结论双方均无异议。5 月 24 日，××重工公司致函××建设有限公司，要求解除合同，并要求××建设有限公司承担违约责任，赔偿经济损失 575 万元。5 月 26 日，××建设有限公司复函要求继续履行合同。5 月 30 日，××重工公司向一审法院提起诉讼。

连云港市建设工程质量监督站对于本案争议工程产生的倾斜、断裂，作出连质监［2009］第 001 号《工程质量鉴定报告》，鉴定分析意见不仅包括了产生桩倾斜、断裂的技术层面原因，同时也指出了部分施工管理方面的原因：①施工单位在 2007 年 12 月 26 日桩基施工前，建议将桩身加长，±0.00 不变，承台向上提高，以减少基坑内土方开挖的深度，但建设单位没有回复。②建设单位在桩基施工与基坑土方开挖前，没有向其提供工程地质报告，同时提供的施工图没有按规定经过连云港市建设工程施工图审查中心审查。③建设单位参与了该工程基坑土方的开挖与运输，干扰了施工单位正常的施工。④据此，分析认为，如上述反映情况属实，则对桩基施工的质量问题有很大影响，如果建设与监理单位按上述意见报施工图进行审查，向设计单位反映提高桩身长度与承台标高，按基本建设程序办理，则本次的质量事故是可以减轻或避免的。

法院判决：

一审法院认为：关于涉案桩基工程质量责任问题。《建设工程质量管理条例》第十一条规定，建设单位应当将施工图设计文件报县级以上人民政府建设行政主管部门或者其他部门审查。施工图设计文件未经审查批准的，不得使用。本案中，××重工公司虽然向××建设有限公司提交了相关施工图纸，诉讼中也认可××建设有限公司是按该图纸进行施工，但是××重工公司提交的图纸并不是经过审查的施工图纸。同时，××建设有限公司在2007 年 12 月 26 日工作联系单中已经向××重工公司报告地质状况，并要求××重工公司请示设计院增加桩长，提高承台。××建设有限公司的该报告行为，符合其投标文件中土方开挖方案的要求，对此××重工公司理应及时给予回复。××重工公司在施工图纸未经审查，且在收到××建设有限公司对于地质状况异常的报告又不予答复的情况下，对此造成的后果应由其自己承担。另外，根据施工过程中的会议纪要记载，能够确认××重工公司在××建设有限公司基坑开挖中，干扰了××建设有限公司的正常施工。××重工公司应对桩基施工过程中的质量问题承担责任。

××重工公司不服一审判决，向江苏省高级人民法院（以下简称二审法院）提出上诉。

二审法院认为，根据连云港市建设工程质量监督站所作出的《工程质量鉴定报告》，案涉工程发生桩倾斜与断裂的事故是由于一系列因素综合造成，对这些因素进行具体分析，应当认定建设单位与施工单位都应当承担相应的责任。

（1）××重工公司在该工程施工前没有按照基本建设的正常施工程序办理施工图审查与质监和安监等手续，给工程质量事故的发生造成隐患，××重工公司应当对此承担责任。××重工公司在二审庭审中提交了连云港市建设施工图审查中心出具的《施工图设计审查意见书》，其中关于地基处理及结构设计的安全性、合理性的评价为"无违反强条、强标"，但同时说明"因承台埋置较深至流塑淤泥，设计应提醒施工单位做好基槽支护，同时设备基础应同时施工"。在审查综合意见中载明："一、施工图设计文件深度与完整性基本符合规定。二、各专业均存在不满足设计规范和标准的内容，应按审查意见组织修改与完善。三、调整、修改原设计应按格式出具整改措施和正规设计变更，复查合格后，予以通过"。二审法院认为，从该《施工图设计审查意见书》的内容看，已经发现了施工地特殊土质以及设计方案中的承台高度可能造成的隐患，并提出了相应的要求，如果建设单位、监理单位与设计单位及时收到该意见书并给予充分重视，采取相应的保护措施或调整设计方案，则可能减轻或避免质量事故的发生。但是由于该意见书出具的日期是 2008 年 4 月 15 日，此时工程质量事故已经发生，故意见书的出具显然已经于事无补。因此，应当认定××重工公司未在施工前将施工图按照《建设工程质量管理条例》及其他规章的规定要求进行报审与工程质量事故的发生之间存在因果关系，××重工公司应当承担相应的责任。

（2）由于案涉工程所处地区的地质条件较为特殊，其地基承台坐落在海淤层上，其基坑开挖时的放坡系数根据计算应约 1∶7，即要想保护基坑工程桩不受损，其基坑开挖边坡的安全放坡距离应为 21 米，而工程的实际放坡宽度远远不足 21 米，这是导致工程质量事故的主要原因之一。关于放坡不足的责任，二审法院认为建设单位与施工单位都存在一定的责任。首先，××建设有限公司所编制的土方开挖方案中载明"土坡坡度不大于安全坡度（1∶1.5）"，显然不能满足基坑安全的要求，对此，××建设有限公司抗辩认为，其是在签订合同后的第二天才收到建设单位提供的岩土勘查报告，导致其在不知道地质条件的情况下所进行的招标报价远低于实际需要的工程造价，而其多次要求××重工公司追加工程款，××重工公司不予理睬，使其无法调整施工方案，增加土方开挖量。

从××建设有限公司收到建设单位提供的岩土勘察报告的时间来看，是在双方签订合同之后，因此××建设有限公司在合同签订时客观上难以对当地特殊的地质情况作出准确的判断，其只能根据一般的地质条件进行招标并编制土方开挖方案。但其在施工前已经收到了岩土勘察报告，对现场情况已有了解并能够作出正确判断，××建设有限公司此时应当注意原土方开挖方案可能造成质量隐患，有义务及时向业主、监理及设计单位反映，重新调整土方开挖方案。当然，如果按照鉴定结论中 1∶7 的要求放宽坡度，将造成工程造价大幅度增加，可能导致合同签订基础发生重大变化，对此，双方均应秉承诚实信用原则，重新进行协商，共同商定可行的开挖方案及合同价款。但××建设有限公司只是提出了增加桩长、提高承台的优化设计方案，在该方案未得到建设单位采纳后，其未能从工程质量安全出发，进一步向建设单位提出调整开挖方案的要求，而是仍按原方案实施，故××建设有限公司对于施工产生的质量后果应当承担一定的责任。××重工公司一味强调工程造价为不变价，并以××建设有限公司施工过程应当采取何种施工方案与建设单位无关为由，对施工单位调整设计方案的建议未予重视与答复，亦应承担一定的责任。此外，监理单位在施工单位进行基坑内土方开挖前没有按照建设部与连云港市建设主管部门的文件精神对施工单位编制的土方开挖方案进行有效审查，没有采取有效措施制止土建施工单位可能影响工程质量的开挖行为与建设单位介入基坑内土方开挖与运输的现象，故对基坑开挖放坡不足导致的质量事故也应负有一定的责任。由于本案处理的是建设单位与施工单位之间的争议，而监理单位是作为建设单位的代理人代表建设单位对工程质量进行监督与管理，故监理单位的责任在本案中亦应视为建设单位的责任。综上，在放坡系数不足的问题上，建设单位××重工公司应负主要责任，施工单位××建设有限公司负有次要责任。

案例评析：

从事建设工程活动，必须严格执行基本建设程序，坚持先勘察、后设计、再施工原则。本案中，建设单位未提前交付地质勘查报告、施工图设计文件未经过建设主管部门审查批准，已经严重违背了《建设工程质量管理条例》有关规定。同时，在施工过程中，出现未曾预见的特殊地质条件情况时，一味强调工程造价为不变价，并以施工单位在施工过程应当采取何种施工方案与建设单位无关为由，对施工单位调整设计方案的建议未予重视与答复，给后来的工程事故埋下了巨大安全隐患。同时，在工程建设中，建设单位应成立质量检查小组，负责工程建设的检查、监督、验收，做好过程质量管理，由宏观管理深入到微观管理，才能保证过程质量管理的效果。如若出现签约时未预料到特殊情况（如特殊地质条件），对于施工单位提出的调整设计方案的建议应予以重视，并应组织设计、施工、监理、勘察各方主体一起开会讨论，而不能以"一次包死风险自负"或"采用何种施工方案与建设单位无关"为由不闻不顾，将自己束之高阁，严重阻碍了工程建设的安全有序进行，同时也为后期工程质量问题的发生埋下了"地雷"。

5.7.5 相关法律与技术标准（重要条款提示）

针对本节所面临的风险点，建设单位应注意以下相关法律、法规、部门规章及其他规范性文件的重要条款。

1.《中华人民共和国建筑法》

第五十四条 建设单位不得以任何理由，要求建筑设计单位或者建筑施工企业在工程设计或者施工作业中，违反法律、行政法规和建筑工程质量、安全标准，降低工程质量。

2.《建设工程质量管理条例》中华人民共和国国务院令（第279号）

第二章 建设单位的质量责任和义务

第十条　建设工程发包单位不得迫使承包方以低于成本的价格竞标，不得任意压缩合理工期。建设单位不得明示或者暗示设计单位或者施工单位违反工程建设强制性标准，降低建设工程质量。

第十三条　建设单位在领取施工许可证或者开工报告前，应当按照国家有关规定办理工程质量监督手续。

第十四条　按照合同约定，由建设单位采购建筑材料、建筑构配件和设备的，建设单位应当保证建筑材料、建筑构配件和设备符合设计文件和合同要求。

建设单位不得明示或者暗示施工单位使用不合格的建筑材料、建筑构配件和设备。

第十五条　涉及建筑主体和承重结构变动的装修工程，建设单位应当在施工前委托原设计单位或者具有相应资质等级的设计单位提出设计方案；没有设计方案的，不得施工。房屋建筑使用者在装修过程中，不得擅自变动房屋建筑主体和承重结构。

3.《北京市建设工程质量条例》

第八条　建设单位依法对建设工程质量负责。建设单位应当落实法律法规规定的建设单位责任，建立工程质量责任制，对建设工程各阶段实施质量管理，督促建设工程有关单位和人员落实质量责任，处理建设过程和保修阶段建设工程质量缺陷和事故。

第十九条　建设单位项目负责人负责组织协调建设工程各阶段的质量管理工作，督促有关单位落实质量责任，并对由其违法违规或不当行为造成的工程质量事故或者质量问题承担责任。

5.7.6　本节疑难释义

在中国当前及以后相当长的时间内，建设单位在建设工程质量方面居于主导地位，那种认为"在实行监理制及代建制后、建设单位已退出建设工程质量控制舞台"的观点是错误的，对建设工程质量控制是很不利的。要尽快完善针对建设单位在建设工程质量控制方面的法规及标准，细化《建筑法》和《建设工程质量管理条例》中建设单位在建设工程质量责任和义务的有关规定，制定出有针对性且便于实际操作的实施细则。针对我国建筑立法体例分散，缺乏系统性的缺陷，应统一立法体例。因为建筑物不同于一般的产品或商品，其具有价值大、投资周期长、问题潜在期长、合理使用寿命长以及固定性等特性，因此，为了适应市场经济的要求，更主要的是符合建设工程质量责任的自身特点，尽早采用法典式立法体例，制定一部统一的《建设工程质量法》。相对于《建设工程质量管理条例》，《建设工程质量法》在法律的规格层次、法律的威慑力、对包括建设单位在内的各主体的质量责任和义务的明确程度以及执法的可操作性等方面将大大加强，这样有利于统一建设工程各主体的质量责任、归责原则、责任范围和损害赔偿，从而有利于法律的实施和消费者诉讼，能够产生最佳立法效益。

5.8　安　全　管　理

5.8.1　安全管理概念和内容

建设工程安全管理是指建设行政主管部门、建筑安全监督管理机构、建筑施工企业及有关单位对建设工程生产过程中的安全工作，进行计划、组织、指挥、控制、监督等一系列的管理活动，其目的在于保证建设工程的安全和工程人员、社会公众的人身、财产安全。

《建设工程安全生产管理条例》第四条 建设单位、勘察单位、设计单位、施工单位、工程监理单位及其他与建设工程安全生产有关的单位，必须遵守安全生产法律、法规的规定，保证建设工程安全生产，依法承担建设工程安全生产责任。同时，《建设单位项目负责人质量安全责任八项规定（试行）》明确了建设单位项目负责人需承担八个方面的质量安全责任，其中一项就是保障安全生产及工伤权益。保障安全生产的前提就是需要建设单位采用主动管理的模式在施工阶段进行安全管理。

近几年我国建筑施工安全事故数量和死亡人数的总量呈下降趋势，但建筑业仍是我国安全事故高发行业之一。2016 年一季度住房城乡建设部房屋市政工程生产安全事故情况报告显示："当前安全生产形势依然不容乐观，同时指出：模板支架、脚手架坍塌事故和起重机械事故仍为安全防控的重点。"本书认为，造成安全事故的主要原因有如下几点：①参建各方责任主体安全管理意识淡薄；②施工现场安全管理不到位；③重点的安全隐患排查治理不利；④安全生产主体责任落实不到位。

5.8.2　建设单位（甲方代表）实践中的风险点及防控建议

为保证工程建设的顺利进行和施工现场作业人员的安全，取得项目预期的经济效益和社会效益，避免因建设工程施工影响正常的社会生活秩序，建设单位必须按照《中华人民共和国建筑法》、《中华人民共和国安全生产法》、《建设工程安全生产管理条例》、地方政府主管部门的安全规定及文件要求，切实履行安全管理职责。建设单位安全管理涵盖立项决策阶段、勘察设计阶段、工程施工阶段、竣工验收阶段等工程建设全过程。本章主要就工程施工阶段，建设单位安全管理中发生的主要风险点及防控建议展开叙述。

1. 签订的施工合同中没有安全方面的条款或者未签订安全协议

【防控建议】

签订安全协议是建设单位对发包工程进行安全管理和经济制约的重要手段。当投标单位中标后，建设单位应与承包方签订安全协议，明确双方的安全责任和义务；明确发生事故后各自应承担的经济责任；明确安全奖罚规定和安全施工保证金的提取。当发生人身伤亡或存在安全隐患而引起的罚款均将在保证金中扣除。

2. 对安全资质的审查仅停留在静态管理

在基本建设中，承包方将承包工程的特殊工种进行转包，在施工中使用包工队伍和临时工的现象已日益增多，这增加了搞好安全管理工作的难度，也给建设单位的安全管理提出了更高的要求。为了防止承包方在工程转包以及使用包工队伍和临时工时发生"以包代管"等现象。

【防控建议】

建设单位必须对承包方的安全资质进行静态与动态相结合的审查。不但在工程招投标期间要审查承包方的"一照三证"及近3年的安全施工记录，施工人员的安全素质等，同时，在发包过程中应审查施工单位的安全管理机构、防护设施及安全工器具的配备情况；而且在施工期间要分阶段进行动态复检。对"复检"不合格方发出黄牌警告，限期整改，当达不到要求时，可以终止合同，并按合同条款赔偿一切损失。

3. 未督促施工单位在施工前对工人进行施工安全培训

由于建筑施工从业人员绝大多数来自农村，人员流动频繁，文化素质参差不齐，安全和自我保护意识差，都是导致建筑企业事故发生的主要因素。

【防控建议】

除了承包方加强自身的安全教育外，建设单位要根据工程施工的要求和工程的具体特点组织承包方人员进行针对性的安全培训。建设单位还要求施工企业的安全生产管理制度要有专项的安全技术审核制度，并与工程项目各相关单位共同对项目的建设进行全方位安全把关，统一协调安全管理工作，消除生产中的不安全因素，从专业技术上保证工程项目的顺利进行。提高施工技术人员的专业水平，真正做到工程安全技术交底完全，施工作业做到班前班后检查，严格持证上岗，定期安全生产教育培训，新工人上岗前培训。

4. 建设单位对承包方审查不力，对施工现场监督不足

【防控建议】

（1）审查承包方的工程负责人、安全负责人、技术负责人及现场专职安全人员的落实情况；审查特殊工种作业人员的身份证及"上岗证"；审查是否具有并已批准的施工组织设计、安全管理制度、安全技术措施以及施工总平面布置图；审查施工人员是否经过三级安全教育以及必要的安全培训和安全交底；审查现场安全工器具、防护设施、施工机械的配备情况及施工人员的劳动保护和作业环境等情况。

（2）建设单位应加强施工现场监督力度，抓好发包工程在施工过程中的安全管理，杜绝"以包代管"，对发包工程实行动态管理。对承包方的安全管理进行全过程的检查、督促、指导和服务，并加强安全考核。对违章作业、野蛮施工、管理混乱的承包方进行处罚并提出限期整改，对整改不力的承包方予以警告、停工整顿，直至清退，因此而造成的一切损失均由承包方承担。定期或不定期地组织工程安全监督情况汇报会，并以安全简报的形式向各承包方领导及被监督的施工队伍传递、交流安全监督情况。"表扬与批评"、"奖励与处罚"均反映在简报上，使企业的领导者、管理部门及时了解和掌握安全施工实际状况，从而进行必要的决策，同时对基层施工人员在施工过程中的不安全行为发出警示性信号，使其在安全施工和安全管理中起到信息交流、反馈、宣传和教育的作用。

5. 没有足够的安全投入，怠于及时足额拨付安全防护文明施工措施费，且未监督检查施工单位对该项资金的使用

建设单位应当提供建设工程安全生产作业环境及安全施工措施所需的费用。《安全生产法》第二十条：生产经营单位应当具备的安全生产条件所必需的资金投入，由生产经营单位的决策机构、主要负责人或者个人经营的投资人予以保证，并对由于安全生产所必需的资金投入不足导致的后果承担责任。

《建设工程安全生产管理条例》第五十四条 违反本条例的规定，建设单位未提供建设工程安全生产作业环境及安全施工措施所需费用的，责令限期改正；逾期未改正的，责令该建设工程停止施工。

【防控建议】

在工程招标时，可将工程的安全技术措施及相应的费用作为工程招标的一个内容列入招标文件中，让投标方在投标文件中明确安全技术措施及其相应的费用。在实际施工时，只有实施了投标书中的承诺并起到了预期的效果，经建设单位确认后才能支付相应的安全措施费。上述方法与直接将"安全措施费"如数拨给承包方相比，既能提高承包方编制和实施安全技术措施的积极性，也能防止承包方在转包及使用包工队伍或临时工时发生"以包代管"的现象，保证"安全措施费"真正用在安全技术措施上。安全管理是全员、全过程、全方位的管理，要加大安监人员巡回检查力度，发现安全问题及时解决，把可能出现的安全隐患消除在萌芽状态，真正做到"以防为主"。同时要督促各承包方加强自检、互检、专检力度，使他们相互学习、交流、竞赛，共同提高工程建设的安全管理水平。

6. 对施工单位的重大施工方案、重大安全技术措施进行的审查流于形式

【防控建议】

建设单位应及时对施工单位的重大施工方案、重大安全技术措施进行审查，审查过程要严格、规范，不能流于形式；进入施工现场的垂直运输和吊装、提升机械设备应当经检测机构检测合格并在建设行政主管部门备案后方可投入使用。需重点检查的危险性较大的工程专项安全施工方案包括：基坑支护及降水工程、土方开挖工程、模板工程及支撑体系，起重吊装及安装拆卸工程、脚手架工程、拆除爆破工程等，尤其对超过一定规模的危险性较大的工程，还要审查施工单位是否按规定组织了专家论证。

7. 建设单位应支持总承包单位在施工现场建立安全体验区，并承担相关建设费用。对

于大型施工现场涉及多个总承包单位的，应由建设单位牵头组织建立安全体验区，并明确安全体验区的管理单位，制定管理制度，确保体验人员安全。

5.8.3 典型案例评析之一：建设单位应为工程建设的安全负总责

王某等重大责任事故案

原公诉机关湖北省武汉东湖新技术开发区人民检察院。

上诉人（原审被告人）王某，武汉万某1置业有限责任公司工程部总监及东湖景某项目工程总负责人。因涉嫌犯重大责任事故罪于2012年9月14日被刑事拘留，同年10月20日被逮捕。现羁押于湖北省武汉市第四看守所。

案情梗概：

东湖景某项目系武汉市华侨城拆迁还建项目，于2009年12月5日由武汉市东湖生态旅游风景区东湖村村民委员会（以下简称东湖村委会）委托湖北××建设工程项目管理有限责任公司（2011年3月16日变更为武汉万某1置业有限责任公司，以下简称万某1公司）对外发包建设，并由万某1公司代表东湖村委会负责对施工单位、监理单位等各参建方进行协调、组织和施工管理。2011年，在东湖景某项目未办妥建设工程规划许可证和建筑工程施工许可证等手续的情况下，武汉××建设监理有限责任公司（以下简称××监理公司）、湖北××建设集团有限公司（以下简称××建设公司）分别承接了该项目C区C1-C7号楼的监理和建设施工任务。2012年3月，为施工需要，××建设公司东湖景某项目部向武汉××机械设备有限公司（以下简称××机械公司）租赁5台S×××××/200施工升降机，约定由××机械公司对出租的施工升降机安装报检后投入使用，并定期进行维修和维护保养。东湖景某项目主体工程完工后，2012年8月，××建设公司东湖景某项目部将该项目C区C3、C4、C7-1号楼内外墙粉刷施工工程分包给不具备经营资质的被告人肖某等人。

2012年9月13日13时许，在武汉市东湖生态旅游风景区东湖村东湖景某还建楼施工工地C区，外墙粉刷工14人与电梯安装人员5人，在工地午休、C7-1号楼施工升降机操作人员及项目部其他管理人员不在场的情况下，擅自开启施工升降机上工。当升降机上升至33层顶部接近平台位置时，吊笼失去控制，瞬间朝左侧倾翻并坠落，导致周××等19人全部坠地身亡。

经湖北省特种设备安全检验检测研究院鉴定，事故的直接原因为事故施工升降机第66节与第67节标准节连接处左侧有两副螺栓连接，而右侧没有有效的螺栓连接，只穿着一根或两根螺杆，没有螺帽，当左侧吊笼载有19人及货物上升到接近顶层平台位置时，平衡条件发生改变，左吊笼载荷等产生的倾翻力矩大于对重、导轨架自重等产生的平衡力矩，导致左侧吊笼连同第 67 节标准节以上导轨架瞬间朝左侧倾翻并坠落。使用过程存在的问题是未按规定对施工升降机（特别是标准节连接螺栓等）进行经常性和定期检查、紧固并予以记录，导致第 66 节和第 67 节标准节连接处右侧两颗螺杆无螺帽连接未被发现；事发时无专职持证司机操作。安装过程中存在的问题是导轨架标准节连接螺栓及防松垫圈未严格按规定安装，导轨架加节升高后未经检测。

湖北省人民政府武汉市东湖生态旅游风景区 "9·13" 重大建筑施工事故调查组事故调查报告认定：事故发生时，事故施工升降机左侧吊笼承载 19 人和约 245 公斤物件超过备案额定承载人数（12 人）。

被告人王某作为项目管理方万某 1 公司东湖景某项目工程总负责人，在该公司不具备工程建设管理资质，在东湖景某项目无建设工程规划许可证、建筑工程施工许可证和未履行相关招投标程序的情况下，违规组织施工、监理单位进场开工。未经规划部门许可和放、验红线，擅自要求施工方以前期勘测的三个测量控制点作为依据，进行放线施工；在建筑规划方案之外违规多建一栋两单元住宅用房；在施工过程中违规组织虚假招投标活动，安全生产管理制度不健全、不落实，只注重工程进度，忽视安全管理，未按照规定督促相关单位对施工升降机进行加节验收和使用管理，对项目施工和施工升降机安装使用安全生产检查和隐患排查流于形式，未能及时发现和督促整改事故施工升降机存在的重大安全隐患。

原审法院认为： 被告人王某、魏某甲、易某甲、易某乙、丁某、肖某、杜某在生产、作业中违反有关安全管理的规定，因而发生重大伤亡事故，致 19 人死亡，情节特别恶劣，其行为均已构成重大责任事故罪。

上诉人王某上诉称其存在管理过失不是导致事故发生的直接原因，同时有自首情节，应当减轻处罚，原审法院量刑过重。辩护人还提出，根据事故发生的直接原因，上诉人王某存在的管理责任属于次要责任，而涉案项目未办理相关行政审批手续只应承担行政责任，请求从轻处罚。

二审法院经审理查明： 武汉市华侨城拆迁还建的东湖景某项目于 2009 年 12 月 5 日由武汉市东湖生态旅游风景区东湖村村民委员会（以下简称东湖村委会）委托武汉万某 1 置业有限责任公司（前身为湖北××建设工程项目管理有限责任公司，以下简称万某 1 公司）对外发包建设，并代表东湖村委会负责施工单位、监理单位等各参建方的协调、组织和施工管理。万某 1 公司任命该工程部总监上诉人王某为东湖景某项目工程总负责人。还查明：万某 1 公司作为东湖景某项目建设管理单位，不具备工程建设管理资质。上诉人王某作为项目管理方万某 1 公司东湖景某项目工程总负责人、工程管理方安全总监，负有管理、监督整个工程安全运行的重要职责。在施工过程中，安全生产管理制度不健全、不落实，只注重工程进度，忽视安全管理，未按照规定督促相关单位对施工升降机进行加节验收和使用管理，未能及时发现和督促整改事故施工升降机存在的重大安全隐患。

万某 1 公司是东湖景某建设管理单位，该公司不具备工程建设管理资质，在东湖景某无建设工程规划许可证、建筑工程施工许可证和未履行相关招投标程序的情况下，违规组织施工、监理单位进场开工。未经规划部门许可和放、验红线，擅自要求施工方以前期勘测的三个测量控制点作为依据，进行放线施工；在《建筑规划方案》之外违规多建一栋两单元住宅用房；在施工过程中违规组织虚假招投标活动。未落实企业安全生产主体责任，安全生产责任制不落实，未与项目管理部签订安全生产责任书；安全生产管理制度不健全、不落实，未建立安全隐患排查整治制度。万某1公司东湖景某项目管理部只注重工程进度，忽视安全管理，未依照《武汉市建筑起重机械备案登记与监督管理实施办法》，督促相关单位对施工升降机进行加节验收和使用管理；未认真贯彻落实武汉市有关建设工程安全隐患排查等文件的精神，对项目施工和施工升降机安装使用安全生产检查和隐患排查流于形式，未能及时发现和整改事故施工升降机存在的重大安全隐患，上述问题是导致事故发生的主要原因。

二审法院认为：上诉人王某在生产、作业中违背其监督、管理工程生产安全运行的重要职责，对已经发现施工升降机的重大安全隐患，未采取有效措施，未能及时排除，因而发生重大伤亡事故，致19人死亡，情节特别恶劣，其行为均已构成重大责任事故罪。

案例评析：

部分建设单位人员存在错误认识，总以为现场安全管理应由安全员或监理督促，有甚者认为施工单位应有自律型的安全管理意识，从而对整个工程施工时采取"旁观"态度，对安全管理置之不理，从而埋下了工程事故的诱因。作为建设单位，应该对工程建设的安全负总责，实践中应当建立工程质量安全管理体系，制定质量安全保证制度，设立项目管理机构，明确项目负责人，配备与工程项目规模和技术难度相适应的施工现场管理人员，落实质量安全责任。在项目建设过程中，建设单位应当加大项目施工现场质量安全管理工作监督检查力度，督促施工单位和监理单位落实质量安全管理责任，确保工程质量安全。

5.8.4　典型案例评析之二：建设单位"未认真履行安全管理职责"和"放任"的态度所引起的重大责任事故

倪某等违反安全管理规定造成重大伤亡事故构成重大责任事故罪案

公诉机关：启东市人民检察院。

被告人：倪某。

被告人：倪××。

被告人：冯××。

被告人：何某某。

被告人：顾某某。

被告人：袁××（甲方代表）

被告人：樊某（监理公司的法定代表人，安全生产的第一责任人）

案情梗概：

2007 年 1 月，××地产集团公司先后设立××保健公司和××俱乐部公司等公司共同开发位于启东市寅阳镇寅兴垦区外侧东南部的启东××威尼斯水城项目。2009 年 9 月 25 日，××俱乐部公司与南通××建设监理有限公司（以下简称××监理公司）法定代表人、董事长被告人樊某签订《恒某某威尼斯水城首期项目监理工程协议》，委托××监理公司为××威尼斯水城首期项目监理单位，违规约定由××俱乐部公司派员以××监理公司的名义实施工程现场监理，××俱乐部公司派驻的监理人员由××监理公司面试认可后方可派驻，由××监理公司的总监理工程师出具委托书给××俱乐部公司任命的总监代表，总监代表负责现场的监理工作等。在施工过程中，××监理公司并未对××俱乐部公司派驻项目工程的所有现场监理人员的资质进行审查。××监理公司委派的总监理工程师黄某在对工地巡查过程中发现工程安全、质量隐患曾向被告人樊某汇报，但被告人樊某未予以足够重视并采取有效措施消除事故隐患。

2011 年 9 月，江苏××天津分公司以江苏××总公司的名义与××保健公司签订五大中心主体及配套工程（二标段）施工合同，承建五大中心工程。江苏××天津分公司指派副经理被告人顾某某负责江苏区域内项目工程的日常管理工作，被告人顾某某事实上还行使五大中心工程项目经理职权，代表江苏××天津分公司对五大中心工程实施管理。江苏××员工被告人倪某以内部承包方式，与被告人倪××共同出资承建其中三大中心工程，并成立江苏××总公司－××地产集团公司倪某项目部（以下简称"倪某项目部"），被告人倪某为项目总负责人，负责工程项目的质量、安全、日常管理等工作，被告人倪××为材料员，同时参与项目工程的管理。被告人倪某、倪××聘请被告人冯××担任工程项目执行经理，被告人冯××事实上兼任技术负责人，负责生产、技术、安全等工作。

2011 年 9 月 23 日，××保健公司工程部经理被告人袁××明知五大中心工程项目未取得施工许可证、未办理安全报监手续，向倪某项目部发出工程开工令，要求工程开工。被告人倪某、顾某某、冯××明知上述情形，于 2011 年 9 月底开始项目工程前期施工准备，并于 2011 年 12 月底对主体工程正式开工。

2011 年 10 月 25 日，被告人倪××代表倪某项目部将三大中心工程图纸范围内所有木工模板制安分项劳务工程分包给无特种作业资质的被告人何某某。被告人倪某对此表示认可。被告人何某某承接该项劳务工程后，将高大模板支撑系统搭设劳务工程分包给无特种作业资质的郑某（另案处理）。郑某雇佣十余名无特种作业资质的农民工进行施工。

2011 年 11 月 8 日，被告人倪××代表倪某项目部与海门××钢管租赁站签订钢管、钢管脚手架扣件租赁协议。2012 年 6 月 12 日至 7 月 29 日期间，被告人倪××多次从该站租赁钢管、扣件，未经检测即提供给三大中心工程施工使用。后经抽查检测鉴定，上述钢管断后伸长率、抗拉强度、屈服强度均不符合标准 GB/T 700-2006《碳素结构钢》的要求，上述钢管脚手架扣件抗拉性能、扭转刚度、抗破坏性能均不符合 GB 15831-2006 标准的要求。

2012年4月底，被告人冯××复制并修改其他施工企业高大模板专项施工方案及评审专家组成员签字，并伪造专家论证意见，编制出"健康、运动、饮食中心"高支模工程专项施工方案，被告人顾某某在该方案上签字同意上报。2012年8月初，郑某在未取得高大模板支撑系统专项施工方案且无施工安全技术指导的情况下，带领施工队凭经验搭设完成运动中心高大模板支撑系统。搭设前，被告人冯××未按规定对该高大模板支撑系统需要处理或加固的地基进行验收，未向施工人员进行安全技术交底；搭设完成后，被告人倪某、倪××、顾某某、冯××、何某某、袁××、樊某也未按规定参与或组织人员对该高大模板支撑系统进行检查验收。

2012年8月25日下午，在未取得总监理工程师签发的混凝土浇筑令的情况下，被告人倪××擅自决定浇筑混凝土并通知供应商于次日晨供应混凝土。被告人冯××明知上述情形未予以制止。2012年8月26日7时许，倪某项目部泥工组开始对运动中心三层顶浇筑混凝土，当日17时许，施工人员发现高大模板支撑排架不稳定、上午浇筑的混凝土位置有下沉现象即向被告人冯××汇报。被告人冯××获悉险情后，未按规定疏散施工人员，反而指挥施工人员冒险对高大模板支撑排架盲目进行加固。当日18时许，运动中心高大模板支撑系统突然变形并坍塌，致使在支撑排架上作业的包某、包某某1、包某某2、包某某、吴某等人被砸压，致包某某、包某、包某某1、包某某2死亡，吴某等人受伤。经法医鉴定，包某某系遭重物砸压致创伤性、失血性休克死亡；包某、包某某2系遭重物砸压致创伤性休克死亡；包某某1系遭重物砸压致头颅离断死亡。

法院审理认为：被告人袁××系建设方工程部经理，委派无监理资质的人员负责项目工程现场监理，未取得施工许可证，未办理安全报监手续任意发出工程开工令，其过错是导致事故发生的直接和主要原因，应当承担直接和主要责任。一审后，被告不服提起上诉。二审法院认为：上诉人袁××作为××地产集团启东公司组成之一的宝丰公司工程部经理、甲方代表，代表建设单位负责工程的质量、施工安全、进度等，但其未认真履行管理职责，接受公司安排委派无监理资质的人员担任"运动中心"工程现场监理工程师，明知项目工程未取得施工许可证，未办理安全报监手续而向江苏××总公司-××地产集团公司项目部发出工程开工令，明知运动中心工程高大支撑模板专项施工方案未通过现场指派"监理"的审批，未及时对项目工程高大支撑模板系统检查验收，仍放任施工单位进入后续工序的施工。上诉人袁××作为受建设单位委托对事故工程生产安全、质量进行管理的直接责任人员，对事故的发生负有直接责任，其行为符合重大责任事故罪的构成要件，依法应追究其刑事责任，且属情节特别恶劣，依法应处三年以上七年以下有期徒刑。建设单位是否有其他人员应被追究刑事责任，并不影响其刑事责任的承担。

案例评析：

由案例可见，建设单位代表明知现场监理工程师无监理资质，仍默许接受公司安排。明知项目工程未取得施工许可证，未办理安全报监手续而向江苏××总公司—××地产集团项目部发出工程开工令，明知高大支撑模板专项施工方案未通过现场指派"监理"的审批，未及时对项目工程高大支撑模板系统检查验收，仍放任施工单位进入后续工序的施工。就是因为这种"未认真履行安全管理职责"和"放任"的态度才导致了最终惨案的发生。

5.8.5　相关法律与技术标准（重要条款提示）

针对本节所面临的风险点，建设单位应注意以下相关法律、法规、部门规章及其他规范性文件的重要条款。

1.《建设工程安全生产管理条例》

第二章　建设单位的安全责任

第六条　建设单位应当向施工单位提供施工现场及毗邻区域内供水、排水、供电、供气、供热、通信、广播电视等地下管线资料，气象和水文观测资料，相邻建筑物和构筑物、地下工程的有关资料，并保证资料的真实、准确、完整。

第七条　建设单位不得对勘察、设计、施工、工程监理等单位提出不符合建设工程安全生产法律、法规和强制性标准规定的要求，不得压缩合同约定的工期。

第八条　建设单位在编制工程概算时，应当确定建设工程安全作业环境及安全施工措施所需费用。

第九条　建设单位不得明示或者暗示施工单位购买、租赁、使用不符合安全施工要求的安全防护用具、机械设备、施工机具及配件、消防设施和器材。

第十条　建设单位在申请领取施工许可证时，应当提供建设工程有关安全施工措施的资料。

依法批准开工报告的建设工程，建设单位应当自开工报告批准之日起15日内，将保证安全施工的措施报送建设工程所在地的县级以上地方人民政府建设行政主管部门或者其他有关部门备案。

第十一条　建设单位应当将拆除工程发包给具有相应资质等级的施工单位。

建设单位应当在拆除工程施工15日前，将下列资料报送建设工程所在地的县级以上地方人民政府建设行政主管部门或者其他有关部门备案：

（一）施工单位资质等级证明；

（二）拟拆除建筑物、构筑物及可能危及毗邻建筑的说明；

（三）拆除施工组织方案；

（四）堆放、清除废弃物的措施。

实施爆破作业的，应当遵守国家有关民用爆炸物品管理的规定。

2. 关于印发《关于加强基础设施管线工程建设单位施工安全生产管理的若干规定》的通知

第十一条　建设单位要建立、健全和完善建设工程各项安全管理制度及事故应急预案，设置安全生产管理机构，配备安全生产管理人员，加强对建设工程安全生产的管理。具体履行以下职责：

（一）认真贯彻落实党和国家关于建设工程安全生产的法律、法规和北京市有关规定。

（二）负责组织编制建设工程安全生产管理制度，建立健全安全管理网络，监督检查各项建设工程安全生产制度的落实情况。

（三）负责组织编制建设工程生产安全事故应急预案。

（四）定期和不定期地组织建设工程安全生产大检查，对发现的安全隐患，监督有关部门或单位进行整改。

（五）会同有关部门组织建设工程安全教育培训。

（六）负责定期（每月）组织建设工程安全生产例会，分析安全生产形势，及时提出加强安全管理工作的对策和意见。

第十二条　必要时建设单位应当细化工程前期安全风险研究、论证，为工程建设创造有利的作业环境。

在基础设施管线工程可行性研究、规划、设计阶段，建设单位应组织有关单位对工程项目的重大危险源和重要不利环境因素进行识别和评价，并提出消除危险源或实施技术控制的意见，制定切实可行的控制措施，组织专家和有关方面进行充分论证和审查。

设计文件和地下实际情况不相符的，建设单位应协调设计单位完善设计，凡没有详细设计图纸的，施工单位不得擅自施工。

第十四条　建设单位要充分做好新建工程开工前各项准备工作，消除工程建设安全隐患。

工程开工前，建设单位要组织工程建设沿线环境安全排查，明确风险源等级，建立风险源管理台账，制定风险源安全管理措施；要组织工程影响范围内的地下孔洞探查，向施工、监理单位提供地下孔洞探查结果，并办理书面交接手续；要组织工程建设安全交底，对工程建设涉及的风险源、地层孔洞、管线等进行全面细致的安全交底，并形成安全交底书面记录。

第十五条　建设单位要对基础设施管线工程监理单位的安全监管情况、施工单位的安全管理情况以及施工现场安全生产状况，进行定期和不定期的安全检查，安全检查必须有检查记录。对在检查中发现的问题或安全事故隐患，建设单位应立即要求受检单位限期整改，并对整改工作进行督促和检查。

建设单位在接到监理单位发现存在安全隐患的报告后，应立即会同监理单位要求施工单位整改；情节严重的，应当要求施工单位暂时停止施工；施工单位拒不整改或者不停止施工的，应及时向有关主管部门报告。

3.《北京市住房和城乡建设委员会关于进一步加强房地产开发企业工程建设质量安全管理工作的通知》（本通知自 2016 年 5 月 1 日起实施）

二、开发企业应当建立工程质量安全管理体系，制定质量安全保证制度，设立项目管理机构，明确项目负责人，配备与工程项目规模和技术难度相适应的施工现场管理人员，落实质量安全责任。在项目建设过程中，开发企业应当加大项目施工现场质量安全管理工作监督检查力度，督促施工单位和监理单位落实质量安全管理责任，确保工程质量安全。

十二、开发企业应当落实《北京市房屋建筑和市政基础设施工程安全质量状况评估管理办法（暂行）》（京建法〔2013〕2 号）的规定，开展对建设工程项目安全质量状况的测评，督促项目参建单位做好质量安全测评工作，并按照要求将测评结果及时上传。

4.《关于推广体验式安全培训教育的通知》（京建发〔2016〕73 号）

体验式安全培训能够全方位、多角度、立体化地模拟施工现场存在的危险源和可能导致的生产安全事故，可以让体验者亲身体验不安全操作行为和设施缺陷所带来的危害，提高从业人员安全生产意识。为丰富安全生产教育培训形式，切实提升安全培训的实际效果，市住房城乡建设委决定在本市行政区域内全面推广体验式安全培训教育，现将有关事项通知如下：

三、建设单位应支持总承包单位在施工现场建立安全体验区，并承担相关建设费用。对于大型施工现场涉及多个总承包单位的，应由建设单位牵头组织建立安全体验区，并明确安全体验区的管理单位，制定管理制度，确保体验人员安全。

5.8.6 本节疑难释义

目前我国在安全方面的法律法规正在逐步规范完善，但与欧美等发达国家还存在一定的差距，尤其是针对建设单位的法律条款就更不完善。目前我国安全生产相关法律仅有《中华人民共和国建筑法》、《中华人民共和国安全生产法》、《中华人民共和国环境保护法》、《建设工程安全产生管理条例》、《安全生产许可证条例》等几部法律法规，并且这些法律法规为1998年到2004年颁布施行，法律条款不是十分完善还有待补充。而这些法律法规中针对建设单位的条款就更加屈指可数了，就拿2004年颁布执行的《建设工程安全产生管理条例》来说，其中仅第六条至第十一条的六条内容为建设单位安全责任，勘察设计工程监理安全责任为八条，而施工单位的安全责任达十九条之多。而美国在基于《职业安全与健康法》为基本法律的基础上，形成了一系列法律法规，这些法律法规均对建设各方安全责任与义务有着明确及详细的规定。而英国，分别在不同时期颁布了《劳动安全健康法》、《工作安全与健康管理条例》、《建筑（设计与管理）条例》等，都在建筑业方面对有关雇主

（建设单位）、计划总监、设计者和承包商的责任和义务进行的明确规定并进行了详细的阐述及补充和完善。而这两国安全事故损失分别占项目总成本的 3％～6％ 和 7.9％，比我国低很多。由此可见，只有通过健全法律法规才能从根本上提高建设单位的安全管理意识，促进安全管理减少安全事故的发生。

5.9　工程签证管理

5.9.1　工程签证的概念

按承发包合同约定，一般由承发包双方代表就施工过程中涉及合同价款之外的责任事件所作的签认证明，也就是说施工过程中的工程签证，主要是施工企业就施工图纸所确定的工程内容之外，施工图预算或预算定额取费中未含有而施工中又实际发生费用的施工内容所办理的签证。如由于施工条件的变化或无法遇见的情况所引起工程量的变化。工程签证单可视为补充协议，如增加额外工作、额外费用支出的补偿、工程变更、材料替换或代用等，应具有与协议书同等的优先解释权。

5.9.2　工程签证的内容

工程签证行为经过其概念的明确可以知晓，它不是技术核定行为也不是设计变更、修改等行为，仅就合同价款之外责任的事件才是它所涉及的内容。根据工程签证的定义，它包括以下几项内容：①它是一种签认证明；②在执行合同的前提下，依据是承发包合同条款的约定；③签认的主体是承发包双方的代表，因此它是一种接受法定代表人委托的受托行为，是受委托权利限定下的行为，对行为权利有一定限制；④签认客体也就是签认对象，是施工承发包合同价款之外的责任事件，并且是在承发包施工过程中所发生的这种责任事件，它是涉及工程款项的但却是对这样的责任事件所做的签认证明；⑤因此它根据施工承发包过程的特殊情况，作了唯一性的签认，虽然一般情况下没有直接表述价款，但它却是最有效地表述与唯一性的确定。

5.9.3　发生工程签证的可能情况

1. 由于建设单位原因，未按合同规定的时间和要求提供材料、场地、设备资料等造成施工企业的停工、窝工损失。

2. 由于建设单位原因决定工程中途停建、缓建或由于设计变更以及设计错误等造成施工企业的停工、窝工、返工而发生的倒运、人员和机具的调迁等损失。

3. 在施工过程中发生的由建设单位造成的停水停电，造成工程不能顺利进行，且时间较长，施工企业又无法安排停工而造成的经济损失。

4. 在技措技改工程中，常遇到在施工过程中由于工作面过于狭小、作业超过一定高度，造成需要使用大型机具方可保证工程的顺利进行，施工企业在发生时应及时将现场实际条件和施工方案通告建设单位，并在征得建设单位同意后实施，此时施工企业应办理工程签证。

5. 土方开挖时的签证：地下障碍物的处理，开挖地基后，如发现古墓、管道、电缆、防空洞等障碍物时，将会同甲方、监理工程师的处理结果做好签证，如果能画图表示的尽量绘图，否则，用书面表示清楚；地基开挖时，如果地下水位过高，排地下水所需的人工、机械及材料必须签证；地基如出现软弱地基处理时所用的人工、材料、机械的签证并做好验槽记录；现场土方如为杂土，不能用于基坑回填时，土方的调配方案，如现场土方外运的运距，回填土方的购置及其回运运距；大型土方的机械合理的进出场费次数。

6. 工程开工后，工程设计变更给施工单位造成的损失，如施工图纸有误，或开工后设计变更，而施工单位已开工或下料造成的人工、材料、机械费用的损失。工程需要的小修小改所需要人工、材料、机械的签证。

7. 对于检修、维修工程、零星维修项目大都没有正规的施工图纸，往往在检修前由施工企业提出一套检修方案，检修完毕后办理工程签证，然后依据工程签证办理工程结算。此时工程签证工作尤其重要，直接关系到检修结算工作的顺利进行。

8. 建设单位供料时，供料不及时或不合格给施工方造成的损失。施工单位在包工包料工程施工中，由于建设单位指定采购的材料不符合要求，必须进行二次加工的签证以及设计要求而定额中未包括的材料加工内容的签证。建设单位直接分包的工程项目所需的配合费用。

9. 停工损失：由于建设单位责任造成的停水、停电超过定额规定的范围。在此期间工地所使用的机械停滞台班、人工停窝工以及周转材料的使用量都要签证清楚。

10. 材料、设备、构件超过定额规定运距的场外运输，待签证后按有关规定结算；特殊情况的场内二次搬运，经建设单位驻工地代表确认后的签证。

11. 续建工程的加工修理：建设单位原发包施工的未完工程，委托另一施工单位续建时，对原建工程不符合要求的部分进行修理或返工的签证。

12. 工程项目以外的签证：建设单位在施工现场临时委托施工单位进行工程以外的项目的签证。

5.9.4 建设单位（甲方代表）实践中的风险点及防控建议

工程签证是建设单位在项目开发建设过程中非常重要的管理环节，如果不能制定规范有效的制度，及时合理地解决施工中产生的签证问题，将不可避免地对项目开发的成本控制、工程质量、工程进度造成不良影响。本书就工程建设中，建设单位（或驻地代表）在实践中容易发生的签证管理中的风险行为及防控建议展开叙述。

1. 施工现场签证办理不及时

施工现场签证就是施工中现场发生合同以外的工程费用，双方代表当时就在工程现场根据实际发生进行测定、描述、办理签证手续，作为工程结算的计算依据。但实践中，有的建设单位代表当时不办理现场签证，口头答应，事后回忆补办，甚至审计过程中还在办签证手续，特别针对一些隐蔽工程签证，当时现场不及时核实，日后也无法查证。这种"不及时"的行为可能导致后续补办的签证单与实际发生的条件不符、数据不准确，给最终结算带来了纠纷风险。

【防控建议】

对于现场签证，建设单位应抓紧时间及时处理。在施工中的签证应当做到"随做随签，一项一签，一事一单，要有金额，工完签完"，一次一签证，一事一签证，及时处理，以免事过境迁，发生补签和结算困难。如果是施工企业耽搁了工程签证，建设单位应督促其及时办理，以免由于事过境迁而引起不必要的纠纷。对签证的发生部位应进行实地测量且保存好原始测量记录表和影像资料，以备事后复查。工程签证单建设单位要随时留一份，以避免添加涂改等现象，并且要求施工单位编号报审，避免重复签证。

2. 工程签证的范围界定不清

在实际工作中，一部分建设单位代表对工程签证的范围认识不清，一些应在合同中约定或者应在施工组织方案中审批的，抑或是非承包范围内的施工任务也一概当作工程签证来办理费用认定，造成管理误区，最后在成本统计时造成误解。

【防控建议】

（1）应在合同中约定的，不能以签证形式出现。例如：人工浮动工资、议价项目、材料价格，合同中没约定的，应由有关管理人员以补充协议的形式约定。现场施工代表不能以工程签证的形式取代。

（2）应在施工组织方案中审批的，不能做签证处理。例如：临设的布局、塔吊台数、挖土方式、钢筋搭接方式等，应在施工组织方案中严格审查，不能随便做工程签证处理。

（3）制定零星工程管理制度，区分工程签证和零星工程分类管理。一般而言，非合同承包范围内造价十万以内的临时性小工程适用于零星工程管理，建设单位可以制定简洁有效的标准零星工程合同及施工任务单来高效地处理这类零星工程。只有区分好零星工程和工程签证，才能更好地进行项目成本分析统计，从而提高成本管理水平。

3. 过失、恶意签证现象严重

实践中很多建设单位代表不了解工程量清单或定额费用的组成而盲目签证；有的签证内容与实际完全不符，有的则在签证之前未经专业造价工程审核，就签字确认，上述现象造成了大量的过失签证。更有甚者，与施工企业相互串通，对一些隐蔽工程，利用其隐蔽性高，求证难的特点，高估冒算，弄虚作假。这些种种的过失、恶意签证无形中增加了建设单位的建造成本，并且在一定程度上也给"腐败"增加了途径。

【防控建议】

对工程签证要尽可能做到详细、准确，重点对工程签证内容的真实性和合理性进行审核，并对其实质性进行把关，审核时应现场逐项核实，测量、计算，尤其是隐蔽工程，应作为审核的重点。在办理签证过程中，能够附图说明的尽量避免单纯的文字叙述，能够签事实的尽量避免直接签结果，能够签工程量的尽量避免直接签单价，能够签单价的尽量避免直接签总价。对施工中的停工、窝工、用工和机械台班签证，应注明项目发生的原因、背景、时间和部位。对工程量签证，凡是明确可以套用投标单价或定额的，一般只签工程量而不签人工工日数或机械台班数量。如果无法套用投标单价或定额，对签认的人工工日数或机械台班数量，应严格控制，实际发生多少签多少，不得考虑其他因素而夸大数量。对材料价格签证，应注明是采购价还是预算价，以避免重复计取采购保管费。对独立费签证，应注明是税前费用还是税后费用，以避免表达不清楚而重复计算税金。对工程签证的确认设置合理的前置程序，如：必须经过专业的造价工程师审核通过的工程签证才予以确认。

4. 缺乏合理有效的工程签证管理制度

一些建设单位，由于内部授权不清，一旦双方在工程签证费用方面有争议时，绝大多数情况下都是承包单位要求费用高而建设单位成本管理部门审核价格低，双方僵持不下，有时也许差距不大，但双方都不肯让步，甚至造成变更处暂停施工，也未能达成一致。针对这种情况，因授权不清，无人有权处理，无人决策。最终因双方僵持无人解决，导致现场施工暂停，工期一拖再拖；一些建设单位则相反，对驻地建设单位代表无限授权，一旦这些建设单位代表不重视现场签证，缺乏现场签证价款控制意识，便出现了大量的"未经审核"的随意签证单出现，给建设单位带来巨大成本浪费。

【防控建议】

制定合理高效可操作性强的工程签证管理制度，让工程施工中每一单工程签证都得到有效管控，做到依据充分、费用受控、办理及时高效、资料齐全。从整个签证过程来看，一个合理高效可操作性强的工程签证管理制度要抓好两个环节，一个是收到签证申请后判断签证是否成立，一个是签证费用的控制问题。关于第一个问题，最佳操作模式是，收到签证申请后，建设单位主管领导组织监理人员、工程部人员、成本管理人共同讨论达成一致统一意见后再予以答复，以免再有反复。如不成立则立刻驳回，以免拖过时效造成既成事实。关于签证费用控制的问题，如果在合同中已经有了约定，从约定。如果在合同中没有约定，一旦双方有争议应要有建设单位主管领导介入决策，为了预防主管领导滥用职权，武断决策，主管领导应该对自己的决策作出文字说明并报备，做到公开透明。当签证涉及现场确认工程量时，则必须由工程部、成本部与承包单位一起共同进行现场工程量确认。凡涉及经济费用支出的停工、窝工、用工签证、机械台班签证等，由现场施工代表认真核实后签证，并注明原因、背景、时间、部位等。例如：由于业主或别的非施工单位的原因造成机械台班窝工，建设单位只负责租赁费或摊销费而不是机械台班费。对驻地建设单位代表签证权限进行必要的限制，如5万元以下签证可直接签署，超过5万元应上报至公司管理层进行裁定。针对目前在工程结算时大量产生的补办签证，建设单位可以通过设立合同条款来防范和约束。例如，在施工合同中可以明确，对重大设计变更和工程签证（比如工程费用超过5万元或超过合同金额的10%）应及时签订补充合同；对一般设计变更和工程签证应要求在提交竣工资料前全部办理完毕，事后办理一概不予认可。对施工现场发生的签证应及时办理。

5.9.5 典型案例评析："过失签证"给建设单位带来的风险

嘉峪关市××房地产开发公司与酒泉市××建筑安装工程公司
建设工程施工合同纠纷上诉案

上诉人（原审被告）：嘉峪关市××房地产开发公司（以下简称××房开公司）

被上诉人（原审原告）：酒泉市××建筑安装工程公司（以下简称××建筑公司）

案情梗概：

2011年5月27日，××房开公司（甲方）与××建筑公司（乙方）签订了《协议书》一份，约定甲方"碧水绿洲"项目部分楼面场地清理、景观绿化、场地清挖、土方外运、绿化土回填等工程由乙方负责承包。工程内容："碧水绿洲"一期绿化工程设计图及效果图所标示绿化区域内的渣土人工及机械挖运、平整，符合种植要求的种植黄土回填平整，零星挡护衬砌、地平处理等。工程量计算及计价：① 依据绿化工程设计平面及效果图标示尺寸施工，按实际完成工程量，双方现场代表共同收量确认作为工程结算依据。余土外运及回填熟土运距按20公里计算。② 工程结算按《甘肃省建设工程消耗量定额地区基价(2004)》，《甘肃省建筑安装工程费用定额（2009）》中相应部分工程四类标准取费计算，对特殊情况进行调整。部分零星工程双方协商计价。付款方法：根据工程进度分次支付进度款，工程完工经验收合格，乙方按照双方认可的工程结算额办理正式工程发票，甲方在5日内付清剩余工程款。协议还对双方的责任等进行了约定。协议由双方代理人签字，并加盖双方单位的合同专用章。××房开公司由侯××签字。后××建筑公司依约完成了挖土工程、道牙及地坪工程、六角亭工程、自行车棚工程、地下管线、电力通信线路及闭路电视等设施探测等工程，××房开公司付款190万元。后双方为合同效力、工程造价等发生争议，××建筑公司遂诉至嘉峪关市人民法院。

关于工程造价。原告主张的工程造价为5344217.95元，被告已支付190万元。被告不予认可，应原告申请，原审法院于2012年8月23日委托酒泉市顺帆工程监理公司对涉案工程的造价进行鉴定，涉案六项工程造价分别为：① 挖土工程，采用正铲挖掘机为2236981.19元，采用反铲挖掘机为2310680.11元。② 回填种植土工程为475087.82元。③ 道牙及地坪工程为1183919.12元。④ 六角亭工程55769.2元。⑤ 自行车棚工程为175587.41元。⑥ 地下管线、电力通信线路及闭路电视等设施探测费为20805.75元。针对鉴定结论，组织双方质证，双方均提出异议：原告认为部分工程量报告中未反映，整体估价偏低。被告认为工程未经验收，委托鉴定程序违法，鉴定报告依据的工程量签证单不能作为计价依据，本公司工作人员赵××无权确认工程量等。经查：被告公司于2011年5月18日在嘉峪关市招投标管理办公室备案的《"碧水绿洲"小区商铺用房招标文件》中载明赵××为发包方派驻的工程师，被告公司于2011年4月18日同酒泉市景都绿化养护工程有限公司签订《"碧水绿洲"一期地面铺装工程施工合同》后，该合同的16份签证单均由赵××签字，且部分签证单中工程量的内容及计算方法均由赵××亲笔书写。证人杨波和张玉虎（现场施工人员）证实：赵××在现场指挥并确认工程量。被告公司第二、五项目部出具证明证实：公司日常工程方面的事项由侯××、赵××负责。上述证据可证实赵××的身份及其在同期为其他施工单位签证的事实，故鉴定机构依据赵××签字的签证单确定工程量并结合现场勘验按合同约定的取费标准作出的鉴定结论应予采信。原审法院据此做出审判。宣判后，××房开公司不服，向本院提出上诉。

××房开公司上诉称：鉴定所依据的工程量部分是××房开公司安全员赵××签字的工程签证单，且是在赵××未核对工程量的情况下签字的，另一部分是未经赵××签字，由××建筑公司自编的工程量签证单，均不能作为认定工程量的依据；二审法院认为，从鉴定内容上来看，鉴定意见是依据双方签订的《建设工程施工协议书》约定的取费标准和工程量计算方法××房开公司赵××签字的《工程签证单》和鉴定机构的现场勘验进行鉴定的。上诉人称赵××无权确认工程量，但庭审中赵××认可其在工程签证单上的签字，根据××房开公司在嘉峪关市招标投标管理办公室备案的《"碧水绿洲"小区商铺用房招标文件》中载明赵××为上诉人派驻工地的工程师，及其在《"碧水绿洲"一期地面铺装工程施工合同》中签证单上的签字，以及证人杨波、张玉虎等人的证明、××房开公司第二、第五项目部的证明，均证明赵××系××房开公司派驻涉案合同施工现场的工程师，负责现场指挥并确认工程量。赵××本人在二审中的证言与上述证据相互矛盾，其所陈述的曾接受对方贿赂，未审核工程量就直接签字的理由，无充分证据证实。因此，鉴定意见作为认定事实的依据并无不当。上诉人的该条上诉理由本院不予支持。综上，原审判决认定事实清楚，证据充分，适用法律正确，程序合法。判决如下：驳回上诉，维持原判。

案例评析：

实践中，因建设单位是非专业人士或者签字之前未由造价工程师审核，故存在很多恶意签证或过失签证，而这些签证一般从工程的角度不应被认可。但在诉讼过程中，恰恰相反，往往被认为有效，原因就在于建设单位无法证明它是恶意串通损害第三人利益，也无法证明为重大误解或显失公平。所以，建设单位如何来防范恶意签证或过失签证就显得非常重要。

5.9.6　相关法律与技术标准（重要条款提示）

针对本节所面临的风险点，建设单位应注意以下相关法律、法规、部门规章及其他规范性文件的重要条款。

1.《最高人民法院关于审理建设工程施工合同纠纷案件适用法律问题的解释》

第十九条　当事人对工程量有争议的，按照施工过程中形成的签证等书面文件确认。承包人能够证明发包人同意其施工，但未能提供签证文件证明工程量发生的，可以按照当事人提供的其他证据确认实际发生的工程量。

2.浙江省高院民一庭《关于审理建设工程施工合同纠纷案件若干疑难问题的解答》

十一、施工过程中谁有权利对涉及工程量和价款等相关材料进行签证、确认？

要严格把握工程施工过程中相关材料的签证和确认。除法定代表人和约定明确授权的人员外，其他人员对工程量和价款等所作的签证、确认，不具有法律效力。没有约定明确授权的，法定代表人、项目经理、现场负责人的签证、确认具有法律效力；其他人员的签证、确认，对发包人不具有法律效力，除非承包人举证证明该人员确有相应权限。

5.9.7　本节疑难释义

实践中，大部分建设单位（甲方代表）都能认识到工程签证在项目管理中（尤其是结算环节）的重要作用，但却往往忽视了其在诉讼中的重要作用。最高人民法院《关于审理建设工程施工合同纠纷案件适用法律问题的解释》第十九条规定"当事人对工程量有争议的，按照施工过程中形成的签证等书面文件确认。承包人能够证明发包人同意其施工，但未能提供签证文件证明工程量发生的，可以按照当事人提供的其他证据确认实际发生的工程量"。从该司法解释规定可见，工程签证是工程量争议确定的极为重要、同时也是最直接的依据，一旦工程量发生争议，如果没有工程签证加以证明，那么诉讼中有关增或减的权利请求都将失去有效的客观凭证，除非按该司法解释规定能提供"其他证据"加以证明确认，而实践中此类"其他证据"的收集方便性和证明效力性都远远不如工程签证。因此，合理有效的工程签证单不仅能作为结算依据，其更是索赔和反索赔的依据。总而言之，作为建设单位，如果解决好工程签证问题，将有助于减少建设工程施工合同纠纷，同时，在很大程度上避免了诉讼的风险。从法律特征来分析，工程签证主要有如下三个法律特征：第一，工程签证具有补充协议的性质，是发承包双方协商一致的结果，是双方法律行为。第二，工程签证的后果是基于双方意思表示的内容而发生。比如说工期的顺延、费用的增加、赔偿损失等。第三，涉及的利益已经确定或在履行后确定。这分两种情况：① 签证时已经发生或履行完毕的签证，可以直接作为结算工程价款的依据。② 签证时尚未发生或未履行完毕的签证，必须与履行资料结合在一起，才能作为结算工程价款的依据。

5.10　设计变更的管理

5.10.1　设计变更的概念

设计变更是工程施工过程中为保证设计和施工质量，完善工程设计，纠正设计错误以及满足现场条件变化而进行的设计修改工作。包括由建设单位、设计单位、监理单位、施工单位及其他单位提出的设计变更。

一般主要形式有原设计单位出具的设计变更通知单和由施工单位征得由原设计单位同意的设计变更联络单两种。设计变更是按发包人的意图或经发包人同意在符合设计规划等要求的前提下，通过设计单位对原设计所作的变更重新进行设计。它表明：① 无论设计变更是由何原因而造成的，不管责任是属于谁的，变更的权利一定是属于发包方；② 它受规划等法定文件或权益文件等的约束，必须满足并符合这些必要的要求；③ 它只能通过设计单位对已有的原设计进行重新设计形成设计变更。

建设方出于对工程项目造价费用和质量、功能的考虑或由于勘察设计工作者的疏忽，设计中的一些环节和因素考虑不周，估量不准，经常会出现设计变更。设计变更导致工程费用和工程进度的变化，也是引起索赔的导火索。

5.10.2　设计变更的类型

1. 在建设单位组织的有设计单位和施工企业参加的设计交底会上，经施工企业和建设单位提出，各方研究同意而改变施工图的做法，都属于设计变更，为此而增加新的图纸或设计变更说明都由设计单位或建设单位负责。

2. 施工企业在施工过程中，遇到一些原设计未预料到的具体情况，需要进行处理，因而发生的设计变更。如工程的管道安装过程中遇到原设计未考虑到的设备和管墩、在原设计标高处无安装位置等等，需改变原设计管道的走向或标高，经设计单位和建设单位同意，办理设计变更或设计变更联络单。这类设计变更应注明工程项目、位置、变更的原因、做法、规格和数量，以及变更后的施工图，经各方签字确认后即为设计变更。

3. 工程开工后，由于某些方面的需要，建设单位提出要求改变某些施工方法，或增减某些具体工程项目等，如在一些工程中由于建设单位要求增加的管线，再征得设计单位的同意后出设计变更。

4. 施工企业在施工过程中，由于施工方面、资源市场的原因，如材料供应或者施工条件不成熟，认为需改用其他材料代替，或者需要改变某些工程项目的具体设计等引起的设计变更，经双方或三方签字同意可作为设计变更。

5.10.3 产生设计变更的原因和审查

1. 产生设计变更的原因

（1）修改工艺技术，包括设备的改变；

（2）增减工程内容；

（3）改变使用功能；

（4）设计错误、遗漏；

（5）提高合理化建议；

（6）施工中产生错误；

（7）使用的材料品种的改变；

（8）工程地质勘察资料不准确而引起的修改，如基础加深；

（9）由天气因素导致施工时间的变化。

2. 设计变更在审查时的注意事项

（1）确属原设计不能保证工程质量要求，设计遗漏和确有错误以及与现场不符无法施工非改不可。

（2）一般情况下，即使变更要求可能在技术经济上是合理的，也应全面考虑，将变更以后所产生的效益（质量、工期、造价）与现场变更往往会引起施工单位的索赔等所产生的损失，加以比较，权衡轻重后再做出决定。

（3）工程造价增减幅度是否控制在总概算的范围之内，若确需变更但有可能超概算时，更要慎重。

（4）设计变更应简要说明变更产生的背景，包括变更产生的提出单位、主要参与人员、时间等。

（5）设计变更必须说明变更原因，如工艺改变、工艺要求、设备选型不当，设计者考虑需提高或降低标准、设计漏项、设计失误或其他原因。

（6）建设单位对设计图纸的合理修改意见，应在施工之前提出。在施工试车或验收过程中，只要不影响生产，一般不再接受变更要求。

（7）施工中发生的材料代用，办理材料代用单。

5.10.4　建设单位（或甲方代表）实践中的风险点及防控建议

1. 强制设计单位后补设计变更

有的建设单位绕过设计单位任意改动设计图纸，变更无手续，现场指挥取消或增加项目，以及随意使用不能满足设计参数要求的工程材料或设备产品，更有甚者直接要求现场不按图施工，造成设计单位对工程质量的严重失控，后期逼迫设计单位后补设计变更单。

【防控建议】

经强审的设计图是工程建设的基础，是影响建设工程质量的关键性工作，建设单位应高度重视设计图纸的权威性，不能任意按自己的意愿改动设计图纸，对建筑功能有需求变化的地方需改动设计图纸的应征得设计单位同意。不得要求施工单位不按图施工，不得明示或者暗示设计单位或者施工单位违反工程建设强制性标准，降低建设工程质量。

2. 虚假设计变更或不合理设计变更现象严重

有些工程中，建设单位为了寻求某种利益，委托设计单位出具设计变更，而实际施工时却不按变更执行，只是为了应付审图机构或规划、节能、消防等建设管理部门提出的修改要求，此时设计单位无意中起到了协助建设单位违规操作的作用。有些设计变更未充分考虑建设工程项目建设当地相关验收部门的标准及规定，导致变更以后无法通过验收。

《房屋建筑和市政基础设施工程施工图设计文件审查管理办法》第二十六条建设单位违反本办法规定，有下列行为之一的，由县级以上地方人民政府住房城乡建设主管部门责令改正，处 3 万元罚款；情节严重的，予以通报：（二）提供不真实送审资料的；

【防控建议】

对施工图审图机构或规划、节能、消防等建设管理部门审图中提出的修改要求必须严格执行。设计变更时应充分考虑建设工程项目建设当地相关验收部门的标准及规定。

3. 施工图涉及重大设计变更后未重新报审

实践中，为了满足建设单位使用功能的需求或者其他一些原因，需对原设计做重大调整，如改变建筑规模、改变结构体系、改变供配电系统及变压器、发电机容量、改变通风系统等。这些重大调整因涉及工程建设标准强制性条文以及结构安全性问题，故均应视为重大变更。针对发生重大设计变更的情况，如不重新送审，可能会给建设工程的质量和安全带来巨大隐患。

《房屋建筑和市政基础设施工程施工图设计文件审查管理办法》相关条文规定：任何单位或者个人不得擅自修改审查合格的施工图；确需修改的，凡涉及工程建设强制性标准、地基基础和主体结构安全性、建筑节能强制性标准等问题，建设单位应当将修改后的施工图送原审查机构审查。

【防控建议】

涉及已通过施工图审查机构合格的施工图中重大设计变更项，必须重新送审图机构审查，待审查合格后方可指导施工。对于基坑工程（土方开挖和基坑支护专项）而言，因其特殊性和临时性，其施工图在不同地区的审查有所区别。有些地方需组织专家评审而不报审图机构，有些地方则需同主体施工图一起报审图机构审查。但无论哪种情况，涉及重大方案变更的话，均应重新组织专家评审或报审后，才能指导施工。

5.10.5　典型案例评析：发生重大设计变更的方案应重新组织专家评审

广州市××房地产开发有限公司等与广东××工程机械施工有限公司

等代垫赔偿款纠纷一案

建设单位：广州市××房地产开发有限公司（以下简称××房开公司）

设计单位：广州市××设计院

基坑监测单位：广州市设计院（以下简称××市设计院）

监理单位：广东海外建设监理有限公司（以下简称××建设监理公司）

地下室及主体结构施工单位：汕头市××实业（集团）有限公司（以下简称××实业公司）

土石方外运单位：广州市××散体物料运输有限公司（以下简称××物料运输公司）

基坑开挖及支护施工单位：广东××工程机械施工有限公司（以下简称××机械施工公司）

基坑开挖爆破施工单位：广东××爆破工程有限公司（以下简称××爆破公司）

地质勘察单位：广州××规划勘察设计研究院（以下简称××规划设计院）

案情梗概：

××房开公司为房地产开发公司，经核准开发广州市规划局穗规地证字［2001］第109号文核准的海珠区江南大道与江南西路交界西南角地段，面积18816平方米的用地。2002年12月5日，××房开公司与被告××机械施工公司签订《海珠城基坑支护及土石方外运工程施工合同》，约定由被告××机械施工公司承担海珠城广场工程的基坑支护及土石方外运等工作。在尚未领取建筑工程施工许可证、建设用地批准书、建设工程规划许可证的情况下，××机械施工公司即按××房开公司的指令进场进行基坑开挖及支护施工。期间因资金不到位，工程多次停工。2004 年 11 月 19 日，××机械施工公司与××房开公司签订了《海珠城广场基坑支护及土方工程补充合同（二）》，该补充合同约定："由于设计再次变更，坑底标高从－16 米变更为－19.6 米"，后××机械施工公司继续进场施工。2005 年 7 月 15 日，××房开公司、××机械施工公司、汤××土石方挖运工程队共同签署确认书，载明：经××房开公司确认，由××机械施工公司施工的海珠城广场 B 区基坑支护及土石方挖运工程已完工（包括汤建光施工的－19.6 米以上范围内土方及岩石已挖运完成）。××机械施工公司具有市政共用工程施工总承包一级、地基与基础工程专业承包一级等资质。

2005 年 4 月 20 日，××房开公司向××实业公司发出开工通知书，载明海珠城广场 B 区土建工程已具备开工条件，要求××实业公司在次日组织开工。后××实业公司进场施工。(2005 年 7 月 7 日，广州市建设委员会核发了建设工程施工许可证。载明：建设单位××房开公司，建设地址海珠区江南大道与江南西路交界地段，工程名称商业、办公楼工程土方开挖及基坑支护（不得进行结构施工），设计单位广州市××设计院，施工单位××实业公司，监理单位××建设监理公司，合同价格 1020 万元，合同开工日期 2005 年 7 月 7 日。)

2005 年 4 月 20 日，××房开公司安排××实业公司进场进行 B 区土石方工程施工。同年 5 月开始，××机械施工公司陆续将已完成的基坑工作面移交给××实业公司进行地下室结构施工。7 月 15 日，××机械施工公司完成了基坑（－19.6 米深度）的开挖施工，并办理场地移交手续。7 月 17 日至事故发生的 7 月 21 日，为给主体结构条形基础施工做准备，××房开公司指定宏泰公司联营方汤建光将基坑局部开挖至地下－20.3 米（同时负责土石方运输），造成原支护桩完全裸露，变成吊脚桩，导致基坑支护受损失效。

××机械施工公司分别于 2004 年 5 月 6 日、9 月 4 日、11 月 2 日三次向××房开公司提出要尽快处理基坑存在的安全隐患问题，但××房开公司、设计单位没有引起足够重视。2005 年 1 月 2 日，基坑南侧出现较大水平位移，××房开公司召集广州市××设计院、××机械施工公司、××建设监理公司有关工程技术人员开会研究补救措施，并按照广州市××设计院的加固方案对基坑进行了加固。2 月 2 日，××市设计院应××房开公司要求开始加强对基坑南侧的观测，由每月 2 次改为每周 2 次。3 月 3 日，基坑南侧再次出现较大位移。××房开公司又安排××机械施工公司按照广州市××设计院提出的方案，对基坑进行了加固处理。期间，××机械施工公司又于 1 月 27 日、3 月 3 日、5 月 16 日就基坑安全问题书面函告××房开公司，××实业公司也于 7 月 3 日就基坑顶排水处理引起的安全隐患问题书面函告××房开公司，但没有引起建设单位的足够重视。

2005 年 7 月 21 日，海珠城广场 B 区建筑施工工地发生基坑坍塌事故，造成 3 人死亡、8 人受伤及重大财产损失。通过相关部门调查发现，事故原因：建设单位和施工单位无视国家法令，故意逃避行政监管，长期无证违法建设，基坑支护受损失效；有关单位和部门履行职责不严格，监管不得力，未能有效制止违法建设行为。其中直接原因：基坑局部开挖深度（－20.3 米）超过基坑支护桩深度（－20 米），造成原支护桩变为吊脚桩，而且基坑暴露时间过长，钢构件锈蚀和锚杆（索）锚固力降低，致使基坑支护受损失效；基坑南侧已有明显坍塌征兆，在基坑坡顶严重超载的作用下，基坑失稳坍塌。据调查，海珠城广场开发定位和规划设计历经多次变化。2001年5月，市城市规划局发出海珠城广场《建设用地规划许可证》。2002年，××房开公司向市规划局报审海珠城广场建筑设计方案时，提出海珠城广场拟建27层（部分6、8、9层，另设3层地下室）。同年10月16日，市规划局发出《关于送审建筑设计方案的复函》（穗规函〔2002〕第3713号），拟建51层商业、旅业大楼（部分6、9、10、48层，另设地下室）。2004年3月11日，市国土房管局核发《建设用地批准书》（穗国土建用字〔2004〕第131号）。同年5月28日，市规划局又发出《关于送审建筑设计方案的复函》（穗规函〔2004〕第1931号），拟建39层商业、办公楼（部分6、7、8、9层，另设4层地下室），但由于所报方案的地下车库配套指标不满足规划要求，应取消自编号B区地下1层的商场，调整为车库使用。7月26日，市规划局批复因地下室停车库面积不满足规划要求需相应调整设计（穗规函〔2004〕第2373号）。8月30日，市建委发出《关于海珠城广场初步设计的批复》，同意工程由A、B、C三区组成，B区地上38层，地下4层。11月25日市规划局在网站上公示《建设工程规划许可证》（穗规证〔2004〕第1963号），拟建设规模为地上39层（部分6、7、8层），地下5层（部分2层）。（二）基坑施工情况。2002年12月5日，××房开公司未经依法招投标，与××机械施工公司签订基坑开挖及土石方外运工程承包合同。同年12月6日，××房开公司与××市设计院签订了基坑支护工程沉降、位移、倾斜观测合同。12月10日，在未领取建筑工程施工许可证、建设用地批准书、建设工程规划许可证和未办理建设工程安全监督登记手续的情况下，××房开公司发出开工令，安排××机械施工公司进场进行基坑开挖及支护施工。由于资金不到位，施工期间历经多次停工。2003年1月16日，广州市余泥渣土排放管理处向××机械施工公司发放了《余泥渣土先行排放（受纳）证明》。2004年3月，××房开公司未经依法招投标，与××建设监理公司签订监理合同，工程开始引入监理；同年4月，部分基坑已按照要求开挖至地下－16米深度，东边和南、北两边的东段支护桩也已按照要求施工至地下－20米深度。6月，××房开公司要求广州市××设计院进行相应设计变更。7月，广州市××设计院按照建设单位的要求完成设计变更（基坑设计深度由原来的－17米变更为－19.6米），并提出采用增加一道水平钢管支撑、局部增加锚杆及土钉的基坑加固措施。但××房开公司在没有按规定组织专家审查的情况下，将该设计变更图纸交给施工单位继续进行基坑开挖施工。7月15日，××机械施工公司完成了基坑（－19.6米深度）的开挖施工，并办理了场地移交手续。7月17日至事发当日，为给主体结构条形基础施工做准备，××房开公司指定宏泰公司联营方汤建光将基坑局部开挖至地下－20.3米深度（同时负责土石方运输），造成原支护桩完全裸露，变成吊脚桩，导致基坑支护受损失效。另查证，××机械施工公司分别于2004年5月16日、9月4日、11月2日三次向××房开公司提出要尽快处理基坑存在的安全隐患问题，但××房开公司、设计单位没有引起足够重视。2005 年 1 月 2 日，基坑南侧出现较大水平位移，××房开公司召集广州市××设计院、××机械施工公司、××建设监理公司有关工程技术人员开会研究补救措施，并按照广州市××设计院的加固方案对基坑进行了加固。2 月 2 日，××市设计院应××房开公司要求开始加强对基坑南侧的观测（由每月 2 次改为每周 2 次）。3 月 3 日，基坑南侧再次出现较大水平位移。××房开公司又安排××机械施工公司按照广州市××设计院提出的方案，对基坑进行了加固处理。期间，××机械施工公司又分别于 1 月 27 日、3 月 3 日、5 月 16 日就基坑安全问题书面函告××房开公司，××实业公司也于 7 月 3 日就基坑顶排水处理引起的安全隐患问题书面函告××房开公司，但均没有引起建设单位的足够重视。

现将有关责任单位和责任人的处理决定通报如下：××房开公司作为建设单位，无视《中华人民共和国建筑法》第七条和《建设工程质量管理条例》第七条、第十一条、第十二条、第十三条的规定，未领取施工许可证擅自通知施工单位施工，未经招标擅自将基坑开挖支护工程直接发包给××机械施工公司，未将施工图设计文件组织专家审查而擅自使用，未及时委托工程监理单位进行监理，未及时在开工前办理工程质量监督手续；违法将基坑挖运土石方工程发包给没有相应资质等级的××物料运输公司；故意逃避政府有关职能部门的监管，经多次责令停工后仍继续违法施工；对有关单位报告的基坑变形安全隐患未给予足够重视，错过了加固排险的时机，对重大安全事故的发生负主要责任。根据《建设工程质量管理条例》第五十四条、第五十六条、第五十七条的规定，由市建设行政主管部门给予其责令停止施工，限期改正，并处 151.7 万元的罚款。

就"7·21"坍塌事故，××房开公司根据相关政府部门的要求，就有关损失作出了如下赔付：一、对事故死伤者进行赔付并支付受灾居民安置费用 1377800 元（已经另案起诉）；二、支付海员宾馆、海员宾馆职工赔偿款和海员宾馆修缮工程款共计 19985682.27 元；三、支付海员宾馆租户（共 216 户）损失赔偿款 6534110.41 元；四、返还城建资金垫支的事故抢险费用 1657 万元；五、支付海运集团四单位及广州市海运公安局赔偿款 108318 元；六、支付海员宾馆住店旅客赔偿款 45873 元。二至六项费用在本案主张。

案例评析：

本案事故由如下原因直接导致：施工与设计不符，基坑支护受损失效。该基坑原设计深度为 -17 米，2004 年 7 月设计深度变更为 -19.6 米，而实际基坑局部开挖深度为 -20.3 米，超深 3.3 米，造成原支护桩（深度 -20 米）变为吊脚桩，致使基坑支护严重失效，而对于这种发生重大设计变更的方案却未重新组织专家评审，构成了巨大事故隐患。作为管理者的建设单位无视国家法令，违法要求施工单位开工。××房开公司未经招标擅自将基坑开挖支护工程直接发包给××机械施工公司；未依法办理建筑工程施工许可证、建设用地批准书、建设工程规划许可证和未办理建设工程安全监督登记手续，违法通知施工单位进场施工；未将设计变更图纸组织专家审查就擅自使用；未及时委托工程监理单位进行监理；违法将基坑挖运土石方工程发包给没有相应资质等级的××物料运输公司；故意逃避政府有关职能部门的监管，经多次责令停工后仍继续违法施工；对有关单位报告的基坑变形安全隐患未给予足够的重视，错过了加固排险的时机，酿成了这起重大责任事故。

5.10.6 相关法律与技术标准（重要条款提示）

针对本节所面临的风险点，建设单位应注意以下相关法律、法规、部门规章及其他规范性文件的重要条款。

1. 住房城乡建设部关于印发《危险性较大的分部分项工程安全管理办法》的通知（建质〔2009〕87号）

第十四条 施工单位应当严格按照专项方案组织施工，不得擅自修改、调整专项方案。如因设计、结构、外部环境等因素发生变化确需修改的，修改后的专项方案应当按本办法第八条重新审核。对于超过一定规模的危险性较大工程的专项方案，施工单位应当重新组织专家进行论证。

2. 《房屋建筑和市政基础设施工程施工图设计文件审查管理办法》

第十一条 审查机构应当对施工图审查下列内容：

（一）是否符合工程建设强制性标准；

（二）地基基础和主体结构的安全性；

（三）是否符合民用建筑节能强制性标准，对执行绿色建筑标准的项目，还应当审查是否符合绿色建筑标准；

（四）勘察设计企业和注册执业人员以及相关人员是否按规定在施工图上加盖相应的图章和签字；

（五）法律、法规、规章规定必须审查的其他内容。

第十四条 任何单位或者个人不得擅自修改审查合格的施工图；确需修改的，凡涉及本办法第十一条规定内容的，建设单位应当将修改后的施工图送原审查机构审查。

3. 《福建省建设厅关于建筑工程施工图审查后勘察设计变更有关问题的通知》

一、勘察设计文件一经审查，对涉及工程建设标准强制性条文，涉及公共利益、公众安全，涉及建筑物的稳定性和安全性的内容，任何单位和个人均不得擅自修改。

二、对已经审查的勘察设计文件进行变更时，凡涉及工程建设标准强制性条文以及进行下列变更时，均应视为重大变更，必须向原审查机构重新报审。

4. 《建筑深基坑工程施工安全技术规范》（JGJ 311-2013）

3.0.3 基坑工程设计施工图必须按规定通过专家评审，基坑工程施工组织设计必须按有关规定通过专家论证；对施工安全等级为一级的基坑工程，应进行基坑安全检测方案的专家评审。

3.0.4   当基坑施工过程中发现地质情况或环境条件与原地质报告、环境调查报告不相符合，或环境条件发生变化时，应暂停施工，及时会同相关设计、勘察单位经过补充勘察、设计验算或设计修改后方可恢复施工。对涉及方案选型等重大设计修改的基坑工程，应重新组织评审和论证。

5.10.7   本节疑难释义

一般工程建设过程中的设计变更，只需经设计单位同意即可出具。而房地产开发企业在出具设计变更时，不仅需经设计单位的同意，并且同时还有告知购房者的义务。因为，商品房买卖合同签订后变更设计，有可能导致变更后的商品房的套型、朝向、有关尺寸等不符合购房者当初决定购房时的意愿，这些均构成了对购房者权益的侵害。原建设部于2001年出台的《商品房销售管理办法》第二十四条规定："房地产开发企业应当按照批准的规划、设计建设商品房。商品房销售后，房地产开发企业不得擅自变更规划、设计。经规划部门批准的规划变更、设计单位同意的设计变更导致商品房的结构形式、户型、空间尺寸、朝向变化，以及出现合同当事人约定的其他影响商品房质量或者使用功能情形的，房地产开发企业应当在变更确立之日起10日内，书面通知买受人。买受人有权在通知到达之日起15日内做出是否退房的书面答复。买受人在通知到达之日起15日内未作书面答复的，视同接受规划、设计变更以及由此引起的房价款的变更。房地产开发企业未在规定时限内通知买受人的，买受人有权退房；买受人退房的，由房地产开发企业承担违约责任。"在此需要强调说明的是，不是所有的变更都要通知购房人，只有设计变更导致商品房的结构形式、户型、空间尺寸、朝向变化，以及出现合同当事人约定的其他影响商品房质量或者使用功能情形的，房地产开发企业才有义务通知购房人，而且只限定到通知受到侵害的购房人。因此，对于房地产开发企业的建设单位，应特别注意出具的设计变更是否对商品房的套型、朝向、有关尺寸等进行了改变。同时还应注意，如果出具的设计变更导致房屋没有按照原规划建设（如原本规划一个阳台的，最后设计变更后取消了），那么该类设计变更则属于"规划设计变更"，不仅要经得设计单位同意，还应经得规划部门同意。

5.11   工程计量与工程款支付的管理

5.11.1   工程计量的管理

1. 工程计量的含义

工程计量是发、承包双方根据合同约定，对承包人完成合同工程的数量进行的计算和确认。具体地说，就是双方根据设计图纸、技术规范以及施工合同约定的计量方式和计算方法，对承包人已经完成的质量合格的工程实体数量进行测量与计算，并以物理计量单位或自然计量单位进行表示、确认的过程。

招标工程量清单中所列的数量，通常是根据设计图纸计算的数量，是对合同工程的估计工程量。工程施工过程中，通常会由于一些原因导致承包人实际完成工程量与工程量清单中所列工程量的不一致，比如：招标工程量清单缺项、漏项或项目特征描述与实际不符；工程变更；现场施工条件的变化；现场签证；暂列金额中的专业工程发包等。因此，在工程合同价款结算前，必须对承包人履行合同义务所完成的实际工程进行准确的计量，也即工程量的计算。

2. 工程计量的范围与依据

（1）工程计量的范围

工程计量的范围包括：工程量清单及工程变更所修订的工程量清单的内容；合同文件中规定的各种费用支付项目，计入费用索赔、各种预付款、价格调整、违约金等。

（2）工程计量依据

工程计量依据包括：工程量清单及说明；合同图纸；工程变更令及其修订的工程量清单；合同条件；技术规范；有关计量的补充协议；质量合格证书等。

3. 工程计量方法

工程量必须按照相关工程现行国家计量规范规定的工程量计算规则计算。工程量计算规则是规定在计算工程实物数量时，从设计文件和图纸中摘取数值的取定原则的方法。我国目前的工程量计算规则主要有两类，一是与预算定额相配套的工程量计算规则，原建设部制定了《全国统一建筑工程预算工程量计算规则》；二是与清单计价相配套的计算规则，即 2013 版《建设工程工程量清单计价规范》。

工程量的计算有明确的计算规则，因而必须对计算规则有相当透彻的理解。实践中，各方核对工程量数据的过程中，常发生争议的现象，大多是因为对计算规则的理解不同所致。理解计算规则的过程中，要结合图纸、施工过程及建筑工程的特点。

4. 工程量计算的原则

工程量不仅是确定建筑安装工程造价的重要依据，同时也是发包方管理工程建设的重要依据，如编制建设计划、筹集资金、工程招标文件、工程量清单、工程价款的拨付和结算、进行投资控制工作都离不开工程量的计算。只有准确计算工程量，才能正确计算工程相关费用。

为快速准确的计算工程量，计算时应遵循以下原则：

（1）熟悉基础资料

在工程量计算前，应熟悉现行预算定额、施工图纸、有关标准图、施工组织设计等资料，因为它们都是计算工程量的直接依据。

（2）计算工程量的项目应与现行定额的项目一致

工程量计算时，只有当所列的分项工程项目与现行定额中分项工程的项目完全一致时，才能正确使用定额的各项指标。尤其当定额子目中综合了其他分项工程时，更要特别注意所列分项工程的内容是否与选用定额分项工程所综合的内容一致，不可重复计算。

（3）工程量的计量单位必须与现行定额的计量单位一致

现行定额中各分项工程的计量单位是多种多样的。所以，计算工程量时，所选用的计量单位应与之相同。

（4）必须严格按照施工图纸和定额规定的计算规则进行计算

计算工程量必须在熟悉和审查图纸的基础上，严格按照定额规定的工程量计算规则，以施工图所标注尺寸（另有规定者除外）为依据进行计算，不能随意加大或缩小构件尺寸，以免影响工程量的准确性。

5. 工程量计算的一般方法

为了防止漏项、减少重复计算，在计算工程量时应该按照一定的顺序，有条不紊地进行计算。以下是工程量计算操作中通常采用的几种方法。

（1）按施工顺序计算

按施工先后顺序依次计算工程量，即按平整场地、挖地槽、基础垫层、砖石基础、回填土、砌墙、门窗、钢筋混凝土楼板安装、屋面防水、外墙抹灰、楼地面、内墙抹灰、粉刷、油漆等分项工程进行计算。

（2）按定额顺序计算

按定额中的分部分项编排顺序计算工程量即从定额的第一分部第一项开始，对照施工图纸，凡遇定额所列项目，在施工图中有的，就按该分部工程量计算规则算出工程量。凡遇定额所列项目，在施工图中没有，就忽略，继续看下一个项目，若遇到有的项目，其计算数据与其他分部的项目数据有关，则先将项目列出，其工程量待有关项目工程量计算完成后，再进行计算。

（3）按平面图上的定位轴线编号顺序计算

对于复杂工程，计算墙体、柱子和内外粉刷时，仅按上述顺序计算还可能发生重复或遗漏，这时，可按图纸上的轴线顺序进行计算，并将其部位以轴线号表示出来。

5.11.2　工程款支付管理

1. 预付款

（1）预付款的概念

工程预付款又称材料备料款或材料预付款，是指建设工程施工合同订立后，由发包人按照合同约定，在正式开工前预先支付给承包人的工程款。它是施工准备和所需要材料、结构件等流动资金的主要来源。支付工程预付款是国际上的一种通行做法。国际上的工程预付款不仅有材料设备预付款，还有为施工准备和进驻场地的动员预付款。根据 FIDIC 条件的规定，预付款一般为合同总价的 $10\% \sim 15\%$。在我国，根据《建设工程价款结算暂行办法》的规定，预付款的比例原则上不低于合同金额的 10%，不高于合同金额的 30%。

工程实行预付款的，合同双方应根据合同通用条款及价款结算办法的有关规定，在合同专用条款中约定并履行。预付款的有关事项，如数量、支付时间和方式、支付条件、偿还（扣还）方式等，应在施工合同条款中明确规定。

（2）预付款与建筑材料供应方式

1）包工包全部材料工程：

预付款数额确定后，建设单位把预付款一次或分次付给施工企业。

2）包工包地方材料工程：

需要确定供料范围和备料比重，拨付适量预付款，双方及时结算。

3）包工不包料的工程：

建设单位不需预付预付款

（3）预付款的支付方式

工程预付款额度一般是根据施工工期、建安工作量、主要材料和构件费用占建安工程费的比例以及材料储备周期等因素经测算来确定。

1）百分比法

发包人根据工程的特点、工期长短、市场行情、供求规律等因素，招标时在合同条件中约定工程预付款的百分比。根据《建设工程价款结算暂行办法》的规定，预付款的比例原则上占合同金额的 $10\% \sim 30\%$。

2）公式计算法

公式计算法是根据主要材料（含结构件等）占年度承包工程总价的比重，材料储备定额天数和年度施工天数等因素，通过公式计算预付款额度的一种方法。

具体计算公式为：

$$工程预付款数额 = \frac{年度工程总价 \times 材料比例（\%）}{年度施工天数} \times 材料储备定额天数$$

式中，年度施工天数按 365 天日历天计算；材料储备定额天数由当地材料供应的在途天数、加工天数、整理天数、供应间隔天数、保险天数等因素决定。

（4）预付款的扣还

发包人支付给承包人的工程预付款属于预支性质，随着工程的逐步实施后，原已支付的预付款应以充抵工程价款的方式陆续扣回，抵扣方式应当由双方当事人在合同中明确约定。

1）按公式计算起扣点和抵扣额

原则：当未完工程和未施工工程所需材料的价值相当于预付款数额时起扣。每次结算工程价款时，按材料比重扣抵工程价款，竣工前全部扣清。

$$T = P - \frac{M}{N}$$

式中　T——起扣点，即工程预付款开始扣回时的累计完成工程金额

　　　　M——工程预付款总额

　　　　N——主要材料及构件所占比重

　　　　P——承包工程合同总额

2）按合同约定扣款

预付款的扣款方法由发包人和承包人通过洽商后在合同中予以确定。一般是在承包人完成金额累计达到合同总价的一定比例后，由承包人开始向发包人还款，发包方从每次应付给承包人的金额中扣回工程预付款，发包人至少在合同规定的完工期前将工程预付款的总金额逐次扣回。

例如：规定工程进度达到65％，开始抵扣预付款，扣回的比例是按每完成10％进度，扣预付款总额的25％。

3）工程最后一次抵扣预付款

适合于造价低、工期短的简单工程。预付款在施工前一次拨付，施工过程中不分次抵扣。当预付款加已付工程款达到95％合同价款（即留5％尾款）之时，停止支付工程款。

2. 工程进度款

（1）工程进度款的概念

工程进度款是指在施工过程中，按逐月（或形象进度或控制界面等）完成的工程数量计算的各项费用总和。因工程进度款支付发生在施工过程中，因此也称合同价款的期中支付。

（2）工程进度款的计算

为了保证工程施工的正常进行，发包人应根据合同的约定和有关规定按工程的形象进度按时支付工程款。《建设工程施工发包与承包计价管理办法》规定，"建筑工程发承包双方应当按照合同约定定期或者按工程进度分阶段进行工程款结算"。工程进度款的计算，主要涉及两个方面，一是工程量的核实确认，二是单价的计算方法。工程量的核实确认，应由承包人按协议条款约定的时间，向发包人代表提交已完工程量清单或报告。工程进度款单价的计算方法，主要根据由发包人和承包人事先约定的工程价格的计价方法决定。工程价格的计价方法可以分为工料单价法和综合单价法两种方法。在选用时，既可采取可调价格的方式，即工程造价在实施期间可随价格变化而调整，也可采取固定价格的方式，即工程造价在实施期间不因价格变化而调整，在工程造价中已考虑价格风险因素并在合同中明确了固定价格所包括的内容和范围。

（3）进度款的支付

工程进度款的支付，一般按当月实际完成工程量进行结算，工程竣工后办理竣工结算。

在工程价款结算中，应在施工过程中双方确认计量结果后 14 天内，按完成工程数量支付工程进度款。发包人支付比例应不低于工程价款的 60%，不高于工程价款的 90%。

5.11.3　建设单位实践中的风险点及风险防控建议

1. 手工算量误差

手工算量过程非常繁杂，重复性劳动极大，容易出错；由于手工算量中所有计算都是由手工求得，低级计算错误和算量人员理解偏差等造成的错误很难避免，有时虽然可以通过复核等途径发现错误，但是由于更改局部工程量后会引起相应汇总量的变化，从而会造成汇总表格的重新调整，甚至会影响到以后的取费、组价，也即此方法出现错误后会造成较大的修复代价。

【防控建议】

采用软件算量为主，手工算量辅助的方式。

手工算量的误差可以通过运用软件算量避免，其利用计算机强大的运算能力，针对不同目标提出不同的软件解决方案。但算量软件支持的构件类型和结构形式还是有限度的，对一些零星项目和钢结构等处理起来比较困难，这样软件计算得到的工程量是有限度的，算量人员还必须针对实际情况进行补充。这类问题可以通过扩充算量软件计算能力或外挂专门处理程序的方式解决，如有的软件公司在推出算量软件的同时还推出了方格网计算软件和挖孔桩计算软件等外挂程序，对一些特殊问题能够专门处理，从而扩充了算量软件的计算范围，减少了预算人员的劳动。

2. 工程量计量精确度把控不到位

依据承包人报审的施工组织设计，将工程项目的总体目标合理划分为若干个阶段性目标。根据确定的形象进度目标来支付进度款。目前施工工程项目多采用清单计价，合同采用单价锁定，工程量按实计算，工程量计算精确度直接影响进度款支付的准确性。但如果过分强调计量精度，将使得承包人申报和建设方核定投入精力过多、周期过长，对工程管理不一定有利。

【防控建议】

建设单位应结合工程规模和自身特点，合理划分月度工程量，不宜过分追求工程量计量精度，划分过多形象进度目标节点，增加自身核定工作量且使得核定周期过长。

3. 只重视工程量的审核，忽略了对清单、定额的审核

在审核施工单位报来的付款预算时，建设单位往往更关注对工程量的核实，对清单定额的审核却不甚重视。如定额套用是否正确、材料人工是否有调整、综合单价是否和合同

清单一致等等。这些工作如果不重视，在进度款支付过程中就可能导致超付，在结算过程中就可能增加造价。

【防控建议】

工程量、清单、定额的审核同步。

对于工程量、清单、定额的审核要同步进行，对于清单定额有无高套、错套、重套的现象要仔细审核。对各章节定额的编制说明要熟练掌握，熟悉定额子目套用的界限，要求做到公正合理。应注意施工图列出的工程细目的计量单位是否与预算定额中相应的工程细目的计量单位相一致。如设备及安装工程预算定额中的计量单位有些用"台"，有些用"组"；管道安装工程有些工程细目用"10m"，有些工程细目用"100m"。这都应分清楚，不能搞错。

4. 不按合同付款，实行阴阳合同

工程款的支付首先要严格执行合同中的约定，因为合同上一般会直接约定预付款的支付比例或数额，其中最重要的是付款条件。无论是预付款还是进度款亦或是结算支付，达到合同约定的付款条件是支付工程款项的首要前提。很多建设单位在支付款项时不注意对照合同条款，没有达到付款条件就支付工程款。有些建设单位为激励施工单位工作热情，在没有达到付款条件的情况下，仍坚持付款，这些都是不规范的行为。不但给建设单位带来很大的资金隐患，并且打破了对施工单位的正常管理，从长远看，有百害而无一利。另外一些建筑企业为谋私利，建设单位与施工单位采用阴阳合同的形式，避开监管部门的监督。一旦产生争议，双方步入公堂，则会对建设单位产生巨大的法律风险。

【防控建议】

严格遵照合同约定付款。

付款方式是合同中的核心条款，对于此类条款要在合同中予以明确，不能因任何原因，违反付款条件的约束。实际上为激励施工单位工作热情，在没有达到付款条件的情况下，仍坚持付款的行为不仅没有起到预想中的结果，反倒会促生施工单位产生"即使不达到付款条件仍可以申请付款"的观念，从而失去工作积极性。对于合同的实质性内容不应改变招投标时的约定，不签署阴阳合同，规避因此带来的法律风险。

5. 确定不合理的工程进度款支付比例

在工程建设项目管理实际操作中，工程进度款是工程项目顺利进行的基本保证。工程进度款支付比例直接影响工程施工进度，甚至影响施工质量。工程进度款支付比例确定的过小，承包人要垫付资金施工，容易造成购买劣质建筑材料，拖欠施工工人工资等现象的发生；支付比例大了，控制不好容易造成工程款支付比例过大或超付，势必影响工程竣工结算和保修。所以工程进度款的支付比例应合理，并在招标文件予以明确，在施工合同中予以约定。

【防控建议】

工程进度款可根据资金状况约定工程进度款的支付比例60％～90％。当然如果发包人资金充裕，审核控制到位，进度款的支付比例越大，承包人的资金压力越小，管理使用得当，即能加快工程项目施工进度，又能保证工程项目施工质量。

6. 进度款计算不准确

进度款计算不准确主要由于两方面原因：①进度款计算节点选择不合适。一些建设单位项目管理人员对进度款支付节点选择较为随意，如有时选在一个分项工程的中间或一部分进行计算，容易造成下一次进度款工程量计算时产生工作量差，不利于进度款的准确计算。②复核关口把控不好。对于承包人呈报支付计算书及支付申请后，未经工程监理、审计人员复核，就批准支付。

【防控建议】

进度款计算要按照工程施工进度选择好工程量计算节点、依据《建设工程工程量清单计价规范》计算规则计算，计价严格按照中标综合单价及费率并综合计入经签字确认的设计变更及施工签证计算。计算节点选择一般按照每月已完成或接近完成的完整分项工程为进度款计算节点。对承包人呈报的支付计算书及支付申请后，必须经过工程监理、审计人员复核后，方可批准支付。

7. 疏于工程进度款使用监督

很多建设单位项目管理人员总以为只要及时拨付工程进度款就行，往往疏于对工程进度款使用上的监督。拨付工程进度款的目的在于确保工程项目的顺利进行，而实践中，一些施工单位为了追求利益最大化，频频挪用进度款、拖欠民工工资等。

【防控建议】

工程进度款支付以后，建设单位和监理单位要加强进度款使用监督，优先保证民工工资，确保做到专款专用。通过与施工人员、供货商等沟通交流，了解工程进度款的使用状况，对于施工单位挪用工程进度款的要进行处罚，确保工程项目的顺利进行。

5.11.4　典型案例评析之一：按合同约定及时支付工程款是建设单位的法定义务

**江苏××建设工程有限公司诉安徽××新能源科技
有限公司建设工程施工合同纠纷案**

原告：江苏××建设工程有限公司（以下简称××建设公司）

被告：安徽××新能源科技有限公司（以下简称××能源公司）

案情梗概：

2011年9月15日，××建设公司与××能源公司签订一份《建设工程施工合同》，合同约定：由××建设公司承建××能源公司坐落于滁州市城东工业园（上海路与创业大道交叉口东侧）的新厂区2某厂房的土建、安装工程。合同总工期日历天数为620天，合同价款1200万元（暂定），工程款（进度款）支付，厂房工程，以每个单体工程每层完工后付已完工程量的50％为进度款，完工后一个月内付至总造价的90％，审计后二个月内付至95％，余款5％作为质保金。违约条款约定：若发生发包人未按约定支付承包人工程款应向承包人支付违约金，违约金以约定付款之日起至实际付款之日止，每日按未支付款项的千分之一计算。施工合同签订后，××建设公司将该工程交由其全资子公司安徽芜湖沪武建设工程有限公司组织施工。2012年8月17日，××建设公司与××能源公司签订协议书一份，该协议确认了××建设公司承建××能源公司2某厂房工程（15000平方米）基本完工，就工程款的问题双方友好商定，由××能源公司于2012年8月21日前支付工程款200万元，××建设公司收到工程款后必须配合××能源公司装饰工程的顺利进行和清理部分材料款，于2012年8月31日前支付工程款200万元给××建设公司，同时在2012年9月30日前退还工程履约保证金200万元。自2011年9月20日开工至2012年5月27日，已施工完成基础及一层分部工程、二层分部工程、三层分部工程和砌体、装饰部分工程，工程总款为14794422元，××能源公司拖欠755万元工程进度款以及200万元履约保证金没有返还，由于××能源公司未按约定支付工程进度款，××建设公司已于2012年5月16日发出停工通知书。××建设公司认为：××能源公司拖延付款至今，双方签订的建设工程施工合同已无法履行。请求法院：① 依法判令解除双方签订的建设工程施工合同；② 判令被告立即将原告实际完成的工程量的工程余款3994422元全部支付给原告。

法院认为：××建设公司与××能源公司签订的《建设工程施工合同》，是双方当事人的真实意思表示，其内容不违反法律、法规的规定，应为合法有效，双方之间系建设工程施工合同关系，应按合同约定履行各自的义务。

（一）关于××建设公司主张解除双方签订的建设工程施工合同问题

根据2011年9月15日××能源公司与××建设公司签订《建设工程施工合同》，关于工程进度款约定：厂房工程，以每个单体工程每层完工后付已完工程量的50％为进度款，完工后一个月内付至总造价的90％。因××能源公司未能按约定支付工程进度款，双方于2012年8月17日又签订协议书一份，确认××建设公司承建××能源公司2某厂房工程（15000平方米）基本完工，并约定：××能源公司于2012年8月21日前支付工程款200万元，××建设公司收到工程款后必须配合××能源公司装饰工程的顺利进行和清理部分材料款，于2012年8月31日前支付工程款200万元给××建设公司。而在该协议签订后，××能源公司仍未能按协议履行，已构成违约。现涉案工程已长期处于停工状态，双方签订的建设工程施工合同之根本目的已无法实现，××建设公司主张解除双方之间建设工程施工合同，符合法律规定，本院予以支持。

（二）关于××建设公司请求××能源公司支付其实际完成工程量的工程余款3994422

元问题

××建设公司就涉案工程已完成工程量委托专业部门人员进行工程结算，确定工程造价为：14794422元，其中土建工程14476469元，安装工程230276元，另行委派工程（旗杆、食堂、厕所、浴室、围墙土建以及食堂、厕所、浴室安装）87677元。因××能源公司未到庭质证和抗辩，视为放弃权利。本院对该工程造价予以确认。截至2013年2月5日，××能源公司支付××建设公司工程款合计425万元，扣除安徽省高级人民法院于2013年12月11日作出的（2013）皖民四终字第00262号民事判决，判决××能源公司支付××建设公司工程进度款655万元外，××能源公司尚欠××建设公司工程款为3994422元（14794422元－425万元－655万元）。因此，××建设公司主张××能源公司支付其实际完成工程量的工程余款3994422元的请求有事实依据，本院予以支持。

案例评析：

《中华人民共和国建筑法》规定：发包单位应当按照合同的约定，及时拨付工程款项。根据《建设工程价款结算暂行办法》有关规定：发包人不按合同约定支付工程进度款，双方又未达成延期付款协议，导致施工无法进行，承包人可停止施工，由发包人承担违约责任。可见，建设单位按照合同约定支付工程进度款是法定义务，不及时支付工程款将面临承担违约责任的风险。经催告后仍无法支付工程款，致使承包方施工无法进行，工程长期处于停工状态，双方签订的建设工程施工合同之根本目的无法实现而面临建设工程施工合同被解除的风险。

5.11.5 典型案例评析之二：以合同约定完成工程量一定比例作为支付进度款的依据时应符合客观情况

中兴××股份有限公司与中国建筑第××工程局有限公司建设工程施工合同纠纷申请案

申请再审人（一审被告、二审被上诉人）：中兴××股份有限公司。

被申请人（一审原告、二审上诉人）：中国建筑第××工程局有限公司

案情梗概：

中兴××股份有限公司（以下简称××通讯公司）与中国建筑第××工程局有限公司（以下简称中建××局）建设工程施工合同纠纷一案，广东省高级人民法院于2014年5月4日作出（2013）粤高法民终字第15号民事判决（以下简称二审判决），已经发生法律效力。××通讯公司不服，向本院申请再审。本院依法组成合议庭，对本案进行了审查，现已审查完毕。

××通讯公司申请再审认为：二审判决认定中建××局承建工程工期顺延58天所依据

的证据是 2007 年 10 月 27 日××通讯公司补发的施工图纸，中建××局主张 2007 年 10 月 27 日××通讯公司才向其提交施工图纸，但这一主张未经质证。二审判决认定××通讯公司向中建××局应支付停窝工损失所依据的证据是"2008 年 7 月 9 日深圳市都信建设监理有限公司出具的《关于中兴工业园一期北区二标段主体建安工程进展情况的报告》"，仅为复印件，涉嫌伪造证据。二审判决认定××通讯公司不支付 2008 年 4 月份工程进度款对中建××局构成违约的基本事实缺乏证据证明，违背了当事人在合同中的约定。合同关于月进度工程款的支付条件有明确约定。本案中双方提交的《工程款支付申请表》、《中间支付报审表》、《工程款支付汇总表》均证实中建××局未完成 2008 年 4 月份计划工程量的 80%，××通讯公司作为发包人有权依据合同约定暂不支付该月工程进度款。二审判决完全无视合同的有关约定，认定××通讯公司构成违约是错误的。因为存在上述事实认定方面的问题，所以二审判决在确定民事责任时适用法律错误。

中建××局答辩认为，为确定中建××局工期是否应当顺延问题，人民法院委托深圳市质量技术监督评鉴事务所受法院委托作出了《××通讯公司工业园一期北区二标段建安工程工期鉴定报告》，鉴定过程中双方对××通讯公司 2007 年 10 月 27 日才补发施工图纸的事实没有异议，该鉴定报告也已进行过质证，××通讯公司对鉴定报告的真实性无异议，无需对图纸另行质证。2008 年 7 月 9 日深圳市都信建设监理有限公司出具的《关于中兴工业园一期北区二标段主体建安工程进展情况的报告》，中建××局在一审时就将原件提交质证，工期鉴定报告中也包含该证据，××通讯公司质证时已认可其真实性，不存在虚假证据问题。中建××局虽然预先制定了工程量完成计划，但在实际施工过程中存在顺延工期 58 天的因素。根据鉴定，2007 年 9 月至 2008 年 4 月，中建××局计划完成工程量为 113000000 元，实际完成工程量为 104690847.33 元，完成率为 92.64%。××通讯公司仍生搬硬套已不符合实际施工情况的工程量完成计划，以未达到合同约定的 80% 而于 2008 年 4 月拒绝支付工程进度款，二审判决认定××通讯公司违约是正确的。

法院审查认为：关于认定中建××局承建××通讯公司工程工期顺延 58 天所依据的证据是否存在未经质证的问题。在本案审理过程中，人民法院为查清中建××局施工工期是否应当顺延的事实，委托深圳市质量技术监督评鉴事务所进行了司法鉴定，该事务所作出的《××通讯公司工业园一期北区二标段建安工程工期鉴定报告》确定中建××局在承建××通讯公司工程中应得到 58 天的工期补偿。人民法院对该鉴定报告进行了质证，××通讯公司、中建××局均对鉴定报告提出了异议。深圳市质量技术监督评鉴事务所对双方当事人提出的异议作出了书面答复，维持原鉴定结论。××通讯公司在收到深圳市质量技术监督评鉴事务所的书面答复后，未再提出异议。二审判决依法对该鉴定报告进行质证后，根据鉴定结论，再结合本案具体事实，认定中建××局承建××通讯公司工程工期应顺延 58 天，并非仅根据中建××局的诉讼主张认定工期顺延时间。故××通讯公司提出的认定中建××局工期顺延 58 天所依证据未经质证的主张，本院不予支持。

关于认定××通讯公司向中建××局支付停窝工损失时是否存在主要证据系伪造的问题。为查清中建××局停窝工损失数额，经中建××局申请，广东省深圳市中级人民法院一审于2009年12月1日依法委托深圳市金厦房地产造价咨询有限公司对涉案工程截至2009年1月22日的停窝工损失进行了鉴定。深圳市金厦房地产造价咨询有限公司于2010年11月15日出具鉴定报告，确定2008年4月至2009年1月期间中建××局停窝工损失额为4718767.44元。在人民法院就该鉴定报告依法进行质证的过程中，双方当事人对于鉴定报告提出异议，但××通讯公司并未提出证据伪造的问题，鉴定机关分别进行了答复，××通讯公司接到答复后没有再提出异议。二审判决依据该鉴定报告，结合中建××局没有采取适当措施致使损失有所扩大，不能就扩大的损失提出赔偿；中建××局因涉案工程规模较大，撤场需要的必要时间为一个月等因素，认定中建××局停窝工损失为2869431.86元。××通讯公司提出二审判决认定××通讯公司向中建××局应支付停窝工损失所依据的主要证据是2008年7月9日深圳市都信建设监理有限公司出具的《关于××通讯公司工业园一期北区二标段主体建安工程进展情况的报告》，且该报告系伪造的理由，证据不足，本院亦不予支持。

关于认定××通讯公司不向中建××局支付2008年4月份工程进度款构成违约是否存在缺乏证据证明的问题。××通讯公司与中建××局在合同中约定：如中建××局完成当月工程进度不足80%时，××通讯公司有权暂不支付该月工程进度款，但合同并未对工期出现顺延时如何处理作出约定。因实际施工过程中存在中建××局顺延工期58天的事实，在此基础上，××通讯公司不考虑客观发生的工期顺延因素，仍然按照预先编制的工程进度计划作为是否支付进度款的依据，没有合同和法律依据。涉案工程存在58天顺延工期的情况，对工程的整体施工造成了重大影响，预先编制的每月工程进度不宜再作为衡量中建××局是否违约的标准。按照中建××局的实际完成量和计划进度量来看，2007年9月至2008年4月的计划工程量为113000000元，实际完成工程量为104690847.33元，完成率为92.64%。根据《××通讯公司工业园一期北区二标段建安工程工期鉴定报告》，截止2008年4月22日，中建××局在工程施工中延误工期只有16天，可以认定中建××局在2008年4月之前的施工总体进度超过了合同约定的80%。因此，二审判决认定××通讯公司以中建××局2008年4月未完成计划工程量的80%为由拒绝支付工程进度款构成违约，证据充分。

综上，××通讯公司认为本案在证据方面存在法定再审情形的主张不应支持，二审判决亦不存在××通讯公司据此提出的适用法律错误的问题，其申请再审的理由均不能成立，依照《中华人民共和国民事诉讼法》第二百零四条第一款的规定，裁定如下：

驳回××通讯公司股份有限公司的再审申请。

案例评析：

工程实践中，在合同中约定以"完成当月工程进度××%时，建设方才支付该月工程进度款"条款是比较常见的做法。通常预先编制的每月工程进度可作为计算完成比例的依据。然而，当诸如工期发生变化（提前或者延误），对工程的整体施工造成了重大影响的时候，再以预先编制的每月工程进度作为计算完成比例的依据时就不再适用了，而应以实际完成的工程量占比作为支付依据。

5.11.6　典型案例评析之三：未按照约定拨付工程款的比例拨款，构成违约

××市××建筑有限责任公司与××市××房地产开发有限责任公司建设工程施工合同纠纷案

上诉人（一审原告、反诉被告）：××市××建筑有限责任公司。（以下简称××建筑公司）

上诉人：（一审被告、反诉原告）：××市××房地产开发有限责任公司。（以下简称××房开公司）

案情梗概：

　　××建筑公司经过招投标后，于2012年7月2日同××房开公司签订《建筑工程施工合同》，合同约定××建筑公司（乙方、承包人）为××房开公司（甲方、发包人）建设位于宁江区新城东路的新城综合楼，工程总面积10585.4平方米，合同价款15801110元。该合同工程款（进度款）支付一项中约定：开工后，每月月末按完成工程量（经甲方代表确定的工程量）即形象进度拨款，工程款按当月完成工程造价的80%拨付，工程竣工结算完，并核定工程质量等级，一个月内拨付工程款总造价的95%。关于发包人违约责任约定：发包人应从约定之日起向承包人支付应付款的贷款利息，并承担违约责任；发包人不按合同约定支付工程款（进度款），双方又未达成延期付款协议，导致施工无法进行，承包人可停止施工，由发包人承担违约责任；发包人收到竣工结算报告及结算资料后28天内无正当理由不支付工程竣工结算价款，从第29天起按承包人同期向银行贷款利率支付拖欠工程价款的利息，并承担违约责任。

　　在施工中，双方签订《建筑工程补充协议书》，该补充协议约定建筑面积为10585.4平方米，一次性包死。承包价格为地上每平方米1210元，地下每平方米1700元，总价款13962744.6元。同时还约定，建筑面积以房产测绘为准，阁楼按全建筑面积计算；施工工期自2012年6月29日开工至2013年8月30日竣工，每超过一天罚款1‰合同价款。付款方式：① 主体三层封顶，支付200万元工程款；② 三层封顶后，按施工实际形象进度，支付完成工程量70%工程款的楼房；陆续再用楼房顶工程款，且楼房抵顶工程款的价格定为楼房开盘价（即：① 甲方用400万元的楼房抵顶工程款；② 抵顶楼房位置：1单元1—6层16轴到20轴101、201、301和8单元3—5层1轴到6轴）；③ 主体封顶，验收合格，支付200万元工程款；④ 从装饰开始，按每周完成工程量的80%拨付工程款；⑤ 工程竣

工验收合格，施工技术资料齐全，一方提交完税证明，达到备案条件且双方进行结算后，总造价的3%作为质保金自行去质检站缴纳，余款在一个月内结清。其他项中约定，由于乙方原因不能正常施工或者不能按期竣工，甲方有权终止合同，并按签订合同总造价5%工程费赔偿甲方损失。任何一方违约造成的经济损失由违约方承担。

初审中就××建筑公司已经完成工程的造价问题，一审法院委托吉林通汇工程造价咨询有限公司进行鉴定，该公司于2014年7月21日作出的鉴定意见，确认已完工程总造价为12295223元。

双方签订合同项下除楼体踏步及扶手、室内地面防水和部分消防设施、部分电气工程及部分地热管没有盘完之外，其他大项基本完工。双方的付款纠纷发生于2013年7月末8月初，由于拖欠土建施工农民工的工资，农民工到松原市建设局上访。

2013年7月，发生纠纷后，××房开公司于2013年8月9日以邮寄形式向××粮食建筑公司送达解除合同通知书，要求其退出工地。至此，工地处于停工状态。2013年9月5日××建筑公司具状起诉，一审法院于2013年9月23日受理立案。2013年10月16日，在松原市建设局的组织协调下，双方当事人和工人代表三方达成书面协议，约定以十五套在建房屋抵顶工程款，以实物给付工人工资。同日，××建筑公司对约定的十五套房之中的十套房（房号：415室、515室、301室、416室315室、316室、402室、502室、602室、202室）价款合计2872286.2元（其中包括发生纠纷前被告已经给付的5套楼房），向××房开公司出具收据并加盖××建筑公司印章，由经办人王××（××建筑公司业务经理）签名。2014年4月29日，××粮食建筑公司再次出具收据，将3单元102室以326307.2元抵顶工程款。双方当事人对11套房抵顶工程款3198593.4元无异议。对于合同中缴纳税金的约定亦无异议。

一审法院认为：双方当事人在初审庭审中对工程款应按照当月完成工程造价的80%比例拨付没有异议。重审中××房开公司虽提出应按照《建筑工程补充协议书》的约定，按70%比例拨款，但《建筑工程补充协议书》中关于"陆续再用楼房顶工程款"约定不明确，且《建筑工程补充协议书》亦约定从装饰开始，按每周完成工程量的80%拨付工程款，而××粮食建筑公司施工已经进入装饰工程阶段，故工程款拨付比例应按照80%计算。双方对××建筑公司已完工程价款为12295223元没有异议，按照80%拨付应当是9836178.4元。

××房开公司主张停工前实际给付现金4050000元，以楼顶款3198593.4元，合计7248593.4元，如果按照××房开公司主张上述款项均已实际拨付，所拨款项为已完工程造价的58.95%。而按××建筑公司认可的以楼顶款的金额计算，拨付比例为47.73%。朱××是××建筑公司土建施工工头，××建筑公司虽对朱××签字的三套房子不予认可，但其在2013年10月16日，由双方当事人、工人代表达成的《关于解决新城小区拖欠农民工工资问题协议书》中写明"朱××已开出5套楼房"，朱××签字的收据中载明的时间均在 2013 年 7 月 23 日前，××建筑公司亦认可欠朱××工程款未付，在双方当事人最终确认以楼顶款的价款中亦包括该三套楼房，故可认定该三套房子于 2013 年 7 月 23 日前已经抵顶工程款。该三套房子价款为 759820.4 元，加上××建筑公司认可的两套房子价款为 644990.2 元，共为 1404810.6 元，再加上给付现金 4050000 元，合计 5454810.6 元，拨付比例应为 55.46%，未达到约定的拨付比例，故应认定××房开公司未按照约定拨付工程款的比例拨款，构成违约。

××房开公司主张××建筑公司拖欠电费、欠付工人工资、工人停工、施工中存在问题下了整改通知单，构成违约。经审查，××房开公司交纳电费，××建筑公司工人停工的事实存在，但××房开公司亦存在未按期拨付工程款的事实，而欠电费、工人停工亦与××房开公司未能按期拨付工程款存在因果关系，××房开公司以此主张××建筑公司违约不应支持。

××建筑公司不服一审判决，提起上诉。

二审法院认为： 双方当事人在《建设工程施工合同》专项条款部分的第 26 条中约定，按当月完成工程造价的 80% 拨付工程款。在《建设工程补充协议书》中，双方当事人又约定：主体三层封顶，支付 200 万工程款；三层封顶后，按施工实际形象进度，支付完成工程量 70% 工程款的楼房；陆续再用楼房顶工程款且楼房抵顶工程款的价格定为楼房的开盘价；主体封顶，验收合格，支付 200 万元工程款；从装饰开始，按每周完成工程量的 80% 拨付工程款。从上述约定可知，××房开公司承诺向××建筑公司支付工程进度款。按《建设工程补充协议书》的约定，在不同的施工阶段，××房开公司的支付比例及方式略有不同，但无论是支付现金，还是以房顶款，在工程三层封顶后，××房开公司的支付比例应在 70% 以上，不超过 80%。××建筑公司已经施工完毕的工程造价为 12295223 元，根据双方当事人确认的工程款给付情况，在 2013 年 7 月 23 日前，××房开公司共给付工程款现金 4050000 元，以五套房屋抵顶工程款 1404810.6 元，没有达到约定的工程进度款支付比例，××房开公司已经构成违约。

案例评析：

合法有效的《建设工程施工合同》是基于双方当事人的真实意思表示，双方均应严格按照约定的条款履行各自的义务。本案中，建设方与承包方就进度款支付比例，在不同施工阶段做了不同的约定，那么建设方理应按照约定的比例进行支付，一旦没有达到约定的工程款支付比例，就将面临违约的风险。同时，因未能按期拨付工程款而导致出现的停工、拖欠工人工资等责任亦由建设单位承担。

5.11.7　相关法律和技术标准（重要条款提示）

针对本节所面临的风险点，建设单位应注意以下相关法律、法规、部门规章及其他规范性文件的重要条款。

1.《中华人民共和国建筑法》

第十八条　建筑工程造价应当按照国家有关规定，由发包单位与承包单位在合同中约定。公开招标发包的，其造价的约定，须遵守招标投标法律的规定。发包单位应当按照合同的约定，及时拨付工程款项。

2.《建设工程价款结算暂行办法》

第十三条　工程进度款结算与支付应当符合下列规定：

（一）工程进度款结算方式

1. 按月结算与支付。即实行按月支付进度款，竣工后清算的办法。合同工期在两个年度以上的工程，在年终进行工程盘点，办理年度结算。

2. 分段结算与支付。即当年开工、当年不能竣工的工程按照工程形象进度，划分不同阶段支付工程进度款。具体划分在合同中明确。

（二）工程量计算

1. 承包人应当按照合同约定的方法和时间，向发包人提交已完工程量的报告。发包人接到报告后14天内核实已完工程量，并在核实前1天通知承包人，承包人应提供条件并派人参加核实，承包人收到通知后不参加核实，以发包人核实的工程量作为工程价款支付的依据。发包人不按约定时间通知承包人，致使承包人未能参加核实，核实结果无效。

2. 发包人收到承包人报告后14天内未核实完工程量，从第15天起，承包人报告的工程量即视为被确认，作为工程价款支付的依据，双方合同另有约定的，按合同执行。

3. 对承包人超出设计图纸（含设计变更）范围和因承包人原因造成返工的工程量，发包人不予计量。

（三）工程进度款支付

1. 根据确定的工程计量结果，承包人向发包人提出支付工程进度款申请，14天内，发包人应按不低于工程价款的60%，不高于工程价款的90%向承包人支付工程进度款。按约定时间发包人应扣回的预付款，与工程进度款同期结算抵扣。

2. 发包人超过约定的支付时间不支付工程进度款，承包人应及时向发包人发出要求付款的通知，发包人收到承包人通知后仍不能按要求付款，可与承包人协商签订延期付款协议，经承包人同意后可延期支付，协议应明确延期支付的时间和从工程计量结果确认后第15天起计算应付款的利息（利率按同期银行贷款利率计）。

3. 发包人不按合同约定支付工程进度款，双方又未达成延期付款协议，导致施工无法进行，承包人可停止施工，由发包人承担违约责任。

3.《建设工程质量管理条例》

第十条　建设工程发包单位不得迫使承包方以低于成本的价格竞标，不得任意压缩合理工期。建设单位不得明示或者暗示设计单位或者施工单位违反工程建设强制性标准，降低建设工程质量。发包单位应当按照合同的约定，及时拨付工程款项。

第五十六条　违反本条例规定，建设单位有下列行为之一的，责令改正，处20万元以上50万元以下的罚款：

（一）迫使承包方以低于成本的价格竞标的。

4.《建设工程施工合同（示范文本）》（GF-2013-0201）

12.2　预付款

12.2.1　预付款的支付

预付款的支付按照专用合同条款约定执行，但至迟应在开工通知载明的开工日期7天前支付。预付款应当用于材料、工程设备、施工设备的采购及修建临时工程、组织施工队伍进场等。除专用合同条款另有约定外，预付款在进度付款中同比例扣回。在颁发工程接收证书前，提前解除合同的，尚未扣完的预付款应与合同价款一并结算。发包人逾期支付预付款超过7天的，承包人有权向发包人发出要求预付的催告通知，发包人收到通知后7天内仍未支付的，承包人有权暂停施工，并按第16.1.1项〔发包人违约的情形〕执行。

12.3　计量

12.3.1　计量原则

工程量计量按照合同约定的工程量计算规则、图纸及变更指示等进行计量。工程量计算规则应以相关的国家标准、行业标准等为依据，由合同当事人在专用合同条款中约定。

12.3.2　计量周期

除专用合同条款另有约定外，工程量的计量按月进行。

12.4　工程进度款支付

12.4.1　付款周期

除专用合同条款另有约定外，付款周期应按照第12.3.2项〔计量周期〕的约定与计量周期保持一致。

12.4.4　进度款审核和支付

（1）除专用合同条款另有约定外，监理人应在收到承包人进度付款申请单以及相关资料后7天内完成审查并报送发包人，发包人应在收到后7天内完成审批并签发进度款支付证书。发包人逾期未完成审批且未提出异议的，视为已签发进度款支付证书。

发包人和监理人对承包人的进度付款申请单有异议的，有权要求承包人修正和提供补充资料，承包人应提交修正后的进度付款申请单。监理人应在收到承包人修正后的进度付款申请单及相关资料后7天内完成审查并报送发包人，发包人应在收到监理人报送的进度付款申请单及相关资料后7天内，向承包人签发无异议部分的临时进度款支付证书。存在争议的部分，按照第20条〔争议解决〕的约定处理。

（2）除专用合同条款另有约定外，发包人应在进度款支付证书或临时进度款支付证书签发后14天内完成支付，发包人逾期支付进度款的，应按照中国人民银行发布的同期同类贷款基准利率支付违约金。

（3）发包人签发进度款支付证书或临时进度款支付证书，不表明发包人已同意、批准或接受了承包人完成的相应部分的工作。

12.4.5 进度付款的修正

在对已签发的进度款支付证书进行阶段汇总和复核中发现错误、遗漏或重复的，发包人和承包人均有权提出修正申请。经发包人和承包人同意的修正，应在下期进度付款中支付或扣除。

本章参考文献

［1］ 建筑工程资料管理规程（DB11/T 695-2009）
［2］ 余源鹏．建设项目甲方工作管理宝典［M］．北京：化学工业出版社，2015．
［3］ 盖卫东．建筑工程甲方代表工作手册［M］．北京：化学工业出版社，2015．
［4］ 李雪森．建设工程工期延误法律实务与判例评析［M］．北京：中国建筑工业出版社，2013．
［5］ 田林赵军等．关于加强建设单位安全管理的分析与研究［J］．《大连大学学报》，2007，28（3）：44-47．
［6］ 李恒 马凤玲著．建设工程法律制度与实务技能［M］．北京：法律出版社，2014．

本章案例来源：

1. 北大法宝网：http：//www. pkulaw. cn/
2. 中国裁判文书网：http：//wenshu. court. gov. cn/

第 6 章
工程竣工阶段风险防控实务

为了论述上的便利及体例上的安排，本书所界定的工程竣工阶段，特指整个建设项目已按设计要求全部建设完成，符合建设项目竣工验收标准后，从建设单位组织竣工验收到工程进入保修期的整个阶段，因此包括建设项目竣工验收阶段、竣工结算阶段、保修阶段和档案移交阶段。

6.1 建设项目竣工验收

6.1.1 竣工验收的概念与内容

1. 竣工验收的概念

建设项目竣工验收是指由发包人、承包人和项目验收委员会，以项目批准的设计任务书和设计文件，以及国家或部门颁发的施工验收规范和质量检验标准为依据，按照一定的程序和手续，在项目建成并试生产合格（工业生产型项目），对工程项目的总体进行检验和认证、综合评价和鉴定的活动。它是建设投资成果转入生产或使用的标志，也是全面考核投资收益、检验设计和施工质量的重要环节。

竣工验收包括施工竣工验收，规划、消防、环保、节能、防雷装置、安全设施等专项验收。

2. 施工竣工验收

（1）竣工验收的主体

依据相关法律规定，建设项目竣工验收应由建设单位来组织实施。通常，建设单位会组成竣工验收组来具体实施验收工作，验收组成员包括建设单位上级主管部门、建设单位项目负责人、建设单位项目现场管理人员以及勘察单位、设计单位、施工单位、监理单位等相关技术负责人或质量负责人等，对于重大工程和技术复杂工程，根据需要还可邀请有关专家参加验收组。

（2）竣工验收的条件

竣工验收是工程建设的最后一个环节，因此，只有在满足一定条件的情况下，建设工程才能进入竣工验收环节。根据我国相关法律、法规的规定，建设工程必须符合规定的建筑工程质量标准，有完整的工程技术经济资料和经签署的工程保修书，并具备国家规定的其他竣工条件才能交付竣工验收。具体来讲，竣工验收应当具备以下条件❶：

1）完成工程设计和合同约定的各项内容。

建设工程设计和合同约定的各项内容是施工方据以完成各项具体工作的范围，也是竣工验收的主要依据，主要是指设计文件所确定的、在承包合同"承包人承揽工程项目一览表"中载明的工作范围，也包括监理工程师签发的变更通知单中所确定的工作内容。

2）有勘察、设计、施工、工程监理等单位分别签署的质量合格文件。

勘察、设计、施工、工程监理等单位作为工程项目的参与主体及验收主体成员，应当依照其所提供的工程设计文件、承包合同等所要求的质量标准，对竣工工程进行检查评定，符合标准的，应当签署相应的质量合格文件。

首先，施工单位在工程完工后应当对工程质量进行检查，确认工程质量符合有关法律、法规和工程建设强制性标准，符合设计文件及合同要求，并提出工程竣工报告。工程竣工报告应经项目经理和施工单位有关负责人审核签字。

其次，对于委托监理的工程项目，监理单位应当对工程进行质量评估，具有完整的监理资料，并提出工程质量评估报告。工程质量评估报告应经总监理工程师和监理单位有关负责人审核签字。

最后，勘察、设计单位对勘察、设计文件及施工过程中由设计单位签署的设计变更通知书应当进行检查，并提出质量检查报告。质量检查报告应经该项目勘察、设计负责人和勘察、设计单位有关负责人审核签字。

3）有完整的技术档案和施工管理资料。

工程技术档案和施工管理资料是工程竣工验收和质量保证的重要依据之一，主要包括以下档案和资料：工程项目竣工报告；分项、分部工程和单位工程技术人员名单；图纸会审和设计交底记录；设计变更通知单、工程签证单❷、技术变更核实单；工程质量事故发生后调查和处理资料；隐蔽验收记录及施工日志；竣工图；质量检验评定资料等；工程洽商单、工程执行通知书及合同约定的其他资料。

---

❶ 《住房城乡建设部关于印发〈房屋建筑和市政基础设施工程竣工验收规定〉的通知》第5条规定："（一）完成工程设计和合同约定的各项内容。（二）施工单位在工程完工后对工程质量进行了检查，确认工程质量符合有关法律、法规和工程建设强制性标准，符合设计文件及合同要求，并提出工程竣工报告。工程竣工报告应经项目经理和施工单位有关负责人审核签字。（三）对于委托监理的工程项目，监理单位对工程进行了质量评估，具有完整的监理资料，并提出工程质量评估报告。工程质量评估报告应经总监理工程师和监理单位有关负责人审核签字。（四）勘察、设计单位对勘察、设计文件及施工过程中由设计单位签署的设计变更通知书进行了检查，并提出质量检查报告。质量检查报告应经该项目勘察、设计负责人和勘察、设计单位有关负责人审核签字。（五）有完整的技术档案和施工管理资料。（六）有工程使用的主要建筑材料、建筑构配件和设备的进场试验报告，以及工程质量检测和功能性试验资料。（七）建设单位已按合同约定支付工程款。（八）有施工单位签署的工程质量保修书。（九）对于住宅工程，进行分户验收并验收合格，建设单位按户出具《住宅工程质量分户验收表》。（十）建设主管部门及工程质量监督机构责令整改的问题全部整改完毕。（十一）法律、法规规定的其他条件。"

❷ 实际操作中，为了降低时间成本，对于工程施工过程中需要进行的设计变更等，往往以工程签证的形式来解决。因此在性质上，工程签证相当于设计变更文件，应当属于技术档案和施工管理资料。

4）有工程使用的主要建筑材料、建筑构配件和设备的进场试验报告，以及工程质量检测和功能性试验资料。

工程建设过程中使用的主要建筑材料、建筑构配件和设备，除了必须具备质量合格证明资料外，还应当有进入现场时的试验、检验报告，试验、检验报告中应当注明其规格、型号、用于工程的哪些部位、批量批次、性能等技术指标，其质量要求必须符合国家规定的标准。同时，建设项目还应当具备工程质量检测和功能性试验资料。对于此项内容的监管，各地建设行政主管部门都作了相应规定，如2016年1月1日起生效的《北京市建设工程质量条例》第41条❶就对此进行了详细规定。

5）建设单位已按合同约定支付工程款。

为了保障承包方能够顺利地按照约定拿到工程款，法律法规将建设单位按照约定支付工程款作为竣工验收的前置条件之一，这在一定程度上有助于环节实践中承包方通常所处的弱势地位，但从文字上分析，建设单位只需要"按照合同约定"支付工程款，而此合同是由建设单位和承包方协商签署的，因此，建设单位依然具有一定的主导权。

6）有施工单位签署的工程质量保修书。

施工单位同建设单位签署的工程质量保修书也是交付竣工验收的条件之一，保修书是施工合同的附合同，主要内容包括：保修项目内容及范围；保修期限；保修责任和保修金支付方法等。

7）其他条件。

根据法律法规的相关规定，住宅工程进行竣工验收的，需要进行分户验收并经验收合格后，由建设单位按户出具《住宅工程质量分户验收表》。

另外，对于建设主管部门及工程质量监督机构责令整改的问题必须全部整改完毕，否则不得进行竣工验收。同时，建设工程还需满足法律、法规规定的其他条件。

（3）竣工验收的程序❷

1）施工单位自检评定。建设工程竣工后，施工单位应自行组织有关人员进行自检。自检通过后，总监理工程师应组织各专业监理工程师对工程质量进行竣工预验收。对于存在

---

❶ 《北京市建设工程质量条例》第41条规定："建设单位应当委托具有相应资质的检测单位，按照规定对见证取样的建筑材料、建筑构配件和设备、预拌混凝土、混凝土预制构件和工程实体质量、使用功能进行检测。施工单位进行取样、封样、送样，监理单位进行见证。"

❷ 《住房城乡建设部关于印发〈房屋建筑和市政基础设施工程竣工验收规定〉的通知》第6条规定："（一）工程完工后，施工单位向建设单位提交工程竣工报告，申请工程竣工验收。实行监理的工程，工程竣工报告须经总监理工程师签署意见。（二）建设单位收到工程竣工报告后，对符合竣工验收要求的工程，组织勘察、设计、施工、监理等单位组成验收组，制定验收方案。对于重大工程和技术复杂工程，根据需要可邀请有关专家参加验收组。（三）建设单位应当在工程竣工验收7个工作日前将验收的时间、地点及验收组名单书面通知负责监督该工程的工程质量监督机构。（四）建设单位组织工程竣工验收。1. 建设、勘察、设计、施工、监理单位分别汇报工程合同履约情况和在工程建设各个环节执行法律、法规和工程建设强制性标准的情况；2. 审阅建设、勘察、设计、施工、监理单位的工程档案资料；3. 实地查验工程质量；4. 对工程勘察、设计、施工、设备安装质量和各管理环节等方面作出全面评价，形成经验收组人员签署的工程竣工验收意见。参与工程竣工验收的建设、勘察、设计、施工、监理等各方不能形成一致意见时，应当协商提出解决的方法，待意见一致后，重新组织工程竣工验收。"

施工质量问题的，应通过施工单位进行整改。整改完毕后，施工单位应当编制竣工报告，并提交总监理工程师签署意见。但实践中，有些施工单位碍于成本考虑对自检发现的安全隐患置若罔闻，并不主动、积极地进行配合，此时，为了消除安全隐患、保证顺利验收，建设单位通常会委托第三方进行修复，并将所花费用从工程款中予以相应扣除。

2）提交竣工验收报告。工程完工后，施工单位应当将工程竣工验收报告提交建设单位，申请工程竣工验收。其中，对于实行监理的工程，工程竣工报告须经总监理工程师签署意见。

3）筹备竣工验收。首先，建设单位收到竣工验收报告后，对于符合竣工验收要求的工程，应及时组织勘察、设计、施工、监理等单位组成验收组，制定验收方案。对于重大工程和技术复杂工程，根据需要还可以邀请有关专家参加验收组❶；其次，建设单位应当在工程竣工验收7个工作日前将验收的时间、地点及验收组名单书面通知负责监督该工程的工程质量监督机构。

（4）建设单位组织竣工验收

1）形成验收组，召开验收会议。

2）相关单位汇报。建设、勘察、设计、施工、监理单位分别汇报工程合同履约情况和工程建设各环节执行法律、法规和工程建设强制性标准的情况。

3）验收组审阅工程资料。验收组审阅建设、勘察、设计、施工、监理单位的工程档案资料。

4）实地查验工程质量。验收组人员实地查验工程质量。

5）验收组发表意见。验收组分别对工程勘察、设计、施工、设备安装质量和各管理环节等方面作出全面评价，形成经验收组人员签署的工程竣工验收意见。其中，对于建设、勘察、设计、施工、监理等各方不能形成一致意见的，应当协商提出解决方法，待意见一致后，重新组织工程竣工验收。

建设项目施工竣工验收流程见图6.1.1。

（5）竣工验收的结果

无论是单项工程还是工程整体，只有经过竣工验收并合格的，才能交付使用；未经竣工验收或者经竣工验收确定为不合格的，不得交付使用。

1）验收合格。经竣工验收，验收组各方意见一致，均认为建设工程合格的，则该项工程竣工验收合格。验收合格后，建设工程即可投入使用，但建设单位应按照法律、法规的要求及时办理备案手续。另外，若负责备案的主管部门，发现建设单位在竣工验收过程中有违反国家有关建设工程质量管理规定行为的，有权责令其停止使用，并要求其重新组织竣工验收。

---

❶ 参见《房屋建筑和市政基础设施工程竣工验收规定》第6条第1款第3项之规定，建设单位收到工程竣工报告后，对符合竣工验收要求的工程，组织勘察、设计、施工、监理等单位组成验收组，制定验收方案。对于重大工程和技术复杂工程，根据需要可邀请有关专家参加验收组。

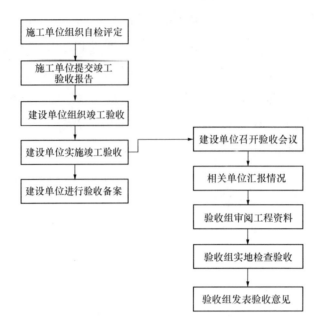

图 6.1.1　建设项目施工竣工验收流程

2）验收不合格。若经验收，验收各方意见不一，则应当协商提出解决方案，然后重新组织竣工验收。对于竣工验收不合格的建设工程，施工单位应负责返修，但对于非因施工单位造成的质量问题或竣工验收不合格的工程，造成的损失及返修费用应由责任方承担。

3. 建设项目竣工规划验收

依据《城乡规划法》的相关规定，县级以上地方人民政府城乡规划主管部门按照国务院规定对建设工程是否符合规划条件予以核实，其中，未经核实或者经核实不符合规划条件的，建设单位不得组织竣工验收❶。各地政府对上述法律规定都作了细化规定，下面本书将以北京市为范例进行分析。

根据《城乡规划法》，北京市结合实际情况，制定了《北京市城乡规划条例》、《北京市建设工程规划监督若干规定》及《〈北京市建设工程规划监督若干规定〉实施细则》，依据上述规定，对于在北京市行政区域内依法取得建设用地规划许可证和建设工程规划许可证（含临时用地规划许可证和临时建设工程规划许可证）的建设单位或个人，在建设项目竣工后，应当向规划行政主管部门申请规划验收，并填报以下材料❷：

（1）申报单位填写完整并加盖单位印章的《建设项目规划许可及其他事项申报表》。

（2）申报单位出具加盖单位印章和法人签字或印章的《建设项目法人授权委托书》。

（3）《城市建设工程竣工档案登记表》原件（与《建设工程规划许可证》所载明的许可

---

❶　参见《中华人民共和国城乡规划法》第 45 条之规定，县级以上地方人民政府城乡规划主管部门按照国务院规定对建设工程是否符合规划条件予以核实。未经核实或者经核实不符合规划条件的，建设单位不得组织竣工验收。建设单位应当在竣工验收后六个月内向城乡规划主管部门报送有关竣工验收资料。

❷　参见 http：//www. bjghw. gov. cn/web/static/catalogs/catalog ＿ ghcg/ghcg. html？ menuid ＝ left ＿ menu ＿ jsxm&menugrade＝1&conmentid＝right ＿ jsxm♯，最后访问日期：2016 年 1 月 18 日。

内容一致）。

（4）申报核验工程的《建筑工程施工许可证》复印件。

（5）申报核验工程的《建设工程规划许可证》（含正本、附件及附图）复印件。

（6）申报核验工程的《建设工程规划许可证附件》原件（对规划验收合格的，在《建设工程规划许可证附件》载明的相关项目签章处，加盖规划监督专用章）；申报单位取件时交申报单位。

（7）申报核验工程的《建设用地规划许可证》（含正本、附件及附图）复印件。

（8）具有资质的测绘部门出具的《建设工程竣工测量成果报告书》原件。

（9）具有资质的测绘部门出具的《房屋土地测绘技术报告书》原件。

（10）申报核验工程的工程实测总平面图和设计施工（竣工）图纸（包括设计图纸目录、各层平面图、各朝向立面图、各主要部位剖面图、基础平面图、基础剖面图）1份。建议提供各朝向立面完整的现状照片（能清晰反映建筑及用地周边环境情况）。

其他法律、法规、规章等规定的相关要求。

规划行政主管部门受理后应当在7个工作日内组织规划验收。规划验收合格的，建设单位需到规划行政主管部门领取已签章的建设工程规划许可证附件。同时，规划行政主管部门还会定期抄送产权登记机关有关建设工程竣工规划验收合格名单，对于建设工程未经规划验收或者经规划验收不合格的，产权登记机关不予办理产权登记手续。

另外，依据城市规划法相关规定，建设单位还应当在建设工程竣工验收后六个月内向规划行政主管部门报送有关竣工验收资料，逾期未报送的，由所在地规划行政主管部门责令限期补报，逾期未补报的处以一万元以上五万元以下罚款❶。

4. 建设项目竣工消防验收

依据我国《消防法》有关规定，国务院公安部门规定的大型的人员密集场所和其他特殊建设工程竣工，建设单位应当向公安机关消防机构申请消防验收❷。依据《建设工程消防监督管理规定》，建设单位应当向所在地公安机关消防机构申请消防验收，申请消防验收时应提交下列材料：

（1）建设工程消防验收申报表；

（2）工程竣工验收报告和有关消防设施的工程竣工图纸；

（3）消防产品质量合格证明文件；

---

❶　参见《中华人民共和国城乡规划法》第67条之规定，建设单位未在建设工程竣工验收后六个月内向城乡规划主管部门报送有关竣工验收资料的，由所在地城市、县人民政府城乡规划主管部门责令限期补报；逾期不补报的，处一万元以上五万元以下的罚款。

❷　参见《中华人民共和国消防法》第13条之规定，按照国家工程建设消防技术标准需要进行消防设计的建设工程竣工，依照下列规定进行消防验收、备案：（一）本法第十一条规定的建设工程，建设单位应当向公安机关消防机构申请消防验收；（二）其他建设工程，建设单位在验收后应当报公安机关消防机构备案，公安机关消防机构应当进行抽查。依法应当进行消防验收的建设工程，未经消防验收或者消防验收不合格的，禁止投入使用；其他建设工程经依法抽查不合格的，应当停止使用。

（4）具有防火性能要求的建筑构件、建筑材料、装修材料符合国家标准或者行业标准的证明文件、出厂合格证；

（5）消防设施检测合格证明文件；

（6）施工、工程监理、检测单位的合法身份证明和资质等级证明文件；

（7）建设单位的工商营业执照等合法身份证明文件；

（8）法律、行政法规规定的其他材料。

公安机关消防机构受理上述消防验收申请后，应当在 20 日内组织消防验收，并出具消防验收意见。其中，对于综合评定结论为合格的建设工程，应当出具消防验收合格意见；而对于不合格的，应当出具消防验收不合格意见，并说明理由。同时，对于依法应当进行消防验收而未验收或者消防验收不合格的建设工程，建设单位擅自投入使用的，由公安机关责令停止使用，并处三万元以上三十万元以下罚款。

从实务角度分析，竣工消防验收可谓建设项目专项验收中最严格的一项，建议在消防设施完善的情况下，建设单位在交房前 3 个月即提前对此开展自检，防止因设计缺陷及后期施工过程中的不适当改动，而造成消防局部如排烟面积、疏散尺寸等不合规。因为此类情况一旦出现，便需进行大面积更改，若发现较晚，必将导致无法按时交房，进而造成大量经济损失。

5. 建设项目竣工环保验收

依照《建设项目环境保护管理条例》的规定，建设项目竣工后，建设单位应当向审批该建设项目环境影响报告书、环境影响报告表或者环境影响登记表的环境保护行政主管部门，申请对该建设项目需要配套建设的环境保护设施进行竣工验收。环境保护设施竣工验收，应当与主体工程竣工验收同时进行。其中，对于需要进行试生产的建设项目，建设单位应当自建设项目投入试生产之日起 3 个月内向上述环境保护行政主管部门申请对该建设项目需要配套建设的环境保护设施竣工验收[1]。对于分期建设、分期投入生产或者使用的建设项目，其相应的环境保护设施应当分期验收[2]。

环境保护行政主管部门应当自收到环境保护设施竣工验收申请之日起 30 日内，完成验收。经验收合格的，该建设项目可正式投入生产或使用[3]；若该建设项目需要配套建设的环

---

[1]　参见《建设项目环境保护管理条例》第 20 条之规定，建设项目竣工后，建设单位应当向审批该建设项目环境影响报告书、环境影响报告表或者环境影响登记表的环境保护行政主管部门，申请该建设项目需要配套建设的环境保护设施竣工验收。环境保护设施竣工验收，应当与主体工程竣工验收同时进行。需要进行试生产的建设项目，建设单位应当自建设项目投入试生产之日起 3 个月内，向审批该建设项目环境影响报告书、环境影响报告表或者环境影响登记表的环境保护行政主管部门，申请该建设项目需要配套建设的环境保护设施竣工验收。

[2]　参见《建设项目环境保护管理条例》第 21 条之规定，分期建设、分期投入生产或者使用的建设项目，其相应的环境保护设施应当分期验收。

[3]　参见《建设项目环境保护管理条例》第 22 条之规定，环境保护行政主管部门应当自收到环境保护设施竣工验收申请之日起 30 日内，完成验收。第 23 条之规定，建设项目需要配套建设的环境保护设施经验收合格，该建设项目方可正式投入生产或者使用。

境保护设施未建成、未经验收或经验收不合格，主体工程不得正式投入生产或使用，否则由上述环境保护行政主管部门责令停止生产或者使用，并可以处 10 万元以下的罚款❶。

以北京为例，建设单位组织建设项目竣工环保验收的，应持以下材料向市环保局或区县环保局进行申请，并由北京市环境监察总队、区县环保局相关部门进行受理，行政部门受理后将于 30 个工作日内作出决定，对符合验收标准的建设项目，环境保护行政主管部门批准建设项目竣工环境保护验收申请或建设项目竣工环境保护验收申请登记卡。具体形式包括：经验收合格的出具准予行政许可的建设项目竣工环保验收的批复，批复内容包括经验收合格，同意该项目主体工程正式投入运行；不予行政许可的出具不同意建设项目竣工环保验收的批复❷。

（1）建设项目环保审批批复复印件 1 份及《建设项目竣工环境保护"三同时"验收登记表》1 份；

（2）对编制环境影响报告书的建设项目，须提交《建设项目竣工环境保护验收申请》，并附环境保护验收监测报告或调查报告；对编制环境影响报告表的建设项目，须提交《建设项目竣工环境保护验收申请》，并附环境保护验收监测表或调查表；对填报环境影响登记表的建设项目，须提交《建设项目竣工环境保护验收登记卡》；验收监测报告（表）或调查报告（表）须提交 1 份，其余材料各 1 份。

（3）对主要因排放污染物对环境产生污染和危害的建设项目，建设单位应提交环境保护验收监测报告（表）。对主要对生态环境产生影响的建设项目，建设单位应提交环境保护验收调查报告（表）。

但是，2015 年 10 月 11 日，由国务院发布并同时生效的《国务院关于第一批清理规范 89 项国务院部门行政审批中介服务事项的决定》第 18 项规定，不再要求申请人提供建设项目竣工环境保护验收监测报告（表）或调查报告（表），改由审批部门委托有关机构进行环境保护验收监测或调查。为落实此项要求，环保部发布环办环评［2016］16 号通知，自 2016 年 3 月 1 日起，不再要求建设单位提交建设项目竣工环境保护验收调查报告或验收监测报告，改由环境保护部委托相关专业机构进行验收调查或验收监测，所需经费列入财政预算。据此通知，今后建设项目竣工后，建设单位只需向环境保护部提出验收调查或验收监测申请，同时提交建设项目环境保护"三同时"执行情况报告以及相关信息公开证明即可，技术审查单位将在五个工作日内完成初步审核，确定验收调查单位或验收监测单位。验收调查单位或验收监测单位一般应自接受委托之日起 3 个月内完成验收调查报告或验收监测报告，报告形成后提交技术审查单位进行技术审查，技术审查单位同时将对报告质量

---

❶ 参见《建设项目环境保护管理条例》第 28 条之规定，违反本条例规定，建设项目需要配套建设的环境保护设施未建成、未经验收或者经验收不合格，主体工程正式投入生产或者使用的，由审批该建设项目环境影响报告书、环境影响报告表或者环境影响登记表的环境保护行政主管部门责令停止生产或者使用，可以处 30 万元以下的罚款。

❷ 参见 http://www.bjepb.gov.cn/bjepb/323496/330642/413228/index.html，最后访问日期：2016 年 3 月 19 日。

进行评定，提出该建设项目是否符合验收条件、报告质量是否达到技术规范要求等技术审查意见，然后在20个工作日内报送环境保护部，并抄送建设单位、验收调查单位或验收监测单位。对于符合验收条件的建设项目，环境保护部将通知建设单位正式提交竣工环境保护验收申请；不符合验收条件的建设项目，将通知建设单位按照技术审查意见进行整改。本书认为，这必将便利于建设单位申请环境保护专项验收。

6. 建设项目竣工节能验收

依据国务院颁布的《民用建筑节能条例》❶，建设单位组织竣工验收，应当对民用建筑是否符合民用建筑节能强制性标准进行查验，其中，对于不符合民用建筑节能强制性标准的，不得出具竣工验收合格报告，否则由县级以上地方人民政府建设主管部门责令改正，处民用建筑项目合同价款2%以上4%以下的罚款；造成损失的，依法承担赔偿责任❷。

以北京为例，从2007年11月1日起，凡2005年9月1日后申领建筑工程施工许可证的民用建筑工程在竣工验收前，均应进行建筑节能专项验收并备案。申请人应提交下列材料❸：

（1）《北京市民用建筑节能专项验收备案登记表》原件一式两份；

（2）《建筑节能工程专项验收报告》原件；

（3）《建筑节能分部工程质量验收表》原件；

（4）《采暖热计量子分项工程质量验收记录表》原件；

（5）经原施工图设计审查机构审查的涉及建筑节能效果（建筑节能标准的相关强制性条款）的变更原件；

（6）《北京市建筑节能设计审查备案登记表》、新型墙体材料专项基金、散装水泥专项资金缴款凭证。

7. 建设项目竣工防雷验收

依照《防雷装置设计审核和竣工验收规定》❹，新建、改建、扩建工程的防雷装置必须与主体工程同时设计、同时施工、同时投入使用。防雷装置竣工未经验收合格的，不得投入使用❺。建设单位组织竣工验收时，应当通知当地气象主管机构同时验收防雷装置。气象主管机构应当在收到建设单位的全部申请材料之日起5个工作日内作出受理或不予受理的

---

❶ 国务院令第530号，2008年7月23日国务院第18次常务会议通过，自2008年10月1日起施行。

❷ 参见《民用建筑节能条例》第17条之规定，建设单位组织竣工验收，应当对民用建筑是否符合民用建筑节能强制性标准进行查验；对不符合民用建筑节能强制性标准的，不得出具竣工验收合格报告。第38条之规定，违反本条例规定，建设单位对不符合民用建筑节能强制性标准的民用建筑项目出具竣工验收合格报告的，由县级以上地方人民政府建设主管部门责令改正，处民用建筑项目合同价款2%以上4%以下的罚款；造成损失的，依法承担赔偿责任。

❸ 参见 http://www.bjjs.gov.cn/publish/portal0/tab3508/，最后访问日期：2016年1月21日。

❹ 中国气象局令第21号，2011年7月11日中国气象局局务会议审议通过，自2011年9月1日起施行。

❺ 参见《防雷装置设计审核和竣工验收规定》第5条之规定，防雷装置设计未经审核同意的，不得交付施工。防雷装置竣工未经验收合格的，不得投入使用。新建、改建、扩建工程的防雷装置必须与主体工程同时设计、同时施工、同时投入使用。

书面决定；气象主管机构应当在受理之日起 10 个工作日内作出竣工验收结论。对于防雷装置竣工未经有关气象主管机构验收合格，擅自投入使用的，由县级以上气象主管机构安全权限责令改正，给予警告，可以处 5 万元以上 10 万元以下罚款；给他人造成损失的，依法承担赔偿责任；构成犯罪的，依法追究刑事责任❶。

以北京为例，建设单位组织建设项目防雷装置竣工验收的，应持以下材料向北京市气象主管机构和区、县气象主管机构进行申请，行政部门受理后将于 10 个工作日内作出决定，对于防雷装置验收符合要求的，气象主管机构应当出具《防雷装置验收意见书》；对于防雷装置验收不符合要求的，气象主管机构应当出具《防雷装置整改意见书》，整改完成后，按照原程序重新申请验收。

（1）《防雷装置竣工验收申请书》；

（2）《防雷装置设计核准意见书》；

（3）施工单位的资质和施工人员的资格证书的复印件；

（4）取得防雷装置检测资质的单位出具的《防雷装置检测报告》；

（5）经当地气象主管机构认可的防雷专业技术机构审查的防雷装置竣工图纸等技术资料；

（6）经当地气象主管机构认可的防雷专业技术机构审查的防雷产品出厂合格证、安装记录。

8. 建设项目竣工安全验收

依照《建设项目安全设施"三同时"监督管理暂行办法》❷，建设项目安全设施，包括生产经营单位在生产经营活动中用于预防生产安全事故的设备、设施、装置、构（建）筑物和其他技术措施，必须与主体工程同时设计、同时施工、同时投入生产和使用，即所谓的"三同时"。

2014 年安全生产法修订实施以前，安全设施专项验收由建设单位申请相关安监部门进行，现在，安全设施专项验收则由建设单位自行组织，不需再申请由安监部门实施验收，安监部门只需对建设单位的验收活动和验收结果进行监督核查。根据安全生产法的规定，需要组织安全设施专项验收的建设项目包括矿山、金属冶炼建设项目和用于生产、储存、装卸危险物品的建设项目❸。

---

❶ 参见《防雷装置设计审核和竣工验收规定》第 32 条之规定，违反本规定，有下列行为之一的，由县级以上气象主管机构安全权限责令改正，给予警告，可以处 5 万元以上 10 万元以下罚款；给他人造成损失的，依法承担赔偿责任；构成犯罪的，依法追究刑事责任：（一）涂改、伪造防雷装置设计审核和竣工验收有关材料或者文件的；（二）向监督检查机构隐瞒有关情况、提供虚假材料或者拒绝提供反映其活动情况的真实材料的；（三）防雷装置设计未经有关气象主管机构核准，擅自施工的；（四）防雷装置竣工未经有关气象主管机构验收合格，擅自投入使用的。

❷ 国家安监总局第 36 号令，2010 年 12 月 14 日发布，并于 2011 年 2 月 1 日起施行。

❸ 参见《中华人民共和国安全生产法》第 31 条之规定，矿山、金属冶炼建设项目和用于生产、储存、装卸危险物品的建设项目竣工投入生产或者使用前，应当由建设单位负责组织对安全设施进行验收；验收合格后，方可投入生产和使用。安全生产监督管理部门应当加强对建设单位验收活动和验收结果的监督核查。

另外，依据《建设项目安全设施"三同时"监督管理暂行办法》第 22 条的规定，对于需要进行安全生产条件论证和安全预评价的特定建设项目，根据规定需要试运行（包括生产、使用）的，应当在正式投入生产或者使用前进行试运行，试运行应当提供自查报告。因此，对于安全设施需要试运行的建设项目，试运行是安全设施专项验收的前提，只有经过试运行，才能进行安全验收。

国家安全生产监督管理总局制定了《安全验收评价导则》，对安全验收评价目录及内容进行了标准化规定，包括该导则的适用范围、安全验收评价程序、安全验收评价内容、安全验收评价报告等。建设单位对于需要进行验收的安全设施应当委托有相关资质的安全评价机构依据上述导则对安全设施编制安全验收评价报告，该报告由安监部门组织相关专家进行评审，书面评审后再由专家进行现场检查，经过上述程序，由专家针对安全评价报告和安全设施现场检查情况提出意见，最后安监部门根据专家意见作出是否通过验收的决定。

9. 备案

我国建设工程竣工验收实行备案制，即建设单位自行组织竣工验收后，验收结果合格的应在 15 日内，将有关文件报建设行政主管部门或者其他有关部门备案。依据 2009 年修订的《房屋建筑和市政基础设施工程竣工验收备案管理办法》第 5 条之规定，建设单位办理工程竣工验收备案应当提交：①工程竣工验收备案表。②工程竣工验收报告，报告应包括工程报建日期，施工许可证号，施工图设计文件审查意见，勘察、设计、施工、工程监理等单位分别签署的质量合格文件及验收人员签署的竣工验收原始文件，市政基础设施的有关质量检测和功能性试验资料以及备案机关认为需要提供的有关资料。③法律、行政法规规定应当由规划、环保等部门出具的认可文件或者准许使用文件。④法律规定应当由公安消防部门出具的对大型的人员密集场所和其他特殊建设工程验收合格的证明文件。⑤施工单位签署的工程质量保修书。⑥法规、规章规定必须提供的其他文件。另外，住宅工程还应当提交《住宅质量保证书》和《住宅使用说明书》。

以北京为例，建设项目进行竣工验收备案可以通过网上填报或者书面受理，申请人需提交下述材料，其中，对于符合条件的将于 5 个工作日内予以办理❶：

（1）《北京市房屋建筑和市政基础设施工程竣工验收备案表》原件一式两份；

（2）工程竣工验收报告原件；

（3）规划部门出具的认可文件或者准许使用文件；

（4）公安消防部门出具的对大型的人员密集场所和其他特殊建设工程验收合格的证明文件；

（5）工程质量保修书复印件；

（6）《住宅质量保证书》和《住宅使用说明书》；

---

❶ 参见 http://www.bjjs.gov.cn/publish/portal0/tab3438/，最后访问日期：2016 年 1 月 21 日。

（7）建设工程档案预验收意见书复印件；

（8）法人委托书原件。

6.1.2　建设单位（甲方代表）在实践中的风险点及防控建议

1. 建设单位收到验收报告后，未在规定期限内进行验收或提出修改意见

为了提高效率，推进建设单位组织竣工验收的进程，承包方会积极利用《施工合同示范文本》中的相关条款，即发包人应在收到竣工验收报告后28天内组织验收，并在验收后14天内给予认可或提出修改意见；逾期不组织验收或不提出修改意见的，视为认可竣工验收报告。而依据《施工合同示范文本》，工程竣工验收通过的，承包人送交竣工验收报告的日期为实际竣工日期；工程按发包人要求修改后通过竣工验收的，实际竣工日期为承包人修改后提请发包人验收的日期。因此，若建设单位在收到验收报告后，未在规定期限内进行验收或提出修改意见，则将直接导致竣工日期的不同。而竣工日期是承包人完成承包范围内工程建设的绝对或相对日期，对于判断承包人是否如期履约、何时进入结算期、工程风险何时转移等重大问题具有非常重要的意义。

【防控建议】

建设单位在与承包人签订施工合同时，应注意上述《施工合同示范文本》中的默认条款，并要求承包人提交竣工验收报告时提供完整的竣工资料，同时，建设单位在收到承包人提交的验收报告后，应在规定期限内组织验收或提出修改意见，否则将直接导致对承包人提交的竣工验收报告的认可。

2. 建设工程未经验收，建设单位就直接使用

实践中，有些建设单位为了提前获得投资效益，会在工程未经验收前就径直投入使用，尤其是对可单独使用的单项工程。这种做法，首先，从实践上大大增加了安全使用风险，建设单位要对其所引发的损失承担赔偿责任；其次，未经施工单位同意，建设单位擅自使用的，视同验收合格，建设单位将不能再以未竣工验收合格为由来对抗施工单位索要工程款的请求；再次，建设单位将不得再以使用部分质量不符合约定为由主张权利，但依据相关司法解释，此时施工单位依然应当在建设工程的合理使用寿命内对地基基础工程和主体结构质量承担民事责任；最后，从法律层面讲这种做法是违法的，将受到行政处罚，罚款为工程合同价款的2%～4%。

《最高人民法院关于审理建设工程施工合同纠纷案件适用法律问题的解释》第十三条建设工程未经竣工验收，发包人擅自使用后，又以使用部分质量不符合约定为由主张权利的，不予支持；但是承包人应当在建设工程的合理使用寿命内对地基基础工程和主体结构质量承担民事责任。

《建设工程质量管理条例》第五十八条违反本条例规定，建设单位有下列行为之一的，责令改正，处工程合同价款百分之二以上百分之四以下的罚款；造成损失的，依法承担赔偿责任；（一）未组织竣工验收，擅自交付使用的；（二）验收不合格，擅自交付使用的；（三）对不合格的建设工程按照合格工程验收的。

【防控建议】

为避免遭受上述风险，建设单位务必应在竣工验收合格后再将相应工程项目投入生产使用。

3. 施工竣工验收通过，但专项验收未通过无法办理工程竣工验收备案

外行人总是简单地将建设工程等同于工程施工，往往忽略了建设工程全过程所涉及的立项、规划、环保、消防等内容，实际上，建设单位也常常存有这样的误区，认为只要保障施工顺利验收就意味着能够顺利通过竣工验收，往往将施工竣工验收的工作量等价于竣工验收的工作量，最终不免出现以下情形，即建设单位组织的施工竣工验收顺利通过，但例如规划、环保、防雷、安全等专项验收却未通过，此时该建设工程实质就是竣工验收未通过，更不能办理工程竣工验收备案。

《房屋建筑和市政基础设施工程竣工验收备案管理方法》第五条规定建设单位办理工程竣工验收备案应当提交下列文件：（一）工程竣工验收备案表；（二）工程竣工验收报告。竣工验收报告应当包括工程报建日期，施工许可证号，施工图设计文件审查意见，勘察、设计、施工、工程监理等单位分别签署的质量合格文件及验收人员签署的竣工验收原始文件，市政基础设施的有关质量检测和功能性试验资料以及备案机关认为需要提供的有关资料；（三）法律、行政法规规定应当由规划、环保等部门出具的认可文件或者准许使用文件；（四）法律规定应当由公安消防部门出具的对大型的人员密集场所和其他特殊建设工程验收合格的证明文件；（五）施工单位签署的工程质量保修书；（六）法规、规章规定必须提供的其他文件。住宅工程还应当提交《住宅质量保证书》和《住宅使用说明书》。

因此，若建设工程的专项验收未通过，建设单位即不能提供上述第（三）（四）项之材料，不能办理工程竣工验收备案。

【防控建议】

建设单位从工程最开始就应当注重工程建设的程序合法，依法办理各类备案、行政许可等手续，保障工程建设的合法性，在此基础上保障工程施工的质量，并在项目最初就严格按照程序筹划有关专项验收的工作，不可忽视，在保障施工竣工验收顺利进行的同时保障各项专项验收顺利通过，防止事倍功半。

4. 在工程竣工验收合格之日起 15 日内未办理工程竣工验收备案

建设项目经验收合格的，建设单位应当自工程竣工验收合格之日起 15 日内，向工程所在地的县级以上地方人民政府建设主管部门备案。但是，依照法律规定，建设项目经验收合格后即可投入使用，备案并不是建设项目投入使用的要件。因此，有些建设单位就忽视了备案的重要性，并未在验收合格起 15 日内进行报备，对于这种行为，备案机关有权责令其限期改正，并有权处 20 万元以上 50 万元以下罚款。

《房屋建筑和市政基础设施工程竣工验收备案管理办法》第九条　建设单位在工程竣工验收合格之日起 15 日内未办理工程竣工验收备案的，备案机关责令限期改正，处 20 万元以上 50 万元以下罚款。

【防控建议】

为避免上述风险，建设单位应当提前准备工程竣工验收备案需要提交的材料，并在规定时间内完成备案。

5. 在备案机关决定重新组织竣工验收后，擅自使用的

备案机关若发现建设单位在竣工验收过程中有违反国家有关建设工程质量管理规定的行为，则应当在收讫竣工验收备案文件 15 日内，责令建设单位停止使用，并要求其重新组织竣工验收。而此时，建设项目往往已经投入使用，因此，有些建设单位在重新组织竣工验收时并未停止使用，对于这种行为，一方面，由此给使用人造成损失的，赔偿责任应当由建设单位承担；另一方面，备案机关有权责令其停止使用，并处工程合同价款 2%～4%的罚款。

《建设工程质量管理条例》第五十八条违反本条例规定，建设单位有下列行为之一的，责令改正，处工程合同价款百分之二以上百分之四以下的罚款；造成损失的，依法承担赔偿责任；（一）未组织竣工验收，擅自交付使用的；（二）验收不合格，擅自交付使用的；（三）对不合格的建设工程按照合格工程验收的。

《房屋建筑和市政基础设施工程竣工验收备案管理办法》第十条建设单位将备案机关决定重新组织竣工验收的工程，在重新组织竣工验收前，擅自使用的，备案机关责令停止使用，处工程合同价款 2%以上 4%以下罚款。

第十二条　备案机关决定重新组织竣工验收并责令停止使用的工程，建设单位在备案之前已投入使用或者建设单位擅自继续使用造成使用人损失的，由建设单位依法承担赔偿责任。

【防控建议】

对于备案机关责令停止使用的建设项目，建设单位应立即停止使用并进行相应整改，重新组织竣工验收直到备案通过。

6. 采用虚假证明文件办理工程竣工验收备案

对于建设单位采用虚假证明文件办理工程竣工验收备案的行为，其法律后果是多方面的：一是工程竣工验收无效，也即无论实际竣工验收是否为合格，该工程均不得投入使用；二是将面临行政处罚，备案机关有权责令其停止使用，重新组织竣工验收，并处 20 万元以上 50 万元以下罚款；三是对于构成犯罪的，依法要追究相关责任主体的刑事责任。

《房屋建筑和市政基础设施工程竣工验收备案管理办法》第十一条　建设单位采用虚假证明文件办理工程竣工验收备案的，工程竣工验收无效，备案机关责令停止使用，重新组织竣工验收，处 20 万元以上 50 万元以下罚款；构成犯罪的，依法追究刑事责任。

【防控建议】

建设单位应当提前了解工程竣工验收备案制下应当提交的材料，并从工程项目立项开始就制定严格制度，收集、整理并完善相关材料，以避免备案不成而又弄巧成拙，得不偿失。

7. 未对试运行期间质量责任进行约定

依照相关法律法规，对于特殊建设项目中有关环保设施、安全设施等必须与主体工程同时设计、同时施工、同时投入生产和使用，即常说的"三同时"。对于此类工程，相关法律法规明确规定应当进行试运行，试运行期满，符合竣工验收条件的，才能组织项目竣工验收。试运行期视工程具体情况可能为 3 个月、6 个月或 1 年等。实践中，建设单位往往会忽视试运行期间可能出现的质量问题，从而并未与相关主体对此进行责任约定，最终产生不必要的纠纷。

【防控建议】

建设单位应重视环保设施、安全设施等试运行期间可能导致的质量问题及其他风险，并在制定合同时将相应风险进行合理分配。

8. 建设单位与购房者之间约定以竣工验收备案为交付使用条件

建设单位在商品房买卖合同中将竣工验收备案登记作为建设工程交付使用的条件，而建设工程竣工验收备案是一项行政行为，主动权在行政机关，从建设单位自身能力来看，其并不能完全避免因各种原因等可能导致备案不通过或延期通过的情形，此时，将导致与购房者之间的违约责任。

依据当前法律规定，建设工程交付使用的条件是建设工程竣工验收合格，而不是通过竣工验收备案。而建设单位才是竣工验收的组织实施者，因此对于竣工验收的进程，建设单位具有主动性和可控性。

【防控建议】

建设单位在商品房买卖合同中，应尽可能避免将竣工验收备案登记作为建设工程交付使用的条件。另外，如果不得以必须将竣工验收备案登记作为建设工程交付使用的条件，则建设单位可以将购房者因建设单位未能及时获取竣工验收备案登记证而遭受实际损失作为承担违约责任的条件。

9. 受制于当前的备案制，没有对工程质量进行高标准约定的意识

我国现行建设工程竣工验收制度实行的是备案制，因此建设单位通常并没有对工程质量进行高标准约定的意识，在一定程度上讲，这并没有对施工方的施工质量形成压力和动力，为后续出现各种质量问题埋下了隐患。

【防控建议】

备案制并未禁止当事人对工程质量作出高于合格等级的约定。因此，在与施工单位签订建设工程合同时，建设单位为保障工程质量，可以经双方协商一致，对建设项目的质量等级作出约定，对合格率、优良率等作出具体约定并明确违约责任。但是，在此类约定中，为避免日后发生纠纷，双方应当参照《建筑工程施工质量验收统一标准》等对合格、优良等质量等级制定相应明确的标准。

6.1.3 典型案例评析之一：将工程竣工验收备案约定为交付条件的，即使竣工验收合格，仍可能构成违约

冉××、张××诉重庆××地产有限公司房屋买卖合同纠纷案

原告：冉××、张××

被告：重庆××地产有限公司

案情梗概：

2010年9月6日，冉××、张××（乙方）与重庆××地产有限公司（甲方）签订《商品房买卖合同》，合同约定：冉××、张××购买重庆××地产有限公司某楼盘二期房屋一套，**交房条件为甲方应当在2011年12月10日前，依照有关规定，将已进行建设工程备案登记的商品房交付乙方使用。**逾期交付的应当承担违约责任，双方对违约责任及责任的承担进行了具体规定。合同签订后，冉××、张××依约向某公司支付了全部购房款。**合同履行过程中，重庆××地产有限公司在未取得建设工程竣工验收备案登记的情况下，将一期工程竣工验收备案证的复制件粘贴到质量保证书和使用说明书上，**于2011年12月10日将房屋交付给冉××、张××。经向有关部门核查，冉××、张××所购房屋竣工验收备案登记日期为2012年5月28日。冉××、张××认为开发商采取欺骗手段交房违约，按照合同约定应赔偿违约金，遂起诉至法院。

法院审理和判决：

法院审理后认为开发商部分违约，遂判决开发商承担80%的违约责任，支付冉××、张××违约金14940.14元。

案例评析：

本案中涉案房屋在进行交付时，其所在的二期工程并未进行竣工验收备案，而双方签订的《商品房买卖合同》明确约定，甲方交付乙方使用的应当是进行建设工程备案登记的商品房。故即使涉案商品房最后通过了竣工验收，房屋质量也合格，并且甲方迟延取得竣工验收备案登记证并未实际影响乙方对房屋的占有、使用、收益和处分，也即乙方并未因此遭受任何实际损失，但依据民法中的诚实信用原则、合同法中的全面履行原则，本案甲方应当按照合同约定承担违约责任，这样既可以维护买房人的合法权益，又可以给开发商以警示，有利于在全社会弘扬诚信原则，达到定纷止争的目的。

前文已经提到，备案并不是建设项目交付使用的要件，只要建设项目竣工验收合格即可投入使用，因此，未取得竣工验收备案登记证即交付使用并不违法。但若双方在合同中将取得竣工验收备案登记证约定为交付使用的条件，则甲方未取得竣工验收备案登记证即交付使用的行为就将面临违约责任。实践中尤其是对于有多个单项工程的项目，甲方"借"前期某一单项工程的竣工验收登记备案证等材料用来宣传或者使用，往往会因欺诈构成违约。对于本案此类商品房买卖来说，甲方提供的往往是格式合同，同一期商品房的购买者往往面临近乎相似的纠纷，一旦经法院判决，某一购房者获得胜诉并取得违约金，那甲方面临的风险将是无法估量的。因此，对于此类商品房买卖合同，甲方一定要严格制定相关条款，既保障购房者按时取得所购房产的所有权，又最大限度地避免诉讼风险。

6.1.4　典型案例评析之二：竣工验收备案制下仍可对工程质量进行约定，经验收未到达约定质量标准的构成违约

上海××房地产开发有限公司与上海××建筑安装工程有限公司建设工程合同纠纷上诉案—竣工验收备案制下的建设工程质量认定

上诉人（原审原告）：上海××房地产开发有限公司（以下简称××开发公司）

上诉人（原审被告）：上海××建筑安装工程有限公司（以下简称××安装公司）

案情梗概：

2001 年 11 月 19 日，甲方××开发公司与乙方××安装公司签订建筑安装工程承包合同。合同约定：乙方承建甲方某设备安装工程。并对**工程质量进行了具体要求：一次合格率 100%，优良率 90%以上，主体工程及外装饰工程必须全部达到优良。主体及外装饰工程未能达到优良等级，乙方按本工程总造价的 1.5%罚款**。质量评定仲裁部门为上海市建设工程质量监督站杨浦分站。同时，双方另签订了建筑安装工程承包补充合同，约定保证金总金额 300 万元，根据合同单位工程优秀率至少 85%，如每下降一个百分点，扣除保证金额的一个百分点，以此类推。

2008 年 11 月，××开发公司诉至杨浦区人民法院，诉称××安装公司承建的 4、12 号楼的主体工程质量为合格，4、6、12 号楼的单位工程质量亦为合格，未达到优良，不符合同约定标准，据此要求××安装公司支付主体及外装饰工程质量未达到合同约定质量要求之违约金 1206221 元、单位工程质量优良率未达 85%之违约金 30 万元。

××安装公司辩称，系争工程在竣工验收中最终采取了备案制，只能以合格备案，×
×安装公司不应对此承担责任。

一审法院认为：

关于工程质量问题，双方订立的合同，虽然约定了相关等级，但合同对此约定是根据

当时的工程质量验收标准而定，而在工程竣工质量验收时，合同约定所依据的相关法规已被废止，双方实际依照新的法规采用了备案制。因此，××开发公司以登记备案制所确定的合格标准低于合同约定的标准，要求××安装公司承担违约责任，缺乏依据。判决××开发公司要求××安装公司支付工程质量未达到合同约定要求之违约金1206221元和工程质量优良率未达到85%的违约金30万元的诉讼请求不予支持。

二审法院认为：

××开发公司和××安装公司于2001年11月签订合同，当时竣工验收备案制度早已公布施行，相关的新质量检验标准亦在数月前发布并明确了将于2002年1月施行。故双方应已了解建设工程质量等级核定制度的变更且应预见到质量检验标准的更替，在此情况下双方仍在合同中就工程质量提出一次合格率100%、优良率90%以上的要求，并约定主体及外装饰工程未能达到优良等级的，按工程总造价的1.5%罚款，以及单位工程优秀率至少85%，如每下降一个百分点，扣除保证金额一个百分点，应视作双方在系争工程质量上作出了特殊或更高标准的约定，该约定系双方的真实意思表示，应为有效。

本案中，尽管备案制下有关建设工程质量监督部门未对系争工程质量进行合格或优良的核定，但《验收备案表》显示系争工程于2003年由设计、勘察、监理、施工、建设等单位进行了竣工验收，并共同就单位工程质量核定了合格或优良等级，亦向上海市杨浦区建设和管理委员会成功备案。《分项、分部工程质量验收证明书》等文件亦反映出当时的确存在自行区分评定等级的行为，而××安装公司在《分项、分部工程质量验收证明书》中对部分主体工程的自评等级亦为合格。此外，合同约定了质量评定仲裁部门为上海市建设工程质量监督站杨浦分站，××安装公司在其自评等级意见与其他单位意见不一致的情况下，亦自认未向该质量监督站申请仲裁协调，应视为其对有关质量评定的认可。原审法院在有关主管部门按照备案制未对工程质量作出核定等级的情况下，忽视双方当事人进行质量约定的本意、竣工验收中自行分级评定、××安装公司自认部分工程合格及未就此申请协调等情况，存有不妥，应予纠正。根据本案的具体情形，综合合同履行程度、当事人过错、违约所致损失、当事人缔约地位等多项因素，法院认为合同约定的质量违约金过高，应予调整，酌定××安装公司应承担的质量违约金为80万元。据此，二审法院改判：撤销一审判决；××安装公司应于判决生效之日起15日内支付××开发公司质量违约金80万元。

案例评析：

自2001年1月30日起，我国建设项目竣工验收实行备案制，竣工验收由建设单位组织实施。在备案制下有关建设工程质量监督部门不再核定工程质量等级，只是对建设单位自主组织的竣工验收行为进行程序性、形式性的审查。因此，备案制下的竣工验收完全是建设单位及相关平等主体之间基于法律规定及合同约定自主进行的一种民事法律行为，是平等主体之间就工程质量检验作出的约定，只要是双方意思自治的结果，建设单位完全可以对工程质量等级作出要求，施工单位也应当切实履行合同义务，即按照建设单位的要求积极完成工程质量指标。本案中，建设单位和施工单位在备案制已经施行的背景下，在合同中对系争工程质量作出更高标准的约定，系双方的真实意思表示，应为有效。如前所述，即使在备案制度已施行多年的当下，双方若就建设工程质量提出更高的要求亦属意思自治范围，并未有悖于法律法规。备案制下的合格标准与当事人对质量更高、更严的约定并不矛盾，可以并行。而且从保障和提高国家各类建设工程质量的角度而言，亦应对双方此类约定持鼓励态度。

6.1.5　相关法律与技术标准（重要条款提示）

针对本节所面临的风险点，建设单位应注意以下相关法律法规、部门规章及其他规范性文件的条文规定。

1. 法律

《建筑法》第六十一条规定："交付竣工验收的建筑工程，必须符合规定的建筑工程质量标准，有完整的工程技术经济资料和经签署的工程保修书，并具备国家规定的其他竣工条件。建筑工程竣工经验收合格后，方可交付使用；未经验收或者验收不合格的，不得交付使用。"

2. 法规

《建设工程质量管理条例》

第十六条建设单位收到建设工程竣工报告后，应当组织设计、施工、工程监理等有关单位进行竣工验收。

建设工程竣工验收应当具备下列条件：

（一）完成建设工程设计和合同约定的各项内容；

（二）有完整的技术档案和施工管理资料；

（三）有工程使用的主要建筑材料、建筑构配件和设备的进场试验报告；

（四）有勘察、设计、施工、工程监理等单位分别签署的质量合格文件；

（五）有施工单位签署的工程保修书。

建设工程经验收合格的，方可交付使用。

第三十二条　施工单位对施工中出现质量问题的建设工程或者竣工验收不合格的建设工程，应当负责返修。

第四十九条　建设单位应当自建设工程竣工验收合格之日起 15 日内，将建设工程竣工验收报告和规划、公安消防、环保等部门出具的认可文件或者准许使用文件报建设行政主管部门或者其他有关部门备案。

建设行政主管部门或者其他有关部门发现建设单位在竣工验收过程中有违反国家有关建设工程质量管理规定行为的，责令停止使用，重新组织竣工验收。

第五十六条 违反本条例规定，建设单位有下列行为之一的，责令改正，处 20 万元以上 50 万元以下的罚款：

（一）迫使承包方以低于成本的价格竞标的；

（二）任意压缩合理工期的；

（三）明示或者暗示设计单位或者施工单位违反工程建设强制性标准，降低工程质量的；

（四）施工图设计文件未经审查或者审查不合格，擅自施工的；

（五）建设项目必须实行工程监理而未实行工程监理的；

（六）未按照国家规定办理工程质量监督手续的；

（七）明示或者暗示施工单位使用不合格的建筑材料、建筑构配件和设备的；

（八）未按照国家规定将竣工验收报告、有关认可文件或者准许使用文件报送备案的。

第五十八条违反本条例规定，建设单位有下列行为之一的，责令改正，处工程合同价款百分之二以上百分之四以下的罚款；造成损失的，依法承担赔偿责任：

（一）未组织竣工验收，擅自交付使用的；

（二）验收不合格，擅自交付使用的；

（三）对不合格的建设工程按照合格工程验收的。

3. 部门规章

《房屋建筑和市政基础设施工程竣工验收规定》

第五条 工程符合下列要求方可进行竣工验收：

（一）完成工程设计和合同约定的各项内容。

（二）施工单位在工程完工后对工程质量进行了检查，确认工程质量符合有关法律、法规和工程建设强制性标准，符合设计文件及合同要求，并提出工程竣工报告。工程竣工报告应经项目经理和施工单位有关负责人审核签字。

（三）对于委托监理的工程项目，监理单位对工程进行了质量评估，具有完整的监理资料，并提出工程质量评估报告。工程质量评估报告应经总监理工程师和监理单位有关负责人审核签字。

（四）勘察、设计单位对勘察、设计文件及施工过程中由设计单位签署的设计变更通知书进行了检查，并提出质量检查报告。质量检查报告应经该项目勘察、设计负责人和勘察、设计单位有关负责人审核签字。

（五）有完整的技术档案和施工管理资料。

（六）有工程使用的主要建筑材料、建筑构配件和设备的进场试验报告，以及工程质量检测和功能性试验资料。

（七）建设单位已按合同约定支付工程款。

（八）有施工单位签署的工程质量保修书。

（九）对于住宅工程，进行分户验收并验收合格，建设单位按户出具《住宅工程质量分户验收表》。

（十）建设主管部门及工程质量监督机构责令整改的问题全部整改完毕。

（十一）法律、法规规定的其他条件。

第六条 工程竣工验收应当按以下程序进行：

（一）工程完工后，施工单位向建设单位提交工程竣工报告，申请工程竣工验收。实行监理的工程，工程竣工报告须经总监理工程师签署意见。

（二）建设单位收到工程竣工报告后，对符合竣工验收要求的工程，组织勘察、设计、施工、监理等单位组成验收组，制定验收方案。对于重大工程和技术复杂工程，根据需要可邀请有关专家参加验收组。

（三）建设单位应当在工程竣工验收7个工作日前将验收的时间、地点及验收组名单书面通知负责监督该工程的工程质量监督机构。

（四）建设单位组织工程竣工验收。

1. 建设、勘察、设计、施工、监理单位分别汇报工程合同履约情况和在工程建设各个环节执行法律、法规和工程建设强制性标准的情况；

2. 审阅建设、勘察、设计、施工、监理单位的工程档案资料；

3. 实地查验工程质量；

4. 对工程勘察、设计、施工、设备安装质量和各管理环节等方面作出全面评价，形成经验收组人员签署的工程竣工验收意见。

参与工程竣工验收的建设、勘察、设计、施工、监理等各方不能形成一致意见时，应当协商提出解决的方法，待意见一致后，重新组织工程竣工验收。

第七条 工程竣工验收合格后，建设单位应当及时提出工程竣工验收报告。工程竣工验收报告主要包括工程概况，建设单位执行基本建设程序情况，对工程勘察、设计、施工、监理等方面的评价，工程竣工验收时间、程序、内容和组织形式，工程竣工验收意见等内容。

工程竣工验收报告还应附有下列文件：

（一）施工许可证。

（二）施工图设计文件审查意见。

（三）本规定第五条（二）、（三）、（四）、（八）项规定的文件。

（四）验收组人员签署的工程竣工验收意见。

（五）法规、规章规定的其他有关文件。

第八条 负责监督该工程的工程质量监督机构应当对工程竣工验收的组织形式、验收程序、执行验收标准等情况进行现场监督，发现有违反建设工程质量管理规定行为的，责令改正，并将对工程竣工验收的监督情况作为工程质量监督报告的重要内容。

第九条 建设单位应当自工程竣工验收合格之日起 15 日内，依照《房屋建筑和市政基础设施工程竣工验收备案管理办法》（住房和城乡建设部令第 2 号）的规定，向工程所在地的县级以上地方人民政府建设主管部门备案。

《房屋建筑和市政基础设施工程竣工验收备案管理办法》

第三条 国务院住房和城乡建设主管部门负责全国房屋建筑和市政基础设施工程（以下统称工程）的竣工验收备案管理工作。

县级以上地方人民政府建设主管部门负责本行政区域内工程的竣工验收备案管理工作。

第四条 建设单位应当自工程竣工验收合格之日起 15 日内，依照本办法规定，向工程所在地的县级以上地方人民政府建设主管部门（以下简称备案机关）备案。

第五条 建设单位办理工程竣工验收备案应当提交下列文件：

（一）工程竣工验收备案表；

（二）工程竣工验收报告。竣工验收报告应当包括工程报建日期，施工许可证号，施工图设计文件审查意见，勘察、设计、施工、工程监理等单位分别签署的质量合格文件及验收人员签署的竣工验收原始文件，市政基础设施的有关质量检测和功能性试验资料以及备案机关认为需要提供的有关资料；

（三）法律、行政法规规定应当由规划、环保等部门出具的认可文件或者准许使用文件；

（四）法律规定应当由公安消防部门出具的对大型的人员密集场所和其他特殊建设工程验收合格的证明文件；

（五）施工单位签署的工程质量保修书；

（六）法规、规章规定必须提供的其他文件。

住宅工程还应当提交《住宅质量保证书》和《住宅使用说明书》。

第六条 备案机关收到建设单位报送的竣工验收备案文件，验证文件齐全后，应当在工程竣工验收备案表上签署文件收讫。

工程竣工验收备案表一式两份，一份由建设单位保存，一份留备案机关存档。

第七条 工程质量监督机构应当在工程竣工验收之日起 5 日内，向备案机关提交工程质量监督报告。

第八条 备案机关发现建设单位在竣工验收过程中有违反国家有关建设工程质量管理规定行为的，应当在收讫竣工验收备案文件 15 日内，责令停止使用，重新组织竣工验收。

第九条 建设单位在工程竣工验收合格之日起 15 日内未办理工程竣工验收备案的，备案机关责令限期改正，处 20 万元以上 50 万元以下罚款。

第十条 建设单位将备案机关决定重新组织竣工验收的工程，在重新组织竣工验收前，擅自使用的，备案机关责令停止使用，处工程合同价款 2% 以上 4% 以下罚款。

第十一条 建设单位采用虚假证明文件办理工程竣工验收备案的，工程竣工验收无效，备案机关责令停止使用,重新组织竣工验收,处 20 万元以上 50 万元以下罚款;构成犯罪的,依法追究刑事责任。

第十二条　备案机关决定重新组织竣工验收并责令停止使用的工程,建设单位在备案之前已投入使用或者建设单位擅自继续使用造成使用人损失的,由建设单位依法承担赔偿责任。

6.1.6　本节疑难释义

在工程试运行期间进行经营的,实质属于擅自投入使用,而如何区分试运行和运营,关键在于是否对外经营。

对于需要进行环保设施专项验收、安全设施专项验收的建设项目,通常在环保验收、安全验收之前要进行环保设施、安全设施试运行。依据相关法律规定,试运行指的是环保设施、安全设施的试运行,由于还未进行验收,这些设施并不能投入生产使用,因此,对于在环保设施、安全设施试运行期间进行"试运营"的建设项目,其行为的实质即项目未经竣工验收就擅自投入生产使用了,属于违法行为,应当受到相关行政主管部门的行政处罚。而对于如何区分"试运行"和"试运营"? 通常认为,对外进行经营的是试运营;而对于未对外进行经营,建设单位只是针对设备进行运转调试的是试运行。

6.2　建设项目竣工结算制度

6.2.1　竣工结算制度的概念和内容

1. 竣工结算制度的概念

工程竣工结算是指工程项目完工并经竣工验收合格后,发承包双方按照施工合同的约定对所完成的工程项目进行的工程价款的计算、调整和确认。工程竣工结算分为单位工程竣工结算、单项工程竣工结算、建设项目竣工总结算三种。其中,单位工程竣工结算和单项工程竣工结算也可看作是分阶段结算。单位工程竣工结算由承包人编制,发包人审查;实行总承包的工程,由具体承包人编制,在总包人审查的基础上,发包人审查。单项工程竣工结算或建设项目竣工总结算由总(承)包人编制,发包人可直接进行审查,也可以委托具有相应资质的工程造价咨询机构进行审查。

2. 竣工结算的编制

工程竣工结算由承包人或受其委托具有相应资质的工程造价咨询人编制,编制工程竣工结算的主要依据有：

（1）《建设工程工程量清单计价规范》（GB 50500－2013）

（2）工程合同

（3）发承包双方实施过程中已确认的工程量及其结算的合同价款

（4）发承包双方实施过程中已确认调整后追加（减）的合同价款

（5）建设工程设计文件及相关资料

（6）投标文件

（7）其他依据

3. 工程竣工结算的审核

竣工结算时需要审核下列内容：① 合同条款；② 设计变更签证；③ 工程量；④ 合同约定的计价原则；⑤ 各项费用计取原则；⑥ 计算误差。

（1）国有资金投资建设工程的发包人，应当委托具有相应资质的工程造价咨询企业对竣工结算文件进行审核，并在收到竣工结算文件后的约定期限内向承包人提出由工程造价咨询企业出具的竣工结算文件审核意见；逾期未答复的，按照合同约定处理，合同没有约定的，竣工结算文件视为已被认可。

（2）非国有资金投资的建筑工程发包人，应当收到竣工结算文件后的约定期限内予以答复，逾期未答复的，按照合同约定处理，合同没有约定的，竣工结算文件视为已被认可；发包人对竣工结算文件有异议的，应当在答复期内向承包人提出，并可以在提出异议之日起的约定期限内与承包人协商；发包人在协商期内未与承包人协商或者协商未能与承包人达成协议的，应当委托工程造价咨询企业进行竣工结算审核，并在协商期满后的约定期限内向承包人提出由工程造价咨询企业出具的竣工结算文件审核意见。

（3）发包人委托工程造价咨询机构核对竣工结算的，工程造价咨询机构应在规定期限内核对完毕，核对结论与承包人竣工结算文件不一致的，应提交给承包人复核，承包人应在规定期限内将同意核对结论或不同意见的说明提交工程造价咨询机构。工程造价咨询机构收到承包人提出的异议后，应再次复核，复核无异议的，发承包双方应在规定期限内在竣工结算文件上签字确认，竣工结算办理完毕；复核后仍有异议的，对于无异议部分办理不完全竣工结算，有异议部分由发承包双方协商解决，协商不成的，按照合同约定的争议解决方式处理。承包人逾期未提出书面异议的，视为工程造价咨询机构核对的竣工结算文件已经承包人认可。

（4）承包人对发包人提出的工程造价咨询企业竣工结算审核意见有异议的，在接到该审核意见后一个月内，可以向有关工程造价管理机构或者有关行业组织申请调解，调解不成的，可以依法申请仲裁或者向人民法院提起诉讼。

4. 工程竣工结算款签发与支付

（1）承包人应根据办理的竣工结算文件，向发包人提交竣工结算款支付申请。该申请应包括下列内容：① 竣工结算总额；② 已支付的合同价款；③ 应扣留的质量保证金；④ 应支付的竣工付款金额。

（2）发包人应在收到承包人提交竣工结算款支付申请后 7 天内予以核实，向承包人签发竣工结算支付证书。

（3）发包人签发竣工结算支付证书后的 14 天内，按照竣工结算支付证书列明的金额向承包人支付结算款。

（4）发包人应按照合同约定的质量保修金比例从每支付期应支付给承包人的进度款或结算款中扣留，直到扣留的金额达到质量保证金的金额为止。

（5）在保修责任期终止后的 14 天内，发包人应将剩余的质量保证金返还给承包人。剩余质量保证金的返还，并不能免除承包人按照合同约定应承担的质量保修责任和应履行的质量保修义务。

（6）发承包双方应在合同中约定最终结清款的支付时限。承包人应按照合同约定的期限向发包人提交最终结清支付申请。发包人对最终结清支付申请有异议的，有权要求承包人进行修正和提供补充资料。承包人修正后，应再次向发包人提交修正后的最终结清支付申请。

（7）发包人应在收到最终结清支付申请后的 14 天内予以核实，向承包人签发最终结清证书。

（8）发包人应在签发最终结清支付证书后的 14 天内，按照最终结清支付证书列明的金额向承包人支付最终结清款。

6.2.2　建设单位（甲方代表）在实践中的风险点及防控建议

1. 合同不规范

承包工程合同签订不规范，工程结算计价难以确定。在签订合同时不按投标文件的内容逐一填写，尤其是对变更、工程计量方法、计价原则等约定不明确，给工程计价取费留下活口，目的是为竣工后高报工程结算价格打下伏笔，使得原本十分严肃的合同失去约束作用，建设单位失去了对施工单位工程报价的有效监督，容易造成决算价格偏高。同时，给工程结算造价审核带来难度和风险。

【防控建议】

重视合同评审，建立标准合同范本。为防止承包工程合同中不规范的现象，在合同拟定过程中，建设单位应坚持并重视对合同的评审。要脱离合同是成本或商务部门负全责的观念。建设单位各相关部门应对合同条款中涉及工作范围内的内容严格仔细评审、斟酌，避免重要内容少填或者不填的现象。在合同中对于施工范围、工作内容、合同价款、付款方式、工期、质量、安全、变更、工程计量方法、计价原则等重要条款要做详细说明，经过评审后的合同在经过实施后应加以总结修订。对于实施过程中产生的争议条款进一步完善，形成标准化合同模板，并将其应用到其他承包工程中。

2. 建设单位制度不规范，施工单位乱报结算

施工企业利用建设单位对建设工程结算的制度不规范，不能对建设工程结算进行有效的监管的情况，采用多计工程量，高套定额，编制假预算和假结算，重复计算工程量等手段，高估工程造价。如建设单位审核不仔细很可能导致高造价的产生。

【防控建议】

完善相关制度，用制度约束施工单位报审工作。建立完善的制度是保证结算顺利开展的基本保障。这里的制度包括工程质量、进度、安全、付款、变更洽商、签证、索赔等各个方面的制度。通过制度限制施工单位的行为，如采用"施工单位报送结算造价超过最终确认造价的一定比例，则建设单位有权对施工单位进行处罚"等类似制度条款约束施工单位的报审，从而可以大大提高建设单位工作效率，在过程中解决争议问题，从而推进最终结算进度。

3. 过分依赖监理单位

限于目前技术力量和水平，建设单位在实施工程结算审核时，难以做到全程跟踪，因而审核所依赖的工程实施过程，有些时候只能以监理部门确认的资料为参考依据。但有些工程结算中，监理存在不负责任的现象。监理单位确认的资料并不能客观反映工程实施过程的真实情况，或填写不规范，或当时编造虚假记录，或事后补做虚假记录，或找不具监理资质的人员编造资料等等。究其原因，除了施工单位偷工减料，没有严格按材料工艺要求进行施工，建设单位忽视对工程的管理外，监理单位没有尽职是主要原因。这既给工程质量造成很大隐患，又使工程结算审核难以深入进行。

【防控建议】

建立工程监理考核制度。建设单位缺乏专业的技术管理人员，这就需要借助工程监理公司进行监督和现场管理。业主、承包单位、监理三方互相约束、各司其职。在赋予监理工程师应有的权利，使之有效地行使施工过程造价管理职能的同时，可以采用建立监理考核机制的方式，对监理公司结算审核工作进行评估，促使监理公司提高工作效率，端正工作态度，以积极的心态投入现场管理，从而达到控制或降低工程造价、充分发挥投资效益的目的。

4. 建设单位审核不规范

建设单位有关人员对有关工程建设的法律、法规、工程计价的相关知识学习不够、认识不深，不能完全按照相关法律、法规及相关规范要求进行工程造价活动。甚至出现受个人利益驱动，致使建设单位的造价管理工作暗箱操作，利用合法的形式掩盖非法目的的行为。有些人员在办理工程结算时为了省时省事，往往不对竣工工程进行实地现场勘察，甚至在对工程图纸及相关变更材料均不熟悉的情况下就草率办理，工程量、定额清单项审核不仔细，各项费用审查不用心，结算完成后没有组织签订结算协议导致在工程结算中出现高估冒算、结算双方产生大量争议事项等现象。

【防控建议】

重视业务人员培训和职业道德教育。过程资金支付和结算关系到工程的成本管理，直接影响了工程盈利水平，因此应加强对相关人员的业务培训，使其熟悉定额、清单规范等各种有关规定，培养其良好的工作习惯。工程造价人员的思想素质和业务素质，直接关系到工程造价的审查质量和准确程度。因此应培养工程造价人员树立良好的职业道德教育观，站在科学、公正的立场上，通过提供准确的工程造价成果文件维护国家、社会公共利益和当事人的合法利益。

5. 洽商、变更、签证不按照制度执行

针对洽商、变更、签证的实施和最终确认，建设单位容易出现不按制度流程执行以及工作滞后的现象，这给结算工作带来巨大的隐患。打破制度流程的约束可能导致洽商、变更、签证管理混乱，因而进一步导致乱审批、乱施工、乱结算现象，甚至有些时候出现洽商、变更、签证在过程中一直没有确认，到最终结算时大量累积，有些因为涉及隐蔽工程不能重新复核，致使双方产生争议，结算工作举步维艰。

【防控建议】

加强洽商、变更、签证管理。洽商、变更、签证应遵守先审批后施工的原则，经各相关单位达成一致后方可实施，避免因某个单位的责任缺失造成争议。洽商、变更、签证的确认工作应遵循过程中产生，过程中解决的原则，避免过程中大量堆积，到最终结算难以确认的现象。

6.2.3 典型案例评析之一：在双方当事人已经通过结算协议确认了工程结算价款并已基本履行完毕的情况下，国家审计机关做出的审计报告，不影响双方结算协议的效力

××建工集团股份有限公司与中铁××局集团有限公司建设工程合同纠纷案

申请再审人（一审被告、反诉原告、二审上诉人）：中铁××局集团有限公司（以下简称中铁××局）。

被申请人（一审原告、反诉被告、二审被上诉人）：××建工集团股份有限公司（以下简称××建工集团）。

案情梗概：

2003年8月22日，重庆××实业股份有限公司（以下简称××公司）与××建工集团签订施工合同，将金山大道西延段道路工程发包给××建工集团承包。中铁××局经××

公司确认为岚峰隧道工程分包商，并于同年 11 月 17 日与××建工集团签订分包合同，约定金山大道西延段岚峰隧道工程分包给中铁××局，合同价暂定 8000 万元（最终结算价按照业主审计为准）；同时还约定工程经综合验收合格，结算经审计部门审核确定后，扣除工程保修金，剩余工程尾款的支付，双方另行签订补充协议明确；合同对工程内容、承包结算等内容进行了具体约定。

2005 年 9 月 8 日工程竣工，同年 12 月通过验收，并于 2006 年 2 月 6 日取得竣工验收备案登记证。之后，出于为该路段工程岚峰隧道部分竣工结算提供价值依据的目的，重庆市经开区监察审计局（以下简称经开区监审局）委托重庆××招标代理公司（以下简称××招标公司）对上述工程进行竣工结算审核。××公司出具审核报告，载明岚峰隧道造价为 114281365.38 元。以该审核报告为基础，××建工集团对中铁××局分包工程进行结算，确认结算金额为 102393794 元。至一审起诉前，××建工集团累计已向中铁××局支付涉案工程款 98120156.63 元。

2008 年 10 月 9 日至 11 月 21 日，重庆市审计局以××中心（××公司改制后涉案项目的业主简称）为被审计单位，审定本案所涉的岚峰隧道工程在送审金额 114252795.85 元的基础上审减 8168328.52 元。

2009 年 2 月 9 日，××中心向××建工集团发函，要求其按照重庆市审计局复议结果，将审减金额在 3 月 1 日前退还土储中心。

2010 年 9 月 1 日，××建工集团起诉称，根据重庆市审计局的审计，对中铁××局完成工程的价款审减 8168328.52 元，扣除双方约定的费用，实际分包结算金额应为 94878931.76 元，请求中铁××局立即返还多支付的工程款 3241224.87 元并承担本案诉讼费用。

中铁××局辩称兼反诉称，××公司出具的审核报告得到了项目建设方、××建工集团及中铁××局三方的认可，符合分包合同关于"最终结算价按业主审计为准"的约定，是本案工程的适格审计主体。××建工集团与中铁××局基于××公司的报告达成了分包结算协议，该协议依法成立，合法有效，对双方具有法律约束力。双方已按照该协议基本履行完毕。重庆市审计局的审计不能否认××公司审核报告的效力，其审计报告及其审计结论对本案双方当事人不具有约束力，更不影响分包结算协议的效力。故请求驳回××建工集团的全部诉讼请求，并反诉请求××建工集团立即支付拖欠的工程款并按同期银行贷款利率付息，并由××建工集团承担本案的全部诉讼费用。

一审法院认为：

根据审计法以及《重庆市国家建设项目审计办法》的相关规定，涉案工程为重庆市市级重点建设项目，应当由重庆市审计局对其竣工决算进行审计。经开区监审局作为经开区的内部审计机构，无权代表国家行使审计监督的权力。本案中，××公司作出的审核报告系以该公司名义出具，该审核报告不具有内部审计结论和决定的性质。经开区监审局既非法律规定对涉案工程具有审计管辖权的国家审计机关，××公司出具的审核报告亦非审计结果。因涉案工程的审计管辖权属重庆市审计局，故该局对涉案工程竣工决算审计是依法行使国家审计监督权的行为，具有一定的强制性，被审计单位及有关单位应主动自觉予以执行或协助执行。虽然审计是国家对建设单位的一种行政监督，其本身并不影响民事主体之间的合同效力，但是本案双方当事人"最终结算价按业主审计为准"的约定，实际上就是将有审计权限的审计机关对业主单位的审计结果作为双方结算的最终依据。结合××中心要求××建工集团按照重庆市审计局的复议结果退还审减金额的事实，证明业主最终认可并执行的是重庆市审计局审计报告审定的金额。××公司做出的审核报告仅是对涉案工程的结算提供阶段性的依据，而本案双方当事人根据该审核报告确认涉案工程总价并支付部分款项等行为，仅是诉争工程结算过程中的阶段性行为，不能以此对抗本案双方当事人之间关于工程结算的合同约定以及审计监督的相关法律法规。

一审法院判决：

根据《中华人民共和国民法通则》第四条、第九十二条之规定，判决中铁××局于判决生效后十日内返还××建工集团多支付的工程款 3130595 元。

二审法院判决：

驳回上诉，维持原判。

再审法院认为：

虽然本案审理中，双方当事人对××公司出具的审核报告是否就是双方在分包合同中约定的业主审计存在争议，但该审核报告已经得到了涉案工程业主和本案双方当事人的认可，××建工集团与中铁××局又在审核报告的基础上签订了结算协议并已实际履行。因此，即使××公司的审核报告与双方当事人签订分包合同时约定的业主审计存在差异，但根据《中华人民共和国合同法》第七十七条第一款的规定，双方当事人签订结算协议并实际履行的行为，亦可视为对分包合同约定的原结算方式的变更，该变更对双方当事人具有法律拘束力。在双方当事人已经通过结算协议确认了工程结算价款并已基本履行完毕的情况下，国家审计机关做出的审计报告，不影响双方结算协议的效力。现××建工集团提出不按结算协议的约定履行，但未举出相应证据证明该协议存在效力瑕疵，故对其主张不予支持；中铁××局依据上述结算协议要求××建工集团支付欠付工程款，具有事实和法律依据，予以支持。

再审法院判决：

撤销一、二审判决，××建工集团向中铁××局支付工程款 4273637.37 元并付息。

案例评析：

本案的争议焦点是，如何确定××建工集团与中铁××局之间结算工程款的依据。从理论上讲就是，如果当事人已经对建设工程合同的工程价款结算进行了约定，且已经按约定进行了实际支付，审计机关此后作出的审计报告能否影响双方当事人的约定以及实际支付行为。

建设工程合同属于民事合同，应当遵守当事人自愿原则，因此经双方协商一致的约定，除非违反国家法律法规的强制性规定，否则不得予以违背。同时，审计机关的审计行为属于行政监督，其监督对象应当是被审计对象，其行为效力也只能影响被审计对象，结合本案即重庆市审计局对××中心的审计结果只能影响××中心，××中心并不能由此而将其转嫁给第三人，因此，××中心并不能强制××建工集团或中铁××局返还差额部分，其应当为自己的行为负责。

在双方当事人已经通过结算协议确认了工程结算价款并已基本履行完毕的情况下，国家审计机关作出的审计报告，不影响双方结算协议的效力。

6.2.4 典型案例评析之二：在建筑工程施工合同纠纷中，当事人可依法请求法院依据双方约定的计价方法对建设工程进行结算

四川省资阳市××建筑工程公司××工程处诉九龙县××野生资源有限责任公司建筑工程施工合同结算纠纷案

上诉人（原审被告）：九龙县××野生资源有限责任公司（以下简称××公司）。

被上诉人（原审原告）：四川省资阳市××建筑工程公司××工程处（以下简称××工程处）。

原审被告：陈××，九龙县××野生资源有限责任公司原法定代表人。

案情梗概：

2002年9月18日，××工程处与××公司签订《九龙县××大酒店承建工程协议书》，约定××工程处承建九龙××大酒店，××公司提供承建工程所需资金及材料，××公司按照工程进度付给××工程处工人工资。该协议没有约定具体结算单价。2003年6月18日，双方又签订《九龙县××大酒店和职工宿舍单包承建工程协议书》，约定××大酒店建筑面积为4060平方米，每平方米承建单价360元，包括工伤事故和搬运费在内；××大酒店职工宿舍建筑面积312平方米，承建单价每平方米360元，总合计承建面积4372平方米，工程总金额为1573920元。××工程处按照合同约定履行了全部义务，该工程已投入使用。

××工程处起诉要求××公司按照双方于2003年6月18日签订的《九龙县××大酒店和职工宿舍单包承建工程协议书》支付拖欠的工程价款，而××公司辩称该协议系虚假伪造的，是为了审计和能争取多贷款而单方编制的假合同，该协议约定的单价明显与市场价不符的抗辩理由无证据支持，依法不能成立。

一审法院认为：

两份协议书系双方当事人的真实意思表示，内容不违反法律、法规的禁止性规定，并已实际履行，合法有效，依法予以确认；××工程处按照合同约定已完成该工程的施工，××公司应按照合同约定向其支付工程款；根据最高人民法院《关于审理建设工程施工合同纠纷案件适用法律问题的解释》第十六条"当事人对建设工程的计价标准或者计价方法有约定的，按照约定结算工程价款"之规定，××公司应按照合同约定支付拖欠××工程处的工程款 977948.60 元。

一审法院判决：

判决××公司在本判决生效后 30 日内一次性支付××工程处工程欠款 977948.60 元。

二审法院查明：

二审中，××公司提供了单价为"125 元/m²"的《九龙县××大酒店和职工宿舍单包承建工程协议书》原件，以及单价为"360 元/m²"的《九龙县××大酒店和职工宿舍单包承建工程协议书》第一页原件，该第一页上书写有"实算记 125 元/m²"笔迹，还提供了××工程处负责人李××签名为"李××"的《领条》原件 32 张，该 32 张收据在一审质证中××工程处确认为李××亲笔书写。拟证明双方的真实意思为按"125 元/m²"进行结算。

经鉴定，对"实算记 125 元/m²"的书写笔迹的鉴定结论是：检材上"实算记 125 元/m²"书写笔迹与样本上"李××"书写笔迹是同一人书写；检材（注：××工程处一审中提供的协议）上甲、乙两方签字处的"2003 年 6 月 18 日"笔迹与样本（注：××公司二审提供的协议）上乙方签字处"2003 年 6 月 18 日"笔迹是同一人书写。

同时查明，2003 年 11 月 16 日，××工程处工作人员罗××，制作并向××公司报送了《建设工程竣工决算书》，该决算书是按照 125 元/m² 进行编制的。罗××在施工方编制人处签名。施工单位××工程处未在该决算书上签字盖章。建设单位××公司在该决算书上盖章，其原法定代表人陈××在上面签字，建设单位的工程主管黄××在决算书上签字。上述事实有经过原审质证的《建设工程竣工决算书》在原卷证明。

二审法院认为：

2003 年 11 月 16 日，虽然××工程处施工单位员罗××按每平方米 125 元向××公司报送了结算书，但该结算书未经××工程处盖章确认，也无项目部负责人李××签字，不能代表××工程处的意思表示，该"结算"不能发生法律效力。

根据事实认定力求客观真实的民事审判理念，虽然××公司在本案二审才提供单价为每平方米 125 元的协议书和李××亲笔书写的"实算记 125 元/m²"的协议书，但经过司法鉴定，其协议书和笔迹均是真实的、客观的，对双方争议的结算单价问题具有证明力，能够反映出当时双方对结算问题的一致意思表示，且××公司在一审中并不是故意不举证，因此对该证据应予采信。××工程处关于李××在"360 元/m²"协议书上书写的"实算记

$125\ 元/m^2$"是协议草稿不能作为正式协议的辩称，不合逻辑，其主张不能成立。

本案是工程款结算纠纷，双方当事人应当按"$125\ 元/m^2$"的单包价格对工程款进行结算。但是，经本院向××工程处释明，××工程处明确表示不变更诉讼请求，拒绝按"$125\ 元/m^2$"进行工程款结算。

二审法院判决：

撤销一审判决中××公司支付××工程处工程欠款的判决内容。

案例评析：

关于建筑工程施工合同纠纷中，当事人能否请求法院依据双方约定的计价方法对建设工程进行结算，结论当然是肯定的，依据包括：（1）合同法第279条的规定，即建设工程经验收合格的，发包人应当按照约定支付价款；（2）最高人民法院《关于审理建设工程施工合同纠纷案件适用法律问题的解释》第16条第1款也规定，当事人对建设工程的计价标准或者计价方法有约定的，按照约定结算工程价款。因此，对于工程价款的计价标准或方式，当事人完全可以进行约定，且其约定应当优先适用。

而结合本案具体情况，实际争议焦点在于阴阳合同中合同效力的认定。所谓阴阳合同是指，合同当事人就同一事项订立两份以上的内容不相同的合同，一份对内，一份对外，其中对外的一份并不是双方真实意思表示，而是以逃避国家税收等为目的的；对内的一份则是双方真实意思的表示。本案中，双方就同一工程签订了两份《九龙县龙海大酒店和职工宿舍单包承建工程协议书》，且两份协议处计价标准不同外均一致，是典型的阴阳合同。很明显，原审原告提交的以$360\ 元/m^2$为计价标准的协议是阳合同，目的是为了审计和能争取更多贷款。而原审被告提交的以$125\ 元/m^2$为计价标准的协议是阴合同，是双方真实意思的表示。

显而易见，阴阳合同实则是一种违规行为，其在给当事人带来利益的同时，往往也伴随着风险，其风险主要在于两份合同效力的认定，而阴阳合同在建筑工程领域却被甲方屡试不爽。

关于建设工程领域中的阴阳合同的效力问题，目前实务界有一个通行做法，即视在行政主管部门备案登记的合同，是否属于法律、行政法规规定必须进行招标的，或者虽未规定必须进行招标但实际经过招标投标程序并进行了备案的合同。对于经过招标投标程序的合同，应当认定备案的中标合同具有法律效力，并应以此为标准确定双方的权利义务。其法理依据在于此时应确保招标投标程序的公示、公信效力，防止虚假招标投标，损害其他投标人的合法权益。而结合本案，二审法院认为阴合同是双方真实意思表示，且合法有效而予以了认定。对于法律、行政法规未规定必须进行招标，实际也未依法进行招投标的，则主要依照合同法有关合同效力的规定进行认定。因此，对于为逃避国家税收而设置阴阳合同的，由于逃税行为损害了国家税收利益，即使是双方真实意思表示的阴合同也应认定为无效合同。

6.2.5 相关法律与技术标准（重要条款提示）

针对本节所面临的风险点，建设单位应注意以下相关法律法规、部门规章及其他规范性文件的条文规定。

1.《建设工程价款结算暂行办法》

第十四条 工程完工后，双方应按照约定的合同价款及合同价款调整内容以及索赔事项，进行工程竣工结算。

（一）工程竣工结算方式

工程竣工结算分为单位工程竣工结算、单项工程竣工结算和建设项目竣工总结算。

（二）工程竣工结算编审

1. 单位工程竣工结算由承包人编制，发包人审查；实行总承包的工程，由具体承包人编制，在总包人审查的基础上，发包人审查。

2. 单项工程竣工结算或建设项目竣工总结算由总（承）包人编制，发包人可直接进行审查，也可以委托具有相应资质的工程造价咨询机构进行审查。政府投资项目，由同级财政部门审查。单项工程竣工结算或建设项目竣工总结算经发、承包人签字盖章后有效。

承包人应在合同约定期限内完成项目竣工结算编制工作，未在规定期限内完成的并且提不出正当理由延期的，责任自负。

（三）工程竣工结算审查期限

单项工程竣工后，承包人应在提交竣工验收报告的同时，向发包人递交竣工结算报告及完整的结算资料，发包人应按以下规定时限进行核对（审查）并提出审查意见。

工程竣工结算报告金额及对应的审查时间：

1. 500 万元以下。从接到竣工结算报告和完整的竣工结算资料之日起 20 天。

2. 500 万元～2000 万元。从接到竣工结算报告和完整的竣工结算资料之日起 30 天。

3. 2000 万元～5000 万。从接到竣工结算报告和完整的竣工结算资料之日起 45 天。

4. 5000 万元以上。从接到竣工结算报告和完整的竣工结算资料之日起 60 天。

建设项目竣工总结算在最后一个单项工程竣工结算审查确认后 15 天内汇总，送发包人后 30 天内审查完成。

（四）工程竣工价款结算

发包人收到承包人递交的竣工结算报告及完整的结算资料后，应按本办法规定的期限（合同约定有期限的，从其约定）进行核实，给予确认或者提出修改意见。发包人根据确认的竣工结算报告向承包人支付工程竣工结算价款，保留 5% 左右的质量保证（保修）金，待工程交付使用一年质保期到期后清算（合同另有约定的，从其约定），质保期内如有返修，发生费用应在质量保证（保修）金内扣除。

第十六条　发包人收到竣工结算报告及完整的结算资料后，在本办法规定或合同约定期限内，对结算报告及资料没有提出意见，则视同认可。

承包人如未在规定时间内提供完整的工程竣工结算资料，经发包人催促后14天内仍未提供或没有明确答复，发包人有权根据已有资料进行审查，责任由承包人自负。

根据确认的竣工结算报告，承包人向发包人申请支付工程竣工结算款。发包人应在收到申请后15天内支付结算款，到期没有支付的应承担违约责任。承包人可以催告发包人支付结算价款，如达成延期支付协议，承包人应按同期银行贷款利率支付拖欠工程价款的利息。如未达成延期支付协议，承包人可以与发包人协商将该工程折价，或申请人民法院将该工程依法拍卖，承包人就该工程折价或者拍卖的价款优先受偿。

第十七条　工程竣工结算以合同工期为准，实际施工工期比合同工期提前或延后，发、承包双方应按合同约定的奖惩办法执行。

第十八条　工程造价咨询机构接受发包人或承包人委托，编审工程竣工结算，应按合同约定和实际履约事项认真办理，出具的竣工结算报告经发、承包双方签字后生效。当事人一方对报告有异议的，可对工程结算中有异议部分，向有关部门申请咨询后协商处理，若不能达成一致的，双方可按合同约定的争议或纠纷解决程序办理。

第十九条　发包人对工程质量有异议，已竣工验收或已竣工未验收但实际投入使用的工程，其质量争议按该工程保修合同执行；已竣工未验收且未实际投入使用的工程以及停工、停建工程的质量争议，应当就有争议部分的竣工结算暂缓办理，双方可就有争议的工程委托有资质的检测鉴定机构进行检测，根据检测结果确定解决方案，或按工程质量监督机构的处理决定执行，其余部分的竣工结算依照约定办理。

第二十一条　工程竣工后，发、承包双方应及时办清工程竣工结算，否则，工程不得交付使用，有关部门不予办理权属登记。

2.《最高人民法院关于审理建设工程施工合同纠纷案件适用法律问题的解释》

第十六条　当事人对建设工程的计价标准或者计价方法有约定的，按照约定结算工程价款。因设计变更导致建设工程的工程量或者质量标准发生变化，当事人对该部分工程价款不能协商一致的，可以参照签订建设工程施工合同时当地建设行政主管部门发布的计价方法或者计价标准结算工程价款。

建设工程施工合同有效，但建设工程经竣工验收不合格的，工程价款结算参照本解释第三条规定处理。

第二十条　当事人约定，发包人收到竣工结算文件后，在约定期限内不予答复，视为认可竣工结算文件的，按照约定处理。承包人请求按照竣工结算文件结算工程价款的，应予支持。

第二十一条　当事人就同一建设工程另行订立的建设工程施工合同与经过备案的中标合同实质性内容不一致的，应当以备案的中标合同作为结算工程价款的根据。

第二十二条 当事人约定按照固定价结算工程价款，一方当事人请求对建设工程造价进行鉴定的，不予支持。

6.2.6 本节疑难释义

竣工结算与竣工决算的区别

竣工结算是反映项目实际造价的技术经济文件，是建设单位进行经济核算的重要依据。每项工程完工后，承包商在向建设单位提供有关技术资料和竣工图纸的同时，都要编制工程结算，办理财务结算。工程结算一般应在竣工验收后一个月内完成。

项目的竣工决算是以竣工结算为基础进行编制的，它是在整个开发项目竣工结算的基础上，加上从筹建开始到工程全部竣工发生的其他工程费用支出。竣工结算是由承包商编制的，而竣工决算是由建设单位编制。通过竣工决算一方面能够正确反映开发项目的实际造价和投资成果；另一方面通过竣工决算和概算、预算、合同价的对比，考核投资管理的工作成效，总结经验教训，积累技术经济方面的基础资料，提高未来建设工程的投资效益。

6.3 建设项目质量保修制度

6.3.1 质量保修制度的概念和内容

1. 质量保修制度的概念

建设工程质量保修制度是指建设工程在办理竣工验收手续后，在规定的保修期限内，因勘察、设计、施工、材料等原因造成的质量缺陷，应当由施工承包单位负责维修、返工或更换，由责任单位负责赔偿损失。其中，质量缺陷是指工程不符合国家或行业现行的有关技术标准、设计文件以及合同中对质量的要求等。

2. 质量保修制度的内容

健全、完善的建设工程质量保修制度，对于促进施工单位加强质量管理，保护消费者合法权益具有非常重要的意义。我国建筑法明确规定建筑工程实行质量保修制度，并对保修范围和保修期限作了规定。《建设工程质量管理条例》进一步规定，建设工程承包单位在向建设单位提交工程竣工验收报告时，应当向建设单位出具质量保修书，并明确规定了质量保修书的书面形式及主要内容，要求质量保修书中应当明确建设工程的保修范围、保修期限和保修责任等。本书将在本节详细介绍质量保修制度的各项内容。

（1）建设工程质量保修书

建设工程质量保修书是一项书面保修合同，是施工合同的附属合同，是施工单位对竣工验收的建设工程承担保修责任的承诺，由施工单位出具并应在其向建设单位提交工程竣工验收报告时一并提交。

建设工程质量保修书应当包括：保修范围及内容、保修期、保修责任、保修金支付方法等，通常还应当包括纠纷解决方式，尤其是有关保证金的支付与返还，详述见下文。另外，为保障保修责任的顺利落实，建设单位还可以要求施工单位明确有关具体的保修措施和规定，如保修的办法、人员和联络方式、答复和处理时限以及不履行保修责任时的责任承担等。同时，施工单位通常出于自我保护，也会强调，对于因建设单位或用户使用不当或擅自改动结构、设备位置或不当装修和使用等造成的质量问题，其不予承担保修责任，且由此造成的损失应由责任人承担相应责任。

（2）质量保修范围

质量保修范围和保修期是建设工程质量保修书的主要条款，同时也是施工合同的主要条款，因此，明确、合理的质量保修范围和质量保修期对保修责任的顺利履行具有保障作用。

我国建筑法规定，建筑工程的保修范围应当包括地基基础工程、主体结构工程、屋面防水工程和其他土建工程，以及电气管线、上下水管线的安装工程，供热、供冷系统工程等项目。除此之外，建设单位和施工单位可以对其他保修项目进行更为详细的规定。

（3）质量保修期限

《建设工程质量管理条例》第40条对建设工程的最低保修期限作了明确规定，并规定最低保修期限自竣工验收合格之日起计算。其中，基础设施工程、房屋建筑的地基基础工程和主体结构工程的最低保修期限为设计文件规定的该工程的合理使用年限；屋面防水工程、有防水要求的卫生间、房间和外墙面的防渗漏，其最低保修期限为5年；供热与供冷系统的最低保修期限为2个采暖期、供冷期；电气管线、给排水管道、设备安装和装修工程的最低保修期限为2年；其他项目的保修期限由发包方和承包方约定❶。

对于此处提到的其他项目的保修期限，发包方和承包方应当在不违反《建筑法》要保证建筑物在合理寿命年限内正常使用和维护使用者的原则下，对保修项目以及对应的保修期限、保修期限的起始日期等具体内容进行协商并作出明确约定。

质量保修期的起始日是竣工验收合格之日，即建设项目竣工验收合格且各方签收竣工验收文本之日。若建设行政主管部门或者其他有关部门依法责令停止使用，要求重新组织

---

❶ 参见《建设工程质量管理条例》第40条之规定，在正常使用条件下，建设工程的最低保修期限为：（一）基础设施工程、房屋建筑的地基基础工程和主体结构工程，为设计文件规定的该工程的合理使用年限；（二）屋面防水工程、有防水要求的卫生间、房间和外墙面的防渗漏，为5年；（三）供热与供冷系统，为2个采暖期、供冷期；（四）电气管线、给排水管道、设备安装和装修工程，为2年。其他项目的保修期限由发包方与承包方约定。建设工程的保修期，自竣工验收合格之日起计算。

竣工验收的，保修期的起始日为各方都认可的重新组织竣工验收的日期。但是，住宅对用户的保修期应当从房屋出售之日起计算。另外值得注意的是，对于需要试运行的特殊工程，由于工程竣工验收是在试运行期满符合验收条件后实施的，因此，质量保修期依然始于竣工验收合格之日，与工程试运行期间无关。

（4）质量保证金（保修金）

按照《建设工程质量保证金管理暂行办法》的立法精神，质量保证金和保修金是同一个概念，指发包人与承包人在建设工程承包合同中约定，从应付的工程款中预留，用以保证承包人在缺陷责任期内对建设工程出现的缺陷进行维修的资金。其中，缺陷是指建设工程质量不符合工程建设强制性标准、设计文件以及承包合同的约定。

缺陷责任期是由发、承包双方在合同中自行约定的，一般为六个月、十二个月或者二十四个月，从工程通过竣工验收之日起计算，由于承包人原因导致工程无法按规定期限进行竣工验收的，从实际通过竣工验收之日起计。由于发包人原因导致工程无法按规定期限进行竣工验收的，在承包人提交竣工验收报告90天后，工程自动进入缺陷责任期。此处的缺陷责任期并不同于质量保修期，往往比质量保修期要短，是由双方自行约定的，而质量保修期限有法律的强制性规定。

缺陷责任期内，由承包人原因造成的缺陷，承包人应负责维修，并承担鉴定及维修费用。如承包人不维修也不承担费用，发包人可按合同约定扣除保证金，并由承包人承担违约责任。承包人维修并承担相应费用后，不免除对工程的一般损失赔偿责任。由他人原因造成的缺陷，发包人负责组织维修，承包人不承担费用，且发包人不得从保证金中扣除费用。

缺陷责任期满后，承包人有权要求发包人返还保证金，发包人在收到返还保证金的申请后，应当于14日内会同承包单位按照合同约定进行验收核实，若无异议，则应在核实后14日内将保证金返还给承包人。逾期支付的，从逾期之日起，按照同期银行贷款利率计付利息，并承担违约责任。发包人在接到承包人返还保证金申请后14日内不予答复，经催告后14日内仍不予答复的，视同认可承包人的返还保证金申请。

（5）质量保修程序

建设工程在质量保修期限和保修范围内发生质量问题的，应当由建设单位或者建筑所有人、使用人向施工单位发出保修通知，施工单位接到保修通知后应到现场进行核查，并在保修书约定的时间内予以保修；而对于比较紧急或者严重的质量问题，如发生涉及结构安全或者严重影响使用功能的紧急抢修事故时，施工单位接到保修通知后应立即到达现场抢修。除此之外的质量问题，则通常先由建设单位组织勘察、设计、施工等单位分析产生质量问题的原因，确定保修方案，再由施工单位予以实施。

另外，对于发生涉及结构安全的质量缺陷的，建设单位或者建筑所有人还应当立即向当地建设行政主管部门报告，采取安全防范措施，并由原设计单位或者具有相应资质等级的设计单位提出保修方案，施工单位实施保修，原工程质量监督机构负责监督。

保修完成后，由建设单位或者建筑所有人组织验收。对于涉及结构安全的，还应当报当地建设行政主管部门备案。

施工单位不按工程质量保修书约定保修的，建设单位可以另行委托其他单位保修，由原施工单位承担相应责任。此外，施工单位不履行保修义务或者拖延履行保修义务的，建设行政主管部门有权责令其改正，并处以 10 万元以上 20 万元以下的罚款。

（6）质量保修责任

建设工程在质量保修范围和保修期限内出现质量问题的，施工单位必须履行保修义务，由此产生的费用及造成的损失先由施工单位承担，但最终应当由责任者予以承担。如若是因施工单位未按有关规范、标准和设计要求施工而造成的质量缺陷，则由施工单位承担经济责任；而由于设计方面的原因造成的质量缺陷，则由施工单位通过建设单位向设计单位索赔；由于建筑材料、构配件和设备质量不合格引起的质量缺陷，则由采购方（施工单位/建设单位）承担经济责任；因建设单位或监理单位错误管理造成的质量缺陷，经济责任由建设单位承担，属于监理单位责任的，由建设单位向监理单位索赔；因使用单位使用不当造成的损坏，经济责任由使用单位自行承担；而由自然灾害引发的损坏，经济责任由建设参与各方根据国家具体政策予以分担。总之，对于因工程质量问题造成的直接损失，以及因工程质量问题给使用人或者第三人造成的财产或非财产损失等间接损失，均应当按照责任大小由责任者按比例承担经济责任。

此外，依据最高院《关于审理建设工程施工合同纠纷案件适用法律问题的解释》，因保修人即施工单位未及时履行保修义务，导致建筑物毁损或者造成人身、财产损害的，保修人应当承担赔偿责任。保修人与建筑物所有人或者发包人对建筑物毁损均有过错的，各自承担相应的责任。同时，依据我国《建筑法》，施工单位不履行保修义务或者拖延履行保修义务的，相关行政主管机关可以处以罚款，且对于在保修期内因屋顶、墙面渗漏、开裂等质量缺陷造成的损失，施工单位应当承担赔偿责任。

6.3.2 建设单位（甲方代表）在实践中的风险点及防控建议

1. 建设项目未经验收就直接投入使用

实践中，很多建设项目尤其是厂房类自用建筑，建设单位未经验收就擅自使用的情形比比皆是。依照相关法律规定，保修期的起始日期是竣工验收合格之日，但依据相关判例，建设项目未经验收就投入使用的，并不排除工程保修期内的保修责任，此时的保修期限起始于竣工之日，即建设工程移转占有之时。顾名思义，对于此种情形，若处于保修范围内的质量问题出现较晚，距离建设工程移转占有的时间已超过法定或约定的保修期限，即便该质量问题的存在本来就是基于其不符合验收标准，其也将不能享有保修制度的利益。

【防控建议】

结合本章第一节中有关建设项目未经验收就擅自投入使用的法律风险，及本节案例一对有关风险的解释，防控上述风险的最直接办法就是组织竣工验收，若从早日投产获取经济效益考虑的话，建设单位可以结合实际情况进行分部验收。

2. 商品房等建设项目交付时保修期已届满

依照法律规定，建设项目的保修期自竣工验收合格之日起计算。但实践中，商品房等工程自竣工验收合格至交付使用期间可能经历较长时间，因此可能出现商品房交付时保修期已经或者即将届满的情形，此时若出现质量问题将很难得到妥善解决。

【防控建议】

针对商品房等诸如此类的建设工程，只要建设单位意识到该建设项目从竣工验收合格到投入使用将间隔很长时间，就应当在合同中对保修期的起算时间进行约定，如，约定保修期自工程竣工验收合格并交付之日起计算，从而真正获得保修制度应有的经济效益。

3. 承包单位怠于履行保修义务

发生保修范围内的保修事项后，建设单位应当向承包人发出保修通知，承包人接到保修通知后应当按照合同约定的时间积极履行保修义务，但实践中，承包方往往怠于履行保修义务，导致建设单位处于非常被动的局面。

【防控建议】

为有效解决此情形，建设单位可在合同中进行以下约定：（1）承包人应在接到保修通知后24小时内进行维修，逾期履行保修义务的，承包人应按日向甲方支付一定金额的违约金；（2）承包人不履行或因不可抗力等客观情况无法在规定时间内履行维修义务的，承包人应通知建设单位，建设单位有权选择其他任何第三方进行维修，第三方维修产生的费用将从工程款或者保修金中予以扣除，不足部分，有权向承包人追偿；（3）对于因承包人不及时履行保修义务而造成的人身、财产损害，应当由承包人承担赔偿责任。另外，建设单位还可要求承包人在合同中明确负责质量保修的具体人员及联系方式。同时，为了便于证明时间节点，还应在合同中明确约定保修通知的通知及送达方式，并应注意保存发出保修通知的证据。

4. 承包人履行保修义务引发其他损坏

实践中，承包人在履行保修义务时可能存在野蛮施工或其他意外情形，从而导致保修范围外的任何其他设施遭受损坏，此时应由承包人负责维修并承担维修费用及相关赔偿责任。

【防控建议】

为避免由此产生的纠纷，建设单位应当对承包人的保修行为进行严格验收，并在约定时间内通知承包人，并做好相关证据的留存。

6.3.3 典型案例评析之一：擅用未经竣工验收的工程，并不排除保修期内的保修责任，但保修期限始于建设工程移转占有之时

××药业集团上海制药有限公司与上海
××防水保温工程有限公司建设工程施工合同纠纷上诉案

原告：××药业集团上海制药有限公司

被告：上海××防水保温工程有限公司

案情梗概：

2010 年 8 月 31 日，原、被告双方签订防水工程承包专用合同，约定由被告承包原告生产厂房房顶防水工程。合同约定，原告接被告通知 7 天内安排工程验收，逾期不验收，即做验收合格处理；工程竣工验收后保用 3 年，在保用期内因施工质量引起渗漏，由被告负责无偿修复。

涉案工程完工后，原告没有经过竣工验收即擅自使用。在使用涉案工程 1 年后，发现涉案厂房屋顶防水工程施工质量不符合约定的质量验收标准，造成屋面多处渗漏水。考虑到梅雨季节多雨的实际情况，为避免漏水电路受湿引发火灾的发生，对其造成更重大的财产经济损失，原告申请自行将涉案层面漏水进行修复。现原告请求判令被告赔偿原告因此花费的修理费 10 万元。

法院审理和判决：

法院审理认为，原、被告签订的防水工程承包专用合同系双方真实意思表示，合法有效，对双方均有约束力。本案中，涉案工程完工后，原告没有经过竣工验收即擅自使用，依据建设工程施工合同司法解释第 14 条第 3 款规定之精神，可视为涉案工程已经竣工验收并交付使用，但不能排除被告在涉案工程保修期内的修复义务。被告应于本判决生效之日起 10 日内支付原告修复费用人民币 100000 元。

案例评析：

依据相关法律规定，建设工程未经竣工验收就擅自投入使用将产生三个法律后果：① 不得以使用部分质量不符合约定为由主张权利；②移转占有建设工程之日为竣工日期；③ 自投入使用之时，风险由承包人转给建设单位。

本案中虽然建设单位未经验收即擅自使用建设工程，但其不仅将不得以使用部分质量不符合约定为由主张权利，且其提前占有将导致竣工日期提前至移转占有之时，同时其还将承担该项目的风险，这是建设单位擅自使用未经验收合格的建设工程所需承担的法律后果，而保修制度的意义在于促进承包人加强质量监管，保护用户及消费者的合法权益。

依据建设工程施工合同司法解释第 14 条第 3 款❶之规定，发包人擅自使用未竣工验收工程的，竣工日期提前至移转占有之时。可见，此时工程视为已交付，发包人提前承担工程经验收之后的法律后果，承包人请求发包人支付工程款时，发包人不得以尚未竣工验收为由进行抗辩。再反观该司法解释第 13 条之规定：因发包人擅自使用未经验收的工程，可视为工程交付提前完成且工程验收合格，发包人承担工程经合法验收之后的法律后果。因此，建设单位擅自使用未经验收的建设工程只是提前了竣工验收合格的时间，其需要承担的法律后果包括：行政处罚；导致风险提前转移；不得以使用部分质量不符合约定为由对抗承包人支付工程款的请求。其在承担负面法律后果的同时也应当享有工程竣工验收合格之后的相关权益，同时结合保修制度的意义，认为擅自使用未经竣工验收的工程，并不排除工程保修期内的保修责任，但保修期限起始于竣工之日，即建设工程移转占有之时。

6.3.4 典型案例评析之二：在双方自愿的基础上，建设单位和承包方可协商约定建设工程的质量保修期及保修金

××藏族自治县电影发行放映公司与

××藏族自治县建筑工程公司等建设工程施工合同纠纷再审案

抗诉机关：甘肃省人民检察院。

申诉人（原审被告）：××藏族自治县电影发行放映公司。

被申诉人（原审原告）：××藏族自治县建筑工程公司。

被申诉人（原审原告）：××藏族自治县建筑工程公司第六项目部。

案情梗概：

2004 年 3 月，原审原告建筑公司中标承建某联建综合住宅楼，双方签订了《建设工程施工合同》。关于工程款的支付约定为，开工 30 日内预付工程总价款的 20%～30%，基础完工支付 10%，主体完成一层支付 5%等，除保修金外工程竣工验收后一月内付清全部工程款。该工程于 2004 年 11 月通过验收，以合格工程交付。之后原审被告电影公司未能按约支付工程款，原告起诉要求支付剩余工程价款。

原审法院认为：

双方签订的《建设工程施工合同》及工程有关约定系双方真实意思表示，符合有关法律规定，应受法律保护。且合同签订后，原告依据双方约定修建了综合住宅楼并经竣工验

---

❶ 《最高人民法院关于审理建设工程施工合同纠纷案件适用法律问题的解释》第 14 条："当事人对建设工程实际竣工日期有争议的，按照以下情形分别处理：（一）建设工程经竣工验收合格的，以竣工验收合格之日为竣工日期；（二）承包人已经提交竣工验收报告，发包人拖延验收的，以承包人提交验收报告之日为竣工日期；（三）建设工程未经竣工验收，发包人擅自使用的，以转移占有建设工程之日为竣工日期。"

收，原告已履行了自己的合同义务，被告未按合同约定支付剩余工程款已构成违约，被告理应按照双方的约定偿付原告剩余工程款，并对双方工程欠款等作出判决。

甘肃省人民检察院抗诉认为：

武威中院判决电影公司偿付建筑公司工程欠款1468732元违反了双方当事人的约定。双方《建设工程施工合同》明确约定：扣除2‰保修金外工程竣工验收后一月内付清全部工程款，保修期满20天内承包人付清剩余保修金。双方在《工程质量保修书》中关于质量保修期的约定是结合具体工程分别约定的，如土建工程终身保修，屋面防水工程十年，还有室外的上下水一年的约定等，而武威中院判决却在保修期未满的情况下将保修金一并包括在工程欠款之内要求电影公司支付，则是将当事人约定的保修金排除在外，导致判决结果错误。

被申诉人建筑公司及项目部辩称：双方对工程土建部分的保修期限约定为"终身保修"，违反了《建设工程质量保证金管理暂行办法》第二、三条的有关规定，且除土建工程和屋面防水外，其他项目的保修期已到。

再审法院查明：建筑公司和电影公司于2003年3月26日签订的《工程质量保修书》约定了工程质量的保修范围和内容以及具体的保修期，其中土建工程为终身保修，屋面防水为10年，电气管线、上下水管线安装工程为2年，供热及供冷为两个采暖期及供冷期，室外的上下水和小区道路等市政公用工程为1年；还约定了工程承包人向发包人支付工程质量保修金10万元，不计利息；发包人在质量保修期满14天内将剩余保修金返还承包人。

再审法院认为，双方签订的《建设工程施工合同》和《工程质量保修书》合法有效，应受法律保护。关于被申诉人抗辩所提《工程质量保修书》违反了《建设工程质量保证金管理暂行办法》第二、三条的问题，本案合同签订于2004年3月26日，该办法是财政部和建设部2005年1月12日发布的规章，不具有溯及力，不适用本案；况且该办法第二条是解释性条款，第三条是倡导性条款，都并非强制性规定。根据《工程质量保修书》的约定，涉案工程的保修金金额为100000元，应当由承包人付给发包人，保修期满14天返还；保修期限分别约定，其中土建工程终身保修，屋面防水为10年，其他部分1至2年不等。双方当事人应当按照《工程质量保修书》的约定履行自己的义务，建筑公司应支付电影公司100000元保修金。由于《工程质量保修书》中并未将100000元保修金针对具体保修项目分项计算，因此，在至今确有部分项目保修期已满的情况下，也无法具体确定每个保修项目所对应的保修金额从而予以扣除。该保修金的返还可由双方当事人协商确定或另行起诉解决。

法院审理与判决：

变更武威市中级人民法院（2007）武中民初字第33号民事判决第一项，在应付工程价款中扣减了工程质量保修金。

案例评析：

《建设工程质量保证金管理暂行办法》第2条第3款规定，缺陷责任期一般为六个月、十二个月或二十四个月，具体可由发、承包双方在合同中约定。可见，该条明确规定缺陷责任期可由双方当事人自由协商，另行约定。该办法第 3 条规定发包人应当与承包人在合同条款中对涉及保证金的下列事项进行约定：（一）保证金预留、返还方式；（二）保证金预留比例、期限；（三）保证金是否计付利息，如计付利息，利息的计算方式；（四）缺陷责任期的期限及计算方式；（五）保证金预留、返还及工程维修质量、费用等争议的处理程序；（六）缺陷责任期内出现缺陷的索赔方式。从条文内容看，此条文为倡导性条款，并无强制性。同时，《建设工程质量管理条例》等相关法律法规对建设工程质量保修期也只是规定了最低年限，因此，对于建设工程的质量保修期及保修金完全可以由建设单位和承包方进行协商，针对建设项目的不同部分完全可以分别约定不同的保修期，从不同角度考虑，也可以分别约定相应的保修金。

6.3.5　相关法律与技术标准（重要条款提示）

针对本节所面临的风险点，建设单位应注意以下相关法律法规、部门规章及其他规范性文件的条文规定。

1. 法律

《中华人民共和国建筑法》

第 62 条 建筑工程实行质量保修制度。建筑工程的保修范围应当包括地基基础工程、主体结构工程、屋面防水工程和其他土建工程，以及电气管线、上下水管线的安装工程，供热、供冷系统工程等项目；保修的期限应当按照保证建筑物合理寿命年限内正常使用，维护使用者合法权益的原则确定。具体的保修范围和最低保修期限由国务院规定。

第 75 条 建筑施工企业违反本法规定，不履行保修义务或者拖延履行保修义务的，责令改正，可以处以罚款，并对在保修期内因屋顶、墙面渗漏、开裂等质量缺陷造成的损失，承担赔偿责任。

2. 司法解释

《最高人民法院关于审理建设工程施工合同纠纷案件适用法律问题的解释》

第 27 条 因保修人未及时履行保修义务，导致建筑物毁损或者造成人身、财产损害的，保修人应当承担赔偿责任。保修人与建筑物所有人或者发包人对建筑物毁损均有过错的，各自承担相应的责任。

3. 法规

《建设工程质量管理条例》

第 39 条　建设工程实行质量保修制度。

建设工程承包单位在向建设单位提交工程竣工验收报告时，应当向建设单位出具质量保修书。质量保修书中应当明确建设工程的保修范围、保修期限和保修责任等。

第 40 条　在正常使用条件下，建设工程的最低保修期限为：

（一）基础设施工程、房屋建筑的地基基础工程和主体结构工程，为设计文件规定的该工程的合理使用年限；

（二）屋面防水工程、有防水要求的卫生间、房间和外墙面的防渗漏，为 5 年；

（三）供热与供冷系统，为 2 个采暖期、供冷期；

（四）电气管线、给排水管道、设备安装和装修工程，为 2 年。

其他项目的保修期限由发包方与承包方约定。

建设工程的保修期，自竣工验收合格之日起计算。

第 41 条　建设工程在保修范围和保修期限内发生质量问题的，施工单位应当履行保修义务，并对造成的损失承担赔偿责任。

第 42 条　建设工程在超过合理使用年限后需要继续使用的，产权所有人应当委托具有相应资质等级的勘察、设计单位鉴定，并根据鉴定结果采取加固、维修等措施，重新界定使用期。

4. 部分规章

《建设工程质量保证金管理暂行办法》

第 2 条　本办法所称建设工程质量保证金（保修金）（以下简称保证金）是指发包人与承包人在建设工程承包合同中约定，从应付的工程款中预留，用以保证承包人在缺陷责任期内对建设工程出现的缺陷进行维修的资金。

缺陷是指建设工程质量不符合工程建设强制性标准、设计文件，以及承包合同的约定。

缺陷责任期一般为六个月、十二个月或二十四个月，具体可由发、承包双方在合同中约定。

第 10 条　发包人在接到承包人返还保证金申请后，应于 14 日内会同承包人按照合同约定的内容进行核实。如无异议，发包人应当在核实后 14 日内将保证金返还给承包人，逾期支付的，从逾期之日起，按照同期银行贷款利率计付利息，并承担违约责任。发包人在接到承包人返还保证金申请后 14 日内不予答复，经催告后 14 日内仍不予答复，视同认可承包人的返还保证金申请。

6.3.6　本节疑难释义

建设工程未经竣工验收，发包方擅自使用后，又以使用部分质量不符合约定为由主张权利的，承包人在质量保修期内依然应当承担保修责任，具体分析见本节经典案例评析之一。

根据建设工程施工合同司法解释第 13 条的规定，建设工程未经竣工验收，发包方擅自使用后，又以使用部分质量不符合约定为由主张权利，不予支持。对于本条款的理解，理论界有两种理解：其一，发包人擅自使用的，视为发包人认可工程质量，或者对于工程质量不合格的，其自愿承担质量责任。故此，应当排除承包人的保修责任。其二，发包人擅自使用未经竣工验收的工程，只意味着该工程已经竣工验收并交付使用，但不能排除在工程保修期内的保修责任。根据查询的相关判决，实务界通常采取第二种理解。

6.4　建设项目档案管理

6.4.1　建设项目档案管理的概念

建设项目档案是指从工程项目的提出、调研、评议、决策、规划、征地、拆迁、勘测、设计、施工、生产准备、竣工投产、交付使用全过程形成的应当归档保存的文字、图纸、图表、计算、声像等各种形式的文件材料❶。

确切地说，建设项目档案管理包括以档案行政管理部门为主体的行政管理和以建设单位为主体的管理，本节介绍的为后者，即建设单位随着项目的建设进程同步进行的对建设项目档案资料的整理与归档。从时间上分析，档案管理从建设项目申请立项时即应开始进行，到建设项目竣工验收时，该项目的文件材料归档和验收工作应当完成。从主体上分析，档案管理的主体是建设单位，但是项目建设过程中，包括建设单位、工程总承包单位、工程建设现场指挥机构、勘察设计单位、施工单位等参与主体应当在各自的职责范围内搞好建设项目文件材料的形成、积累、整理、归档和保管工作。并将属于建设单位归档范围的档案资料，按时整理、移交建设单位。

6.4.2　建设项目档案管理的主要内容

一般建筑物的设计年限是 50 年，重要的建筑物可以达到 100 年。在建筑物使用期间，对建筑物进行改建、扩建或拆除，以及在其周边进行建设等都要参考原始的勘察、设计、施工资料。因此，管理好基本建设项目的档案资料，确保档案资料的完整、准确、安全和有效利用是非常必要的。

依据我国相关法律规定，建设单位有义务按照有关档案管理的规定，及时收集并整理

---

❶ 参见《基本建设项目档案资料管理暂行规定》第 2 条第 1 款之规定，基本建设项目档案资料是指在整个建设项目从酝酿、决策到建成投产（使用）的全过程中形成的、应当归档保存的文件，包括基本建设项目的提出、调研、可行性研究、评估、决策、计划、勘测、设计、施工、调试、生产准备、竣工、试生产（使用）等工作活动中形成的文字材料、图纸、图表、计算材料、声像材料等形式与载体的文件材料。

建设项目各环节产生的文件资料，建立、健全建设项目档案，并应在建设工程竣工验收后三个月内，向城建档案馆移交一份符合规定的工程建设项目档案原件。凡建设工程档案不齐全的，应当限期补充。而对于停建、缓建工程的档案，暂由建设单位保管；对于撤销单位的建设工程档案，应当向上级主管机关或者城建档案馆移交❶。此外，对改建、扩建和重要部位维修的工程，建设单位应当组织设计、施工单位据实修改、补充和完善原建设工程档案。凡结构和平面布置等改变的，应当重新编制建设工程档案，并在工程竣工后三个月内向城建档案馆报送❷。

通常，建设项目的档案包括勘察、设计、施工的档案资料，具体包括：①立项依据审批文件；②征地、勘察、测绘、设计、招投标、监理文件；③项目审批文件；④施工技术文件和竣工验收文件；④竣工图。

6.4.3　建设单位（甲方代表）在实践中的风险点及防控建议

1. 建设工程竣工验收后，建设单位未按规定移交建设项目档案

出现这种情况的原因通常包括两种，一是建设项目本身的档案资料不全，未达到建设项目档案的标准；二是建设单位怠于履行该义务。但无论如何，依据相关法律法规，建设工程竣工验收后，若建设单位未向建设行政主管部门或者其他有关部门移交建设项目档案，相关部门有权责令其改正，并有权处 1 万元以上 10 万元以下的罚款。

【防控建议】

针对出现上述风险点的第一种原因，本书建议建设单位从以下几个方面着手以避免相关风险：

首先，在与承包方签订合同时，明确承包方为义务主体，确定档案移交的形式和途径，并要求双方分别指定具体的档案交接人员及联系方式。

其次，建立完备的档案管理制度，明确规定建设项目各阶段承包方应当移交的相关材料，并要求资料人员严格登记制度，做到资料交接责任明细到人，以免事后甲乙双方互相推诿责任。

最后，向有关部门移交档案资料既然是建设单位的法定义务，建设单位就应当明晰完备的档案资料具体包括哪些以及对应的形式，若出现施工过程中因故需变更图纸等情况，应事先获得相关审批。

---

❶　参见《城市建设档案管理规定》第 6 条之规定：建设单位应当在工程竣工验收后三个月内，向城建档案馆报送一套符合规定的建设工程档案。凡建设工程档案不齐全的，应当限期补充。停建、缓建工程的档案，暂由建设单位保管。撤销单位的建设工程档案，应当向上级主管机关或者城建档案馆移交。

❷　参见《城市建设档案管理规定》第 7 条之规定：对改建、扩建和重要部位维修的工程，建设单位应当组织设计、施工单位据实修改、补充和完善原建设工程档案。凡结构和平面布置等改变的，应当重新编制建设工程档案，并在工程竣工后三个月内向城建档案馆报送。

另外，鉴于建设单位通常从项目初始就容易忽视建设项目档案管理，本书建议从项目立项建议书阶段就应当将此项费用进行明确预估以引导后面的环节必须对此予以重视。

实务中较实用的一种做法是，建设单位提前组织施工方、专业分包、监理等各方分别进行资料整理，并提前向所在地档案馆索要"资料移交清单"，有针对性地逐项准备。

而对于第二种原因，建设单位则应明确该风险点下的行政处罚并在规定时间内移交档案积极避免相关风险。

2. 签订建设工程施工合同时，未对建设项目档案管理和移送进行明确约定

实践中，甲乙双方签订合同时总是过于"世故"，关注点往往都围绕在施工本身，而对于建设项目档案管理、移送等事项却不以为然，最终导致建设单位在向有关主管部门移交建设项目档案时陷入被动局面，也即上一风险点提到的第一种情况。之所以会出现这种情况，是因为双方在签订施工合同时，未明确建设项目档案资料的提供主体、提供内容、提供方式、移交时间、相关费用、责任认定等具体内容，从而为双方互相推诿责任埋下了风险。比如对于竣工图究竟应当由施工单位提供还是设计单位提供一直是一个容易发生纠纷的争议点，但若建设单位在与上述任何一方主体签订合同时对此内容进行了明确，就可以有效防止纠纷的发生。

【防控建议】

在施工合同中明确约定建设项目档案资料的提供主体、提供内容、提供方式、移交时间、相关费用、责任认定等具体内容，并要求双方分别指定具体的档案交接人员及联系方式。

6.4.4　典型案例评析：建设资料归档属于建设单位的义务，若双方未就资料移交、整理等进行明确规定，建设单位将自担风险

安徽××置业有限公司与浙江××建设有限公司建设工程施工合同纠纷上诉案

上诉人（一审原告）：安徽××置业有限公司。

被上诉人（一审被告）：浙江××建设有限公司。

案情梗概：

2005 年 11 月 18 日，一审原告××置业公司与被告××建设公司签订了一份《建设工程施工合同》及《工程承包协议书》，约定由被告××建设公司承建蚌埠市华夏第一街区家乐福大卖场、数码广场的土建及安装工程，并对竣工日期、工程款的支付及违约责任等进行了约定。

2007 年 9 月 30 日，双方签订了一份《协议书》，就办理备案等事宜达成协议。《协议书》第四条约定：乙方应在数码广场和地下车库工程决算完毕（不含争议部分），并经双方

认可的同时向甲方移交数码广场和地下车库工程备案登记的所有相关手续，否则，每迟延一天，乙方应向甲方支付数码广场和地下车库工程项目未付工程款相当于银行同期贷款利率3倍的违约金（甲方原因导致延期的除外）。《协议书》签订当日，双方确认数码广场工程已经完成竣工验收程序，并正式移交××置业公司使用。

2008年9月4日，一审原告××建设公司向被告××置业公司移交了质量控制资料，除竣工图纸外，其他资料基本符合要求。竣工图纸未提交的原因是"甲方变更图纸无审图章，变更部分资料未核查"。

2009年4月13日，蚌埠市建筑管理局下发了建管质〔2009〕72号《关于限期办理工程竣工验收备案手续的通知》，认为××置业公司负责建设的数码广场工程竣工后，未按国家规定时限办理工程竣工验收备案手续，要求尽快整改，于2009年4月30日前将竣工验收备案文件报该局备案。2009年9月24日，双方向蚌埠市建筑管理局提交申请报告称：因各种原因造成此项目"工程竣工验收报告"、"工程竣工验收备案表"丢失，申请予以补办。

一审法院认为：

数码广场工程的竣工备案资料欠缺"工程竣工验收报告"、"工程竣工验收备案表"及竣工图纸。根据建设部制定的《房屋建筑和市政基础设施工程竣工验收备案管理办法》第四条的规定，工程备案属于建设方某置业公司的义务。"工程竣工验收备案表"系××置业公司申请办理竣工备案时应向备案机关提交的材料，不属于××建设公司制作保存的资料，要求××建设公司提供该资料没有依据。根据双方合同约定，"工程竣工验收报告"是工程具备竣工验收条件的情况下承包人向发包人提供的报告，发包人收到后组织有关单位验收。双方于2007年9月30日确认数码广场工程已经完成竣工验收程序，因此可以认定该报告已经提交某置业公司。根据国务院《建设工程质量管理条例》第十七条的规定，档案的保管责任在××置业公司，在上述两项资料丢失原因不明的情况下，应当由××置业公司承担责任。在应当由××建设公司提供的质量控制资料中欠缺竣工图纸。国务院《建设工程质量管理条例》第十一条规定：建设单位应当将施工图设计文件报县级以上人民政府建设行政主管部门或者其他有关部门审查。施工图设计文件未经审查批准的，不得使用。双方认可竣工图纸未提供的原因是因某置业公司变更图纸无审图章，变更部分资料未核查。因此竣工图纸未提供的责任并不在某建设公司。双方约定因××置业公司的原因导致备案迟延的，××建设公司无需承担责任。综上，备案资料不全的原因并非××建设公司造成，××置业公司要求××建设公司承担违约责任不符合双方合同约定，不应予以支持。

××置业公司不服一审判决，提出上诉，主要理由为：××建设公司违反2007年9月30日《协议书》的约定，拒绝移交数码广场、地下车库工程竣工备案资料，故意违约，应当按《协议书》的约定承担同期银行贷款利率3倍的违约金。

××建设公司在庭审中辩称：××建设公司在2008年9月4日已经将数码广场、地下车库工程的竣工备案资料全部移交给了××置业公司。

二审法院认为：

根据数码广场、地下车库工程《质量控制资料核查记录》及双方共同向蚌埠市建筑管理局提交的《申请报告》记载，数码广场工程竣工备案资料欠缺"工程竣工验收报告"、"工程竣工验收备案表"及竣工图纸，地下车库工程竣工备案资料欠缺竣工图纸，其余资料基本符合要求。"工程竣工验收备案表"不属于应当由××建设公司制作保存的资料，要求其提供没有依据。"工程竣工验收报告"应当由××建设公司向××置业公司提交，因为双方于2007年9月30日确认数码广场工程已经完成竣工验收程序，所以应当认定该报告已经提交给××置业公司，丢失的责任并不在××建设公司。数码广场和地下车库工程欠缺的竣工图纸，双方均认可未提供的原因在于××置业公司变更图纸无审图章，变更部分资料未核查，责任亦不在××建设公司。因此，××置业公司要求××建设公司承担竣工备案资料迟延交付的违约责任，支付同期银行贷款履行3倍的违约金的上诉理由不能成立，本院不予采信。

案例评析：

依据相关法律法规，及时收集、整理建设项目各环节的文件资料，建立、健全建设项目档案，并在竣工验收后及时向有关部门移交建设项目档案是建设单位的义务，承包方并无直接义务。因此，本案由于缺乏相关材料而无法办理备案登记等手续的责任无疑应当由建设单位来承担。但之所以会出现当资料不全时双方互相推诿责任的情形，是由于双方在资料移交、整理等方面未做好相关登记和统计工作，这时若出现资料不全情形，建设单位将承担相应的法律风险。

6.4.5　相关法律与技术标准（重要条款提示）

针对本节所面临的风险点，建设单位应注意以下相关法律法规、部门规章及其他规范性文件的条文规定。

1. 法规

《建设工程质量管理条例》

第17条　建设单位应当严格按照国家有关档案管理的规定，及时收集、整理建设项目各环节的文件资料，建立、健全建设项目档案，并在建设工程竣工验收后，及时向建设行政主管部门或者其他有关部门移交建设项目档案。

2. 部分规章

《城市建设档案管理规定》

第6条　建设单位应当在工程竣工验收后三个月内，向城建档案馆报送一套符合规定的建设工程档案。凡建设工程档案不齐全的，应当限期补充。

停建、缓建工程的档案，暂由建设单位保管。

撤销单位的建设工程档案，应当向上级主管机关或者城建档案馆移交。

第 7 条　对改建、扩建和重要部位维修的工程，建设单位应当组织设计、施工单位据实修改、补充和完善原建设工程档案。凡结构和平面布置等改变的，应当重新编制建设工程档案，并在工程竣工后三个月内向城建档案馆报送。

第 8 条　列入城建档案馆档案接收范围的工程，建设单位在组织竣工验收前，应当提请城建档案管理机构对工程档案进行预验收。预验收合格后，由城建档案管理机构出具工程档案认可文件。

第 9 条　建设单位在取得工程档案认可文件后，方可组织工程竣工验收。建设行政主管部门在办理竣工验收备案时，应当查验工程档案认可文件。

第 14 条　建设工程竣工验收后，建设单位未按照本规定移交建设工程档案的，依照《建设工程质量管理条例》的规定处罚。

《基本建设项目档案资料管理暂行规定》

第 2 条　基本建设项目档案资料是指在整个建设项目从酝酿、决策到建成投产（使用）的全过程中形成的、应当归档保存的文件，包括基本建设项目的提出、调研、可行性研究、评估、决策、计划、勘测、设计、施工、调试、生产准备、竣工、试生产（使用）等工作活动中形成的文字材料、图纸、图表、计算材料、声像材料等形式与载体的文件材料。

各有关单位要按照统一领导，统一管理档案的原则，管理好基本建设项目的档案资料，确保档案资料的完整、准确、安全和有效利用。

第 5 条　项目建设过程中，建设单位、工程总承包单位、工程建设现场指挥机构、勘察设计单位、施工单位应在各自的职责范围内搞好建设项目文件材料的形成、积累、整理、归档和保管工作。属于建设单位归档范围的档案资料，有关单位应按时整理、移交建设单位。

第 7 条　建设单位、工程总承包单位、工程现场指挥机构、施工单位、勘察设计单位必须有一位负责人分管档案资料工作，并建立与工程档案资料工作任务相适应的管理机构，配备档案资料管理人员，制定管理制度，统一管理建设项目的档案资料。施工过程中要有能保证档案资料安全的库房和设备。

第 12 条　竣工图是工程的实际反映，是工程的重要档案，工程承发包合同或施工协议中要根据国家对编制竣工图的要求，对竣工图的编制、整理、审核、交接、验收做出规定，施工单位不按时提交合格竣工图的，不算完成施工任务，并应承担责任。

第 13 条　施工单位要做好施工记录、检验记录、交工验收记录和签证等，整理好变更文件，按规定编制好竣工图。工程竣工验收前由主管部门、建设单位组织检查竣工图的质量，基本建设主管部门、施工企业的主管部门应检查施工单位编制施工档案的质量。

6.4.6　本节疑难释义

本章主要疑难在于对应予以归档的资料范围的定义，对此，本书建议建设单位依据当地相关档案管理部门的标准制定档案目录，并将此目录的相关内容和标准约定在施工合同中。

本章参考文献

[1]　陈正，李汉华．会诊工程法律纠纷疑难杂症：从招投标到竣工验收[M]．南京：东南大学出版社，2013.

[2]　中华人民共和国最高人民法院民事审判第一庭．最高人民法院民事案件解析(附指导案例)3：建设工程[M]．北京：法律出版社，2010.

[3]　最高人民法院民事审判第一庭编著．最高人民法院建设工程施工合同司法解释的理解与适用[M]．北京：人民法院出版社，2015.

[4]　最高人民法院研究室编．房地产司法解释的理解与适用[M]．北京：法律出版社，2011.

[5]　《最高人民法院司法解释小文库》编选组编．建设工程施工合同司法解释及相关法律规范[M]．北京：人民法院出版社，2005.

[6]　陈玉萍．房地产典型疑难案例诉讼全程实录：律师办案手记与案外思考[M]．北京：法律出版社，2013.

[7]　魏济民，朱小林．建设工程法律实务与案例精选[M]．北京：法律出版社，2012.

[8]　何红锋．建设工程施工合同纠纷案例评析(修订版)[M]．北京：知识产权出版社，2009.

[9]　纪婕．建设工程法律法规[M]．北京：清华大学出版社，2012.

[10]　李刚，李娜．建设工程全程法律风险控制[M]．北京：法律出版社，2011.

[11]　单建国，建设工程法律风险防范：建设工程律师20年精彩办案实录[M]．北京：法律出版社，2013.

[12]　全国一级建造师执业资格考试用书编写委员会．建设工程法规及相关知识[M]．北京：中国建筑工业出版社，2015.

本章案例来源：

1. 北大法宝网：http：//www. pkulaw. cn/
2. 中国裁判文书网：http：//wenshu. court. gov. cn/

第7章
工程质量后评价阶段风险防控实务

7.1　工程质量后评价基本概念

7.1.1　工程质量后评价的类别、标准、方法

建筑工程质量是指反映建筑工程满足相关标准规定或合同约定的要求，包括其在安全、使用功能及耐久性能、环境保护等方面所有明显和隐含能力的特性总和。工程质量后评价是指对已经完成的工程项目所进行的质量分析及评定。通过对工程项目全过程的检查总结，确定工程项目的质量目标是否达到，工程项目的实施是否合理有效，工程项目的主要技术指标是否实现，分析评价工程项目质量缺陷的原因，总结经验教训，并通过及时有效的信息反馈，为未来工程项目的决策和提高完善技术管理水平提出建议，同时也为被评工程项目实施运营中出现的问题提出改进建议，从而达到提高工程项目总体质量的目的。

工程质量后评价一般分为工程质量自评价和第三方评定两类。

工程质量自评价一般由建设单位组织进行，对已完成的工程项目进行质量评价，为工程项目结算提供依据，为预防工程项目可能产生的质量纠纷提供技术支持。

工程质量第三方评定一般由建设单位委托监理单位或第三方检测鉴定机构进行，主要是对工程项目施工质量进行的客观评价。当对工程项目的施工质量存疑或有争议时，第三方评定机构一般应具有法定资质，即由建筑工程质量司法鉴定机构来承担。

工程质量自评价，一般应按照《建筑工程质量评价标准》所列方法进行；而工程质量第三方评定，一般应按照《建筑工程施工质量验收统一标准》及其配套的专业工程质量验收规范的相应条款进行。

7.1.2　工程质量自评价

工程质量自评价一般由现场质保条件、检测、质量记录、实测及观感功能等项目组成。评价分为 A、B、C 三级或 A、C 两级。A 为 100％的标准值；B 为 80％的标准值；C 为60％的标准值。

1. 现场质保条件检查项目基本评价标准

有有关规章制度、方案、措施等文件，有审批程序，且方案切合实际、有针对性及可操作性，同时能认真落实，出现偏差能及时纠正的为 A；有有关文件，有审批方案且切合实际、有针对性，实施一般的为 B；有有关文件并有审批，内容及针对性及执行一般化的为 C。

2. 检测检查项目基本评价标准

检测项目一次检测达到设计及规范要求，有均质性指标的均差值达到优的为 A；经补救后检测或扩大二次检测达到要求，有均值性指标的均差值达到规定值的为 C。

3. 质量记录检查项目基本评价标准

材料、设备、构配件合格证、进场验收记录、试验报告、施工记录、施工试验资料、质量验收记录表及质量试验报告等资料真实、有效、完整，内容填写正确，分类整理规范，审签手续完整的为 A；资料真实、有效、完整、整理基本规范，审签手续完整的为 B；资料真实、有效，内容审签基本完整的为 C。

4. 实测检查项目基本评价标准

检查项目实测值都达到规定值，且有 80％项目的实测值平均值小于规定值的 80％时为 A；全部项目实测值达到规定值的为 B；当 80％项目实测值达到规定值，其余 20％值不大于规定值 1.5 倍（钢结构工程为 1.2 倍）的为 C。

5. 观感功能检查项目基本评价标准

将观感功能项目每项的评价分为好、一般、差。各项目都达到好的为 A；80％及以上项目达到好，其余项目为一般的为 B；50％及以上项目达到好，其余项目为一般，或个别项目经返修后达到一般的为 C。

7.1.3 工程质量第三方评定

工程质量第三方评定是由独立于业主、监理、承包人等参建主体单位的、具有法人资格的专业化检测鉴定机构承担，采取科学规范的运行模式，遵循公正、公开、公平的原则，为工程项目科学地采集数据，正确地评价检测结果。它与参建主体没有经济利益关系，没有"既当运动员，又当裁判员"的特殊地位。因此第三方质量检测鉴定机构在工程质量监督和检查中能发挥积极的作用，目前已成为国际上通行的工程质量评定惯例。

近年来我国基础建设投资规模逐渐扩大，政府主管部门对工程的监管面临更复杂的形势。2005 年 11 月起原建设部出台了《建设工程质量检测管理办法》，将检测工作从监督工作中分离出来，开始引入第三方检测机构参与工程质量检测。目前已有部分省、市已经应用第三方检测制度，但总体上尚处于试验和试行阶段。一般情况下，第三方检测鉴定机构首先需经过中国国家认证认可监督管理委员会（简称认监委）颁发的 CNAS 认可，而行政上则需通过国家质检总局颁发CMA认证，在进行具体行业检测业务时，还需经过其行业主管部门的授权。

在工程建设全过程中，工程质量第三方评定可能会贯穿于工程施工整个过程，涉及多个质量责任主体单位。而当对工程项目的施工质量存疑或有争议时，第三方评定机构一般应具有法定资质，即由建筑工程质量司法鉴定机构来承担。

建筑工程质量司法鉴定是基于传统工程检测鉴定技术、并具有"司法鉴识"特征的交叉专业领域。建筑工程质量司法鉴定是指依法取得有关建筑工程司法鉴定资格的司法鉴定机构和司法鉴定人受司法机关或当事人委托，运用建筑学理论和技术，对涉及诉讼活动的建筑工程质量、建筑材料和施工安全等与建筑工程相关的专门性问题进行鉴别和判定并提供鉴定意见的活动。

建筑工程质量司法鉴定业务范围一般包括：建筑工程质量评定、工程质量事故鉴定、建筑工程安全性鉴定、建筑工程灾损鉴定以及相关鉴定后的修复方案等。建筑工程按专业方向分为建筑、结构、给水排水、暖通、电气、设备、装修、防水、日照等诸多方向，而仅结构方向又分为住宅建筑、工业厂房、桥涵、公路、隧道、幕墙、特种结构等不同专业。

工程质量第三方评定，不论是第三方检测还是司法鉴定，委托人既可以是建设方，也可以是总包方，甚至还可以是分包方，不论谁来委托，检测机构或司法鉴定机构均应按照委托人的委托要求，按照《建筑工程施工质量验收统一标准》及其配套的专业工程质量验收规范的相应条款进行。

7.1.4 常规检测鉴定与司法鉴定的区别及特点

1. 常规检测鉴定与司法鉴定的区别

从概念上来看，建筑工程质量司法鉴定与一般工程质量检测、鉴定的主要区别就在于是否服务于诉讼活动。因此，在鉴定主体资格、启动程序、鉴定内容、鉴定意见形式等方面均有所区别。建筑工程质量司法鉴定，并非仅仅是由司法机关委托进行或是带有司法裁判的性质，其意义在于表明这种鉴定是在司法过程中开展的，即"服务于诉讼活动"，以此来区别于其他在非诉讼程序中开展的第三方检测、鉴定。另外，从检测、鉴定目的来看，常规的检测鉴定主要是针对在建工程的施工质量验收评定和既有结构的可靠性鉴定，基本上没有质量纠纷或争议，鉴定结论主要为程序验收或加固改造提供依据；而司法鉴定则多为诉争工程，"工程质量缺陷"往往是引起诉讼纠纷的症结所在，一般涉及的范围较广，大致可分为设计校核鉴定、材料优劣鉴定、施工质量鉴定、事故原因鉴定、结构损伤程度及安全性鉴定等等。

对于一般的检测鉴定，现场检测与质量评定都有现成规范、标准可循，如《钢结构设计规范》、《混凝土结构工程施工质量验收规范》、《砌体工程现场检测技术标准》等等；而在司法鉴定领域中，由于涉及诉讼，工程质量现场检测程序、方法及结果评定等目前国家尚未出台相关标准，实践中多参考一般的工程检测鉴定技术规范，但存在诸多问题，举例如下。

案例一：河南某市中级人民法院委托对某钢结构生产车间施工质量进行鉴定并提出解决方案。涉案工程为单层门式刚架结构体系，刚架共计 30 榀，若为一般钢结构鉴定项目，则应按照《钢结构工程施工质量验收规范》第 10.2.2 条的规定进行现场检测，随机抽查 10% 即可。但本案委托内容中不仅是判定工程质量有无问题，还要提出解决方案，因此现场不能采取抽检的方式，而应全数检测。现场向法院及当事人双方说明原因并经确认后，现场按全数检测的方案进行，当事人双方对现场检测程序、方法及鉴定结论均未提出异议。

2. 工程质量司法鉴定现场检测技术

（1）概述

在工程质量司法鉴定实践中，现场检测是非常重要的环节，检测方法、检测技术以及检测结果直接影响着鉴定结论的可靠程度。根据委托鉴定事项的不同，工程质量司法鉴定现场检测内容也不尽相同，一般情况下可分为材料力学性能及化学成分检测、外观质量检测、内部质量缺陷检测、构件轴线及尺寸检测、变形检测、节点连接检测、结构动力性能检测等。

（2）工程质量司法鉴定现场检测取样原则

工程质量司法鉴定项目，现场检测可采用全数检测或抽样检测。当采用抽样检测时，一般采用随机抽样或约定抽样的方法。如果采用约定抽样，应制定详细检测方案并由委托人和当事人双方共同确认。对于一般的现场随机抽样检测，抽检最小样本容量不应小于表 7.1.4 的限值。

现场抽样检测最小样本容量　　　　　　　　　　　　　　表 7.1.4

检验批的容量	最小样本容量			检验批的容量	最小样本容量		
	A	B	C		A	B	C
3～8	2	2	3	151～280	13	32	50
9～15	2	3	5	281～500	20	50	80
16～25	3	5	8	501～1200	32	80	125
26～50	5	8	13	1201～3200	50	125	200
51～90	5	13	20	3201～10000	80	200	315
91～150	8	20	32	—	—	—	—

注：1. 表中 ABC 为检测类别，检测类别 A 适用于一般施工质量检测，检测类别 B 适用于结构质量或性能的检测，检测类别 C 适用于结构质量或性能的严格检测或复检；

　　2. 无特别说明时，样本为构件。

（3）无损检测技术在司法鉴定领域中的应用

工程质量司法鉴定常常需要对节点连接或构件本身进行性能检测，检测方法一般分为模拟实验、破坏性检测及无损检测三种。由于模拟实验成本高、周期长、破坏性实验只能抽样不能反映结构整体，因而实践中不能广泛推广。20世纪50年代，无损检测技术通过苏联传入我国，进入80年代中期，无损检测技术广泛应用于工程质量检测。目前，无损检测大致可分为涡流检测（ET）、红外热成像检测（TT）、泄漏检测（LT）、磁粉检测（MT）、渗透检测（PT）、射线检测（RT）、应变检测（ST）、超声波检测（UT）等。无损检测技术凭借其原理可靠、操作简便、对结构无损伤等优点，成为工程质量司法鉴定的重要检测手段。举例如下。

案例二：北京市某区人民法院委托对某污水治理管理中心钢结构工程质量进行鉴定，其中梁柱连接节点焊缝施工质量成为涉案焦点。由于钢结构工程节点连接焊缝施工质量非常关键，焊缝内部若有缺陷可能危及结构安全，通常焊缝内部缺陷无法用肉眼观测，因此，本工程现场采用A型脉冲反射式超声波探伤仪对该厂房钢结构焊缝进行超声波探伤，共抽检焊缝82条，检测结果均符合《钢结构工程施工质量验收规范》（GB 50205-2001）第5.2.4条的相关规定。当事人双方对鉴定结论均未提出异议。

另外，在无损检测技术不断发展的今天，TOFD、相控矩阵、声发射等新技术的出现，将大大促进工程质量司法鉴定现场检测技术的革新。

7.2 工程质量后评价阶段典型案例分析

7.2.1 典型案例评析之一：钢结构厂房施工质量缺陷典型案例

1. 案情简介

2009年6月，安徽某板材科技有限公司（以下简称甲方）与安徽芜湖某钢结构实业有限公司（以下简称乙方）签订合同，由乙方为甲方承建1#、2#、3#钢结构厂房，后由于工程质量纠纷，甲、乙双方诉至法院。2012年4月16日，芜湖市中级人民法院委托对涉案钢结构厂房进行工程质量司法鉴定。

涉案工程位于安徽省芜湖市某工业园区，分为1#、2#、3#三个钢结构厂房，施工时间为2009年9月～2009年12月。其中，1#、2#厂房为联体结构，建筑面积10760.9m²，结构形式为门式刚架，结构长度144m，宽度74m，檐口高度7.8m、11.3m，跨度为21m+32m+21m，柱距7.2m，屋面坡度5‰；3#厂房建筑面积8713.7m²，结构形式为门式刚架，结构长度97.36m，宽度89.5m，檐口高度为7.8m、11.8m，跨度为29.75m+30m+29.75m，柱距7.5m，屋面坡度5‰。1#、2#、3#厂房结构平面图及刚架立面图如图7.2.1-1～图7.2.1-4所示。工程照片见图7.2.1-5、图7.2.1-6。

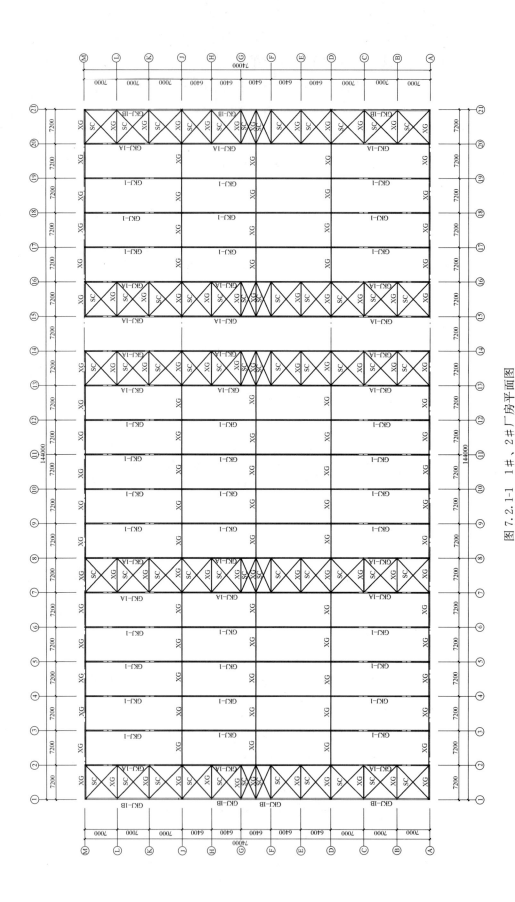

图 7.2.1-1　1#、2#厂房平面图

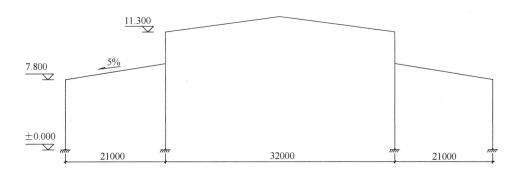

图 7.2.1-2 1#、2#厂房刚架（标准榀）立面示意图

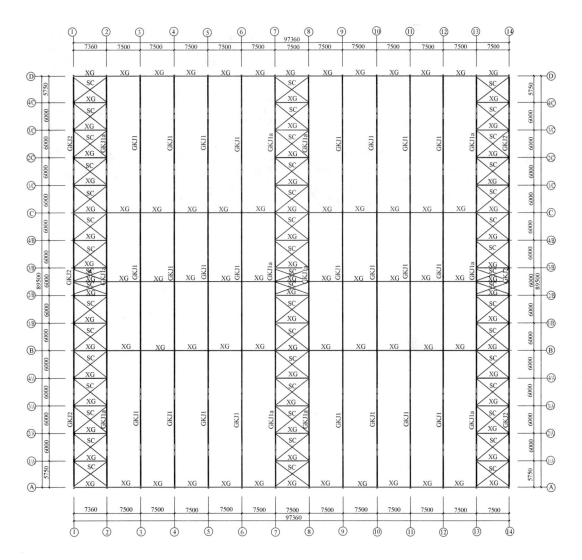

图 7.2.1-3 3#厂房平面图

2. 关键问题

本案中，诉讼争议有 2 点：高强螺栓终拧扭矩及钢结构安装偏差超规范要求。甲方坚称乙方施工的钢结构厂房终拧扭矩不符合规范要求、安装偏差超过规范允许限值，但乙方的抗辩理由是高强螺栓终拧扭矩及钢结构安装偏差均有监理验收记录。

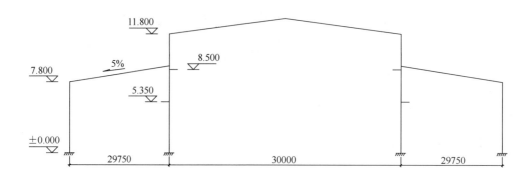

图 7.2.1-4　3♯厂房刚架（标准榀）立面示意图

图 7.2.1-5　工程外观

图 7.2.1-6　工程实况

3. 检测鉴定情况

（1）焊缝

现场对 1♯、2♯、3♯厂房钢结构焊缝进行超声波探伤抽检，共抽检焊缝 80 条，检测结果均符合《钢结构工程施工质量验收规范》（GB 50205－2001）第 5.2.4 条的相关规定。

（2）高强螺栓

现场对 1♯、2♯、3♯厂房钢结构高强螺栓连接副终拧扭矩进行抽检，抽检节点数量共计 70 个（每个节点高强螺栓抽检 2 个），总计检测螺栓数量为 140 个，其中 133 个不符合《钢结构工程施工质量验收规范》（GB 50205－2001）第 B.0.3 条的相关规定。

（3）安装偏差

现场对 1♯、2♯、3♯厂房钢结构基础顶面（即柱脚底板）标高进行抽检，抽检的位置为 1♯、2♯厂房的②⑦⑩⑬⑮⑱轴及 A 轴、M 轴钢架柱脚，3♯厂房的③⑤⑨⑫轴及 A 轴、D 轴钢架柱脚，共计 96 个偏差值中有 20 个不符合《钢结构工程施工质量验收规范》（GB 50205－2001）第 10.2.2 条的相关规定。由于现场勘验时未发现有基础不均匀沉降带来的结构构件变形、混凝土地面开裂等现象，另外钢结构厂房柱脚底板和基础顶面一般均有空隙，钢架安装后需对空隙进行二次浇注，因此，现场检测标高偏差超规范的，可能与此有关。

现场对 1#、2#、3# 厂房钢架柱（共计 40 个）垂直度进行抽检，抽检的钢架柱垂直度数据共 80 个，其中 50 个不符合《钢结构工程施工质量验收规范》（GB 50205-2001）第 E.0.1 条的相关规定，此类偏差由于施工质量缺陷所致。

现场对 1#、2#、3# 厂房钢架梁（共计 30 个）跨中垂直度进行抽检，抽检的钢架梁跨中垂直度数据中 22 个不符合《钢结构工程施工质量验收规范》（GB 50205-2001）第 10.3.3 条的相关规定，此类偏差由于施工质量缺陷所致。

现场对 1#、2#、3# 厂房钢架梁（共计 30 个）侧向弯曲矢高进行抽检，抽检的钢架梁侧向弯曲矢高数据中 17 个不符合《钢结构工程施工质量验收规范》（GB 50205-2001）第 10.3.3 条的相关规定，此类偏差由于施工质量缺陷所致。

现场对 1#、2#、3# 厂房整体垂直度进行检测，整体垂直度不符合《钢结构工程施工质量验收规范》（GB 50205-2001）第 10.3.3 条的相关规定，此类偏差由于施工质量缺陷所致。

（4）端板连接面间隙

现场对 1#、2#、3# 厂房端板连接面间隙进行抽检，抽检节点数量共计 70 个，国家相关规范对端板间隙无明确规定。此类端板间隙与高强螺栓终拧扭矩不合格存在一定关系。

（5）构件几何尺寸

现场对 1#、2#、3# 厂房构件几何尺寸进行抽检，抽检的 10 榀钢架构件几何尺寸均符合国家相关规范的规定。

（6）材料强度

对该厂房主体结构钢材进行取样检测，检测结果均符合 Q345 钢材的设计要求。

（7）安全性评价

根据现场勘验情况，1#、2#、3# 厂房抽检的 80 条焊缝超声波探伤结果均符合国家相关规范的规定；抽检的 10 榀钢架构件几何尺寸均符合国家相关规范的规定；经计算，考虑钢架柱平面内垂直度偏差影响，结构强度、稳定及刚度均符合国家相关规范的规定；现场抽检的部分构件存在施工安装偏差；现场抽检的 140 个高强螺栓中仅有 7 个终拧扭矩符合国家相关规范的规定，由于高强螺栓是钢结构厂房的重要连接节点，高强螺栓终拧扭矩普遍不足会影响厂房整体承载功能，该厂房存在安全隐患。建议对 1#、2#、3# 厂房高强螺栓全部进行更换处理；建议对 1#、2#、3# 厂房增设屋面及柱间支撑、系杆，对屋面及墙面隔撑进行加密，提高厂房的整体刚度。

4. 案例关键技术评析

本案中，原被告双方诉争焦点在于工程质量缺陷对主体结构安全性是否造成影响。围绕本次鉴定的这一核心技术问题，现场勘验时采取了多种检测方法，如焊缝超声波检测、高强螺栓终拧扭矩检测、安装质量偏差检测、材料强度检测、构件几何尺寸检测等。从司法鉴定角度来看，每一项鉴定委托都要给委托人（法院或仲裁机构）明确的鉴定意见。因此，本次鉴定在现场检测结果基础上，采用 3d3s 钢结构计算分析软件，对涉案工程进行计算、分析，最终得出"考虑钢架柱平面内垂直度偏差影响，结构强度、稳定及刚度均符合国家相关规范的规定"的鉴定意见，明确指出"高强螺栓终拧扭矩普遍不足会影响厂房整体承载功能，该厂房存在安全隐患"，并给出了"更换高强螺栓、厂房整体刚度补强的技术方案"，解决了本次鉴定的技术难题。

7.2.2　典型案例评析之二：网架结构材料及涂装缺陷典型案例

1. 案情简介

北京市某区人民法院在受理的原告山西某建筑公司与被告北京某汽车制造厂建设工程施工合同纠纷一案中，需对北京某汽车厂总装车间网架的工程质量进行司法鉴定。具体鉴定项目：（1）对涉案网架结构杆件钢管壁厚是否符合设计要求进行鉴定；（2）对涉案网架结构杆件涂层厚度是否符合设计要求进行鉴定。

该工程为北京某汽车厂总装车间网架工程，位于北京市某区，设计时间为 2006 年。原告施工的网架工程为下弦多点支承、焊接空心球节点、斜放四角锥式网架结构，网架平面面积：一单元 $10370m^2$，二单元 $16128m^2$。网架结构下部为焊接工字形及箱型钢结构柱。工程照片见图 7.2.2-1、图 7.2.2-2。

图 7.2.2-1　工程实况一

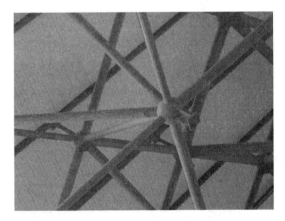

图 7.2.2-2　工程实况二

2. 关键问题

本案中，在工程竣工验收时由于缺少必要的监督与管理，建设单位未及时发现质量问题，该工程已投产使用后，才陆续发现问题并产生纠纷。在司法鉴定时，检测取样数量、位置如按照施工验收规范的要求进行，一来取样数量巨大、成本较高，二来现场检测条件难以实现。在司法鉴定实践中，此类鉴定可以按照当事人双方协商确定的取样方案进行（约定抽样），实践证明效果良好，能满足司法鉴定客观需要。

3. 检测鉴定情况

当事人双方现场确认，本次鉴定检测抽样原则为约定抽样，各抽样区域应包含设计图纸中各种规格管材，对涉案工程网架钢管构件壁厚及涂层厚度（一单元共计29处，二单元共计27处）进行超声波检测，对网架钢管构件壁厚进行取样补充检测（共计7处）。

中华人民共和国国家标准《结构用无缝钢管》（GB/T 8162-1999）第3.2条对普通级结构用无缝钢管壁厚的允许偏差的规定为：当壁厚s<4mm时，允许偏差为±12.5%；当壁厚4mm≤s≤20mm时，允许偏差为-12.5%～+15%。根据现场勘验情况，一单元随机抽检的27个杆件中，1号、2号、26号杆件壁厚偏差超出规范限值，不合格率为11.1%；二单元随机抽检的29个杆件中，17号、29号杆件壁厚偏差超出规范限值，不合格率为6.9%。

对于钢结构防腐涂层的厚度检测，中华人民共和国国家标准《钢结构现场检测技术标准》GB/T 50621-2010第12.4.1规定：每处3个测点的涂层厚度平均值不应小于设计厚度的85%，同一构件上15个测点的涂层厚度平均值不应小于设计厚度。由原设计施工说明可知，涉案工程网架结构防腐做法同厂房柱，柱子防腐做法为：环氧富锌底漆两道80μm厚，环氧云铁中涂层一道30μm厚，聚氨酯磁漆两道40μm厚，涂层总厚度为150μm。因此每处3个测点的涂层厚度平均值应不小于127.5μm；同一构件上15个测点的涂层厚度平均值不应小于150μm。根据现场勘验情况，该工程网架结构防腐涂层厚度均不符合设计图纸及规范要求。

4. 案例关键技术评析

本案中，工程完工且已投产，因此现场取样数量、位置无法按照规范要求进行大量取样。在司法鉴定实践中，此类鉴定可以按照当事人双方协商确定的取样方案（即约定抽样）进行，实践证明效果良好，能满足司法鉴定客观需要。

对于既有建筑，工程质量评定不同于建设过程中的质量检测。无损检测技术不断发展，TOFD、相控矩阵、声发射等新技术的出现，促进了工程质量司法鉴定现场检测技术的革新。

7.2.3 典型案例评析之三：基础工程施工缺陷典型案例

1. 案情简介

涉案工程位于河北省某市，设计为两层钢框架车间，混凝土独立基础。该工程上部钢结构施工单位为被告，基础地脚螺栓及基础土建施工为原告另行委托其他单位。该工程合同约定的开竣工时间分别为2009年10月8日、2009年11月26日，基础地脚螺栓施工完成后由于工程质量争议而停工，诉至法院。该市中级人民法院受理后委托鉴定机构对涉案工程钢结构地脚螺栓的安装质量进行鉴定，如地脚螺栓的安装质量存在问题，说明原因并提出解决方案。工程照片见图 7.2.3-1、图 7.2.3-2。

图 7.2.3-1　工程实况一

图 7.2.3-2　工程实况二

2. 关键问题

由于工程停工，基础轴线控制点已被破坏，原告、被告及监理单位人员认为现有基础混凝土表面墨线不能作为该工程基础轴线定位依据。经当事人各方确认，该工程现场测量方案如下：以 1-A 基础中心点为坐标原点建立坐标系，用全站仪依次测量各基础相对位置关系，再用钢尺测量每个基础内地脚螺栓相对位置关系，最终得出每个基础地脚螺栓相对于设计坐标系下的偏差。

3. 检测鉴定情况

根据现场测量数据，绘制出该工程共计 117 个独立基础的地脚螺栓实际平面总图如 7.2.3-3 所示；有 30 个独立基础的地脚螺栓与设计偏差超过规范要求，详图略。

现场勘验 5-G 轴东南角螺栓向西北方向弯曲、倾斜约 70mm；6-G 轴西北角螺栓向东南方向弯曲、倾斜约 30mm；其余 14 个基础地脚螺栓（分别为：6-B 轴、10-D 轴、10-E 轴、13-E 轴、13-F 轴、3-B 轴、3-J 轴、4-J 轴、7-A 轴、10-B 轴、10-C 轴、10-H 轴、13-C 轴、13-G 轴）弯曲、倾斜均未超过 20mm。

中华人民共和国国家标准《建筑工程施工质量验收统一标准》（GB 50300－2001）第

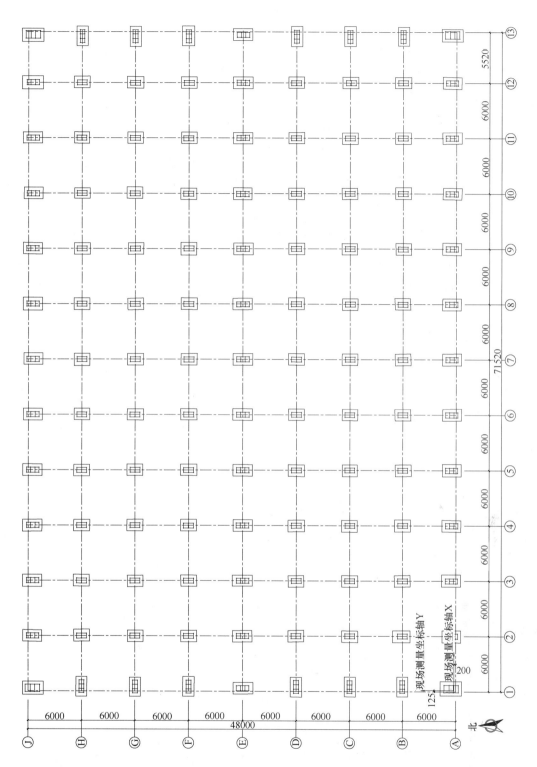

图 7.2.3-3　独立基础地脚螺栓实际位置平面图（轴网与独立基础比例尺为 1：2.5）

3.0.2 条规定，"建筑工程应按下列规定进行施工质量控制：……2. 各工序应按施工技术标准进行质量控制，每道工序完成后，应进行检查。3. 相关各专业工种之间，应进行交接检验，并形成记录。未经监理工程师（建设单位技术负责人）检查认可，不得进行下道工序施工。"根据现场调查情况，基础地脚螺栓设置好之后，没有地脚螺栓分项工程验收的书面记录，也没有钢结构公司与基础土建施工单位的交接验收书面记录。

在地脚螺栓施工过程中，地脚螺栓放线定位不准确、地脚螺栓安装连接不牢固或基础混凝土浇筑过程中对地脚螺栓产生冲击、震动均有可能导致30个独立基础内地脚螺栓位置偏差，但由于该工程施工中未严格执行技术规范、没有相关交接检验记录，该30个独立基础内地脚螺栓位置偏差的具体原因无法确定。

4. 案例关键技术评析

本案给出了该工程质量缺陷的修复方案，为本案诉讼争议提供了关键技术支持，也可为类似工程修复加固提供参考。

（1）5mm＜地脚螺栓位置偏差＜10mm的修复方案：

当5mm＜螺栓中心线与设计中心线偏差＜10mm时，可以在上部钢结构柱底板扩孔并加大螺母垫片来进行调整，施工时应注意避免损伤柱底板。此类需修复的地脚螺栓所在独立基础编号分别为：2-D轴、3-H轴、6-B轴、11-H轴、12-A轴、13-A轴，共计6个。

（2）10mm≤地脚螺栓位置偏差≤30mm的修复方案：

当10mm≤螺栓中心线与设计中心线偏差≤30mm时，采用热弯螺栓法进行修复处理。施工时，可在需修复的地脚螺栓基础顶面凿出一条深约150～200mm的凹槽，用氧气乙炔枪烘烤螺栓根部，将螺栓弯成S形，热弯时应注意圆角过渡，弯曲部分应在混凝土顶面以下，以防转角处应力集中，加热温度应在700～800℃范围内，避免浇水冷却，以防螺栓变脆，当螺栓位置矫正后，在螺栓弯曲部分应加焊钢板，其长度不小于S弯上下两切点间的距离，并验算焊缝长度，使螺栓拉直和拉断等强。修复方案简图如图7.2.3-4所示。

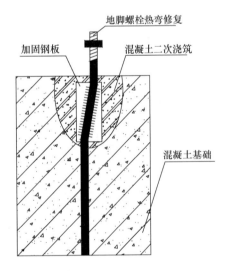

图7.2.3-4　修复方案简图

此类需修复的地脚螺栓所在独立基础编号分别为：4-C轴、4-E轴、4-F轴、6-G轴、8-A轴、8-B轴、8-C轴、8-D轴、8-E轴、9-D轴、9-J轴、10-D轴、10-E轴、10-F轴、10-G轴、10-J轴、11-D轴、11-F轴、12-D轴、12-F轴、12-G轴、13-E轴、13-F轴，共计23个。

（3）地脚螺栓位置偏差＞30mm的修复方案：

当螺栓中心线与设计中心线偏差＞30mm时，建议将独立基础混凝土拆除后重新安装地脚螺栓。此类需修复的地脚螺栓所在独立基础编号分别为：12-C轴，共计1个。

（4）地脚螺栓由于外力击打导致变形量＞30mm的修复方案：

5-G轴东南角螺栓向西北方向弯曲、倾斜约70mm，6-G轴西北角螺栓向东南方向弯曲、倾斜约 30mm；建议将 5-G 轴、6-G 轴独立基础混凝土拆除后重新安装地脚螺栓。

（5）地脚螺栓由于外力击打导致变形量＜30mm 的修复方案：

用氧气乙炔枪烘烤螺栓根部，将螺栓热弯矫正。此类需修复的地脚螺栓所在独立基础编号分别为：6-B 轴、10-D 轴、10-E 轴、13-E 轴、13-F 轴、3-B 轴、3-J 轴、4-J 轴、7-A 轴、10-B 轴、10-C 轴、10-H 轴、13-C 轴、13-G 轴，共计 14 个。

7.2.4　典型案例评析之四：工程事故原因典型案例

1. 案情简介

2013 年 6 月某日凌晨，在建的辽宁省某市某工业园区的木材制品有限公司钢结构车间忽然倒塌，建设单位与施工单位对结构倒塌原因产生争议欲诉至法院，由于事故突然，为了证据保全，双方约定共同委托进行诉前司法鉴定，委托内容为该工程倒塌事故的原因鉴定。

该公司钢结构生产车间位于辽宁省某市某工业园区，为两跨双坡门式刚架结构，柱距 7.5m，主体结构长 120m，宽 60m，高 7.9m，围护结构采用彩钢夹芯板。设计基本风压 0.45kN/m²，基本雪压 0.3kN/m²，抗震设防烈度为 6 度，屋面活荷载 0.5 kN/m²。地基采用强夯处理，基础采用柱下独立基础，柱脚设计为铰接，锚栓为 2 个 M24。工程照片见图 7.2.4-1、图 7.2.4-2。

图 7.2.4-1　工程实况一

2. 关键问题

在本工程中，倒塌事故发生于工程建设期间，且事发突然，无任何征兆，建设单位与施工单位对结构倒塌原因存在较大争议。建设单位认为不论事故为何种原因，事故发生在建设阶段，施工单位应负全责；而施工单位认为其已严格按照规范操作，施工质量符合验

图 7.2.4-2　工程实况二

收标准的规定，不应由其承担主要责任。

3．检测鉴定情况

（1）设计校核

本工程设计为门式刚架结构体系，主钢架及地脚螺栓材质均为 Q235B，柱脚铰接，中柱为摇摆柱，柱下独立基础，地面粗糙类别：B 类，场地类别：Ⅱ类，荷载取值按规范选取，设计校核采用同济大学 3d3s 钢结构设计软件。

计算简图：

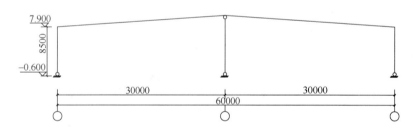

图 7.2.4-3　计算简图

主钢架计算分析结果：

采用 3d3s 软件对车间 GJ-1、GJ-2 进行计算校核，计算分析结果如图所示。

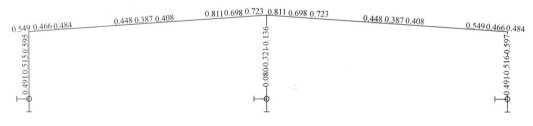

图 7.2.4-4　GJ-1 计算分析结果

注：图中每组数字分别对应构件强度、平面外、平面内应力比

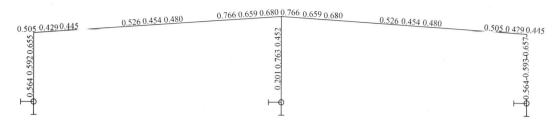

图 7.2.4-5　GJ-2 计算分析结果

注：图中每组数字分别对应构件强度、平面外、平面内应力比

综上，该工程主钢架截面强度、平面外及平面内稳定应力均符合国家相关规范的规定。

（2）地脚螺栓设计分析

该车间原设计柱脚为铰接，地脚螺栓为 2 个 M24，不符合《全国民用建筑工程设计技术措施—结构（2003）》第 18.7.10 条 "构造要求：一般当刚架跨度小于等于 18m 时，采用 2 个 M24；小于等于 27m 时，采用 4 个 M24；大于等于 30m 时，采用 4 个 M30" 的规定，该工程地脚螺栓设计存在缺陷。

（3）车间倒塌事故分析

1）该工程主钢架、檩条、地脚螺栓材料力学性能均符合国家相关规范的规定，该工程倒塌事故与材料无因果关系。

2）该工程主体结构及围护结构设计符合国家相关规范的规定；但该工程原设计地脚螺栓为 2 个 M24，不符合《全国民用建筑工程设计技术措施—结构（2003）》第 18.7.10 条的规定，该工程地脚螺栓设计存在缺陷。

3）该工程实际施工时进行了局部设计变更，中柱、抗风柱截面均以大代小，对结构安全有利；支撑由角钢改为圆钢，符合《门式刚架轻型房屋钢结构技术规程》（CECS 102：2002）第 4.5.4 条的规定；系杆截面变小、取消墙面隅撑，会导致结构整体刚度下降，但与结构倒塌事故无直接因果关系。

4）该工程所有钢架柱基础均未预留抗剪键洞口，导致柱脚底板无法设置抗剪键（设计要求抗剪键为 10♯槽钢），该工程基础施工存在缺陷。

5）现场抽检的 21 个地脚螺栓中，3 个地脚螺栓由于结构倒塌已断裂，另外 18 个地脚螺栓预留二次浇灌层高度均大于设计高度（50mm），平均高度为 104mm，最大的达到 143mm。现场检测发现部分地脚螺栓丝扣至基础顶面最小距离大于 100mm，该工程基础施工存在缺陷。

6）该工程地脚螺栓在二次浇灌层未及时浇筑的情况下、仅考虑构件自重及风荷载时，强度和稳定应力都已超过材料设计强度。因此，地脚螺栓压弯失稳破坏是造成此次倒塌事故的直接原因。

7）综上所述，该工程地脚螺栓预留二次浇灌层高度大于设计高度且未对二次浇灌层及时进行浇筑，导致地脚螺栓发生压弯失稳，是该工程倒塌的直接原因；该工程围护结构未安装完成，以至于结构整体空间刚度尚未完全形成，导致了结构的连续倒塌。

4. 案例关键技术评析

　　法学界对于"司法鉴定"和"一般鉴定"存在多种学术观点。有观点认为，建筑工程质量司法鉴定，并非仅仅是由司法机关委托进行或是带有司法裁判的性质，其意义在于表明这种鉴定是在司法过程中开展的，即"服务于诉讼活动"，以此来区别于其他在非诉讼程序中开展的鉴定。从现代司法体制发展来看，建筑工程质量司法鉴定程序启动权应当逐渐从司法机构向当事人双方过渡，当事人双方应平等享有司法鉴定程序启动权，使司法鉴定真正成为当事人双方控辩过程中的"证据之王"。对于诉前鉴定，只要程序合法，鉴定技术科学，鉴定意见公平客观，也应被认定为"司法鉴定"，应享有相应的证据权利。因此，本案为典型的"诉前司法鉴定"。

　　本案在鉴定程序、鉴定方法上均严格按照规范执行，鉴定意见客观、公正，委托人对于鉴定意见没有争议，司法实践效果很好。

7.2.5　典型案例评析之五：屋面防水质量典型案例

1. 案情简介

　　河南省某市中级人民法院受理的某建设单位与某施工单位施工质量纠纷案件中，委托对某公司工厂涂装车间及总焊联合厂房屋面防水系统失效原因进行鉴定。该屋面防水工程于 2009 年 10 月开始施工，2009 年 12 月份基本完工，2010 年 5 月曾进行过小范围修补，2011 年底～2012 年初涉案工程屋面防水卷材大面积开裂，开裂后除 2/7 轴～2/8 轴×A 轴～B 轴范围保留原施工状态外，其余屋面防水卷材已重新进行了修复，修复时更换了新的防水卷材。

　　涉案工程的涂装车间及总焊联合厂房屋面为一个整体屋面，设计时间为 2009 年 8 月。根据委托方提供的相关图纸资料，涂装车间设计防水做法为："车间屋面建筑防水等级为Ⅱ级，屋面卷材防水，满足屋面防水年限达到 15 年"；总装和车身车间设计防水做法为："屋面防水等级车间为Ⅱ级，屋面卷材防水车间为 1.2 厚 PVC，满足屋面防水年限达到 15 年"。涂装车间及总焊联合厂房屋面的详细设计做法为：钢承板保温卷材屋面，做法参见 06J925-2 屋面 6（1）-2（隔汽层为 0.3 厚 PE 膜），屋面防水等级为Ⅱ级，其中保温层为 100 厚硬质岩棉板（岩棉板容重为 180 千克/立方米）；钢承板 0.75 厚屈服强度为 235 兆帕。涉案工程屋面设计的构造层次详见示意图 7.2.5-1。

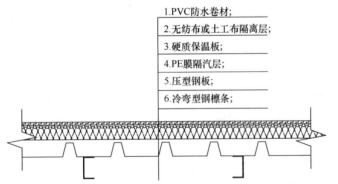

1. PVC防水卷材；
2. 无纺布或土工布隔离层；
3. 硬质保温板；
4. PE膜隔汽层；
5. 压型钢板；
6. 冷弯型钢檩条；

图 7.2.5-1　涂装车间及总焊联合厂房屋面设计构造层次

2．关键问题

本案中，建设单位与施工单位存在较大争议，争议焦点在于：建设单位认为，屋面防水出现质量问题应该由施工单位全权负责；而施工单位则认为，工程已竣工多年，超过防水质保期，施工单位不存在任何责任。

3．检测鉴定情况

（1）屋面防水构造分析

1）根据委托方提供的相关图纸资料，涂装车间及总焊联合厂房屋面防水等级为Ⅱ级，防水卷材采用1.2厚PVC防水卷材。

根据中华人民共和国国家标准《屋面工程技术规范》（GB 50345-2004）第5.3.2条规定，屋面防水等级为Ⅱ级、采用合成高分子防水卷材作防水层时，设防道数和每道卷材防水层厚度选用应符合下表的规定。

设防道数和每道卷材厚度选用　　　　　　　　　　　表7.2.5-1

屋面防水等级	设防道数	合成高分子防水卷材
Ⅱ级	二道设防	不应小于1.2mm

根据上述规范条文的规定，涉案屋面防水卷材应设两道防水，每道PVC防水卷材的厚度应不小于1.2mm。

根据委托方提供的相关图纸资料中屋面的结构层次图，涉案屋面防水卷材采用一道海纳尔-B改性PVC防水卷材（1.2mm＋1.0mm背衬），不符合上述规范条文的规定。

2）根据委托方提供的相关图纸资料，涂装车间及总焊联合厂房屋面的详细设计做法为：钢承板保温卷材屋面，做法参见06J925-2屋面6（1）-2（隔汽层为0.3厚PE膜），屋面防水等级为Ⅱ级，其中保温层为100厚硬质岩棉板（岩棉板容重为180千克/立方米）；钢承板0.75厚屈服强度为235兆帕。涉案工程屋面的做法详见示意图7.2.5-2。

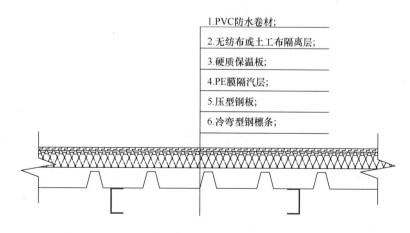

图7.2.5-2　涂装车间及总焊联合厂房屋面详细做法

根据委托方提供的相关图纸资料屋面的构造层次图（自下而上）：原屋面钢檩条、0.75mm钢承板、0.3mm厚PE隔汽层、100mm厚岩棉（$\rho>180kg/m^3$），海纳尔-B改性

PVC 防水卷材（1.2mm＋1.0mm 背衬）。构造做法详见示意图 7.2.5-3。

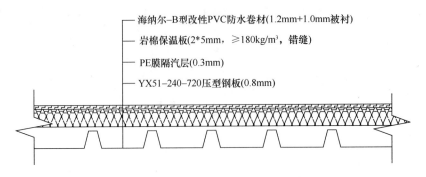

　　海纳尔-B型改性PVC防水卷材(1.2mm+1.0mm被衬)
　　岩棉保温板(2*5mm，≥180kg/m³，错缝)
　　PE膜隔汽层(0.3mm)
　　YX51-240-720压型钢板(0.8mm)

图 7.2.5-3　涂装车间及总焊联合厂房屋面构造层次

　　根据现场打开 3 处勘验的情况，涉案屋面的实际施工的构造做法与委托方提供的相关图纸资料屋面的构造层次图相符，但 PVC 防水卷材下未铺设无纺布或土工布隔离层（用于 PVC 卷材），不符合委托方提供的相关图纸资料中对涂装车间及总焊联合厂房屋面的详细设计做法"PVC 防水卷材下铺设无纺布或土工布隔离层"的要求。

　　（2）屋面各构造层性能检测分析

　　根据委托方提供的原施工防水卷材以及现场勘验时对 PVC 防水卷材、保温岩棉、隔汽层取样样品，分别对防水卷材性能、保温岩棉容重、隔汽层厚度进行分析。

　　1）涉案屋面使用的为聚氯乙烯、L 类、Ⅱ型、1.2mm 海纳尔防水卷材。根据中华人民共和国国家标准《聚氯乙烯防水卷材》（GB 12952 - 2003）第 4.3 项理化性能对 L 类纤维单面复合及 W 类织物内增强的理化性能应符合表 1 的规定。L 类Ⅱ型卷材物理性能规定见表 7.2.5-2。

L 类及 W 类卷材理化性能　　　　　　　　　　表 7.2.5-2

序号	项目	Ⅱ型
1	拉力（N/cm）	≥160
2	断裂伸长率（%）	≥200
3	不透水性	不透水
4	低温弯折性	−25℃无裂纹

　　对委托方提供的屋面修复时保留的原施工防水卷材，依据中华人民共和国国家标准《聚氯乙烯防水卷材》（GB12952 - 2003）进行检验，检测结果如表 7.2.5-3 所示。

防水卷材检验结果　　　　　　　　　　表 7.2.5-3

检测项目		检测结果
拉力	纵向（N/cm）	135
	横向（N/cm）	159
断裂伸长率	纵向（%）	149
	横向（%）	162
不透水性		压力 0.3MPa，保持 2h 不透水
低温弯折性	温度（℃）	−25℃出现裂纹

根据检测结果可知，委托方所提供的防水卷材拉力、断裂伸长率、低温弯折性，不符合中华人民共和国国家标准《聚氯乙烯防水卷材》（GB 12952-2003）表3聚氯乙烯、L类、Ⅱ型、1.2mm卷材物理性能"拉力≥160N/cm、断裂伸长率≥200％、低温弯折性：-25℃无裂纹"的规定。由于目前我国对已用于工程、外露多年的PVC卷材尚无检验标准，以上检测结果供分析参考。

根据中华人民共和国国家标准《聚氯乙烯防水卷材》（GB 12952-2003）第4.1项尺寸偏差：厚度偏差及最小单值见表7.2.5-4。

材料厚度（单位：mm）　　　　　　　　　　　表7.2.5-4

厚度	允许偏差	最小单值
1.2	±0.10	1.00

根据原施工防水卷材的取样，依据中华人民共和国国家标准《聚氯乙烯防水卷材》（GB 12952-2003）对防水卷材厚度进行测量，测量结果及评定结果见表7.2.5-5所示：

PVC防水卷材厚度测量及评定结果　　　　　表7.2.5-5

序号	测量值（mm）	平均值（mm）	允许值（mm）	是否符合规范规定
1	1.137			
2	1.135			
3	1.139	1.142	1.10-1.30	符合
4	1.148			
5	1.149			

根据测量结果可知，委托方所提供的1.2mm厚防水卷材的平均厚度及最小单值1.135mm均符合中华人民共和国国家标准《聚氯乙烯防水卷材》（GB 12952-2003）厚度偏差及最小单值的规定。

勘验点防水卷材均呈浅黄色，为卷材中增塑剂迁移。

2）屋面保温岩棉板现场取样分析

根据委托方提供的相关图纸资料，涂装车间及总焊联合厂房屋面的详细设计做法：保温层为100厚硬质岩棉板（岩棉板容重为180千克/立方米）。

屋面所取保温岩棉板容重计算：

$$r = \frac{m}{L \cdot b \cdot h}$$

式中　　r——试样容重，kg/m³；

　　　　m——试样的质量，kg；

　　　　L——试样的长度，m；

　　　　b——试样的宽度，m；

　　　　h——试样的厚度，m。

本次鉴定所取回的保温岩棉板容重为：

$$r=0.1803kg/（0.15m×0.1635m×0.05m）＝147.03\ kg/m^3；$$

不符合委托方提供相关图纸资料要求的"保温层厚度为100厚硬质岩棉板（岩棉板固定方法见4/07，容重为180kg/m³的要求。"以及委托方提供的相关图纸资料屋面的构造层次图中"100mm岩棉密度$\rho＞180kg/m^3$"的要求。

3）屋面隔汽层现场取样分析

根据委托方提供的相关图纸资料中涂装车间及总焊联合厂房屋面的详细设计做法、相关图纸资料屋面结构层次图，屋面隔汽层采用0.3厚PE膜。

根据现场对屋面隔汽层的取样，对PE膜厚度进行测量，平均厚度为0.115mm，不符合设计要求。测量结果及评定结果见表7.2.5-6所示。

PE膜厚度测量及评定结果　　　　　　　　　　　　　　表7.2.5-6

序号	测量值（mm）	设计值（mm）	平均值（mm）	是否符合设计要求
1	0.118			
2	0.117			
3	0.112	0.3	0.115	不符合
4	0.116			
5	0.113			

（3）屋面防水施工质量分析

1）根据中华人民共和国国家标准《屋面工程技术规范》（GB 50345-2004）第5.1.10条：上下层及相邻两幅卷材的搭接缝应错开，各种卷材搭接宽度应符合表7.2.5-7的规定。

卷材搭接宽度（单位：mm）　　　　　　　　　　　　表7.2.5-7

卷材种类　　铺贴方法		短边搭接	长边搭接
合成高分子防水卷材	单缝焊	60，有限焊接宽度不小于25	

勘验点1防水卷材搭接宽度为112mm，焊接宽度为40mm，符合上述规范条文的要求。

勘验点2防水卷材搭接宽度115mm、110mm、105mm，焊接宽度42mm，符合上述规范条文的要求。

勘验点3防水卷材搭接宽度为115mm、117mm、115mm，焊接宽度为45mm，符合上述规范条文的要求。

2）根据中华人民共和国国家标准《屋面工程技术规范》（GB 50345-2004）第5.7.5条第4项：卷材采用机械固定时，固定件应与结构层固定牢固，固定件间距应根据当地的使用环境与条件确定，并不宜大于600mm。

勘验点1卷材固定件间距为330mm、350mm、370mm、350mm，均小于600mm，符合上述规范条文的规定。

勘验点2卷材固定件间距为：450mm、300mm、235mm、90mm、290mm、300mm、

80mm，均小于600mm，符合上述规范条文的规定。

勘验点3防水卷材固定件间距为350mm、320mm、280mm、85mm，均小于600mm，符合上述规范条文的规定。

3）根据委托方提供的相关图纸资料屋面的构造层次图，屋面保温采用2＊50mm厚保温岩棉，岩棉密度≥180kg/m³。

勘验点1、2、3保温岩棉厚度测量值及是否符合设计要求见表7.2.5-8。

勘验点1、2、3保温岩棉厚度测量值及评定结果　　　　　　表7.2.5-8

位置	测量值（mm）	设计值（mm）	是否符合设计要求
勘验点1	117	100	符合
勘验点2	100	100	符合
勘验点3	105	100	符合

根据取回的保温岩棉板样品测算出容重为147.3kg/m³，不符合岩棉密度≥180kg/m³的设计要求。

4）根据委托方提供的相关图纸资料中PVC防水卷材施工要点之PE膜隔汽层：长短边搭接宽度＞100mm，采用自粘胶带。

勘验点1隔汽层搭接宽度为120mm，符合设计的要求。

勘验点2隔汽层褶皱、不平、搭接处未胶接，不符合设计要求且不符合《屋面工程技术规范》（GB 50345-2004）4.2.6中隔汽层应"形成全封闭的整体"的规定。

勘验点3隔汽层为整块，不存在搭接问题。

（4）屋面防水系统失效原因综合分析

1）从设计分析

涉案工程采用一道PVC卷材防水层（1.2mm＋1.0mm背衬），不符合《屋面工程技术规范》（GB 50345-2004）防水等级Ⅱ级二道设防的规定，从设计上减弱了设防措施。

2）从材料分析

勘验点PVC防水卷材均呈浅黄色，为卷材中增塑剂迁移；现场勘验部位防水卷材枝蔓状断裂。

根据取回的保温岩棉板样品测算出密度为147.03kg/m³，不符合岩棉密度≥180kg/m³设计要求。

隔汽层平均厚度为0.115mm，不符合PE膜厚度为0.3mm的设计要求。

3）从施工质量分析

保温层与防水层之间未安装无纺布或土工布隔离层，不符合设计要求。

屋面隔汽层搭接处存在局部未粘接的现象，未形成全封闭的整体，不符合设计要求和规范规定。

根据气象资料，施工期间存在降水天气18天，如果在降水时有施工情形，则不符合国家相关规范规定；根据气象资料，施工期间最高气温在－10℃以下的天气 6 天，最低气温在－10℃以下的天气 39 天，平均气温在－10℃以下的天气 22 天，凡施工现场气温在－10℃以下时，不宜施工。涉案工程施工时是否有降水及现场气温是否符合规范规定，因未见施工记录，不易判定。

4. 案例关键技术评析

本工程属于典型的施工质量事后评价，建筑防水工程在建设过程中一般不会出现大的质量问题，而在工程竣工验收并使用后，且可能是多年以后，才出现渗漏现象，而此时往往也已超过了防水工程的"质保期"，这种情况建设单位应引起足够的重视。因此，做好施工质量过程控制，严把材料关，重视工程预验收，对于工程质量的保证有着重要作用。

7.2.6　典型案例评析之六：供暖工程典型案例

1. 案情简介

北京某商业中心项目总建筑面积为 226530.4m²。包括：A 座（餐饮）共 6 层；B 座、C 座（零售、休闲娱乐）均为 6 层；D 座 1～3（零售、休闲娱乐），4～14（商业写字楼），共 14 层；E 座（大主力店、大型百货及滑冰场）共 5 层；F 座（小主力店、大型百货及电影院）共 7 层；以上地上建筑（包括其他裙房）总面积 145615.4m²。地下建筑共 3 层，面积为 80915m²。

该工程分为两种热负荷：即空调供热用热负荷 7416.4kW 和 D 座（4～14 层）公寓采暖用热负荷 870kW。热源由外部物业锅炉房引入 110/70℃ 的一次水，分别设两个换热器，一组用于各栋建筑物的空调用供热，其换热后的二次水参数为 60/50℃；另一组用于 D 座（4～14 层）公寓采暖，其二次水参数为 85/60℃；

该工程商业中心自 2010 年 11 月 14 日开始供暖以来，不论空调供热或 D 座公寓采暖，一次水的回水水温都很低，均不能满足用户采暖需要。其水温运行记录（如图 7.2.6-1）表明：一次水的回水平均温度为 21℃ 左右，最高值为 24℃，仅比换热站的环境温度稍高些；供回水温差太大，平均值约为 41℃，最高值达到 46℃。一次水的循环水流量很小，造成换热器的换热量很小，无法满足室温要求。

2. 关键问题

本工程中，换热站距锅炉房较远，热用户端一次水的管径较细等因素，造成了水量严重分配不均，致使实际的一次水流量较小，一次水的回水水温很低，不能满足用户实际采暖需要。但要从根本上解决问题，应考虑诸多因素，比如：首先应满足设计要求的一次水温度，另外由于该项目的换热站距离锅炉房较远可在该换热站前的换热站安装节流装置；除此之外，可在系统管道上翻或下弯等容易集气的部位安装排气阀等。

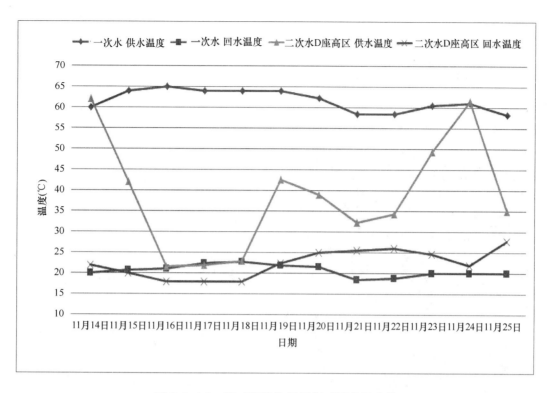

图 7.2.6-1 该工程换热站运行时平均温度值

3. 检测鉴定情况

（1）供热不达标原因分析

按照工程的设计要求，热用户端的一次水应当为高温水（110/70℃），平均水温为90℃；而在此期间实际供应的一次水平均温度仅为41℃，二者相差甚远，换热器的换热量很小；由于热用户端的换热器面积是按高温水设计的，一次水和二次水之间的设计温差很大（（110＋70）/2-（60＋50）/2=35℃），所需换热面积较小。而在此期间，由于实际的一次水平均水温度很低（41℃），致使一次水和二次水之间的实际温差很小，在原有换热面积不变的情况下，二次水水温很低，仅为30℃，这样的低水温无法满足室内供热或采暖需求。

在此供暖期间，锅炉房此时负担的总采暖面积为热用户端采暖面积的3.7倍，按照设计计算空调负荷所需的一次水循环流量为 $L=7416.4\times0.85926/（110-70）=159\mathrm{m^3/h}$，公寓采暖负荷所需要的一次水循环水量为 $L=870\times0.85926/（110-70）=18.7\mathrm{m^3/h}$，而锅炉房此时循环水泵的总水量才为 $436\mathrm{m^3/h}$，仅相当于热用户端所需一次水流量（159＋18.7=178$\mathrm{m^3/h}$）的2.45倍，说明锅炉房的总水量不够，不能满足一次水流量的需要。

再加上此项目的换热站距锅炉房较远（测量为1.68公里）和热用户端一次水的管径又较细（相对其他换热站来说）等因素，从而造成了水量严重分配不均，致使实际的一次水流量更小。

并且在换热站现场观察发现上翻或下弯的一次水水平总管上均无任何排气装置（如图

7.2.6-2、图 7.2.6-3），这会造成其管内存在大量空气。一方面它会减小管道内部一次水流道截面积，流速变大，阻力增加（即所谓常说的"水阻"）；另一方面，一次水内会含有大量被高速水所裹胁的空气泡，它占据了循环水的一部分空间，减少了水的密度，降低了一次水传输热量的效率。因此管内积聚大量空气会直接减少一次水真正起输送热量作用的质量流量，进一步影响了换热器的换热量。

图 7.2.6-2　集水器上方的管道无排气装置　　图 7.2.6-3　集水器上方的管道无排气装置

（2）热用户端将系统由"间供"改"直供"的效果分析

由于该项目热用户端在 2010 年 11 月 14 日之前供暖效果一直不理想，热用户端于 2010 年 11 月 24 日至 11 月 30 日，将原设计的板式换热器取消，通过用户内部的循环泵将一次水直接接入到二次水系统中。图 6.3.6-4 为 12 月 1 日至 12 月 10 日空调供热的供回水平均温度，12 月 1 日至 12 月 5 日公寓采暖的供回水平均温度。

从图 7.2.6-4 看出，12 月 1 日之后，空调系统绝大部分时间回水温度很低，平均值为 25.5℃（空调系统要求为 50℃），极少时间超过 30℃；供回水温差很大，平均值为 40℃（空调系统要求为 10℃），甚至有时接近 60℃，说明系统的水流量很小，根本无法满足空调供热（特别是新风加热）的需要；另外，12 月 1 日至 5 日的公寓楼采暖温度来看，公寓采暖系统回水温度较高，平均值为 49℃（设计要求为 60℃），能满足室内温度要求；供回水温差合适，平均值为 18.6℃（采暖系统设计为 25℃），说明系统的水流量比设计，完全能满足采暖需要。

这是由于系统改为"直供"后，采暖系统阻力（低阻的散热器）远低于空调系统阻力（高阻的风机盘管或空调机组表冷器），因此由锅炉房来的本来水量就比较小的一次水，大部分直接进了 D 座住宅采暖系统。因而使采暖系统水温较高，一次水实际运行水温实测值的平均值为 67℃，基本上接近采暖系统的设计水温 72.5℃；供回水温差较小，实际运行实

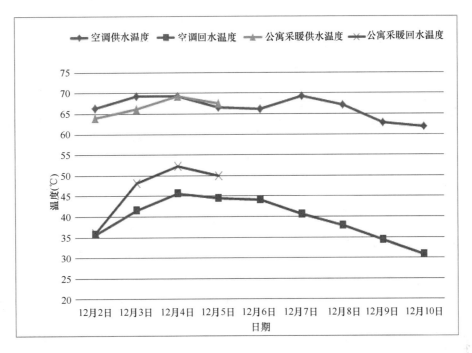

图7.2.6-4 该工程换热站板换取消后运行平均温度值

测值的平均值为11℃，低于设计值25℃。

（3）热用户端将系统由"间供"改"直供"的评价

虽然热用户将系统由"间供"改为"直供"之后，采暖效果有所改善，但是这种做法存在诸多问题：此做法不仅技术上不可行，并且还会给整个供热管网带来安全隐患，还会影响到其他热用户的正常供热。改"直供"后，锅炉房管网和该项目的换热站管网成为同一个水系统。原锅炉房系统有自身的定压装置（膨胀罐）；原热用户端的空调系统和采暖系统又分别各自有自身的定压装置（膨胀罐或膨胀水箱）。同一个系统出现了两个以上定压点，使整个供热系统无法保证正常和安全运行。

空调供热中的用热设备（风机盘管或空调机组的表冷器）的水温不宜超过60℃，但在"直供"采暖系统中，大部分时间用热设备都在此温度界线之上，有可能使盘管翅片脱落或变形。

空调供热的总管直径是按夏季小温差（5℃）的冷冻水进行设计的，管径很大（DN600），比锅炉房的总管（DN500）还大。"直供"时供、回水温差很大，水流量很小，在上述空调总管内的水流速很小，因此它相当于成了锅炉房热力管网的大型集气罐，如果不及时将其内部的空气排除干净（特别是系统充水时），将严重影响空调水系统的正常循环。而根据上文可知换热站管道上并没有设置专门的排气装置。

4. 案例关键技术评析

综上所述，要从根本上解决该工程供暖系统中存在的问题，首先应满足设计要求的一次水温度，另外由于该项目的换热站距离锅炉房较远可在该换热站前的换热站安装节流装置；除此之外，在系统管道上翻或下弯等容易集气的部位安装排气阀。另外，用户端自行更改系统会存在安全隐患，应该及时整改。

7.3　建设单位在工程质量后评价阶段风险防控

7.3.1　建设单位在工程质量后评价阶段常见风险点

1. 不重视工程质量验收自评工作

根据以往建设部组织的全国工程质量大检查情况，工程建设各方执行工程建设强制性标准的情况十分堪忧，在有结构安全隐患及可能存在结构安全隐患的工程中，勘察、设计和施工阶段都存在不同程度的违反国家强制性标准的现象。因此，工程质量自评价是工程竣工验收备案的重要前提。

工程质量自评价应按照国家工程建设强制性标准和规范中关于工程质量的基本规定明确勘察、设计、施工质量必须满足的基本要求；要在工程质量评价中获得较高的分数，就必须切实贯彻工程建设强制性标准的要求，从这一点出发，建设工程质量评价的实施有助于工程建设强制性标准的执行和落实。反过来看，实施质量评价过程中也可对现行的国家工程建设强制性标准条文的合理性进行检验，可以发现标准存在的问题并及时予以修订。因此，与工程建设强制性标准的紧密结合使得建设工程质量评价的实施更具有现实意义。其次，实施质量评价有助于明确工程建设参与各方的质量责任。目前，我国法律、法规对工程建设参与各方质量责任的规定和界定是十分模糊的，事实上，由于建设过程的动态性、有关主体的多元化以及法律法规修订的滞后性等原因，无法依据现行法律法规来对各方质量责任进行明确界定。此外，由于勘察、设计、施工的质量水平不可估计，也无法在合同中约定明确的质量目标和质量责任划分。而根据新加坡的经验，推行建设工程质量评价将有利于质量责任的明确：一方面，业主或建设方根据工程建设特点提出一定的质量评价分数作为期望的质量水平；另一方面，有关承建商也可根据业主设定的质量目标提出合理的报酬和资源要求，这样工程质量就作为一个重要的目标和衡量因素被纳入到合同体系中来，各方的工程质量管理和保证工作可以"有的放矢"，对于工程质量的投入也可以得到认可并且获得回报。

【防控建议】

在接到施工总承包单位竣工报告后，建设单位一定要先会同监理单位对工程项目进行全面的预验收，然后再组织相关单位和部门进行正式验收。预验收工作主要内容是工程观感质量验收（指对已完工的工程的质量采用目测、触摸和简单量测等办法进行宏观检查）。

由于观感质量验收是从整体上对原先已经通过检查与验收的各个分部分项工程运用一种更直观、便捷、快速的方法，对工程质量从外观上进行一次扩大的、全面的、重复的检查，是建设单位对工程质量控制不容忽视的最后一道关口。因此，工程质量验收自评工作对于工程质量后评价阶段非常重要。

2. 委托不具备相应资质的检测机构进行检测

依照《计量法》及其实施细则、《认证认可条例》等有关法律、行政法规的规定，向社会出具具有证明作用的数据和结果的检验检测机构，应当依法经国家认证认可监督管理部门或者各省、自治区、直辖市人民政府质量技术监督部门资质认定（计量认证）。

《建设工程质量检测管理办法》第三十一条规定，"违反本办法规定，委托方有下列行为之一的，由县级以上地方人民政府建设主管部门责令改正，处 1 万元以上 3 万元以下的罚款：（一）委托未取得相应资质的检测机构进行检测的……"。

因此，如果检验检测机构不具备法定资质，则其出具的检验检测报告不具有法律效力。

【防控建议】

不得委托不具备检测资质的机构进行检测。

3. 委托时不签订书面合同，只是口头委托

由于法律意识不强，在委托检测时，建设单位往往会出现不签订书面合同，只是口头委托的情形。在实际工程中，极有可能导致建设单位委托的内容与检验检测机构所出具的报告内容背道而驰，即"答非所问"。而最后如果再涉及争议而产生诉讼，则会出现"当事人对自己提出的诉讼请求所依据的事实有责任提供证据加以证明，没有证据或者证据不足以证明当事人的事实主张的，由当事人承担不利后果"的被动局面。

【防控建议】

建设单位应严格按照《建设工程质量检测管理办法》第十二条规定，"本办法规定的质量检测业务，由工程项目建设单位委托具有相应资质的检测机构进行检测。委托方与被委托方应当签订书面合同"执行。

4. 不参与检测过程，不监督检测单位现场取样

建设单位在委托检测过程中，应全面、积极地参与检验检测机构的检测全过程，对检验检测机构进行有效的监督。在工程检验检测领域，除了检验检测技术要求之外，更重要的是检验检测程序。因此，建设单位对于检测过程的全程参与，其法律意义在于程序的公正、合法。

【防控建议】

建设单位对专业技术和能力了解不多，不能承担主要技术责任，只负责组织实施责任，不对结果负责，但也应以委托人的身份积极参与检测的全过程。具体检测事项应由委托人提出，检测方案由检测单位提出但应由委托人确认。对于国家相关标准没有具体规定的检测事项，委托人有权与检测机构协商确定具体的现场抽样方案、检测标准、试验方法及分析论证技术等。

5. 明示或者暗示检测机构出具虚假检测报告或篡改或者伪造检测报告

部分建设单位为了得到合格报告，或以经济违约、舆论导向甚至更换服务机构为胁迫手段向检测机构施加压力，明示或者暗示检测机构出具虚假检测报告或篡改或者伪造检测报告。

《北京市建设工程质量条例》规定：任何单位不得篡改或者伪造检测报告。

《司法鉴定程序通则》第十三条：委托人应当向司法鉴定机构提供真实、完整、充分的鉴定材料，并对鉴定材料的真实性、合法性负责。委托人不得要求或者暗示司法鉴定机构和司法鉴定人按其意图或者特定目的提供鉴定意见。

《建设工程质量检测管理办法》第三十一条　违反本办法规定，委托方有下列行为之一的，由县级以上地方人民政府建设主管部门责令改正，处 1 万元以上 3 万元以下的罚款：

（二）明示或暗示检测机构出具虚假检测报告，篡改或伪造检测报告的；

【防控建议】

不得明示或者暗示检测机构出具虚假检测报告，不得篡改或者伪造检测报告。

6. 动机不纯，以合法形式掩盖非法目的

有部分建设单位动机不纯，借检测机构达到非法目的：如故意通过委托检测机构对工程质量进行检测，以检测不合格需修复为借口克扣施工单位尾款。

【防控建议】

建立有效监督机制，创造公平公正的外部环境，保证检测检验结果客观真实。

7.3.2　相关法律和技术标准（重要条款提示）

1. 《北京市建设工程质量条例》

第六条　本市鼓励第三方机构开展建设工程质量认证、检测、咨询、培训、保险、担保、信用评价等服务。

第十四条　工程质量检测单位、房屋安全鉴定单位应当按照法律法规、工程建设标准，在规定范围内开展检测、鉴定活动，并对检测、鉴定数据和检测、鉴定报告的真实性、准确性负责。

第三十八条　相关工程建设标准、施工图设计文件要求实施第三方监测的，建设单位应当委托监测单位进行监测。

第四十一条　建设单位应当委托具有相应资质的检测单位，按照规定对见证取样的建筑材料、建筑构配件和设备、预拌混凝土、混凝土预制构件和工程实体质量、使用功能进行检测。施工单位进行取样、封样、送样，监理单位进行见证。

第四十二条　发现检测结果不合格且涉及结构安全的，工程质量检测单位应当自出具报告之日起 2 个工作日内，报告住房城乡建设或者其他专业工程行政主管部门。行政主管部门应当及时进行处理。任何单位不得篡改或者伪造检测报告。

第六十九条 住房城乡建设行政主管部门设立工程质量监督机构，受住房城乡建设行政主管部门委托具体负责建设工程质量监督行政执法工作，逐步建立监督执法过程追溯机制，定期对本地区工程质量动态状况进行分析、评估。

专业工程行政主管部门可以自行或者委托专业工程质量监督机构，负责专业工程的质量监督行政执法工作。

第七十条 工程质量监督执法包括下列内容：

（一）建设工程有关单位执行法律法规和工程建设强制性标准的情况；

（二）抽查、抽测涉及工程结构安全和主要使用功能的工程实体质量；

（三）抽查、抽测主要建筑材料、建筑构配件和设备的质量；

（四）对工程竣工验收进行监督；

（五）组织或者参与工程质量事故的调查处理；

（六）依法对违法违规行为实施行政处罚。

2.《建设工程质量检测管理办法》（中华人民共和国建设部令第 141 号）

第十二条 本办法规定的质量检测业务，由工程项目建设单位委托具有相应资质的检测机构进行检测。委托方与被委托方应当签订书面合同。

检测结果利害关系人对检测结果发生争议的，由双方共同认可的检测机构复检，复检结果由提出复检方报当地建设主管部门备案。

第十三条 质量检测试样的取样应当严格执行有关工程建设标准和国家有关规定，在建设单位或者工程监理单位监督下现场取样。提供质量检测试样的单位和个人，应当对试样的真实性负责。

3.《司法鉴定程序通则》

第十三条 委托人应当向司法鉴定机构提供真实、完整、充分的鉴定材料，并对鉴定材料的真实性、合法性负责。委托人不得要求或者暗示司法鉴定机构和司法鉴定人按其意图或者特定目的提供鉴定意见。

4.《中华人民共和国建筑法》

第五十四条 建设单位不得以任何理由，要求建筑设计单位或者建筑施工企业在工程设计或者施工作业中，违反法律、行政法规和建筑工程质量、安全标准，降低工程质量。

建筑设计单位和建筑施工企业对建设单位违反前款规定提出的降低工程质量的要求，应当予以拒绝。

第五十五条 建筑工程实行总承包的，工程质量由工程总承包单位负责，总承包单位将建筑工程分包给其他单位的，应当对分包工程的质量与分包单位承担连带责任。分包单位应当接受总承包单位的质量管理。

第五十六条　建筑工程的勘察、设计单位必须对其勘察、设计的质量负责。勘察、设计文件应当符合有关法律、行政法规的规定和建筑工程质量、安全标准、建筑工程勘察、设计技术规范以及合同的约定。设计文件选用的建筑材料、建筑构配件和设备，应当注明其规格、型号、性能等技术指标，其质量要求必须符合国家规定的标准。

第五十七条　建筑设计单位对设计文件选用的建筑材料、建筑构配件和设备，不得指定生产厂、供应商。

第五十八条　建筑施工企业对工程的施工质量负责。

建筑施工企业必须按照工程设计图纸和施工技术标准施工，不得偷工减料。工程设计的修改由原设计单位负责，建筑施工企业不得擅自修改工程设计。

第五十九条　建筑施工企业必须按照工程设计要求、施工技术标准和合同的约定，对建筑材料、建筑构配件和设备进行检验，不合格的不得使用。

第六十条　建筑物在合理使用寿命内，必须确保地基基础工程和主体结构的质量。

建筑工程竣工时，屋顶、墙面不得留有渗漏、开裂等质量缺陷；对已发现的质量缺陷，建筑施工企业应当修复。

第六十一条　交付竣工验收的建筑工程，必须符合规定的建筑工程质量标准，有完整的工程技术经济资料和经签署的工程保修书，并具备国家规定的其他竣工条件。

建筑工程竣工经验收合格后，方可交付使用；未经验收或者验收不合格的，不得交付使用。

第六十二条　建筑工程实行质量保修制度。

建筑工程的保修范围应当包括地基基础工程、主体结构工程、屋面防水工程和其他土建工程，以及电气管线、上下水管线的安装工程，供热、供冷系统工程等项目；保修的期限应当按照保证建筑物合理寿命年限内正常使用，维护使用者合法权益的原则确定。具体的保修范围和最低保修期限由国务院规定。

第六十三条　任何单位和个人对建筑工程的质量事故、质量缺陷都有权向建设行政主管部门或者其他有关部门进行检举、控告、投诉。

第七十九条　负责颁发建筑工程施工许可证的部门及其工作人员对不符合施工条件的建筑工程颁发施工许可证的，负责工程质量监督检查或者竣工验收的部门及其工作人员对不合格的建筑工程出具质量合格文件或者按合格工程验收的，由上级机关责令改正，对责任人员给予行政处分；构成犯罪的，依法追究刑事责任；造成损失的，由该部门承担相应的赔偿责任。

第八十条　在建筑物的合理使用寿命内，因建筑工程质量不合格受到损害的，有权向责任者要求赔偿。

本章参考文献

［1］ 左勇志，刘育民，白正仙，陈鸣飞，宗娜娜．建筑工程质量司法鉴定实践过程中若干问题探讨［J］．中国司法鉴定，2012(3)：84-86．

［2］ 刘育民，左勇志，马月坤，孙迪，南锟．司法鉴定中关于火灾后钢结构损伤的技术评定［J］．中国司法鉴定，2013(2)：92-95．

［3］ 刘育民，左勇志，孙迪，马月坤，刘云龙．钢结构工程司法鉴定技术［J］．中国司法鉴定，2013(5)：73-75．